U0827787

"十三五"普通高等教育本科系列教材

（第二版）

工程定额原理

主　编　黄伟典
副主编　陈起俊　王艳艳
编　写　邢莉燕　张友全　周景阳　张晓丽　宋红玉
　　　　张　琳　王大磊　卢兰华　孙圣华
主　审　解本政

中国电力出版社
CHINA ELECTRIC POWER PRESS

内 容 提 要

本书为“十三五”普通高等教育本科系列教材。全书分为十二章，主要内容包括工程定额概论、基础定额、企业定额、消耗量定额、计价定额、费用定额、工程量清单计价与计算规范、定额与清单计价办法、建筑面积计算规范、概算定额与概算指标、投资估算指标与工期定额、工程定额信息化建设。新颖的定额管理理论，丰富的教材内容，使其更具有可读性，同时提供与教材配套的教学课件，方便读者使用。

本书可作为高等院校工程造价、工程管理、土木工程和财经类专业的本科教材，也可作为造价师、造价员、定额员培训用书，还可供建筑工程造价人员参考。

图书在版编目（CIP）数据

工程定额原理/黄伟典主编. —2版. —北京：中国电力出版社，2016.10（2022.6重印）

“十三五”普通高等教育本科规划教材

ISBN 978-7-5123-9911-2

Ⅰ.①工… Ⅱ.①黄… Ⅲ.①建筑经济定额—高等学校—教材 Ⅳ.①TU723.34

中国版本图书馆CIP数据核字（2016）第246071号

中国电力出版社出版、发行

（北京市东城区北京站西街19号 100005 http://www.cepp.sgcc.com.cn）

三河市航远印刷有限公司印刷

各地新华书店经售

*

2008年6月第一版

2016年10月第二版 2022年6月北京第十三次印刷

787毫米×1092毫米 16开本 23.75印张 581千字

定价 **48.00** 元

前　言

在我国长期以来，工程定额一直由政府部门编制，现在这种格局已被国家工程造价管理改革打破。为贯彻落实《住房城乡建设部关于进一步推进工程造价管理改革的指导意见》（建标〔2014〕142号），适应我国工程造价管理改革与国际惯例接轨，以及开拓国际工程承包业务的需要，全面掌握建设工程计价方法和依据，加快工程计价市场化进程，为建筑企业更好地编制企业定额奠定基础，本书在总结国内外定额管理的基础上，将全过程定额体系科学化、系统化、规范化，并采用全新定额理论和工程定额文件资料，全面系统地介绍了工程定额的含义、分类、性质、作用、原则、水平、依据、内容、程序和使用方法等基本理论及国内外定额的发展过程，工程造价标准体系和全过程定额体系应用等基本知识。新颖的定额管理理论，丰富的教材内容，使本书更有可读性。同时，本书有配套的教学课件，可供读者使用。

本书根据普通高等院校工程造价专业的培养目标和培养方案要求编写而成，全面系统阐述了全过程定额（计价依据）体系的基本知识，是工程造价管理的专业基础。工程定额原理课程与工程经济、专业工程计量计价实务、工程招投标与合同管理、工程造价管理、工程项目管理等课程一起构成了工程造价管理的知识框架体系，避免了多课程基础知识重新铺底的过程，优化了教学内容，提高了教学效益和效率。

本书共分十二章，主要内容包括工程定额概论、基础定额、企业定额、消耗量定额、计价定额、费用定额、工程量清单计价与计算规范、定额与清单计价办法、建筑面积计算规范、概算定额与概算指标、估算指标与工期定额和工程定额信息化建设的基本知识，使学生全面、系统地掌握工程定额基础理论和定额编制的原理与方法，为学习工程估价实务奠定基础。

本书由山东建筑大学黄伟典主编，陈起俊、王艳艳副主编，邢莉燕、张友全、周景阳、张晓丽、宋红玉、张琳、王大磊，中建八局工业设备安装有限责任公司卢兰华、济南铁道职业技术学院孙圣华参加编写。全书由山东建筑大学解本政主审。

该书选用了许多专家的论文和著作新理论、新观点和研究成果，在此一并致谢。限于作者水平，书中疏漏在所难免，欢迎读者批评指正。

编　者

2016年6月

目　　录

第一章 工 程 定 额 概 论

第一节 工程定额的概念

一、定额的含义和表现形式

定额，广义上讲是一种规定的额度，是人们根据不同的需要，对某些消耗规定的数量标准，是对事物、资金、时间在质和量上的规定。它存在于生产、流通、分配的各个领域，也存在于技术和管理领域。人们利用它对复杂多样的事物进行评价和管理，同时利用它提高生产效率增加产量，利用它调控经济、决定分配，维护社会公平。

在西方一些国家，定额往往借助于经济、法律的力量以散落的形式表现出来。在我国，它往往借助政府的行政权力，以集中、稳定的形式表现出来，成为经济和技术的统一体，具有一定的社会公信力和约束力。不论定额的表现形式如何，其基本性质是一种规定的额度和计算规则。这种规定的额度和规则，是人们遵循一定的编制原则，通过某种计算方法制定出来的，是主观对客观事物的反映。它又是具体的、客观的，有着很强的针对性和实用性，有着非常具体的实际内容。

工程定额是诸多定额中的一类，它是研究一定时期建设工程范围内的生产消耗规律后，得出的具体结论。它和度量衡一样是一种衡量的标准，是一种评判的尺度，在工程计价活动中起着不可替代的作用。

二、工程定额的概念

在建设过程中，完成某一分项工程或结构构件的生产，必须消耗一定数量的劳动力、材料、机械台班和资金。这些消耗是随着生产技术组织条件的变化而变化的，它应反映出一定时期的社会劳动生产率水平。

工程定额是指在正常的施工条件、先进合理的施工工艺和施工组织的条件下，采用科学的方法制定每完成一定计量单位的质量合格产品所必须消耗的人工、材料、机械设备及其价值的数量标准。正常的施工条件、先进合理的施工工艺和施工组织，就是指生产过程按生产工艺和施工验收规范操作，施工条件完善，劳动组织合理，机械运转正常，材料储备合理。在这样的条件下，采用科学的方法对完成单位产品进行的定员（定工日）、定质（定质量）、定量（定数量）、定价（定资金），同时还规定了应完成的工作内容、达到的质量标准和安全要求等。

三、工程定额的目的

实行工程定额的目的，是力求用最少的人力、物力和财力的消耗，生产出符合质量标准的合格建筑产品，取得最好的经济效益。工程定额既是使建筑安装活动中的计划、设计、施工、安装各项工作取得最佳经济效益的有效工具和杠杆，又是衡量、考核上述工作经济效益的尺度。它在企业管理中占有十分重要的地位。当前正在进行建筑业全行业改革，改革的关键是推行投资包干制和招标承包制，其中签订投资包干协议，计算招标标底和投标报价，签订总包和分包合同，以及企业内部实行的各种形式的承包责任制，都必须以各种定额为主要依据。随着改革的深入和发展，工程定额作为企业科学管理的基础，必将进一步得到完善和提高。

工程定额作为加强企业经营管理、组织施工、决定分配的工具，主要作用表现为：它是建设系统作为计划管理、宏观调控、确定工程造价、对设计方案进行技术经济评价、贯彻按劳分配原则、实行经济核算的依据；是衡量劳动生产率的尺度；是总结、分析和改进施工方法的重要手段。

第二节　工程定额的产生与发展

定额属于管理的范畴，是随着生产的社会化和科学技术的不断进步而发展起来的。定额的产生与管理科学的产生和发展密切相关。

一、人类原始定额管理的雏形

在人类社会发展的初期，以自给自足为特征的自然经济，其目的在于满足生产者家庭或经济单位（如原始氏族、奴隶主或封建主）的消费需要，生产者是分散的、孤立的，生产规模小，社会分工不发达，这使得个体生产者并不需要什么定额，他们往往凭借个人经验积累进行生产。随着简单商品经济的发展，以交换为目的而进行的商品生产日益扩大，生产方式也发生了变化，出现了作坊和手工场。作坊和手工场的工头依据他们自己的经验指挥和监督他人劳动和物资消耗，这种劳动和物资消耗是依据个人经验而建立，并不能科学地反映生产和生产消耗之间的数量关系。但这一时期是定额产生的萌芽阶段，是从自发走向自觉形成定额和定额管理的雏形阶段。

二、西方国家定额的产生和发展

19 世纪末 20 世纪初，在技术最发达、资本主义发展最快的美国，形成了系统的经济管理理论。定额的产生就是与管理科学的形成和发展紧密联系在一起的，它的代表人物有美国人泰勒和吉尔布雷斯夫妇等。

定额的制定和管理成为科学是始于泰勒制，它的创始人是美国工程师泰勒（F. W. Taylor，1856—1915）。当时，美国工业发展很快，但受制于传统的原始管理方法，工人的劳动生产效率很低，生产能力得不到充分发挥。与广阔的工业市场相比，提高劳动生产率，是当时美国企业管理中最迫切要解决的问题，改善生产管理就成了当务之急，泰勒为适应这一客观要求，开始着手企业管理的研究。他提倡科学管理，进行了各种有效的试验，努力把当时科学技术的最新成果应用于企业管理。泰勒的科学管理的目标就是提高工人的劳动效率，他突破了当时传统管理方法的羁绊，通过科学试验，对工作时间的合理利用进行细致地研究，制定出标准的操作方法；通过对工人进行训练，要求工人取消不必要的操作程序，并且在此基础上制定出有效的工时定额；用工时定额评价工人工作的好坏。

泰勒制的核心内容包括两方面。第一，科学的工时定额。较高的定额直接体现了泰勒制的主要目标，即提高工人的劳动生产率，降低产品成本，增加企业盈利，而其他方面内容则是为了达到这一主要目标而制定的措施。第二，工时定额与有差别的计件工资制度相结合。这使其本身也成为提高劳动效率的有力措施。泰勒制的产生和推行，在提高劳动生产率方面取得了显著的效果，也给企业管理带来了根本性的改革和深远的影响。但是泰勒的研究完全没有考虑人作为价值创造者的主观能动性和创造性，且研究的范围较小、内容狭窄，具有很大的局限性。

继泰勒之后，管理理论又有了很大的发展：一方面管理科学从操作方法、作业水平的研究向科学组织的研究上扩展；另一方面利用现代自然科学的新成果作为科学管理的手段。管理科学的发展成果极大促进了定额的发展。

1920年出现的行为科学，从社会学和心理学的角度，对工人在生产中的行为及这些行为产生的原因进行分析研究，强调重视社会环境、人际关系对人的行为的影响。行为科学认为人的行为受动机支配，只要能给他创造一定的条件，他就会希望取得工作的成就，努力去达到目标。因此，主张用诱导的办法，鼓励职工发挥主动性和积极性，而不是用对工人进行管束和强制的方法来达到提高生产效率的目的。行为科学弥补了泰勒等人科学管理的某些不足，但它并不能取代科学管理，不能取消定额。定额实际上符合社会化大生产对于效率的追求。就工时定额来说，它不仅是一种强制力量，而且也是一种引导和激励的力量。定额产生的信息，对于计划、组织、指挥、协调、控制等管理活动，以至于决策过程都是不可缺少的。同时，一些新的技术方法在制定定额中得到运用；制定定额的范围大大突破了工时定额的内容。1945年出现了事前工时定额制定标准，即以新工艺投产之前就已经选择好的工艺设计和最有效的操作办法为制定基础编制出工时定额，其目的是降低和控制单位产品上的工时消耗。这样就把工时定额的制定提前到工艺和操作方法的设计过程之中，以加强预先控制。

综上所述，定额伴随着管理科学的产生而产生，伴随着管理科学的发展而发展。定额是管理科学的基础，它在西方企业的现代化管理中一直占有重要地位。

三、我国工程定额的管理制度

我国工程定额的管理制度，是随着工程技术的产生和发展起来的，既有其必然性，也有其可行性，而且有着非常悠久的历史。

（一）我国古代土木建筑定额管理制度

在我国封建社会，官府宫殿建筑规模宏大，技术要求很高，历代工匠积累了丰富的经验，逐步形成了一套工料限额管理制度。据《辑古纂经》等书记载，唐代就有夯筑城台的用工定额——功。公元1100年，北宋著名的古代土木建筑家李诫修编的《营造法式》，它不仅是土木建筑工程技术的巨著，也是古代工料计量方面的巨著。《营造法式》共有三十四卷，分为释名、各作制度、功限、料例和图样五个部分。第一、二卷是名词术语的考证；第三～十五卷是石作、木作、瓦作等制作的施工技术和方法；第十六～二十五卷是各工种计算用工量的规定；第二十六～二十八卷是各工种计算用料的规定；第二十九～三十四卷是图样。从上述内容可以看出，在《营造法式》三十四卷中，有十三卷是关于算工算料的规定。该书实际上是官府颁布的建筑规范和定额，并一直沿用到明清。清代管辖官府建筑的工部所编著的《工程做法则例》中，有很多内容是关于工料计算规定的，甚至可以说它主要是一部算工算料的定额和定额计算规则，也是现今编制仿古建筑工程预算定额的依据之一。

（二）计划经济体制下的定额管理制度

新中国成立后，三年经济恢复时期和第一个五年计划时期，中国内地面临着大规模的恢复重建工作，基本建设任务十分繁重。如何将有限的基本建设资金更加合理地利用，成为该阶段工程造价管理的核心任务。此时，中国内地工程造价管理体现以下特点：

1. 政府特别是中央政府是工程项目的唯一投资主体

由于新中国成立后长期实施的高度集权的计划经济体制的影响，私人与集体都没有进行工程投资的权利，所有的工程项目从计划、设计、施工和使用都是由政府统一规划的。这也必然造成了工程定额的高度统一。

2. 建筑业不是生产部门，而是消费部门

在20世纪80年代以前，普遍的观点都否认建筑产品的商品属性，同时人们也一直把建筑业看作是基本建设的附属消费部门，认为不存在独立的建筑产品。

3. 工程造价管理被简单地理解为投资的节约

正是由于前述两个特点的影响，加上基本建设资金的不足，使得政府期望在工程建设中尽量地节约投资费用，通过资金的合理分配与使用而获得更大的效用。

在这种工程造价管理制度下，中国内地引进了前苏联的一套定额计价制度。所有的工程项目均是按照事先编制好的国家统一颁发的各项工程建设定额标准进行计价，体现了政府对工程项目的投资管理。由于中国内地长期“管制价格”的影响，各种建设要素（如人工、材料、机械等）的价格长期保持固定不变。因此要素价格和消耗量标准被长期固定下来，以量价合一的单位估价表，由政府主管部门统一颁布，实现对工程造价的有效管理。

（三）市场经济体制下计价模式的改革

定额计价制度从产生到完善的数十年中，对中国内地的工程造价管理发挥了巨大作用，为政府进行工程项目的投资控制提供了很好的工具。但是随着中国内地市场经济体制改革的不断深入，传统的定额计价制度受到了冲击。自20世纪80年代末90年代初开始，建设要素市场的放开，各种建筑材料不再统购统销，随之人力、机械市场等也逐步放开，导致了人工、材料、机械台班的要素价格随市场供求的变化而上下浮动。而定额的编制和颁布需要一定的周期，因此在定额中所提供的要素价格资料总是与市场实际价格不相符合。可见，按照统一定额计算出的工程造价已经不能很好地实现投资控制的目的，从而引起了定额计价制度的改革。

1. 工程造价计价模式第一阶段改革的核心思想是“量价分离”

“量价分离”是指国务院建设行政主管部门制定符合国家有关标准、规范，并反映一定时期施工水平的人工、材料、机械等消耗量标准，实现国家对消耗量标准的宏观管理。对人工、材料、机械的单价等，由工程造价管理机构依据市场价格的变化发布工程造价相关信息和指数，将过去完全由政府计划统一管理的定额计价改变为“控制量、指导价、竞争费”。但是在这一阶段改革中，对建筑产品的商品属性的认识还不够，改革主要围绕定额计价制度的一些具体操作的局部问题展开，并没有涉及其本质内容，工程造价依然停留在政府定价阶段，没有实现“市场形成价格”工程造价管理体制改革这一最终目标。

2. 工程造价计价模式第二阶段改革的核心问题是推行彻底的市场定价模式

20世纪90年代中后期，是中国内地建设市场迅猛发展的时期。1999年，《中华人民共和国招标投标法》（简称《招标投标法》）的颁布标志着中国内地建设市场基本形成，人们充分认识到建筑产品的商品属性，并且随着计划经济制度的不断弱化，政府已经不再是工程项目唯一的或主要的投资者。而定额计价制度依然保留着政府对工程造价统一管理的色彩。因此在建设市场的交易过程中，传统的定额计价制度与市场主体要求拥有自主定价权之间发生了矛盾和冲突，主要表现为：

(1) 浪费了大量的人力、物力，招投标双方存在着大量的重复劳动。招标单位和投标单位按照同一定额、同一图纸、相同的施工方案、相同的技术规范重复工程量和工程造价的计算工作，没有反映出投标单位“价”的竞争和工程管理水平。

(2) 投标单位的报价按统一定额计算，不能按照自己的具体施工条件、施工设备和技术专长来确定报价；不能按照自己的采购优势来确定材料预算价格；不能按照企业的管理水平来确定工程的费用开支；企业的优势体现不到投标报价中。

很显然，在招投标已经成为工程发包的主要方式之后，如果不对定额计价制度进行根本性的改革，将会使得市场主体之间的竞争演变为计算能力的比较，而不是企业生产和管理能力的竞争。工程项目需要新的、更适应市场经济发展的、更有利于建设项目通过市场竞争合理形成造价的计价方式来确定其建造价格。为此，政府主管部门推行了工程量清单计价制度，以适应市场定价的改革目标。在这种定价方式下，工程量清单报价由招标人给出工程清单，投标人填单价，单价完全依据企业技术、管理水平的整体实力而定，充分发挥工程建设市场主体的主动性和能动性，是一种与市场经济相适应的工程计价方式。

3. 工程量清单计价模式的建立和发展

随着《招标投标法》在2000年的实施，标准的《建设工程施工合同（示范文本）》的推广，以及由于加入WTO导致的与国际市场接轨速度的加快，这些客观条件催生了工程量清单计价模式在我国的建立。

自2000年初开始，广东、吉林、天津等地相继开展了工程量清单计价的试点，在有些省市和行业的世界银行贷款项目也实行国际通用的工程量清单投标报价，其效果得到了各级工程造价管理部门和各有关方面的赞同，也得到了工程建设主管部门的认可。随着各地试点工作的不断展开，建设部于2002年的工作部署及建设部标准定额司工程造价管理工作的要点中都重点强调了应在全国推行这一计价制度，建设部标准定额研究所受标准定额司的委托，于2002年2月28日开始组织有关部门和地区工程造价专家编制《全国统一工程量清单计价办法》，后为了增强工程量清单计价办法的权威性和强制性，改为《建设工程工程量清单计价规范》（GB 50500—2003），经建设部批准为国家规范，于2003年7月1日正式施行。这标志着清单计价制度在我国的真正建立。

为配合《建设工程工程量清单计价规范》（GB 50500—2003）的实施，建设部于2003年又公布了《建筑安装工程费用项目组成》（206号文件），并对《建设工程施工合同（示范文本）》进行修订，使其更加符合工程量清单计价模式所形成的单价合同的特点，这一系列制度的实施都意味着清单计价制度在我国的不断完善。在大力发展清单计价模式的同时，首先建立一套科学、完善的行业定额显得十分必要。

到目前为止，已建立了法律体系完备、工程计价依据体系完善、信息化定额管理制度健全、强化标准定额实施监督管理的新格局，主要有中华人民共和国住房和城乡建设部令第16号发布《建筑工程施工发包与承包计价管理办法》《建设工程工程量清单计价规范》（GB 50500—2013）（简称《计价规范》）、《房屋建筑与装饰工程工程量计算规范》（GB 50854—2013）等9部规范（简称《计算规范》）、《建筑工程建筑面积计算规范》（GB/T 50353—2013）、《房屋建筑与装饰工程消耗量定额》（TY 01-31—2015）等3部定额（简称《消耗量定额》）和《建筑安装工程费用组成》（建标〔2013〕44号文）等一系列的计价文件。

四、完善工程计价依据体系

建设工程是物质资料的生产活动，物质生产过程中必然是生产的消耗过程，生产和消耗之间具体关系的形成，是一定时期内生产力、生产关系诸多因素综合作用的结果。建设工程定额，就是研究这些生产活动和消耗过程之间的具体关系后，得出的客观结论。它是一定时期生产力的综合反映，是人们认识自然和改造自然的必然结果，它和经济体制和社会制度没有直接的因果关系，只是建设工程生产活动和消耗过程的客观反映。

随着生产力的发展，建设工程规模和数量不断扩大，技术水平和管理手段不断提高，为了评判不同建设阶段资金资源的消耗标准，逐步发展成建设工程各个阶段不同用途的建设工程定额，它是一个综合的概念，是多种类、多层次的计价方式和消耗标准的总称，有着有机的联系、系统的分工和科学的应用范围。它们相互区别又相互补充，相互交叉又相互联系，从而形成了一个与建设工程各阶段相配套的，与建设工作深度相适应的，层次分明、分工有序的建设工程定额体系——工程计价依据。

1. 工程计价依据的概念

工程计价依据是指据以计算造价的各类基础资料的总称，包括工程量计算规则、工程造价定额、工程单价、工程造价取费标准、工程造价指标，以及政府主管部门发布的各有关工程造价的经济法规、政策等。

2. 工程计价依据的主要作用

（1）是计算和分析工程造价的基础资料。

（2）是投资决策和工程决策的重要依据。

（3）促进施工企业、生产企业技术进步，降低社会平均必要劳动量。

（4）是政府对工程建设进行宏观调控，对资源配置进行预测和平衡的重要依据。

（5）是各类造价信息反映工程建设经济活动的重要依据。

（6）是进行工程造价科学管理的基础。

3. 工程计价依据应满足的条件要求

（1）准确可靠，符合实际。

（2）可信度高，有权威性。

（3）数据化表达，便于计算。

（4）定额描述清晰，便于正确利用。

4. 现行工程计价依据体系

现行工程计价依据体系见表 1-1。

表 1-1　　现行工程计价依据体系

类　别	计价依据
法律法规	《中华人民共和国合同法》
	《中华人民共和国价格法》
	《中华人民共和国建筑法》
	《中华人民共和国招投标法》
	最高人民法院合同纠纷司律解释
	《建筑工程施工发包与承包计价管理办法》

续表

类　别	计价依据
规范类	《建设工程工程量清单计价规范》（GB 50500—2013）
	《房屋建筑与装饰工程工程量计算规范》（GB 50854—2013）
	《仿古建筑工程工程量计算规范》（GB 50855—2013）
	《通用安装工程工程量计算规范》（GB 50856—2013）
	《市政工程工程量计算规范》（GB 50857—2013）
	《园林绿化工程工程量计算规范》（GB 50858—2013）
	《矿山工程工程量计算规范》（GB 50859—2013）
	《构筑物工程工程量计算规范》（GB 50860—2013）
	《城市轨道交通工程工程量计算规范》（GB 50861—2013）
	《爆破工程工程量计算规范》（GB 50862—2013）
	《建筑工程建筑面积计算规范》（GB/T 50353—2013）
规程标准类	《建设项目投资估算编审规程》（CECA/GC 1—2015）
	《建设项目设计概算编审规程》（CECA/GC 2—2015）
	《建设项目工程结算编审规程》（CECA/GC 3—2010）
	《建设项目全过程造价咨询规程》（CECA/GC 4—2009）
	《建设项目施工图预算编审规程》（CECA/GC 5—2010）
	《建设工程招标控制价编审规程》（CECA/GC 6—2011）
	《建设工程造价咨询成果文件质量标准》（CECA/GC 7—2012）
	《建设工程造价鉴定规程》（CECA/GC 8—2012）
	《建设项目工程竣工决算编制规程》（CECA/GC 9—2013）
定额类	《房屋建筑与装饰工程消耗量定额》（TY 01-31—2015）
	《通用安装工程消耗量定额》（TY 02-31—2015）
	《市政工程消耗量定额》（ZYA 1-31—2015）
	建设工程施工机械台班费用编制规则
	建设工程施工仪器仪表台班费用编制规则
	全国统一建筑安装工程工期定额
	省市或行业部门颁发的计价定额
地方法规	建筑工程发承包计价管理办法
	建筑工程施工招投标管理办法
	省市或行业部门颁发的地方法规
	《建筑安装工程费用组成》（建标〔2013〕44号）
	建设工程价款结算暂行办法
	省市或行业部门颁发的计价文件

5. 工程计价依据的种类

工程计价依据有很多，具体分类见表1-2。

表1-2 工程计价依据

序号	类别	计价依据
1	计算工程量的依据	（1）建设项目可行性研究资料； （2）初步设计、扩大初步设计、施工图设计文件； （3）工程量计算规则； （4）《房屋建筑与装饰工程工程量计算规范》（GB 50854—2013）； （5）《仿古建筑工程工程量计算规范》（GB 50855—2013）； （6）《通用安装工程工程量计算规范》（GB 50856—2013）； （7）《市政工程工程量计算规范》（GB 50857—2013）； （8）《园林绿化工程工程量计算规范》（GB 50858—2013）； （9）《矿山工程工程量计算规范》（GB 50859—2013）； （10）《构筑物工程工程量计算规范》（GB 50860—2013）； （11）《城市轨道交通工程工程量计算规范》（GB 50861—2013）； （12）《爆破工程工程量计算规范》（GB 50862—2013）； （13）《建筑工程建筑面积计算规范》（GB/T 50353—2013）； （14）工程变更及施工现场签证等
2	计算资源消耗量及工程单价的依据	（1）企业定额、消耗量定额、概算定额、概算指标和估算指标等各种定额指标； （2）人工单价、材料单价、机械台班单价
3	计算建筑安装工程费用的依据	（1）措施费费率； （2）间接费费率； （3）利润率； （4）工程造价指数
4	计算设备费用的依据	（1）设备价格； （2）运杂费率等
5	计算工程建设其他费用的依据	（1）建设工程用地指标； （2）各项工程建设其他费用定额
6	与计算造价相关的法规和政策依据	（1）包含在工程造价内的税费等相关税率； （2）利率和汇率； （3）与产业政策、能源政策、环境政策、技术政策和土地等资源利用政策有关的取费标准等
7	工程造价管理编审规程类依据	（1）《建设项目全过程造价咨询规程》（CECA/GC 4—2009）； （2）《建设项目投资估算编审规程》（CECA/GC 1—2015）； （3）《建设项目设计概算编审规程》（CECA/GC 2—2015）； （4）《建设项目施工图预算编审规程》（CECA/GC 5—2010）； （5）《建设工程工程量清单计价规范》（GB 50500—2013）； （6）《建设项目工程结算编审规程》（CECA/GC 3—2010）； （7）《建设项目工程竣工决算编制规程》（CECA/GC 9—2013）

续表

序号	类　别	计价依据
8	其他计价依据	（1）类似工程造价； （2）竞争对手经营情况等； （3）建筑工程施工发承包计价管理办法

五、推进工程造价管理改革

标准定额工作的基本思路，是以推进标准体制改革和造价管理改革为动力，以完善工程建设标准体系和工程计价依据体系为重心，强化标准定额实施监督管理。

1. 构建科学合理的工程计价依据体系

（1）完成以清单计价规范和各专（行）业工程量计算规范配套使用的清单规范体系。

（2）补充完善前期估概算和后期维修养护等定额，逐步形成服务于全过程的工程定额体系。

2. 突出重点，落实造价管理改革战略部署

（1）落实国务院领导批示，会同财政部修订《建设工程价款结算暂行办法》；加强法规制度建设研究，建立和完善全过程造价管理机制；编制《工程造价行业“十三五”规划》。

（2）推行清单全费用综合单价、指数调价法等清单计价配套制度，做好清单与招投标、合同管理、清单与定额等相关制度的衔接。

（3）制定定额管理办法，建立全面修订和局部修订相结合的动态调整机制；组织编制建筑产业现代化、建筑节能与绿色建筑定额；研究提高定额科学性指导意见。

（4）加强公共设施造价控制。修编《城市轨道交通工程概预算编制办法》，研究城市轨道交通工程造价控制方法。组织发布重点城市公共设施典型工程造价指标。

（5）转变造价咨询业监管方式。修订企业资质管理办法；建立造价咨询诚信体系，制定信用信息管理办法，搭建统一信息平台，开展信用信息记录和公开工作。

3. 夯实基础，为造价管理改革发展提供支撑

（1）加强人才培养。开展工程造价管理机构人员专业知识培训，研究制定工程造价专业人才发展规划。

（2）推进信息化建设。推动国家工程造价数据库建设，研究制定政府发布造价信息的服务清单；制定工程造价数据相关标准，实现各类造价数据互联互通。

（3）开展基础研究。开展多层级清单、工程造价费用构成等课题研究，为下一步工程造价管理改革奠定基础。

总而言之，建设工程定额的形成和发展，是随着生产力的提高而形成，随着管理科学的发展而发展的一门学科，是协调发展社会生产力和提高经济效益的有效工具。它是技术与经济的结合，是管理学科和工程学科的结合，是以建筑工程技术作为基础的技术管理重要依据，是研究建设工程范围内生产消耗规律的经济技术标准。人们借助它去衡量劳动生产率的高低，评价生产和消耗的关系，是一种衡量的尺度和标准，是为了衡量劳动生产率的高低而产生，随着劳动生产率的提高而发展起来的一种评判标准和计算规则。它与经济体制和社会制度无关，只是一种客观事物的综合反映。

第三节 工程定额的分类和作用

一、工程定额的分类

工程定额是工程建设中各类定额的总称。它包括许多种类的定额。为了对工程定额能有一个全面的了解，可以按照不同的原则和方法对它进行科学的分类。

1. 按定额反映的生产要素消耗内容分类

(1) 劳动消耗定额。简称劳动定额（也称为人工定额），是指完成一定的合格产品（工程实体或劳务）规定活劳动消耗的数量标准。

(2) 机械消耗定额。我国机械消耗定额是以一台机械一个工作班为计量单位，所以又称为机械台班定额。机械消耗定额是指为完成一定合格产品（工程实体或劳务）所规定的施工机械消耗的数量标准。

(3) 材料消耗定额。简称材料定额，是指完成一定合格产品所需消耗材料的数量标准。材料，是工程建设中使用的原材料、成品、半成品、构配件、燃料，以及水、电等动力资源的统称，对建设工程的项目投资、建筑产品的成本控制都起着决定性的影响。

2. 按定额的编制程序和用途分类

可以把工程定额分为基础定额、企业定额、消耗量定额、概算定额、概算指标、投资估算指标六种。

(1) 基础定额。基础定额规范了建筑安装工程造价项目内容、工程项目划分、计量单位和工程量计算规则等。它是建筑安装企业编制企业定额的重要依据，是确定招标标底和投标报价时的参考，是宏观调控的有效手段。基础定额由劳动定额、材料消耗定额、机械台班定额组成。建筑工程中绝大部分定额的编制工作都是在基础定额的基础上进行的。

(2) 企业定额。企业定额是直接用于建筑施工企业单位内部施工管理和工程投标报价的一种定额。企业定额是在一定时期内，对企业管理水平、生产技术水平和劳动生产率水平的综合反映。企业定额是企业的商业秘密，是企业参与市场竞争的核心竞争能力的具体表现。企业定额本身由劳动定额、机械定额和材料定额三个相对独立的部分组成。它同时也是编制消耗量定额的基础。

(3) 消耗量定额。消耗量定额（以前称预算定额）是以建筑物或构筑物各个分部分项工程为对象编制的定额。其内容包括劳动定额、机械台班定额、材料消耗定额三个基本部分，如附有工程费用，就是一种计价的定额。从编制程序上看，消耗量定额是以企业定额为基础综合扩大编制的；同时它也是编制概算定额的基础。

(4) 概算定额。概算定额是以扩大的分部分项工程为对象编制的，计算和确定该工程项目的人工、机械台班、材料消耗量所使用的定额，同时它也列有工程费用，是一种计价性定额。概算定额是编制扩大初步设计概算、确定建设项目投资额的依据。概算定额的项目划分粗细，与扩大初步设计的深度相适应，一般是在消耗量定额的基础上综合扩大而成的，每一综合分项概算定额都包含了数项消耗量定额。

(5) 概算指标。概算指标是概算定额的扩大与合并，它是以整个建筑物和构筑物为对象，以更为扩大的计量单位来编制的。概算指标的内容包括劳动、机械台班、材料定额三个基本部分，同时还列出了各结构分部的工程量及单位建筑工程（以体积计或面积计）的造价，是一种计价定额。为了增加概算指标的适用性，也以房屋或构筑物扩大的分部工程或结构构件为对象编制，称为扩大结构定额。

概算指标通常按工业建筑和民用建筑分别编制。工业建筑中又按各工业部门类别、企业大小、车间结构编制，民用建筑按照用途性质、建筑层高、结构类别编制。

概算指标的设定和初步设计的深度相适应，一般是在概算定额和消耗量定额的基础上编制的，比概算定额更加综合扩大。它是设计单位编制工程概算或建设单位编制年度计划、施工准备期间编制材料和机械设备供应计划的依据，也可供国家编制年度建设计划参考。

（6）投资估算指标。它是在项目建议书和可行性研究阶段编制投资估算、计算投资需要量时使用的一种定额。它非常概略，往往以独立的单项工程或完整的工程项目为计算对象，编制内容是所有项目费用之和。编制基础仍然离不开消耗量定额、概算定额等。

3. 按照投资的费用性质分类

可以把工程建设定额分为建筑工程定额、设备安装工程定额、建筑安装工程费用定额、工器具定额及工程建设其他费用定额等。

（1）建筑工程定额，是建筑工程的企业定额、消耗量定额、概算定额和概算指标的统称。建筑工程，一般理解为房屋和构筑物工程，具体包括一般土建工程、电气工程（动力、照明、弱电）、卫生技术（水、暖、通风）工程、工业管道工程、特殊构筑物工程等。广义上，它除包含房屋和构筑物外，还包含其他各类工程，如道路、铁路、桥梁、隧道、运河、堤坝、港口、电站、机场等工程。在我国统计年鉴中对固定资产投资构成的划分，就是根据这种理解设计的。

（2）设备安装工程定额，是设备安装工程的企业定额、消耗量定额、概算定额和概算指标的统称。设备安装工程是对需要安装的设备进行定位、组合、校正、调试等工作的工程。在工业项目中，机械设备安装和电气设备安装工程占有重要的地位。因为生产设备大多要安装后才能运转，不需要安装的设备很少。在非生产性的建设项目中，由于社会生活和城市设施的日益现代化，设备安装工程量也在不断增加。所以设备安装工程定额也是工程建设定额中的重要部分。

通常把建筑和安装工程作为一个施工过程来看待，即建筑安装工程。所以在通用定额中有时把建筑工程定额和安装工程定额合二为一，称为建筑安装工程定额。建筑安装工程定额属于直接费定额，仅仅包括施工过程中人工、材料、机械消耗定额。

（3）建筑安装工程费用定额，是指规定计取各项费用的标准，主要包括以下 5 部分内容：

1）措施费定额，是指为完成工程项目施工，发生于该工程施工前和施工过程中非工程实体项目的措施费用标准。

2）企业管理费定额，是指建筑安装企业组织施工生产和经营管理所需费用的标准。

3）利润定额，是指施工企业完成所承包工程获得的盈利标准。

4）规费定额，是指政府和有关权力部门规定必须缴纳的费用标准。

5）税金定额，是指按国家税法规定由施工企业代收税金的标准。

（4）工器具定额，是为新建或扩建项目投产运转首次配置的工具、器具数量标准。工具和器具，是指按照有关规定达不到固定资产标准而起劳动手段作用的工具、器具和生产用家具。

（5）工程建设其他费用定额，是独立于建筑安装工程、设备和工器具购置之外的其他费用开支的标准。工程建设其他费用的发生和整个项目的建设密切相关。它一般要占项目总投资的10%左右。其他费用定额是按各项独立费用分别制定的，以便合理控制这些费用的开支。

4. 按照专业性质划分

工程建设定额分为全国通用定额、行业通用定额和专业专用定额三种。

5. 按主编单位和管理权限分类

工程建设定额可分为全国统一定额、行业统一定额、地区统一定额、企业定额、补充定额五种。

（1）全国统一定额是由国家建设行政主管部门，综合全国工程建设中技术和施工组织管理的情况编制，并在全国范围内执行的定额。

（2）行业统一定额，是考虑各行业部门专业工程技术特点，以及施工生产和管理水平编制的，一般是只在本行业和相同专业性质的范围内使用。

（3）地区统一定额包括省、自治区、直辖市定额。地区统一定额主要是考虑地区性特点和全国统一定额水平作适当调整和补充编制的。

（4）企业定额是指由施工企业考虑本企业具体情况，参照国家、部门或地区定额的水平制定的定额。

（5）补充定额是指随着设计、施工技术的发展，现行定额不能满足需要的情况下，为了补充缺陷所编制的定额。

二、工程定额的性质

工程定额具有科学性、系统性、统一性、指导性、群众性、稳定性和时效性等性质。

1. 科学性

工程定额的科学性，表现在定额是在认真研究客观规律的基础上，遵循客观规律的要求，实事求是地运用科学的方法制定的，是在总结广大工人生产经验的基础上根据技术测定和统计分析等资料，并经过综合分析研究而后制定的。工程定额还考虑了已经成熟推广的先进技术和先进的操作方法，正确反映当前生产力水平的单位产品所需要的生产消耗量。

2. 系统性

工程定额是相对独立的系统。它是由多种形式的定额结合而成的有机整体。它的结构复杂，有鲜明的层次，有明确的目标。

建设工程是一个庞大的实体系统，工程定额是为这个实体系统服务的。建设工程本身的多种类、多层次就决定了以它为服务对象的工程定额的多种类、多层次。建设工程都有严格的项目划分，如建设项目、单项工程、单位工程、分部分项工程；在计划和实施过程中有严密的逻辑阶段，如可行性研究、设计、施工、竣工交付使用及投入使用后的维修。与此相适应必然形成工程定额的多种类、多层次。

3. 统一性

工程定额的统一性，主要是由国家对经济发展有计划的宏观调控职能决定的。为了使国民经济按照既定的目标发展，就需要借助于某些标准、定额、规范等，对建设工程进行规划、组织、调节、控制。而这些标准、定额、规范必须在一定范围内是一种统一的尺度，才能实现上述职能，才能利用它对项目的决策、设计方案、投标报价、成本控制进行比选和评价。为了建立全国统一建设市场和规范计价行为，《计算规范》统一了分部分项工程项目名称、计量单位、工程量计算规则、项目编码。

4. 指导性

随着我国建设市场的不断成熟和规范，工程建设定额尤其是统一定额原具备的法令性特点逐渐弱化，转而对整个建设市场和具体建设产品交易具有指导作用。

工程定额的指导性表现为在企业定额还不完善的情况下，为了有利于市场公平竞争、优化企业管理、确保工程质量和施工安全的工程计价标准，规范工程计价行为，指导企业自主报价，为实行市场竞争形成价格奠定了坚实的基础。企业可在基础定额的基础上，自行编制企业内部定额，逐步走向市场化，与国际计价方法接轨。

5. 群众性

工程定额的群众性是指定额来自群众，又贯彻于群众。工程定额的制定和执行，具有广泛的群众基础。定额的编制采用工人、技术人员和定额专职人员相结合的方式，使得定额能从实际水平出发，既保持一定先进性质，又能把群众的长远利益和当前利益、广大职工的劳动效率和工作质量，国家、企业和劳动者个人三者的物质利益结合起来，充分调动广大职工的积极性，完成和超额完成工程任务。

6. 稳定性

工程定额中的任何一种定额都是一定时期技术发展和管理水平的反映，因而在一段时间内都表现为稳定的状态。根据具体情况不同，稳定的时间有长有短，一般在5～10年，保持工程定额的稳定性是有效地贯彻工程定额所必需的。如果某种工程定额处于经常修改变动之中，那么必然造成执行中的困难和混乱，使人们感到没有必要去认真对待它。工程定额的不稳定也会给工程定额的编制工作带来极大的困难。而工程定额的稳定性是相对的。

7. 时效性

工程定额中的任何一种定额，都只能反映出一定时期生产力水平，当生产力向前发展时，工程定额就会变得不适应。当工程定额不再起到它应有的作用时，工程定额就要重新编制和进行修订。所以说，工程定额具有显著的时效性。新的工程定额一旦诞生，旧的工程定额就停止使用。

三、工程定额的地位和作用

（一）工程定额在现代管理中的地位

工程定额是管理科学的基础，也是现代管理科学中的重要内容和基本环节。我国要实现工业化和生产的社会化、现代化，就必须积极地吸收和借鉴世界上各发达国家的先进管理方法，必须充分认识工程定额在社会主义市场经济管理中的地位。

（1）工程定额是节约社会劳动、提高劳动生产率的重要手段。

（2）工程定额是组织和协调社会化大生产的工具。

（3）工程定额是宏观调控的依据。

（4）工程定额在实现分配、兼顾效率与社会公平方面有巨大的作用。

（二）建设工程定额的作用

1. 工程定额在工程价格形成中的作用

工程定额是经济生活中诸多定额中的一类。工程定额是一种计价依据，也是投资决策依据，又是价格决策依据，能够从这两方面规范市场主体的经济行为，对完善固定资产投资市场和建筑市场都能起到作用。

在市场经济中，信息是其中不可或缺的要素，它的可靠性、完备性和灵敏性是市场成熟和市场效率的标志。工程定额就是把处理过的工程造价数据积累转化成的一种工程造价信息，它主要是指资源要素消耗量的数据，包括人工、材料、施工机械的消耗量。定额管理是对大量市场信息的加工，也是对大量信息进行市场传递，同时也是市场信息的反馈。

在工程承发包过程中招标投标双方之间存在信息不对称问题。投标者知道自己的实力，而招标者不知道，因此两者之间存在信息不对称问题。根据信息传递模型，投标者可以采取一定的行动来显示自己的实力。然而，为了使这种行动起到信息传递的功能，投标者必须为此付出足够的代价。也就是说，只有付出成本的行动才是可信的。根据这一原理，可以根据甲乙双方的共同信息和投标企业的私人信息设计出某种市场进入壁垒机制，把不合格的竞争者排除在市场之外。这样形成的市场进入壁垒不同于地方保护主义所形成的进入壁垒，可以保护市场的有序竞争。

根据工程招投标信息传递模型，造价管理部门一方面要制定统一的工程量清单中的项目和计算规则；另一方面要加强工程造价信息的收集与发布。同时，还要加快建立企业内部定额体系，并把是否具备完备的私人信息作为企业的市场准入条件。施工企业内部定额既可以作为企业进行成本控制和自主报价的依据，还可以发挥企业实力的信息传递功能。

建设工程概预算的各项技术经济文件均以价值形态贯穿整个建设过程之中，建设工程概预算的衡量标准，即工程定额也贯穿整个建设过程之中，没有工程定额就无法编制建设工程概预算，工程定额是建设工程概预算的基础和依据。工程定额与建设工程概预算的关系图，如图 1-1 所示。

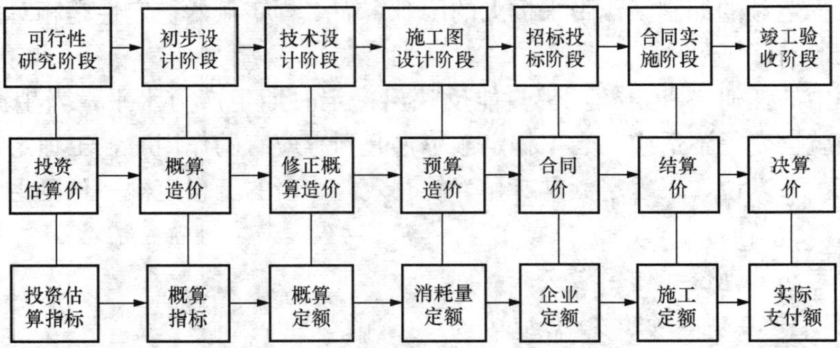

图 1-1 工程定额与建设工程概预算的关系图

2. 工程定额在建设工程管理中的作用

建设工程的特点决定了建设工程投资的特点，建设工程投资的特点又决定了建设工程投资的形成，必须依靠工程定额来进行计算。

（1）每个建设工程都是由单项工程、单位工程、分部分项工程组成的，需分层次计算，而分层次计算则离不开工程定额。

（2）国家应制订统一的工程量计算规则、项目划分、计量单位，企业在这三个统一的基础上，在国家定额指导下，结合本企业的管理水平、技术装备程度和工人的操作水平等具体情况，编制本企业的投标报价定额，依据企业定额形成的报价才能在市场竞争中获取较大的优势。

(3) 在建设工程投资的形成过程中，工程定额有其特定的地位和作用。

(4) 工程定额编制的依据之一是有代表性的已完工程价格资料，通过对其整理、分析、比较，作为编制的依据和参考，有其真实性、合理性和适用性，对建设工程投资的形成也有指导意义。

(三) 建设项目的组成

为便于对建设工程管理和确定建筑产品价格，将建设项目的整体根据其组成进行科学的分解，划分为若干个单项工程、单位（子单位）工程、分部（子分部）工程、分项工程、子项工程。

1. 单项工程

单项工程又称工程项目，是指在一个建设项目中，具有独立的设计文件，竣工后可以独立发挥生产能力或效益的一组配套齐全的工程项目。单项工程是建设项目的组成部分。一个建设项目可以是一个单项工程，也可以包括多个单项工程。例如，一座工厂中的各个生产车间、仓库、锅炉房、办公楼等；一所学校中的各教学楼、图书馆、学生宿舍、食堂等；铁路站舍、编组站、公路停车场等，都是具体的单项工程。由此可见，单项工程是具有独立存在意义的一个完整工程，也是一个较为复杂的综合体。

单项工程建筑产品的价格，是依据消耗量定额或企业定额编制单项工程综合概预算或投标价来确定的。

2. 单位工程

单位工程是指竣工后一般不能独立发挥生产能力或效益，但具有独立设计，可以独立组织施工的工程。单位工程是单项工程的组成部分。对于建筑规模较大的单位工程，可将其能形成独立使用功能的部分再分为几个子单位工程。单位工程按照投资构成可分为建筑工程、设备安装工程等几大类。而每一类中又可按专业性质及作用不同分解为若干个子单位工程。例如，建筑工程还可以根据其中各个组成部分的内容，分为一般土建工程、特殊构筑物工程、工业管道工程、室内卫生工程、室内电气照明工程等子单位工程；设备安装工程可分为机械设备安装、通风设备安装、电气设备安装、热力设备安装等子单位工程。几幢同类型的建筑物不能作为一个单位工程。

单位工程一般是进行工程成本核算的对象。在定额计价形式下，单位工程产品价格是依据消耗量定额编制单位工程施工图预结算这一特殊方式确定的；在清单计价形式下，单位工程产品价格是依据企业定额由投标单位根据工程量清单报价的方式确定的。

3. 分部工程

分部工程是单位工程的组成部分。按照工程部位、设备种类和型号、工种和结构的不同，可将一个单位工程分解为若干个分部工程。例如，房屋的土建工程，按其不同的工种、不同的结构和部位可分为土石方工程、砌筑工程、钢筋及混凝土工程、门窗工程、装饰工程等。当分部工程较大或较复杂时，可按材料种类、施工特点、施工程序、专业系统及类别等划分为若干子分部工程。例如，装饰工程可分为楼地面工程、天棚工程等。

4. 分项工程

分项工程是分部工程的组成部分。按照不同的施工方法、不同的材料、不同的内容，可将一个分部工程分解为若干个分项工程。例如，砌筑工程（分部工程）可分为砖墙、毛石墙等分项工程。

5. 子项工程

子项工程（子目）是分项工程的组成部分，是工程中最小单元体。例如，砖墙分项工程可分为240砖外墙、365砖外墙等。子项工程是计算人工、材料、机械及资金消耗的最基本的构造要素。单位估价表中的单价大多是以子项工程为对象计算的。

建设项目组成示意图如图1-2所示。

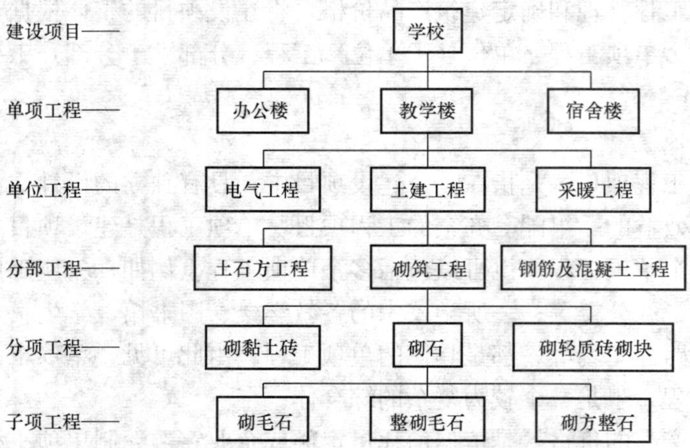

图1-2 建设项目组成示意图

（四）建筑产品的计价

1. 建筑产品价值

价值是价格的基础。商品的价值用货币形态表现出来，就是价格。

按照马克思的再生产理论，社会产品的价值组成应该包括物化劳动、活劳动消耗和新创造的价值，即C（不变资本）+V（可变资本）+M（剩余价值）三部分。建筑产品是商品，其价值同样应由三部分组成：①建造过程中所消耗的生产资料的价值（C），其中包括建筑材料、燃料等劳动对象的耗费和建筑机械等劳动手段的耗费；②劳动者为满足个人需要的生活资料所创造的价值（V），它表现为建筑职工的工资；③劳动者为社会和国家提供的剩余产品的价值（M），它的价值表现为利润等。

2. 建筑产品成本项目

根据建筑产品的特点，便于建筑产品成本的比较和分析考核，建筑产品生产费用一般按照经济用途分类。

建筑工程成本项目由人工费、材料费、施工机械使用费、措施费、企业管理费、规费组成。

3. 建筑产品的计价特点

由于建筑产品自身的特点，需采用特殊的计价方式单独定价。其定价的基本原理是将最基本的工程项目作为假定产品计算出单位工程造价。所谓假定产品，是指消耗量定额中或工程量清单中所规定的工程项目。它们是最基本的分项或子项工程，与完整的工程项目不同，无独立存在的意义，只是建筑安装工程的一种因素，是为了确定建筑安装单位工程产品价格而分解出来的一种假定产品。

确定单位工程建筑产品价格，首先确定单位假定产品（分项或子项工程）的人工、材料、机械台班消耗指标（定额），然后确定人工、材料、机械台班价格（单价），再用货币形式计算单位假定产品的价格（工程单价），作为建筑产品计价基础；其次根据施工图纸及工程量计算规则分别计算出各工程项目的工程量，再分别乘以工程单价，计算出建筑产品的直接费用成本，并以直接费用成本为基础计算出间接费成本。最后再计算利润和税金，汇总后构成建筑产品的完全价格。也可以根据工程量清单和综合单价（包括除规费、税金以外的全部费用）计算工程费用，最后计算规费和税金，汇总后构成建筑产品的工程造价。

（五）工程定额计价的基本程序

我国长期以来，一直采用单一的工程定额计价模式形成工程造价，即按计价定额规定的分部分项子目，逐项计算工程量，套用计价定额（或单位估价表）的单价确定直接工程费，然后按规定的取费标准确定措施费、间接费、利润和税金，加上材料调差系数和适当的不可预见费，经汇总后即为工程预算或标底，而标底则作为评标定标的主要依据。

以定额单价法确定工程造价，是我国采用的一种与计划经济相适应的工程造价管理制度。工程定额计价实际上是国家通过颁布统一的计价定额或指标，对建筑产品价格进行有计划的管理。国家以假定的建筑安装产品为对象，制定统一的预算和概算定额。计算出每一单元子项的费用后，再综合形成整个工程的造价。工程定额计价的基本程序如图 1-3 所示。

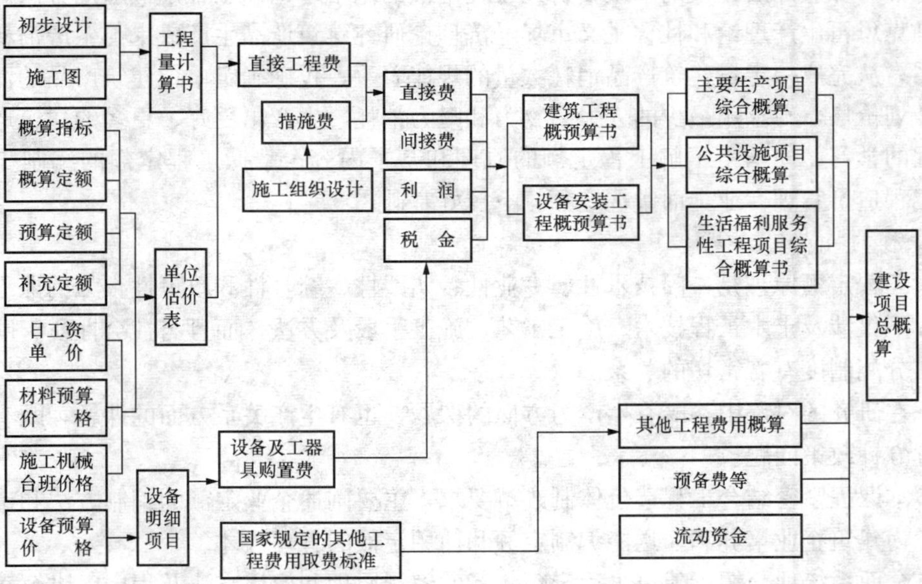

图 1-3　工程定额计价的基本程序示意图

由图 1-3 可知，编制建设工程造价最基本的过程可以分为两大部分：第一是工程量的计算；第二是工程价格的计算。为统一口径，工程量的计算均按照统一的项目划分和工程量计算规则进行计算。工程量确定以后，就可以按照一定的方法确定出工程的成本及盈利，最终就可以确定出工程概预算造价（或投标报价）。定额计价方法的特点就是量与价的结合。概预算的单位价格的形成过程，就是依据概预算定额所确定的消耗量乘以定额单价或市场价，经过不同层次的计算达到量与价的最优结合的过程。这一过程可以用公式进一步表明工程定额计价的基本方法和程序，即

假定建筑产品直接工程费单价＝人工费＋材料费＋机械使用费

其中　人工费 ＝ ∑(人工工日数量人工日工资标准)

材料费 ＝ ∑(材料用量材料预算价格)

机械使用费 ＝ ∑(机械台班用量台班单价)

单位工程直接费 ＝ ∑(假定建筑产品工程量直接工程费单价) ＋ 措施费

单位工程概预算造价＝单位工程直接费＋间接费＋利润＋税金

单项工程概算造价 ＝ ∑ 单位工程概预算造价 ＋ 设备、工器具购置费

建设项目全部工程概算造价 ＝ ∑ 单项工程概算造价 ＋ 预备费 ＋ 有关的其他费用

第四节　课程研究的内容和学习要求

一、课程的性质、任务及特点

1. 课程的性质、任务

本课程是建筑类各专业学生必修的专业课程内容之一，是工程造价管理专业的一门非常重要的主干专业课程，是一门理论性和实践性很强的应用学科。它是在学习了基础课、专业基础课和部分专业课后开设的，主要讲述工程定额的基本理论和工程定额应用方法。其任务是运用马克思再生产理论和社会主义市场经济理论研究建筑产品生产成果与生产消耗之间的定量关系，从完成一定量建筑产品消耗数量的规律着手，正确确定单位建筑产品的消耗数量标准和计划价格，力求用最少的人力、物力和财力消耗，生产出更好、更多的建筑产品。通过该课程的学习，使学生了解工程定额的原理和基本内容；掌握工程定额的编制步骤和方法，为工程造价管理专业全面掌握定额打下良好基础。

2. 课程的特点

(1) 工程定额原理是一门技术性、专业性、实践性、综合性和政策性很强的课程。

(2) 不仅涉及土木工程技术、施工工艺、施工手段及方法，而且与社会性质、国家的方针政策、分配制度有着密切的关系。

(3) 在研究的对象中，既有生产力方面的课题，也有生产关系方面的课题，既有实际问题，又有方针政策问题。

(4) 本课程紧密结合工程造价体制改革要求，主要阐述企业定额的编制方法和市场价格的确定，为建筑企业培养和输送能编制定额和使用定额的管理人才。

(5) 全面系统地介绍了建筑工程定额体系的编制原理和应用方法及程序，讲解建设《建设工程工程量清单计价规范》(GB 50500—2013)，为更好地进行定额计价和清单计价奠定基础。

二、课程研究的内容

本课程研究的主要内容包括建设项目及建设程序、工程定额与建设工程概预算的作用，工程定额的概念、产生与发展、分类和作用，基础定额（包括劳动定额、材料消耗定额、机械台班使用定额），企业定额的概念、作用、编制依据和方法，消耗量定额的概念、作用、编制依据和方法，工程单价和单位估价表，建设工程费用项目组成，工程量清单计价规范，建筑面积计算规范，概算定额与概算指标，投资估算指标与工期定额，工程定额的应用和工程定额信息化建设与管理等。

三、课程的基本要求

(1) 了解建设项目及建设程序的基本概念。

(2) 了解工程定额的概念、产生、发展、分类与作用。

(3) 掌握进行工时消耗研究和材料消耗计算的基本方法与技能。

(4) 了解企业定额的概念、作用、编制依据。

(5) 重点掌握企业定额的编制方法。

(6) 熟悉消耗量定额的概念、作用、编制依据和方法。

(7) 掌握工程单价和单位估价表的编制方法。

(8) 熟悉建设工程费用项目组成，掌握各项费用的计算方法。

(9) 掌握工程量清单计量计价规范的基本内容。

(10) 掌握建设工程工程量清单计价办法。

(11) 掌握建筑面积计算规范计算规定。

(12) 了解概算定额与概算指标的使用方法。

(13) 了解投资估算指标与工期定额的应用方法。

(14) 了解工程定额信息化建设的基本知识。

(15) 在学习了一章内容之后，需就该章所列复习思考题进行复习思考，检查自己能否回答；如不能清楚回答，须及时钻研有关部分，搞懂问题。如有不懂的问题，可通过网络答疑，以便和指导教师及其他学生接触。

复习思考题

1. 何谓定额？何谓工程定额？
2. 怎样看待建设工程定额的形成和发展？
3. 近期发布的造价文件主要有哪些？
4. 简述工程计价依据的内容。
5. 简述工程计价依据的主要作用。
6. 近期国家颁发的定额类文件有哪些？
7. 国家推进信息化建设的内容有哪些？
8. 按定额的编制程序和用途分为哪几类定额？
9. 企业定额与消耗量定额有何区别？
10. 概算定额与概算指标有何区别？
11. 工程定额具有哪些性质？
12. 简述工程定额在社会主义市场经济管理中的地位。
13. 工程定额在建设工程管理中有哪些作用？
14. 单项工程与单位工程有何区别？
15. 建筑工程成本项目由哪些费用组成？
16. 简述工程定额计价的基本程序。

第二章　基　础　定　额

建筑工程中的绝大部分定额的编制工作都是在基础定额的基础上进行的。所谓基础定额，是指建筑工程中，按照生产要素规定的，在正常施工条件和合理的劳动组织、合理使用材料及机械等条件下，完成单位合格产品所必须消耗的人工、材料、机械台班的数量标准。它由劳动定额、材料消耗定额、机械台班定额组成。

按照国家建设行政主管部门的要求，应规范建筑安装工程造价项目内容、工程项目划分、计量单位和工程量计算规则。编制建筑工程人工、材料、机械消耗量的基础定额，供确定标底和投标报价时作参考，并作为宏观调控的手段。劳动力、材料、机戒台班等价格由市场调节。同时要引导施工企业编制自己的企业定额，自主投标报价。

为了尽快适应市场经济的发展和与国际接轨的需要，尽快编制出自己的企业定额，学习和研究基础定额，就具有重要的现实意义。

第一节　劳动消耗定额

劳动消耗定额是一个综合概念，根据用途和使用范围不同，有全国统一劳动定额、地区统一劳动定额和企业内部劳动定额等。以下综合阐述。

一、劳动定额的概念

劳动消耗定额简称劳动定额或人工定额，它规定在一定生产技术组织条件下完成单位合格产品所必需的劳动消耗量的标准。这个标准是国家和企业对工人在单位时间内完成的产品数量、质量的综合要求。它表示建筑安装工人劳动生产率的一个先进合理指标。

全国统一劳动定额与企业内部劳动定额在水平上具有一定的差别。企业应以全国统一劳动定额或地区统一劳动定额为标准结合单位实际情况，制定符合本企业实际的企业内部劳动定额，不能完全照搬照套。

劳动定额按其表现形式有时间定额和产量定额两种。

1. 时间定额

时间定额是指在一定的生产技术和生产组织条件下，某工种、某技术等级的工人小组或个人，完成单位合格产品所必须消耗的工作时间。定额工作时间包括工人的有效工作时间、必需的休息时间和不可避免的中断时间。时间定额以工日为单位，每一个工日按 8h 计算，计算方法为

$$\text{单位产品时间定额(工日)} = \frac{1}{\text{每工产量}}$$

$$\text{单位产品时间定额(工日)} = \frac{\text{小组成员工日数的总和}}{\text{台班产量(班组完成产品数量)}}$$

例如，2009 年国家人力资源和社会保障部、住房和城乡建设部联合发布的《建筑工程劳动定额》规定：砌 $1m^3$ 一砖厚单面清水砖墙，时间定额是 0.684 工日。它的工作内容包

括砌墙面艺术形式、墙垛、平碳及安装平碳模板，梁板头砌砖，梁板下塞砖，楼楞间砖，留楼梯踏步斜槽，留孔洞，砌各种凹进处、山墙泛水槽，安放木砖、铁件，安放 60kg 以内的预制混凝土门窗过梁、隔板、垫块，以及调整立好后的门窗框等全部操作过程。

时间定额是在实际工作中经常采用的一种劳动定额形式，它的单位单一，具有便于综合、累计的优点。在计划、统计、施工组织、编制预算中经常采用此种形式。

2. 产量定额

产量定额是指在一定的生产技术和生产组织条件下，某工种、某技术等级的工人小组或个人，在单位时间（工日）内完成合格产品的数量。其计算方法为

$$\text{产量定额}=\frac{1}{\text{单位产品时间定额(工日)}}$$

$$\text{台班产量}=\frac{\text{小组成员工日数的总和}}{\text{单位产品时间定额(工日)}}$$

产量定额的计量单位，以单位时间的产品计量单位表示，如 m^3、m^2、t、块、根等。产量定额具有形象化的特点，在工程施工时便于分配任务。

产量定额是根据时间定额计算的。其高低与时间定额成反比，两者互为倒数关系，即

$$\text{时间定额}=\frac{1}{\text{产量定额}}$$

$$\text{产量定额}=\frac{1}{\text{时间定额}}$$

$$\text{时间定额}\times\text{产量定额}=1$$

例如：砌 $1m^3$ 一砖厚单面清水砖墙，时间定额是 0.684 工日。那么每工产量为 $\frac{1}{0.684}=1.462$（m^3）；反之，时间定额为 $\frac{1}{1.462}=0.684$（工日）。

二、劳动定额的作用

在社会主义历史阶段中，劳动定额的作用主要表现在组织生产和按劳分配两个方面。具体作用如下：

(1) 制定建筑工程定额的依据。

(2) 计划管理下达施工任务书的依据。

(3) 作为衡量劳动生产率的标准。

(4) 按劳分配和推行经济责任制的依据。

(5) 推广先进技术和劳动竞赛的基本条件。

(6) 建筑企业经济核算的依据。

(7) 确定定员编制与合理劳动组织的依据。

三、劳动定额制定的基本原则

1. 定额水平“平均先进”

定额水平既不能反映少数先进水平，更不能以后进水平为依据，而只能采用平均先进水平。这样，才能代表社会生产力的水平和方向，推进社会生产力的发展。所谓平均先进水平，是指在施工任务饱满、动力和原料供应及时、劳动组织合理、企业管理健全等正常施工条件下，多数工人可以达到或超过，少数工人可以接近的水平。多年经验表明：定额水平过

低，既起不到提高工人劳动生产率和促进生产的作用，还会鼓励惰性并造成劳动力和工资的浪费，造成许多不良后果。定额水平过高，大多数工人达不到定额，会挫伤工人生产积极性，以及企业经营的积极性，还会不合理地减少工人的劳动报酬。平均先进的定额水平，既要反映各项先进经验和操作方法，又要从实际出发，区别对待，综合分析利弊，使定额水平做到合理可行。

2. 结构形式“简明适用”

定额项目划分合理，步距大小适当，文字通俗易懂，计算方法简便，易于工人掌握和运用，在较大范围内满足不同情况和不同用途的需要。

(1) 项目划分合理，即定额项目齐全和粗细恰当。所谓项目齐全，是指施工中一些常用的主要项目，都能编入定额中。全国统一定额应尽可能地把已经成熟和普遍推广的新工艺、新技术、新材料纳入定额。地方和企业要把暂时的、带有局部性的项目，编入补充定额，以扩大定额适用范围。所谓项目粗细恰当，即粗而精确，细而不繁。项目粗，形式虽简明，但精确度低；项目细，精确度高，但计算复杂，使用不便。一般来说，对于重要的、价值高的项目划分细些，对于次要的、价值低的项目应划分粗些，尽量减少项目的数量，使项目划分粗细恰当。

(2) 步距大小适当。步距是指同类工作过程相邻定额之间的水平间距。步距大，则定额项目减少，但精确度降低，影响按劳分配，工人苦乐不均；步距小，定额项目增多，精确度高，有利于按劳分配，但计算和管理复杂，编制定额的工作量大，使用不便。一般来说，对主要工种，主要的和常用的项目，步距应小些；对次要工种，不常用的项目，步距可适当大些。

(3) 文字通俗，计算简便。定额文字说明和注解，应简单明了，通俗易懂，名词术语应通用。计算方法要简化，群众易于掌握运用。项目划分、单位确定都应与实际相符。

3. 编制方法“专群结合”

劳动定额要有专门机构负责组织专职定额人员和工人、工程技术人员相结合，以专职人员为主进行编制。定额的编制，离不开工人群众，因为工人群众是生产实践活动的主体，是劳动定额的直接执行者，他们熟悉生产，了解消耗情况，知道定额的执行情况和问题。所以编制定额时，必须取得工人的配合和支持，使定额具有群众基础。

上述编制定额的三个重要原则，是相互联系、相互作用的，缺一不可。

四、工作研究

工作研究是施工方法研究和定额时间研究的总称。工作研究的特点是在现有资源条件下，通过重新组合生产要素，优化作业流程，改进操作方法等来消除浪费，节约时间和资源，提高系统的生产率和经济效益。工作研究包含施工方法研究和定额时间研究两部分。

工作研究要解决的基本问题是：在完成一项工作时，总存在如何确定一种更好的、可行的方法问题，以及如何确定人们所需花费的工作时间能够有助于提高工作效率和劳动生产率问题。工作研究所包含的动作研究和时间研究技术恰恰能够解决这个问题，而且动作和时间研究还可以提供几种工具，用以确定工作目标，制定达到目标的计划方案和工作负荷，确定所需资源及控制工作的完成时间，并将实际完成的情况与原计划比较，作出必要的评价。

研究施工中的工作时间，最主要的目的是确定施工的时间定额或产量定额，也称为确定时间标准。动作研究在施工生产中的具体运用就是施工过程的研究。

工作研究和定额的制订、推行有着密切的关系。从总体概念来说，工时和机时定额的制订和贯彻就是工作研究的内容，是工作研究在生产和管理中的具体运用。

1. 施工方法研究

施工方法研究又包括施工过程分析和动作研究，其中施工过程分析是动作研究的前提。对施工过程进行研究，是在施工过程分类的基础上进行的。对它的研究方法常常采用模型分析的方法。模型可分为实物模型、图式模型和数学模型三种。其中图式模型是常用的基本方法。动作研究也称细微动作研究。其目的：①改善复杂的操作方法；②训练工人，使之有动作的概念。

(1) 施工过程分析。施工过程分析是将现行作业流程进行系统地记录、描述，然后对它进行分析和改进。定额时间是根据先进合理的施工条件对施工过程（生产过程）进行观察、研究和分析后制定的。因此在制定定额之前，必须对施工过程进行深入研究。

1) 施工过程的含义与分类。施工过程是在施工现场范围内所进行的建筑安装活动的生产过程。按照工艺特点，施工过程可分为循环施工过程和非循环施工过程。根据使用工具设备的机械化程度，施工过程又可分为手动施工过程和机械施工过程。按施工过程的性质不同，可以分为建筑过程、安装过程和建筑安装过程。

2) 施工过程的组成。根据施工过程组织上的复杂程度，可以将施工过程分解为复合过程、工作过程、工序、操作和动作。施工过程的组成如图 2-1 所示。

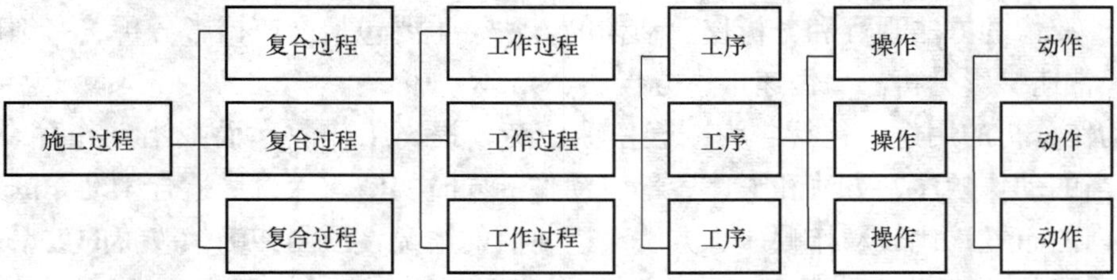

图 2-1 施工过程的组成

a. 复合过程。复合过程又称综合工作过程，由几个工作过程所组成，同时进行，在组织上有机地联系在一起，并且最终能获得一种产品的施工过程的总和。例如，整个砌墙工程、抹灰工程等都是复合过程。

b. 工作过程。工作过程是由同一工人（小组）所完成的在技术操作上相互联系的工序的组合。例如，砌砖、运砂浆、搅拌砂浆等都是工作过程。

c. 工序。工序是在组织上不可分割，而在技术上属于同类操作的组合。工序的基本特点是工人、工具和材料固定不变。在工作中若其中一项发生变化，即表明已由一个工序转入了另一个工序。例如，铺灰、摆砖等都属工序。

d. 操作。操作是工序的组成部分。例如，铺灰工序可以分解为铲灰、摊灰两项操作。

e. 动作。动作是一次性的，是操作的组成部分。例如，铲灰操作可分为拿铲、铲灰、抛灰等动作。

把施工过程进行分解，测定每一个组成部分的工时消耗，分析它们之间的关系和其衔接时间，再考虑其他必要的消耗时间，便可以定出不同研究对象的时间定额。通常在制定定额时，只把施工过程分解到工序为止。只有在研究和总结先进工作者的工作时，才把施工过程分解到操作或动作。

（2）动作研究。动作研究，也称为工作方法研究。它是把某项作业的动作分解为最小的动作单元（动素），来对作业进行分析，找出最合理的动作，从而使作业时间缩短，并使作业达到标准化，这种方法对于手工操作的作业非常有用。

1）动作分析概述。动作研究则是在程序决定后，研究人体各种操作动作的浪费，以寻求省力、省时、安全的最经济的方法。动作分析的实质是研究分析人在进行各种工作操作时的细微动作，删除无效动作，使操作简便有效，以提高工作效率。其内容为：发现操作人员的无效动作或浪费现象，简化操作方法，减少工人疲劳，在此基础上制定出标准的操作方法，为制定动作时间标准做技术准备。它包括动素分析、影像分析、动作经济原则等内容。

a. 动作。动作是指工艺流程和作业的具体实施方法，如为寻找、握取、移动、装配必要的目的物，操作者身体各个部位的每一个活动。动作可大致分为加工、移动、握持、等待四类。

b. 动作分析。动作分析是指按操作者实施的动作顺序观察动作，用特定的记号记录以手、眼为中心的人体各部位的动作内容，把握实际情况，并将上述记录图表化，以此为基础，判断动作的好坏，找出改善着眼点的一套分析方法。

c. 动作分析方法。方法一：目视动作观察法，分析者直接观测实际的作业过程，并将观察到的情况直接记录到专用表格上的一种分析方法，主要包括动素分析法和双手操作分析法。方法二：影像动作观察法，通过录像和摄影，用胶卷和录像带记录作业的实施过程，再通过放影、放像的方法观察和分析作业动作的方法，主要包括高速摄影分析法（细微动作影像分析）、常速摄影分析法、慢速摄影分析法、VTR 分析法。

d. 动作分析的用途。包括：为减轻作业疲劳，提高工作效率而找出动作存在的问题；探讨最适当的动作顺序、方法和人体各部位动作的同时实施；探讨最适合于动作的工夹具和作业范围内的布置；比较动作顺序、方法改进前后的情况，预测和确认改善的效果；用记号和图表一目了然地说明动作顺序和方法；改善动作顺序和方法，制定最适当的标准作业方法；提高能细微分析动作和判断动作好坏的动作意识。

2）动素分析。通过观察手、足动作和眼、头活动，把动作的顺序和方法与两手、眼的活动联系起来详尽地进行分析，用动素记号记录和分类，找出动作顺序和方法存在的问题，单手等待及不合理动作、浪费的动作等问题并加以改进的一种分析方法。

动素分析的目的：把动作分类归纳成为 18 种基本动作，了解每个动作的过程和状态，明确动作顺序、方法与双手、眼、足、头等人体各个部位动作之间的关系。把握人体各部位是否同时动作。确认各动作的合理性，找出存在的浪费、不合理性和不稳定性。区别必要动作、辅助动作和不必要动作，找出产生后两类动作的原因。

a. 动素。人们在进行动作研究时发现，很多动作均由操作者双手完成，所有人力操作均包括一些基本动作。这些基本动作统称为“动素”。动素可分为有效动素、辅助动素、无效动素三大类，共 18 种。有效动素是指进行作业时必要的动作，共 9 种，包括伸手、抓取、移物、定位、装配、拆卸、使用、放开、检验。辅助动素是指为完成作业动素而必需的动素。它将会延缓作业动素的实施，作业时间会消耗过多，降低了作业效率，共有 5 种，包括寻找、发现、选择、思考、预定。无效动素是指对作业进行无任何作用的动作，是动素分析中一定要设法取消的动素，也称为第三类动素，共有 4 种，包括保持、不可避免的延迟、可以避免的延迟、休息。

b. 动素分析的步骤。第一步，找出作业中存在的问题，决定应进行动素分析的作业；第二步，动素分析的准备：动素分析表、记录纸、秒表、卷尺等；第三步，动素分析的实施；第四步，讨论分析结果，确定改进方案。

c. 动素的讨论分析。通过讨论，选取高效易行的作业方法和最适当的动作顺序，作为选择工具与作业环境布置安排时的参考资料，制订正确易行的标准作业方法，培养动作意识。

3）动作经济原则。动作经济原则，就是人为了以最低限的疲劳获取最高的效率，寻求最合理的动作时应遵循的原则。根据这些原则，任何人都能检查作业动作是否合理。

动作经济原则是更好改善动作的原则，不仅要改善操作方法以便轻快动作，还要改善相关的物料、工具与机器的功能、布置和形状以便于动作。

a. 动作经济的四条基本原则。第一，减少动作的数量，即是否有多余的搜索、选择、思考和预置，是否便于把握和装配；第二，双手同时进行动作，即双手中的某一只手是否处于拿物或空闲状态；第三，缩短动作的距离，即是否用不必要的大动作进行作业；第四，轻松动作，即能否减少基本动素数，是否处于难以操作的不合理姿势，是否是需要力量的动作。

b. 动作经济原则的作用。回归到动作方法应有的基础上，从作业中找出不符合动作经济原则之处。用动作经济原则核查动作方法、作业现场布置、使用的工具和机器，把握改善的要点。

c. 应用动作经济原则的目的。发现作业动作中不满足动作经济原则之处，取消作业动作中存在的不合理、不稳定和无用的动作。取消作业中容易造成疲劳和失误的原因，使操作者保持良好的状态，有节奏的作业。掌握动作经济原则，提高动作意识、问题意识和改善意识，经常构思和运用高效的作业动作。

d. 动作的三要素。动作的三要素是指动作方法、作业现场布置、工具与机器三要素。

第一，动作方法。根据动作经济原则，分析观察作业，发现和取消无用的动作，合并两个以上的动作。

第二，作业现场布置。根据操作者动作的方便性来考虑作业场所的配置与放置方式。

第三，工具与机器。应在操作者正在从事的作业或细微动作中找出并非一定靠人才能完成的工作，探讨其是否能用工具和机器来代替。

2. 定额时间研究

定额时间研究，也称为时间衡量。定额时间研究包括标准时间的制定和工作抽样，作业标准和工时定额指标是分析和改进现行作业的参照依据。定额时间研究和动作研究有着密切关系。

定额时间研究是各种时间测定技术的总称。通过时间研究制定各种作业动作的标准时间，确定工时定额，并应用工作抽样等方法来评价现行工作的时间利用情况及工作效率。

生产过程中工作人员消耗的一切时间，从管理的角度都可以把它分为定额时间与非定额时间两部分。提高劳动生产率，首先应减少非定额时间，而定额时间部分则应该通过工作研究、工艺改进和管理改善等方法逐步降低。

将工时消耗分为定额时间和非定额时间两部分，是从操作者的角度来研究工作时间是如何被消耗掉的。而劳动定额的时间构成，则是从工作任务的角度出发，来研究定额时间是由哪几部分时间组成的。

劳动定额制定后不是一成不变的，伴随着熟练程度的提高、技术的进步，应该进行相应的调整和修订，而且不同企业对于同一活动的劳动定额也不同。

工作时间分类。研究施工中的工作时间，最主要的目的是确定施工的时间定额和产量定额。研究施工中工作时间的前提，是对工作时间按其消耗性质进行分类，以便研究工时消耗的数量及其特点。

工作时间，指的是工作班延续时间。由于工人工作和机械工作的特点不同，工作时间应按工人工作时间和机械工作时间两部分进行分析。

（1）工人工作时间分析。工人在工作班内消耗的工作时间，按其消耗的性质，基本可以分为定额时间和非定额时间（损失时间）两部分。工人工作时间分析图如图2-2所示。

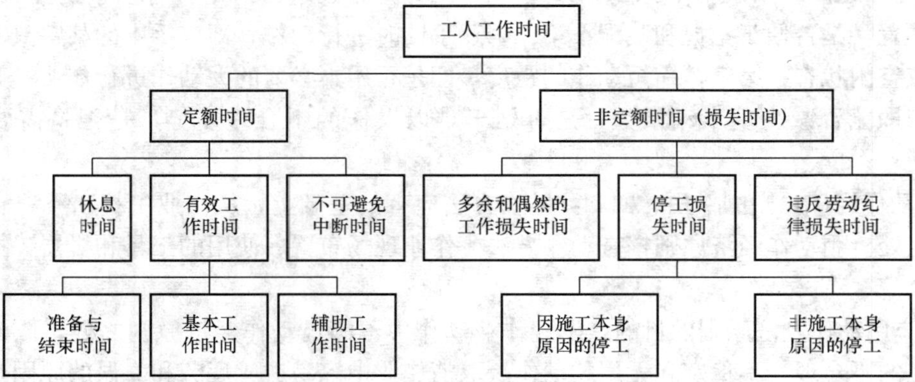

图2-2 工人工作时间分析图

1）定额时间是为完成某一部分建筑产品所必须消耗的工作时间。它是由休息时间、有效工作时间及不可避免的中断时间三部分组成。其中：

休息时间：是指工人为了恢复体力所必需的暂时休息，以及工人生理需要（喝水、小便等）所消耗的时间。

不可避免的中断时间：这是由于在施工中技术操作及施工组织本身的特点所必须中断的时间，如汽车司机等候装货、安装工人等候屋架起吊时所消耗的时间。

有效工作时间：指对工人完成生产任务起着积极效果所消耗的时间。它包括准备与结束时间、基本工作时间和辅助工作时间。其中：

准备与结束时间：指工人在工作开始前的准备工作（如研究图纸、接受技术交底、领取工具等）和下班前或任务完成后的结束工作（如工具清理、工作地点的清理等）。

基本工作时间：指工人直接完成某项产品所必须消耗的工作时间。

辅助工作时间：指为完成基本工作而需要的辅助工作时间（如浇混凝土前先润湿模板，砌砖中起线、收线等）。

2）非定额时间是指非生产必需的工作时间（损失时间）。它由多余和偶然工作损失时间、停工损失时间和违反劳动纪律的损失时间三部分组成。其中：

多余和偶然工作损失时间：指在正常施工条件下不应发生的或是意外因素所造成的时间消耗。如产品质量不合格的返工、扶起倾倒的手推车等。

违反劳动纪律的损失时间：指工人迟到、早退、擅自离开工作岗位、工作时间闲谈等影响工作的时间；也包括个别人违反劳动纪律而影响其他工人无法工作的工时损失。

停工损失时间：指工作班内工人停止工作而造成的工时损失。它可以分为施工本身造成的和非施工本身造成的两种停工时间。

因施工本身原因的停工：指由于施工组织不当所造成的停工（如停工待料等）。

非施工本身原因的停工：指由于外部原因造成的停工（如气候突变、停水、停电等）。

（2）机械工作时间的分析。机械工作时间分为定额时间和非定额时间（损失时间）两大类。机械工作时间分析图如图 2-3 所示。

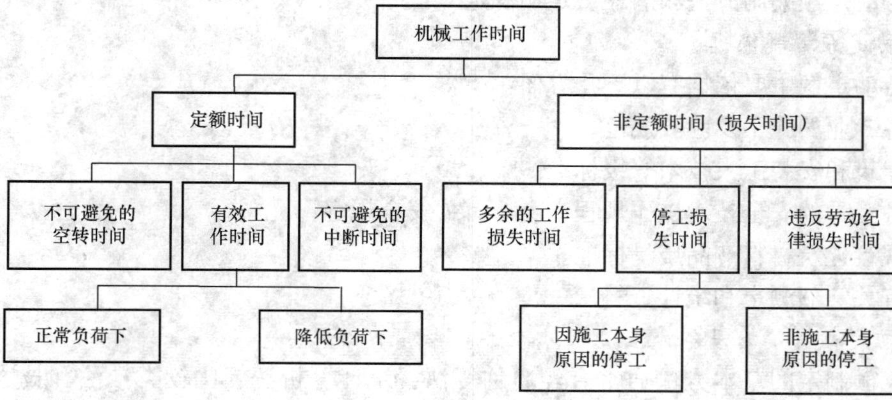

图 2-3 机械工作时间分析图

1）定额时间包括有效工作时间、不可避免的空转时间和不可避免的中断时间三部分。其中：

有效工作时间：包括正常负荷下的工作时间和降低负荷下的工作时间。正常负荷下的工作时间是指机械在其说明书规定的正常负荷下进行工作的时间。降低负荷下的工作时间是指由于受施工的操作条件、材料特性的限制，造成机械在低于其规定的负荷下工作的时间。如汽车装运某种货物，其体积大、重量轻，而不能充分利用其载重吨位。如果是由于工人或技术人员的过错所造成的施工机械在降低负荷的情况下工作的时间不能作为计算时间定额的基础。

不可避免的中断时间：是指由于技术操作和施工过程组织的特性，而造成的机械工作中断时间。它与工艺过程的特点、机器的使用和保养、工人休息有关，所以它又可分为三种。第一，与工艺过程特点有关的不可避免的中断工作时间，有循环的和定期的两种。循环的不可避免中断，是在机器工作的每一个循环中重复一次，如汽车装、卸货的停歇时间。定期的不可避免中断，是经过一定时期重复一次。第二，与机器有关的不可避免的中断工作时间，是由于工人进行准备与结束工作或辅助工作时，机器停止工作而引起的中断工作时间。第三，因工人必需的休息时间而引起的机械工作中断时间。工人休息时间应尽量利用与工艺过程有关的不可避免的中断时间进行休息，以充分利用工作时间。

不可避免的空转时间：是指由施工过程特点和机械结构特点造成的机械的空转时间，如铲运机返回到铲土地点。

2）非定额时间包括多余的工作时间、停工损失时间、违反劳动纪律的损失时间三部分。

多余的工作时间：是指可以避免的机械无负荷下的工作或者在负荷下的多余工作。前者如工人没及时给混凝土搅拌机装料而引起的空转，后者如混凝土搅拌机搅拌混凝土时超过规定的搅拌时间等。

停工损失时间：是指由于施工本身和非施工本身所造成的停工时间。前者是由于施工组织不完善、机械维护不良引起的停工。后者是由于气候条件（暴风雨等）和外来的原因（如水电源中断）引起的停工。

违反劳动纪律的损失时间：是指由于工人迟到、早退或擅离岗位和其他违反劳动纪律的行为而引起的机械停歇。

五、劳动定额编制方法和消耗量定额确定

1. 劳动定额编制依据

编制劳动定额主要依据有以下几方面：

(1) 各专业的施工及验收规范。

(2) 建筑和安装工人技术等级标准。

(3) 各工种的安全技术操作规程和企业有关安全规定。

(4) 现行建筑材料产品质量标准。

(5) 有关定额测定和统计资料。

2. 劳动定额制定的基本方法

劳动定额制定的基本方法通常有经验估算法、统计分析法、比较类推法和技术测定法四种。

(1) 经验估算法。一般是根据定额人员、生产管理技术人员和老工人的实践经验，并参照有关技术资料，通过座谈讨论、分析研究和计算而制定定额的方法。这种方法的优点是：定额制定较为简单，工作量小，时间短，不需要具备更多的技术条件；缺点是：定额受估工人员的主观因素影响大，技术数据不足，准确性差。此种方法只适用于批量小，不易计算工作量的生产过程，通常作为一次性定额使用。

(2) 统计分析法。是根据一定时期内生产同类产品各工序的实际工时消耗和完成产品数量的统计，经过整理分析制定定额的方法。其优点是：方法简便，比经验估计法有较多的统计资料为依据；缺点是：原有统计资料不可避免地包含着一些偶然因素，以致影响定额的准确性。此种方法适用于生产条件正常、产品稳定、批量大、统计工作制度健全的生产过程定额的制定。

(3) 比较类推法。也称典型定额法，是以同类型产品定额项目的水平或技术测定的实耗工时为标准。经过分析比较，类推出同一组定额中相邻项目定额水平的方法。这种方法简便、工作量少，只要典型定额选择恰当，切合实际，具有代表性，类推出的定额水平一般比较合理。如果典型选择不当，整个系列定额就会有偏差。这种方法适用于定额测定较困难，同类型项目产品品种多、批量少的施工过程。

(4) 技术测定法。是在正常的施工条件下，对施工过程各工序工作时间的各个组成要素，进行工作日写实、测定观察，分别测定每一工序的工时消耗，然后通过测定的资料进行分析计算来制定定额的方法。它是一种典型的调查研究方法。其优点是：通过测定可以获得制定定额工作时间消耗的全部资料，有充分的依据，准确度较高，是一种科学的方法；缺点是：定额制定过程比较复杂，工作量较大、技术要求高，同时还需要做好工人思想工作。这种方法适用于新的定额项目和典型定额项目的制定。

上述四种方法可以结合具体情况具体分析，灵活运用，在实际工作中常常是几种方法并用。

3. 测定时间消耗的计时观察法

(1) 计时观察法的概念、目的、具体用途和特点。

1) 计时观察法的概念。计时观察法，是研究工作时间消耗的一种技术测定方法，在机械水平不太高的建筑施工中得到较为广泛的采用。

2) 计时观察法的目的。在施工中运用计时观察法的主要目的，在于查明工作时间消耗的性质和数量；查明和确定各种因素对工作时间消耗数量的影响；找出工时损失的原因和研究缩短工时、减少损失的可能性。

3) 计时观察法的具体用途。

a. 取得编制施工的劳动定额和机械定额所需要的基础资料和技术根据。

b. 研究先进工作法和先进技术操作对提高劳动生产率的具体影响，并应用和推广先进工作法和先进技术操作。

c. 研究减少工时消耗的潜力。

d. 研究定额执行情况，包括研究大面积、大幅度超额和达不到定额的原因，积累资料、反馈信息。

4) 计时观察法的特点。能够把现场工时消耗情况和施工组织技术条件联系起来加以考察。计时观察法的局限性，是考虑人的因素不够。

(2) 计时观察前的准备工作。

1) 确定需要进行计时观察的施工过程。

2) 对施工过程进行预研究。

3) 选择施工的正常条件。

4) 选择观察对象。

5) 调查所测定施工过程的影响因素。

6) 其他准备工作。

(3) 计时观察方法。对施工过程进行观察、测时，计算实物和劳务产量，记录施工过程所处的施工条件和确定影响工时消耗的因素，是计时观察法的主要内容和要求。计时观察法种类很多，其中最主要的有三种。

1) 测时法。测时法是适用于观测与研究施工过程中循环组成部分工作时间消耗的一种方法，不研究工人休息、准备与结束及其他非循环的工作时间。

采用测时法时，其所需观察次数在所要求的精确度下，可根据误差理论求得，见表2-1。

表2-1中稳定系数为

$$K_P = \frac{t_{max}}{t_{min}} \tag{2-1}$$

式中 t_{max}——测定的数组中经整理后的最大值；

t_{min}——测定的数组中经整理后的最小值。

算术平均值精确度 E 可按式（2-2）求得，即

表 2-1 测时法所需的观察次数表

稳定系数 K_P	要求的算术平均值精确度 E(%)				
	3	5	10	15	20
	观察次数				
1.1	6	4	3	—	—
1.3	22	10	5	4	—
1.5	45	19	7	5	4
1.8	91	33	11	7	5
2.0	125	45	14	8	6
2.5	205	75	21	11	8
3.0	278	100	25	14	10

$$E = \pm \frac{1}{\bar{x}} \sqrt{\frac{\sum \Delta^2}{n(n-1)}} \tag{2-2}$$

式中 n——观察次数；

Δ——每次观察值与算术平均值之差；

$\bar{x}$——算术平均值。

按照记录时间的方法不同，测时法又可分为选择测时法和连续测时法两种。

a. 选择测时法。又叫间隔计时法或重点计时法，它不是连续测定施工过程的全部循环组成部分，而是有选择地进行测定。这种方法简单，容易掌握，但精确度较低。

b. 连续测时法。也称接续测时法，是对施工过程循环的组成部分，进行不间断地连续观测，中间没有遗漏项目。这种方法测定结果比较准确，但观测技术要求高。

2）写实记录法。写实记录法可以用于研究各种工时的消耗，包括准备与结束时间、基本工作时间、辅助工作时间、不可避免的中断时间、休息时间，以及各种损失时间。通过写实记录可以获得分析工作时间消耗和制定定额所必需的全部资料。这种测定方法比较简单，易于掌握，并能保证必需的精确度。因此，写实记录法在实际工作中应用甚为广泛。

写实记录法可分为个人写实和集体写实两种。由一个人单独操作或产品数量可单独计算时，采用个人写实记录。如果由小组操作，而产品数量又无法单独计算时，可采用集体写实记录。

根据记录时间的不同，写实记录法可分为数示法、图示法和混合法三种。采用写实记录法进行观测时，观测所需要的总延续时间，可参考表 2-2 确定。

a. 数示法。这种方法是指测定时直接用数字记录时间的方法，记录时间的精确度为5～10s。数示法用来对整个工作日或半个工作日进行长时间观察，能反映工人或机器工作日全部情况。这种方法适用于组成部分较少、比较稳定的施工过程。

b. 图示法。这种方法是指测定时在规定格式的图表上用时间进度线条表示工时消耗量的一种记录方式，记录时间的精确度为 0.5～1min。这种方法的主要优点是记录简单，时间记录一目了然，原始记录整理方便。

c. 混合法。这种方法是吸收上述两种方法的优点，以横坐标表示组成部分的延续时间，在进度线上部以数字表示各区段时间的工人数。

表 2-2 写实记录法确定延续时间表

序号	项目	同时测定施工过程的类型数	测定对象		
			单人的	集体的	
				2～3 人	4 人以上
1	被测定的个人或小组的最低数	任一数	3	3 个小组	2 个小组
2	测定总延续时间的最小值（h）	1	16	12	8
		2	23	18	12
		3	28	21	24
3	测定完成产品的最低次数	1	4	4	4
		2	6	6	6
		3	7	7	7

3）工作日写实法。工作日写实法，是对工人或机械在整个工作日（工作班）中的工时消耗情况，按照时间消耗的顺序进行实地观察、记录和分析研究的一种测定方法。

工作日写实法侧重于研究工作日的工时利用情况，总结推广先进生产者或先进班组的工时利用经验，可为制定定额提供必需的准备与结束时间、休息时间、不可避免的中断时间的资料；同时，在详细调查工时利用情况的基础上，找出工时损失的原因，拟改进的技术和组织措施，消除引起工时损失的因素，促进劳动生产率的提高，即检查定额的执行情况、找出缺点、改进工作。

工作日写实法，利用写实记录表记录观察资料，记录方法也同图示法或混合法。记录时间时不需将有效工作时间分为各个组成部分，只需划分适合于技术水平和不适合于技术水平两类，但是工时消耗还需按性质分类记录。

工作日写实法与测时法、写实记录法比较，具有技术简便、费力不多、应用面广和资料全面的优点，在我国是一种采用较广的编制定额的方法。

4. 其他工时研究方法

（1）工作抽样测定法。工作抽样测定法又称作瞬时观测法，是统计抽样理论在工时研究中的具体应用。它是通过对操作者或机械设备进行的随机瞬时观测，记录各种作业项目在生产活动中发生的次数和发生率。由此取得工时消耗资料，推断各观测项目的时间结构或其演变状况，掌握工作现状的一种工时研究方法。与计时观测相比，工作抽样测定法使用工作抽样，观测人员无需在工作现场连续记录，具有省时、省力、适应性广等优点。

工作抽样测定法既可用来确定工时利用率、机械设备利用率，也可用于标准工时规范和定额的制定，特别对间接劳动等工作的定额制定比较有用。因而，这种方法应用十分广泛。

（2）回归分析法。回归分析法是应用数理统计的回归分析原理，对施工生产过程中从事多种作业的一个或几个操作者的工作成果进行分析，确立时间消耗与工作成果之间的一种工时研究方法。在工时研究中，影响工时消耗的各个变量之间的关系是比较复杂的，并受一些随机因素的影响，使变量之间存在着某种相互依赖关系，但某一变量又不被另一变量唯一地确定。因此，可对影响某一工作时间消耗的各种变量之间存在的相互关系进行回归分析，并建立数学模型，以达到确定完成单位产品或工作成果所需工时的目的。

运用回归分析法进行工时研究来制定定额，具有速度快、工作量小等特点，特别是对一些难以直接进行计时观测的工作尤为有效。由于回归分析法是用数学方程式来表示完成某一工作的所需工时，因而可大大简化定额项目。同时，便于采用计算机辅助制定。运用工作日写实法主要有两个目的：①取得编制定额的基础资料。②检查定额的执行情况，找出缺点，改进工作。例如，查明熟练工人是否能发挥自己的专长，确定合理的小组编制和合理的小组分工；确定机器在时间利用和生产率方面的情况，找出使用不当的原因，定出改善机器使用情况的技术组织措施；计算工人或机器完成定额的实际百分比和可能百分比。

（3）预定动作时间标准法。预定动作时间标准法，是运用动作经济原理，把人所操作的作业分解为若干动作要素，对每个动作要素都预先规定时间标准值。要想知道完成某一作业的标准时间，只要针对这个作业操作的动作要素，一个一个地找出它们的时间值，然后加起来，就是这个作业的标准时间。

预定动作时间标准法（Predetermined Time Standard，PTS）的标准时间是经过长期而广泛的实践研究和影像分析得出的。它的优点是几乎适用于所有手工操作，不需要再作直接观察，而且具有较高的精确性。这种方法不适合机器控制的操作和需要人加以仔细思考判断的工作。但是，使用这种方法的人员要经过专门的训练，并要有一定的熟练程度；否则，所得到的结果会有相当大的误差。

5. 确定人工消耗量定额

（1）分析基础资料，拟定编制方案。

1）影响工时消耗因素的确定。根据施工过程影响因素的产生和特点，施工过程的影响因素可分为技术因素和组织因素两类。根据施工过程影响因素对工时消耗数值的影响程度和性质，可分为系统性因素和偶然性因素两类。

2）计时观察资料的整理。对每次计时观察的资料进行整理之后，要对整个施工过程的观察资料进行系统的分析研究和整理。

整理观察资料的方法大多是采用平均修正法。平均修正法是一种在对测时数列进行修正的基础上，求出平均值的方法。修正测时数列，就是剔除或修正偏高、偏低的可疑数值，目的是保证不受偶然性因素的影响。

当测时数列不受或很少受产品数量影响时，采用算术平均值可以保证获得可靠的值。但是，如果测时数列受到产品数量的影响，采用加权平均值则是比较适当的。因为采用加权平均值可在计算单位产品工时消耗时，考虑每次观察中产品数量变化的影响，从而也能获得可靠的数值。

3）日常积累资料的整理和分析。日常积累的资料主要有四类：第一类是现行定额的执行情况及存在问题的资料；第二类是企业和现场补充定额资料，如因现行定额漏项而编制的补充定额资料，因解决采用新技术、新结构、新材料和新机械而产生的定额缺项所编制的补充定额资料；第三类是已采用的新工艺和新的操作方法的资料；第四类是现行的施工技术规范、操作规程、安全规程和质量标准等。

4）拟定定额的编制方案。编制方案的内容包括：①提出对拟编定额的定额水平总的设想；②拟定定额分章、分节、分项的目录；③选择产品和人工、材料、机械的计量单位；④设计定额表格的形式和内容。

（2）确定正常的施工条件。拟定施工的正常条件包括以下内容：

1）拟定工作地点的组织。工作地点是工人施工活动的场所。拟定工作地点的组织时，要特别注意使工人在操作时不受妨碍，所使用的工具和材料应按使用顺序放置于工人最便于取用的地方，以减少疲劳和提高工作效率，工作地点应保持清洁和秩序井然。

2）拟定工作组成。拟定工作组成就是将工作过程按照劳动分工的可能划分为若干工序，以达到合理使用技术工人。可以采用两种基本方法。一种是把工作过程中较简单的工序，划分给技术熟练程度较低的工人去完成；另一种是分出若干个技术程度较低的工人，去帮助技术程度较高的工人工作。采用后一种方法，就把个人完成的工作过程变成小组完成的工作过程。

3）拟定施工人员编制。拟定施工人员编制即确定小组人数、技术工人的配备，以及劳动的分工和协作。原则是使每个工人都能充分发挥作用，均衡地担负工作。

（3）确定人工定额消耗量的方法。时间定额和产量定额是人工定额的两种表现形式。拟定出时间定额，也就可以计算出产量定额。

时间定额是在拟定基本工作时间、辅助工作时间、不可避免的中断时间、准备与结束工作时间，以及休息时间的基础上制定的。

基本工作时间在必须消耗的工作时间中占的比重最大。在确定基本工作时间时，必须细致、精确。基本工作时间消耗一般应根据计时观察资料来确定。其做法是：首先确定工作过程每一组成部分的工时消耗，然后综合出工作过程的工时消耗。如果组成部分的产品计量单位和工作过程的产品计量单位不符，就需先求出不同计量单位的换算系数，进行产品计量单位的换算，然后相加，求得工作过程的工时消耗。

辅助工作和准备与结束工作时间的确定方法与基本工作时间相同。但是，如果这两项工作时间在整个工作班工作时间消耗中所占比重不超过5%～6%，则可归纳为一项，以工作过程的计量单位表示，确定出工作过程的工时消耗。如果在计时观察时不能取得足够的资料，也可采用工时规范或经验数据来确定。可以直接利用工时规范中规定的辅助和准备与结束工作时间的百分比来计算。例如，根据工时规范规定，各个工程的辅助和准备与结束工作、不可避免的中断、休息等项，在工作日或作业时间中所占的百分比，见表2-3。

表2-3　　各工程工时规范

工作项目	疲劳程度	规范时间占工作日						
		准备与结束时间		休息时间		不可避免中断时间		合计
		范围	%	范围	%	范围	%	%
门窗框扇安装、立木楞、吊木楞、铺地楞、钉立墙板条及各种室内木装修的安钉工程	较轻	准备与收拾工具、领会任务单、研究工作、穿脱衣服、转移工作地及组长指导检查等	3.89	大小便、吸烟、喝水、擦汗、消除疲劳的局部休息	6.25			10.14
地板安装、钉天棚板条	中等	同上	3.89	同上	8.33			12.2

附注：计算定额作业时间时，依照下表新列的辅助时间在各工序中相应增加。

工作项目	占工序作业时间（%）	工作项目	占工序作业时间（%）
磨刨刀	12.3	磨线刨	8.3
磨槽刨	5.9	锉锯	8.2
磨凿子	3.4		

利用工时规范计算时间定额公式为

$$工序作业时间 = 基本工作时间 \times (1 + 辅助时间\ \%)$$

例如，现假设测定制作门框刮料，规格为 0.06m×0.12m×2.5m，每根立边的基本时间为 6min，规范中磨刀时间为 12.3%，其工序作业时间为

$$6 \times (1 + 0.123) = 6.74\text{min}$$

$$定额时间 = 作业时间 /(1 - 规范时间\ \%)$$

又假设，工时规范中门框刮料的准备与结束时间、休息时间各占工作日 8h 的 2.95%、8.33%，其定额时间为

$$\frac{6.783}{1-(2.95\% + 8.33\%)} = 7.67\text{min}$$

在确定不可避免的中断时间的定额时，必须注意由工艺特点所引起的不可避免的中断才可列入工作过程的时间定额。

不可避免的中断时间也需要根据测时资料通过整理分析获得，也可以根据经验数据或工时规范，以占工作日的百分比表示此项工时消耗的时间定额。

休息时间应根据工作班作息制度、经验资料、计时观察资料，以及对工作的疲劳程度作全面分析来确定。同时，应考虑尽可能利用不可避免的中断时间作为休息时间。

从事不同工种工作的工人，疲劳程度有很大差别。为了合理确定休息时间，往往要对从事各种工作的工人进行观察、测定，以及进行生理和心理方面的测试，以便确定其疲劳程度。国内外往往按工作轻重和工作条件好坏，将各种工作划分为不同的级别。例如，我国某地区工时规范将体力劳动分为最沉重、沉重、较重、中等、较轻、轻便六类。

划分出疲劳程度的等级，就可以合理规定休息需要的时间见表 2-4。

表 2-4　　休息时间占工作日比重

疲劳程度	轻便	较轻	中等	较重	沉重	最沉重
等级	1	2	3	4	5	6
占工作日（%）	4.16	6.25	8.33	11.45	16.7	22.9

确定的基本工作时间、辅助工作时间、准备与结束工作时间、不可避免的中断时间和休息时间之和，就是劳动定额的时间定额。

根据时间定额可计算出产量定额，时间定额和产量定额互成倒数。

六、建设工程劳动定额的内容

为了规范劳务市场发展，维护劳动者合法权益，适应科学技术的进步，满足建筑施工企业的需求，根据《建设部关于贯彻〈国务院关于解决农民工问题的若干意见〉的实施意见》（建人函〔2006〕80 号）及《关于开展〈建设工程劳动定额〉编制工作的通知》（建办标函〔2006〕750 号）文件，住房和城乡建设部标准定额司、人事教育司组织编制了中华人民共和国劳动和劳动安全行业标准《建设工程劳动定额》，经人力资源和社会保障部、住房和城乡建设部联合发布，自 2009 年 3 月 1 日起施行，以前年度相关行业标准同时废止。《建设工程劳动定额》分为建筑工程、装饰工程、安装工程、市政工程和园林绿化工程，适用于工业和民用建筑的新建、改建和扩建工程，城市园林和市政绿化工程。其主要内容包括文字说明和定额项目表两大部分。

1. 文字说明

文字说明包括总说明和分章（节）说明。

（1）总说明包括全册具有共同性的问题和规定、定额的用途、适用范围、编制依据、有关定额全册综合性工作内容、工程质量及安全要求、技术要求、定额指标的计算方法及有关规定和说明。

（2）分章（节）说明主要包括适用范围、引用标准、有关规定及附录的施工方法与规定。

2. 定额项目表和附注

定额项目表是分节定额的核心部分，规定了单位合格产品的用工标准。附注一般列在定额项目表下面，是对定额项目表的补充，也是对定额使用的限制。

七、劳动定额的表现形式

劳动定额的表现形式一般分为

$$\frac{\text{时间定额}}{\text{产量定额}} \text{或} \frac{\text{时间定额}}{\text{台班产量}} \text{或} \frac{\text{时间定额}}{\text{台班产量}}\Bigg| \text{台班车次}$$

在使用定额时应首先了解与熟悉总说明及定额项目表的要求等。只有全面学习和掌握定额的内容，方能正确、全面地执行定额。现摘录《建设工程劳动定额建筑工程》中 LD/T 72.1～11—2008 砌筑工程时间定额标准表，砖墙分项定额表 9（见表 2-5），并说明定额项目表的形式、项目的划分、工作内容及其使用方法等。

表 2-5　　砖　墙

工作内容：包括砌墙面艺术形式、墙垛、平碹模板，梁板头砌砖，板下塞砖、楼楞间砌砖，留楼梯踏步斜槽，留孔洞，砌各种凹进处，山墙泛水槽，安放木砖、铁件，安装 60kg 以内的预制混凝土门窗过梁、隔板、垫块，以及调整立好后的门窗框等。

工日/m^3

项目		混水内墙				混水外墙					序号
		0.5砖	0.75砖	1砖	1.5砖及1.5砖以外	0.5砖	0.75砖	1砖	1.5砖	2砖及2砖以外	
综合	塔吊	1.38	1.34	1.02	0.994	1.5	1.44	1.09	1.04	1.01	一
综合	机吊	1.59	1.55	1.24	1.21	1.71	1.65	1.3	1.25	1.22	二
砌砖		0.865	0.815	0.482	0.448	0.98	0.915	0.549	0.491	0.458	三
运输	塔吊	0.434	0.437	0.44	0.44	0.434	0.437	0.44	0.44	0.44	四
运输	机吊	0.642	0.645	0.654	0.654	0.642	0.645	0.652	0.652	0.652	五
调制砂浆		0.085	0.089	0.101	0.106	0.085	0.089	0.101	0.106	0.107	六
编号		12	13	14	15	16	17	18	19	20	

由表 2-5 可知，砌一砖厚混水外墙，这一子项工程的砌砖时间定额为 0.549 工日/m^3，经换算产量定额为 1.821m^3/工日。

劳动定额其余分册的查阅和使用方法基本相同。

八、劳动定额的应用

劳动定额应用广泛，现举例说明时间定额和产量定额的一般用途。

【例 2-1】 某工程有 79m^3 一砖混水外墙，每天有 12 名工人在现场施工，综合时间定额为 1.09 工日/m^3。试计算完成该工程所需施工天数。

解 完成该工程所需劳动量＝1.09×79＝86.11（工日）

需要的施工天数＝86.11÷12≈7（天）

【例 2-2】 某住宅有内墙抹灰面积 3315m^2，计划 25 天完成该任务；内墙抹灰产量定额为 9.52m^2/工日。问安排多少人才能完成该项任务。

解 该工程所需劳动量＝3315÷9.52＝348.21（工日）

该工程每天需要人数＝348÷25≈14（人）

第二节 材料消耗定额

一、材料消耗定额的概念

材料消耗定额是指在节约与合理使用材料的条件下，生产单位合格产品所必须消耗的一定规格的建筑材料、半成品或配件的数量标准。材料消耗量包括材料的净用量和必要的工艺性损耗数量，即

$$\text{材料消耗量}=\text{材料净用量}+\text{材料损耗量}$$

材料损耗量与材料净用量之比的百分数为材料损耗率，用公式表示为

$$\text{材料损耗率}=\frac{\text{材料损耗量}}{\text{材料净用量}}\times 100\%$$

或

$$\text{材料损耗量}=\text{材料净用量}\times\text{材料损耗率}$$

材料损耗率是通过观测和统计得到，通常由国家有关部门确定。

材料消耗定额不仅是实行经济核算，保证材料合理使用的有效措施，而且是确定材料需用量，编制材料计划的基础，同时也是定额承包或限额领料，考核和分析材料利用情况的依据。

二、制定材料消耗定额的基本方法

1. 材料消耗性质

施工中材料的消耗，可分为必需的材料消耗和损失的材料两类性质。

2. 确定材料消耗量的基本方法

材料消耗定额是通过施工过程中材料消耗的观察测定、试验室条件下的试验及技术资料的统计和理论计算等方法制定的。

(1) 观测法。观测法是在节约和合理使用材料的条件下，用来观察、测定施工现场中材料消耗定额的方法。用这种方法拟定难以避免的损耗数量最为适宜，因为该部分数值用统计和计算方法是不可能得到的。

正确选择测定对象和测定方法，是提高用观测法制定定额质量的重要条件。同时，还要注意所使用的建筑材料品种和质量应符合设计和施工技术规范要求。

(2) 试验法。试验法是指在试验室中进行试验和测定，确定材料消耗定额的方法。它只适用于在试验室条件下，测定混凝土、沥青、砂浆、油漆等材料消耗。

由于试验室工作条件与现场施工条件存在一定的差别，施工中的某些因素对材料消耗量

的影响不一定能充分考虑到，因此，对测出的数据还要用观测法校核修正。

(3) 统计法。统计法是通过对现场用料的大量统计资料进行分析计算，以拟定材料消耗定额的方法。此法简单易行，不需组织专人观测和试验，但不能分别确定出材料净用量和材料损耗量。其准确程度受统计资料的限制和实际使用材料的影响，存有较大的片面性。

采用此法时，必须要准确统计和测算耗用材料与相应部位的产品完全对应起来。在施工现场中的某些材料，往往难以区分用在各个不同部位上的准确数量。因此，要有意识地加以区分，才能得到有效的统计数据，保证定额的准确性。

(4) 计算法。计算法是根据建筑材料、施工图纸等，用理论计算确定材料消耗定额的一种方法。这种方法主要适用于制定块、板类材料的消耗定额，如砖块、锯材、油毡、预制构件、装饰中的镶贴块料面层等。

上述四种制定材料消耗定额的方法，各有其优缺点，在制定定额时，几种方法可以结合使用，相互验证。

三、施工周转材料的计算

在编制材料消耗定额时，某些工序定额、单项定额和综合定额中涉及周转材料的确定和计算。施工中使用周转材料，是在施工中工程上多次周转使用的材料，也称材料型的工具或称工具型材料。影响周转次数的主要因素有以下几方面：

(1) 材质及功能对周转次数的影响。

(2) 使用条件的好坏，对周转材料使用次数的影响。

(3) 施工速度的快慢，对周转材料使用次数的影响。

(4) 对周转材料的保管、保养和维修的好坏，也对周转材料使用次数有影响等。

确定出最佳的周转次数，是十分不容易的。

材料消耗量中应计算材料摊销量，为此，应根据施工过程中各工序计算出一次使用量和摊销量。其计算公式为

$$\text{材料摊销量} = \text{一次使用量} \times \text{摊销系数}$$

$$\text{一次使用量} = \text{材料净用量} \times (1 + \text{材料损耗率})$$

$$\text{摊销系数} = \text{周转使用系数} - \frac{(1 - \text{损耗率}) \times \text{回收折价率}}{\text{周转次数}}$$

$$\text{周转使用系数} = \frac{1 + (\text{周转次数} - 1) \times \text{损耗率}}{\text{周转次数}}$$

$$\text{回收量} = \text{一次使用量} \times \frac{1 - \text{损耗率}}{\text{周转次数}}$$

材料摊销量是指应分摊到每一计量单位分项工程或结构构件上的模板消耗数量。

一次使用量是指模板在不重复使用的条件下的一次用量指标。

模板材料净用量是指根据施工图纸计算的每定额计量单位钢筋混凝土构件与模板接触面积的模板用量。

材料损耗率是指周转性材料使用一次后，由于损坏需要补损的量与一次使用量之比。

回收折价率是指周转材料在最后一次使用完后，其回收的残余材料价值与原材料价值之比。回收折价率通常为50%。

周转次数是指周转性材料在补损的前提下，能够重复使用的总次数。

回收量是指周转性材料每周转一次后，可以平均回收的量。

周转材料在使用过程中施工单位均要投入人力、物力、组织和管理补修工作，需额外支付管理费。为了补偿此项费用和简化计算，一般采用减少回收量增加摊销量的做法处理。通常做法是在回收量部分的分母上，用周转次数×（1＋施工管理费率）的办法平衡处理。

四、材料用料计算

用计算法确定材料用量，方法比较简单，下面介绍两种材料用料的计算方法。

1. $100m^2$ 块料面层材料消耗量的计算

块料面层一般是指有一定规格尺寸的瓷砖、锦砖、花岗石板、大理石板及各种装饰板等，通常以 $100m^2$ 为单位，其计算公式为

$$100m^2 面层用量 = \frac{100}{(块长 + 拼缝) \times (块宽 + 拼缝)} \times (1 + 损耗率)$$

【例 2 - 3】 石膏装饰板规格为 500mm×500mm，其拼缝宽度为 2mm，损耗率为 1%，计算 $100m^2$ 需用石膏板块数。

解 $$石膏装饰板消耗量 = \frac{100}{(0.5 + 0.002) \times (0.5 + 0.002)} \times (1 + 0.01) = 401 块$$

2. 普通抹灰砂浆配合比用料量计算

抹灰砂浆的配合比通常是按砂浆的体积比计算的，每立方米砂浆各种材料消耗量计算公式为

$$砂消耗量(m^3) = \frac{砂比例数}{配合比总比例数 - 砂比例数 \times 砂空隙率} \times (1 - 损耗率)$$

$$水泥消耗量(kg) = \frac{水泥比例数 \times 水泥密度}{砂比例数} \times 砂用量 \times (1 + 损耗率)$$

$$石灰膏消耗量(m^3) = \frac{石灰膏比例数}{砂比例数} \times 砂用量 \times (1 + 损耗率)$$

【例 2 - 4】 水泥、石灰、砂配合比为 1∶1∶3，砂空隙率为 41%，水泥密度为 $1200kg/m^3$，砂损耗率为 2%，水泥、石灰膏损耗率各为 1%，求每立方米砂浆各种材料用量。

解 $$砂消耗量 = \frac{3}{(1 + 1 + 3) - 3 \times 0.41} \times (1 + 0.02) = 0.81(m^3)$$

$$水泥消耗量 = \frac{1 \times 1200}{3} \times 0.81 \times (1 + 0.01) = 327(kg)$$

$$石灰膏消耗量 = \frac{1}{3} \times 0.81 \times (1 + 0.01) = 0.27(m^3)$$

当砂用量超过 $1m^3$ 时，因其空隙容积已大于灰浆数量，所以均按 $1m^3$ 计算。

第三节 机械消耗定额

一、机械消耗定额的概念

机械消耗定额简称机械定额，是指施工机械在正常的施工条件下，合理、均衡地组织劳动和使用机械时，该机械在单位时间内的生产效率或单位产品所必须消耗的机械作业时间。

二、机械定额的分类

按其表现形式不同，机械定额可分为机械时间定额和机械台班产量定额两种。

1. 机械时间定额

机械时间定额是指在合理的劳动组织与合理使用机械条件下，生产某一单位合格产品所必须消耗的机械作业时间，计量单位用“台日”“台班”或“台时”表示。

工人使用一台机械，工作一昼夜（24h）称为一个台日；工作一个班次（8h）称为一个台班；工作 1h 称为一个台时。它既包括机械本身的工作，又包括使用该机械的工人的工作。

2. 机械台班产量定额

机械台班产量定额是指在合理的劳动组织与合理使用机械条件下，规定某种机械设备在单位时间内，必须完成合格产品的数量。其计量单位是以产品的计量单位表示的。

机械时间定额与机械台班产量定额互为倒数关系，即

$$\text{机械时间定额}=\frac{1}{\text{机械台班产量定额}}$$

或

$$\text{机械台班产量定额}=\frac{1}{\text{机械时间定额}}$$

由于机械必须由工人小组配合，所以列出单位合格产品的时间定额，同时列出人工时间定额，即

$$\text{单位产品人工时间定额(工日)}=\frac{\text{小组成员工日数总和}}{\text{台班产量}}$$

机械施工以考核台班产量定额为主，人工时间定额为辅。定额表示形式为

$$\frac{\text{人工时间定额}}{\text{台班产量}}\text{或}\frac{\text{人工时间定额}}{\text{台班产量}}\bigg|\text{台班车次}$$

【例 2-5】 计算斗容量为 $1m^3$ 的正铲挖土机的定额，挖四类土并装车，挖土深度在 2m 以内，小组成员 2 人，查表 2-6，每一台班产量为 4.76($100m^3$)。

表 2-6 **每一台班的劳动定额** $100m^3$

项目				装车			不装车			编号
				一、二类土	三类土	四类土	一、二类土	三类土	四类土	
正铲挖土机斗容量	0.5	挖土深度(m)	1.5 以外	$\frac{0.466}{4.29}$	$\frac{0.539}{3.71}$	$\frac{0.629}{3.18}$	$\frac{0.442}{4.52}$	$\frac{0.490}{4.08}$	$\frac{0.578}{3.46}$	94
			1.5 以外	$\frac{0.444}{4.50}$	$\frac{0.513}{3.90}$	$\frac{0.612}{3.27}$	$\frac{0.422}{4.74}$	$\frac{0.466}{4.29}$	$\frac{0.563}{3.55}$	95
	0.75		2 以内	$\frac{0.400}{5.00}$	$\frac{0.454}{4.41}$	$\frac{0.545}{3.67}$	$\frac{0.370}{5.41}$	$\frac{0.420}{4.76}$	$\frac{0.512}{3.91}$	96
			2 以外	$\frac{0.382}{5.24}$	$\frac{0.431}{4.64}$	$\frac{0.518}{3.86}$	$\frac{0.353}{5.67}$	$\frac{0.400}{5.00}$	$\frac{0.485}{4.12}$	97
	1.00		2 以内	$\frac{0.322}{6.21}$	$\frac{0.369}{5.42}$	$\frac{0.420}{4.76}$	$\frac{0.299}{6.69}$	$\frac{0.351}{5.70}$	$\frac{0.420}{4.76}$	98
			2 以外	$\frac{0.307}{6.51}$	$\frac{0.351}{5.69}$	$\frac{0.398}{5.02}$	$\frac{0.285}{7.01}$	$\frac{0.334}{5.99}$	$\frac{0.398}{5.02}$	99
序号				一	二	三	四	五	六	

注 定额项目表用分式形式表示，表中分子数据为人工时间定额，分母数据为每一台班产量定额。

解 挖 $100m^3$ 土的机械时间定额 $=\frac{1}{4.76}=0.21$（台班）

$$挖100m^3土的人工时间定额=\frac{2}{4.76}=0.42（工日）$$

$$每个台班需小组成员工日总量=0.42\times4.76=2（工日）$$

机械台班定额标志机械生产率的水平，同时反映出施工机械管理水平和机械化施工水平，是编制机械需用量计划，考核机械效率和签发施工任务书，评定超产奖励等的依据。

三、机械台班消耗定额的确定方法

1. 确定正常的施工条件

拟定机械工作正常条件，主要是拟定工作地点的合理组织和合理的工人编制。

工作地点的合理组织，就是对施工地点机械和材料的放置位置、工人从事操作的场所，作出科学合理的平面布置和空间安排。它要求施工机械和操作机械的工人在最小范围内移动，但又不阻碍机械运转和工人操作；应使机械的开关和操作装置尽可能集中地装置在操作工人的近旁，以节省工作时间和减轻劳动强度；应最大限度地发挥机械的效能，减少工人的手工操作。

拟定合理的工人编制，就是根据施工机械的性能和设计能力及工人的专业分工和劳动工效，合理确定操纵机械的工人和直接参加机械化施工过程的工人的编制人数。

2. 确定机械纯工作1h的正常生产率

确定机械正常生产率时，必须首先确定出机械纯工作1h的正常生产效率。

机械纯工作时间，就是指机械的必须消耗时间。机械纯工作1h的正常生产率，就是在正常施工组织条件下，具有必需的知识和技能的技术工人操纵机械1h的生产率。

根据机械工作特点的不同，机械纯工作1h的正常生产率的确定方法也有所不同。对于循环动作机械，确定机械纯工作1h的正常生产率的计算公式为

$$机械一次循环的正常延续时间=循环各组成部分正常延续时间-交叠时间$$

$$机械纯工作1h的循环次数=\frac{60\times60(s)}{一次循环的正常延续时间}$$

$$机械纯工作1h的正常生产数=机械纯工作1h的正常循环次数\times一次循环生产的产品数量$$

从公式中可以看到，计算循环机械纯工作1h的正常生产率的步骤是：根据现场观察资料和机械说明书，确定各循环组成部分的延续时间；将各循环组成部分的延续时间相加，减去各组成部分之间的交叠时间，求出循环过程的正常延续时间；计算机械纯工作1h的正常循环次数；计算循环机械纯工作1h的正常生产率。

对于连续动作机械，确定机械纯工作1h的正常生产率要根据机械的类型和结构特征，以及工作过程的特点来进行。其计算公式为

$$连续动作机械纯工作1h的正常生产率=\frac{工作时间内生产的产品数量}{工作时间(h)}$$

工作时间内的产品数量和工作时间的消耗，要通过多次现场观察和机械说明取得数据。对于同一机械进行作业属于不同的工作过程，如挖掘机所挖土壤的类别不同，碎石机所破碎的石块硬度和粒径不同，均需分别确定其纯工作1h的正常生产率。

3. 确定施工机械正常利用系数

确定施工机械正常利用系数，是指机械在工作班内对工作时间的利用率。机械利用系数和机械在工作班内的工作状况有着密切的关系。所以，要确定机械正常利用系数，首先要拟定机械工作班的正常工作状况，保证合理利用工时。

确定机械正常利用系数，要计算工作班正常状况下准备与结束工作、机械启动、机械维护等工作所必须消耗的时间，以及机械有效工作的开始与结束时间，从而进一步计算出机械在工作班内的纯工作时间和机械正常利用系数。

机械正常利用系数＝机械在一个班内纯工作时间/一个工作延续时间（8h）

4. 计算施工机械台班定额

计算施工机械定额是编制机械定额工作的最后一步。在确定了机械工作正常条件、机械纯工作 1h 的正常生产率和机械正常利用系数之后，采用下列公式计算施工机械的产量定额，即

机械台班产量定额＝机械纯工作 1h 的正常生产率×工作班纯工作时间

或

机械台班产量定额＝机械纯工作 1h 的正常生产率×工作班延续时间×机械正常利用系数

$$机械台班消耗定额=\frac{1}{机械台班产量定额}$$

在计价定额中，为了方便计算，大多是以机械台班消耗定额的形式表示的，所以常以机械台班定额称谓，但随着施工机械的发展和机械台班单价的提高，以机械台时表示也越来越多。

复习思考题

1. 何谓基础定额？
2. 何谓劳动消耗定额？
3. 时间定额与产量定额有何区别？存在着什么关系？
4. 劳动定额有什么作用？
5. 什么是复合过程、工作过程、工序？它们之间有何区别？
6. 何谓动作研究？动素可分为哪些种类？
7. 哪些时间为定额时间？哪些时间为非定额时间？
8. 劳动定额编制依据有哪些？
9. 劳动定额制定的基本方法通常有哪些？
10. 计时观察方法分为哪几种？
11. 写实记录法又分为哪几种方法？
12. 影响工时消耗的因素有哪些？
13. 全国统一劳动定额包括哪些内容？
14. 何谓材料消耗定额？
15. 制定材料消耗定额的基本方法有哪些？
16. 何谓机械消耗定额？
17. 机械时间定额和机械台班产量定额有何区别？
18. 机械台班消耗定额的确定步骤有哪些？

第三章　企　业　定　额

第一节　企业定额的概念及作用

一、企业定额的概念

企业定额（施工企业定额）是指施工企业根据本企业的施工技术和管理水平，以及有关工程造价资料制定的，并供本企业使用的人工、材料和机械台班消耗量标准，即施工企业在合理的施工组织设计、正常施工条件下按照自身的技术水平、专长、施工设备配备情况、材料来源渠道及管理水平等，依据专业施工的作业对象和工艺制定的，为完成单位合格产品所必需的人工、材料和施工机械台班的消耗量，以及管理费支出等其他生产经营要素消耗的数量标准。它是施工企业在达到或超过历史最好水平的前提下，以科学态度与实际情况相结合的方法，按照正常的施工条件、一定的计量单位和工程安全质量的要求制定的。实现企业定额的目的是在保证安全质量的前提下实现提高工效、降低消耗、提高企业管理水平，这是企业生存的生命线，也是作为考核施工企业劳动生产率水平、管理水平的尺度和确定工程成本、投标报价的依据。

企业定额主要包括劳动消耗定额、材料消耗定额和施工机械消耗定额。

企业定额适应了我国工程造价管理体制和管理制度的改革，是实现工程造价管理改革目标不可或缺的一个重要环节。要实现工程造价管理的市场化，由市场形成价格是关键。以各企业的企业定额为基础做出报价，能真实地反映出企业成本的差异，能在施工企业之间形成实力的竞争，从而真正达到市场形成价格的目的。可以说，企业定额的编制和运用是我国工程造价领域改革迈出的关键而重要的一步。

企业定额是由企业自行编制，只限于本企业内部使用的定额，它使用的目的是提高企业劳动生产率，降低材料消耗，正确计算劳动成果，加强企业管理，对外进行投标报价。企业定额水平一般应高于国家现行定额，才能满足生产技术发展、企业管理和市场竞争的需要，是企业素质的一个标志。

企业定额是以工作过程为制定对象，定额制定的水平要以企业“平均先进”的水平为准，在内容和形式上要满足施工管理和投标报价的各种需要，以便于应用为原则；制定方法要通过实践和长期积累的大量统计资料，并应用科学的方法编制。

作为企业定额，必须具备以下特点：

（1）其各项平均消耗要比社会平均水平低，体现其先进性。

（2）可以表现本企业在某些方面的技术优势。

（3）可以表现本企业局部或全面管理方面的优势。

（4）所有匹配的单价都是动态的，具有市场性。

（5）与施工方案能全面接轨。

二、编制企业定额的目的和意义

工程量清单计价模式是一种与国际惯例接轨的计价模式，由施工企业自主报价，通过市场竞争形成价格。在现有的计价模式下，同一个工程，同样的工程数量，以同一本消耗量定额来报价，并不能完全体现出市场竞争，也不能真正确定其工程成本；而在工程量清单计价模式下，各施工企业应建立起内部定额，按照本企业的施工技术水平、装备水平、管理水平及对人工、材料、机械价格的掌握控制情况，对工程利润的预期要求来计算工程报价。这样同一工程，不同企业以各自内部定额为基础作出报价，才能真正反映出企业成本的差异，在施工企业之间形成实力的竞争，从而真正达到市场形成价格的目的。

1. 企业定额能够满足工程量清单计价的要求

企业定额是各施工企业在正常条件下，企业根据自身的技术专长、施工设施配备情况、材料来源渠道及管理水平等所规定的，为完成单位工程实体所消耗的各种人工、材料、机械和费用的标准。量体现在定额消耗水平上，而价则反映在实现工程量清单报价的过程中。依据企业定额确定工程成本、对工程量清单实施报价，能够较为准确地体现施工企业的施工水平和管理水平。

在使用企业定额报价时要考虑物价水平、劳动力价格水平、设备购置与租赁、政策因素、取费标准、上级管理费、部门的特殊收费；合同条件（主要是付款条件）；甲方信誉及资金实力等诸多因素。要经过市场调查、信息采集和测算分析及商务决策等一系技术操作过程，这些都是企业经营的策略和商业秘密，是满足工程量清单计价的基本要求。

2. 企业定额的编制和使用可以规范发包承包行为，规范建筑市场秩序

目前，我国建筑市场供求关系严重失衡，业主希望以最低的价格赢得优秀企业和优质工程。而施工企业由于施工任务的严重不足，在竞争中只求企业生存，投标价格上基本是无利或微利，造成企业效益低下或者亏损。施工企业杀鸡取卵的竞标也损害了施工质量和企业信誉，对施工企业产生不好的影响，同时也严重扰乱了建筑市场。

企业定额的应用，促使企业在市场竞争中按实际消耗水平报价，从而避免了施工企业无序竞争，无节制地压价、降价，以致造成企业效益低下或成本亏损，严重地影响了建筑施工企业的发展。同时也避免了业主在招投标中滋生腐败。只有这样，企业的经营才能良性循环，建筑业才能走向可持续发展的道路。

3. 企业定额的建立和运用可以提高企业的管理水平和生产力水平

在激烈的市场竞争中，企业只有通过不断的改进技术、加强管理，使企业个别成本低于社会成本，才能把握竞争的主动权。企业定额是企业管理水平和生产力的综合反映，能直接对企业的技术、经营管理水平及工期、质量、价格等因素进行准确的测算和控制，进而控制工程成本。同时，通过编制企业定额摸清企业生产力状况，发挥优势，弥补不足，能促进企业生产力水平的提高。企业定额是加强企业内部监控、进行成本核算的依据，是有效控制造价的手段。

企业定额源于生产实践，又指导当前的生产实践，并在生产实践中加以完善与提高，它凝结着企业生产经营管理的综合素质。企业定额作为企业管理的一项基础性工作，具有极其重要的意义。

4. 企业定额是业内推广先进技术和鼓励创新的工具

企业定额代表了企业的先进施工技术水平、施工机具和施工方法。因此，在建立企业定额后，会促使各企业主动学习先进企业的技术，这样就达到了推广先进技术的目的。同时，各个企业要想超过其他企业的定额水平，就必须进行管理创新或技术创新。因此，企业定额

实际上也就成为企业推动技术和管理创新的一种重要手段。

5. 建立企业定额，是加速企业综合生产能力发展的需要

我国加入 WTO 后，国外施工企业会进入中国市场，我国施工企业也要走出国门，这两方面都将面临着与装备更精良、技术更先进的国际施工力量的竞争。建立企业定额，施工企业可自觉运用价值规律和价格杠杆，及时掌握市场水平，在市场竞争中，不断学习和吸收先进的施工技术，充实和改进企业定额，以先进的企业定额指导企业生产，最终达到企业综合生产能力与企业定额水平共同提高的目的。

三、企业定额的作用

施工企业定额能反映企业的综合实力、技术水准和经营水准，是施工企业管理工作的基础，也是建设工程定额体系的基础。施工企业定额在企业管理工作中的基础作用主要表现在以下几个方面：

1. 企业定额是施工企业计划管理的依据

施工作业计划是施工单位计划管理的中心环节，其内容主要包括资源需用量、资源供应最佳时间的安排和平面规划三部分。施工作业计划编制要用企业定额计算实物工程量，进而计算劳动量和施工机械使用量，合理安排施工形象进度。在施工过程中，材料用量是根据企业定额来确定的，要用企业定额计算材料、构件等需用量，并根据形象进度确定分期需用量和供应时间。

企业定额是企业编制施工组织设计的依据，根据合同工期、现场实际施工条件，依据企业定额确定人工、机械设备、材料储备等基础性生产要素。在施工过程中，施工企业根据合同工期及现场实际施工情况，要编制总体计划、阶段计划、月计划。在编制施工计划的过程中，要根据施工企业定额确定现场施工中人员、机械设备、材料用量及具体投入时间，以保证正常施工，按期完成施工计划，同时还不能因人员、机械设备、材料的不合理投入而造成施工成本的增加。

2. 企业定额是组织和指挥施工生产的有效工具

施工企业组织和指挥施工班组进行施工，需按照作业计划通过下达施工任务单和限额领料单来实现。而施工任务单上的工程计量单位、产量定额和计价单位，均取自企业定额中的劳动定额，且班组工资结算也要根据企业定额中劳动定额的完成情况来计算。限额领料单中领料的数量，同样需要根据施工任务和企业定额中的材料定额来填写。

3. 企业定额是计算工人劳动报酬的依据

企业定额是衡量工人劳动数量和质量的标准，工人的劳动报酬是根据工人劳动的数量和质量来计量的，而企业定额为此提供了一个衡量标准，是计算工人计件工资的基础，也是计算奖励工资的依据，还是考核材料用量节超的标准。完成定额，工资报酬就多；达不到定额，工资报酬就会减少。按劳分配可以促使工人尽可能发挥个人潜力，以实现自我价值。

4. 企业定额有利于推广先进技术

企业定额水平包含着某些已经成熟的先进的施工技术和经验，工人要达到和超过定额，就必须掌握和运用这些先进技术，如果工人要想大幅度超过定额，他就必须创造性的劳动。当企业定额明确要求采用较先进的施工工具和施工方法时，贯彻企业定额就意味着推广先进技术。

5. 企业定额是企业确定工程成本的依据

企业定额是编制施工预算、加强成本管理和经济核算的基础。施工预算以企业定额为编制依据，既要反映设计图纸的要求，也要考虑在现有条件下可能采取的节约人工、材料和降低成本的具体措施。严格执行企业定额可以控制成本、降低费用开支，也能为企业加强班组核算和增加盈利创造良好的条件。

企业定额是根据本企业的人员技能、材料消耗水平、施工机械装配程度、现场管理和企业管理水平制定的，按施工企业定额的计算得到的工程费用是企业进行施工生产所需的成本。施工过程中，对实际施工成本的控制，就应以施工企业定额为标准。不同的施工条件可以对施工企业定额进行适度调整，以做到实事求是。所以施工企业定额是企业进行成本管理、经济核算的基础。

6. 企业定额是编制工程投标报价的基础和主要依据

在工程量清单计价模式下，施工企业应建立起内部定额，按照本企业的施工技术水平、装备水平、管理水平及对人工、材料、机械价格的掌握控制情况，对工程利润的预期要求来计算工程报价。这样同一工程，不同企业以各自内部定额为基础作出报价，才能真正反映出企业成本的差异，在施工企业之间形成实力的竞争，从而真正达到市场形成价格的目的。

实现工程量清单计价的关键和核心就在于企业采用企业定额进行自主报价。企业定额反映的是企业的生产力水平和市场竞争力，是形成企业个别成本的基础，根据企业定额进行的投标报价能有效提升企业投标报价的竞争力。

四、企业定额的制定现状

1. 企业定额的现状

企业定额的现状主要表现在以下几个方面：

(1) 从企业定额的历史认识上来看。在计划经济时期，制订企业定额是必要的；在社会主义市场经济体制下，有些人对它的认识有些模糊，错误的认为制定企业定额没有什么必要。

(2) 从企业定额的管理工作上来看。基础工作比较薄弱，主要是缺乏专业人才和机构不健全。虽然有相应的管理部门，但实际上有名无实的管理部门为数不少，使得企业定额管理工作常常处于被动应付的状态，难以开展定额的分析和研究工作。

(3) 从企业定额的编制情况来看。少数施工企业在国内相对具有雄厚的实力、良好的施工技术、先进的装备及先进的管理方式，目前处于国内建筑界的领头地位，它们已经编制了企业内部定额，并且正在使用自己的企业定额，在使用中不断完善、更新和补充内容；一部分施工企业由原来的国有大型建筑施工企业或经过改制以后成为国家控股的大型建筑施工股份有限公司，它们依靠的是计划经济时期遗留下来的技术及设备，缺少先进的管理方式，它们正在编制企业定额，如果能够加强自身的管理，也将会成为未来建筑界有力的竞争对手；大部分施工企业是中小型企业，它们正处于观望阶段，还没有着手编制企业定额，它们的技术装备和管理都比不了上述两类企业，从人力、物力、财力以及设备上都无法和前两者相比，大部分是在市场经济体制下，从前两类企业手中接下来的二包、三包之类的工程，靠苦干积累维护到目前的状态。

2. 施工企业定额的现状分析

(1) 受计划经济体制的影响造成施工企业的企业定额滞后。我国的建筑市场经历了从计划经济向市场经济的转变过程，目前这个转变阶段还没有结束。在计划经济时期，工程任务由国家下达指令性计划，工程投资由国家确定并按时拨付，施工企业只要按时完成国家下达的施工任务就能保证企业生存，没有为承揽不到施工任务而着急和焦虑。

改革开放以后，国家制订了相关的政策法规，建设工程实行招标投标制，建筑施工企业通过工程投标承揽施工任务。在这个转变过程中，由于一些相关的法律、法规不完善，招标投标市场的不规范操作等，都给施工企业造成了一种错觉。在投标过程中，不管是通过什么手段竞争标底，只要中标就行，于是各施工企业几乎竭尽全力，想方设法在投标过程中搞到甲方的标底，与标底价贴近，其计价也是按照行业定额或地区定额套用，或者是在原定额套价的基础上降低一定的百分点作为竞争的策略。投标报价也并没有按各个施工企业的企业定额进行编制，没有挖掘各个施工企业的自身潜力，报价降低没有可靠的科学依据，这是目前某些企业中的企业定额未编制的客观原因。

(2) 企业决策层的原因。编制企业定额，需要工程技术、预算、财务、造价管理、项目管理等技术业务比较过硬的人员参与，需要投入大量的人力、物力、财力才能编制，经过多次调研、检查、验证最终形成企业定额。企业定额中各个专业子目数量繁多，每一个子目又必须经过工程施工中的实际测定和检验，经过长期积累，重复测定，不断完善才能成形。因此，一套完整的企业定额编制成功需要一定的时间，在短时期内是不可能实现的。目前，不论是国有施工企业还是国家控股的股份制企业，其领导班子是由上级指定，他们的任期一般只有 3～5 年，在他们的任期内，决策者们一般追求的是短期效益，只着眼当前的成绩，不会考虑企业以后的长远发展和长久效益。这是目前大中型施工企业迟迟未编制企业定额的主要原因。

(3) 企业自身的原因。编制企业定额是一项复杂而难度较大的工作，需要工作经验丰富的多方面专业知识的人员参与。一方面中小企业本身可能只有一般的施工技术人员及预算人员，而不具备编制企业定额的人才实力，即使企业具备这方面的人才，这些人员往往也是在企业中担当重要工作角色的人员，是企业的骨干力量，如果这些人员抽调编制企业定额，会影响现有施工工作的正常进行。另一方面，编制企业定额涉及的专业知识面广，对于一个由下属各分公司组成总公司的施工企业来说，从各个分公司中抽调骨干力量去编制企业定额，需要组织管理和协调各方面的人员数量，各分公司一般不愿意把自己的骨干人员抽走完成一个公共项目。这些原因都给企业定额的编制带来相当大的阻力。

3. 编制施工企业定额的必要性

随着国家对固定资产投资的宏观调控政策频繁出台，最低价中标的推行，整个建筑施工行业进入了空前激烈的微利竞争时代，中标难度越来越大，中标价越来越低。伴之而来的却是材料价格上涨、工人工资上涨、管理工资上涨等情况。作为施工企业，要在低标价与高成本的夹缝中生存，唯有控制成本，转变项目管理模式，由粗放型管理转变为集约型管理。

在这种大环境下，施工项目成本管理工作的重要性就开始突显出来。建立有效成本管理体系是一个系统复杂的工程，而编制企业定额，则是成本管理体系中的一个重要指导文件，在投标前的成本测算、开工前的目标成本确定、施工中的成本控制、过程中的成本核算、事后的成本分析及竣工后的项目管理经济评价等活动中，都扮演着重要的角色。

随着我国加入 WTO 与工程量清单计价方法的实施步伐不断加快，作为施工企业，将面临着更为严峻的挑战，施工企业必须及早更新观念，提高竞争意识，在市场竞争中形成自己成熟有效的价格体系，才能在日趋激烈的国际、国内建筑市场竞争中处于不败之地，因此施工企业如何结合本企业特色和经营状况编制自己的一套企业定额，已经成为当务之急。

五、企业定额与施工定额的比较

通常所谓的施工定额，是指在计划经济体制下，由各省、市、自治区的行业主管部门以全国统一的劳动定额、材料消耗定额和机械台班使用定额为基础，结合本地区、本部门的技术组织条件进行补充调整所编制的施工定额，它是编制地区或行业消耗量定额的基础，是直接用于建筑施工管理中的一种定额，属于企业定额的性质。施工定额要求按照社会平均先进水平编制，属于社会意义上的施工定额，不能完全反映企业特点。施工定额只规定人工、材料、机械台班消耗数量，不规定人工、材料、机械台班单价（计划经济下的计划价格），不易与经济效益挂钩，也不能进行投标报价，工程量计算又比较复杂。另外，定额编制基础资料大部分来自于本地区的大中型施工企业，定额水平普遍较高，很多企业和工种达不到，企业和工人意见很大。施工定额与施工预算贯彻不好的另一个原因是：消耗量定额是在施工定额的基础上编制而成的，是一种计价定额，国家和企业都非常重视，其科学性、适用性、综合性、时效性都比较强，施工定额的许多作用都能用消耗量定额代替；再加上企业自主权的增加，政府对企业干预的弱化及施工企业造价人员紧缺等问题，施工定额和施工预算长期被企业所忽视。

企业定额则是根据企业自身条件编制的，仅供本企业使用的内部定额，代表了企业施工生产的“平均先进”水平，定额的适用性较强，按分部分项工程量清单计价，能直接与经济效益挂钩，劳务分包企业比较容易接受。工程量清单计价模式下的企业定额，从项目划分，编制原则、作用、性质、内容、形式、水平等方面来看，也不完全是企业层面的施工定额，而是企业层面上对内进行劳务分包、对外进行投标报价的定额。企业定额与施工定额之间的区别和联系可以通过表 3-1 的比较反映出来。

表 3-1　企业定额与施工定额的比较

比较内容	企业定额	施工定额
编制主体	企业总部	各地区、各行业、各部门
使用范围	企业内部	社会范围
主要作用	企业内部施工管理；工程投标报价的基础	企业定额编制的依据；行业部门控制投标报价的依据
定额水平	企业平均先进	社会平均先进
定额性质	生产性、计价性定额	生产性定额

由此可见，企业定额不能等同于以前所谓的施工定额，也不完全是企业层面的施工定额。企业定额是企业内部管理和对外投标报价的重要依据；部门或行业的施工定额不仅可以作为企业定额编制的依据，也是行业部门控制企业投标报价行为的依据之一。

部门或行业的施工定额，今后可以由行业协会组织编制，供施工企业编制企业定额时参考；也可能被改进了的地区消耗量定额所代替，作为施工企业编制企业定额时的参考。因为，造价管理部门几十年积累的资料和经验是丰富的，马上消除造价管理部门和其编制的消耗量定额，以及每个施工企业都编制自己的企业定额目前也是不现实的。将造价管理部门的职能转变，编制施工定额或称消耗量定额，供中、小型施工企业使用或编制企业定额时参考也是个途径。

第二节　企业定额编制原则及依据

一、企业定额编制的原则

1. 企业定额与国家规范保持一致性原则

企业定额作为参与市场经济竞争和承发包计价的依据，在确定划分定额项目时，应与国家标准工程量清单计算规范的编号和项目名称、计量单位等保持一致，这样既有利于报价组价的需要，又有利于企业尽快建立自己的定额标准，更有利于企业个别成本与社会平均成本的比较分析。各类相关法律、法规、标准等是制订企业内部定额的前提和必备条件，在编制企业定额的过程中，细分工程项目、明确工艺组成、确定定额消耗构成都必须以此为前提。同时，企业定额的编制必须与工程量清单计算规范的具体要求相统一，以保证投标报价的实用性和可操作性。

2. 企业定额水平必须遵循平均先进的原则

贯彻“平均先进”的原则，才能促进企业的科学管理和不断提高劳动生产率，进而达到提高企业经济效益的目的。所谓平均先进水平，是指在正常的施工条件下，多数施工班组或生产者经过努力可以达到，少数班组或劳动者可以接近，个别班组或劳动者可以超过的水平。企业定额水平反映的是单个施工企业在一定的施工程序和工艺条件下施工生产过程中活劳动和物化劳动的实际水平，即在正常的施工条件下某一施工企业的大多数施工班组和生产者经过努力能够达到和超过的水平。这种水平既要在技术上先进，又要在经济上合理可行，能够反映本企业现阶段比较成熟的先进技术、先进经验、先进施工组织，有利于降低资源消耗，提高企业管理水平，促使生产者努力提高技术操作水平，并起到鼓励先进、勉励中间、鞭策后进的作用。

企业定额水平应当能够真实地反映企业管理现状。在编制企业定额时，还要考虑达到定额水平的客观条件和主观因素，以促使施工企业根据现有的施工条件，经过主观努力可以达到定额水平，并考虑一定、合理的幅度差等可变因素。

3. 定额内容和形式简明适用性原则

所谓简明适用是指定额结构合理，定额步距大小适当，文字通俗易懂，计算方法简便，易为群众掌握运用，具有多方面的适应性，能在较大的范围内满足不同情况、不同用途的需要。

施工企业定额设置应简单明了，便于查阅，计算要满足劳动组织分工、经济责任与核算个人生产成本的劳动报酬的需要。企业定额的内容和形式，要方便定额的贯彻和执行，要适用于现代施工企业的内部管理，要具有可操作性。定额项目的设置要齐全完备，划分要粗细恰当，根据企业自身的特点和经济核算的需求合理划分定额步距，从而有利于企业投标报价与成本分析。对影响工程造价的主要、常用项目定额步距要小一些；对次要、不常用、价值相对小的项目，尽量综合，减少零散项目，便于定额管理，做到既保证定额的精确度，又能提高它的适用性。每个章节后面要预留补充定额的空档位置，为不断补充因采用新技术、新结构、新工艺、新材料而出现的新的定额项目留有余地。

4. 以专业人员为主与群众相结合的原则

企业定额编制和管理属于应用科学范畴，是施工企业管理和施工项目管理的重要组成部分。企业定额来源于实践，是经过实践数据的提炼和升华而产生的用于指导实践的科学产物。编制施工企业定额是一项技术性很强的工作，需要对项目进行大量现场测定和数据整理、分析，业务要求较高。因此，施工企业定额的编制要求有一支经验丰富、技术与管理知识全面、有一定政策水平的专业技术人员来完成，坚决杜绝“闭门造车”，从而保证定额编制的延续性、专业性、实践性和指导性。

工人群众是执行定额的主体，又是测定定额的对象。他们对施工生产中实际发生的各种消耗量最了解，对定额执行情况和其中的问题最清楚。所以在编制定额过程中要注意征求他们的意见，取得工人群众的支持和配合。贯彻专业人员与群众相结合，以专业人员为主编制定额的原则提高了定额的编制质量和水平，有利于定额的贯彻执行。

5. 独立自主编制原则

施工企业作为具有独立法人地位的经济实体，应根据企业的具体情况，结合政府的价格政策和产业导向，以盈利为目标，独立自主地编制企业定额。贯彻这一原则有利于企业自主经营；有利于推行现代企业财务制度；有利于施工企业摆脱过多的行政干预，更好地面对建筑市场竞争环境；也有利于促进新的施工技术和施工方法的采用。企业独立自主地制定定额，主要是自主地确定定额水平，自主地划分定额项目，自主地根据需要增加新的定额项目。但是，企业定额毕竟是一定时期企业生产力水平的反映，它不可能也不应该割断历史。因此，企业定额在工程量计算规则、项目划分规定和计量单位等应与国家政策规定保持衔接。

6. 量价费分离原则

企业定额必须能够客观真实地反映企业的综合实力和个体施工及施工管理成本的差异，是使企业能够客观实际地确定企业工程成本和投标报价的依据，在同行中具有竞争力，实现由市场形成价格的目的。

企业定额的编制还要注意量价费分离。量是指企业定额中的实物消耗量标准，这个标准是相对稳定的。将相对稳定的企业定额实物消耗量标准以书面形式编辑出来，供企业内部长期使用。价是指不同时期的人工、材料和机械台班的单价，以及根据单价和实物消耗量标准计算得出的综合单价，在瞬息万变的市场行情中，单价是随市场行情而经常变动的，综合单价也随之而变动。将经常变动的单价另行处理，或以书面形式单独编辑出来，或用计算机软件对现行市场的人工、机械、材料价格建库，并不断更新，使清单报价水平更贴近实际。费是指各种费率标准。不同工程、不同时期、不同的承包方式费用标准是不一样的，企业应建立本企业的费用定额，以便于市场竞争。相对稳定的实物消耗量、瞬息万变的市场价和不同情况下的竞争费，就实现了形式上的量价费的分离。

7. 区分工程实体性消耗与施工措施性消耗原则

就具体项目而言，定额中的消耗量又包括工程实体性消耗和施工措施性消耗两大类。在编制施工企业定额时，应区别对待。

工程实体性消耗即构成工程实体的人工、材料、机械台班的定额消耗量，这一部分在实际施工中变化不大，因此，在编制这一部分企业定额时，可在国家和地区的统一定额的基础上，分析项目划分和编制结构是否适应报价的需要，并结合企业自身的水平来进行编制。

施工措施性消耗是指不构成工程实体，但在施工时必不可少的消耗量，包括模板、脚手架、垂直运输机械等，这一部分可变因素很多。因为施工工艺的改变、机械化程度的改变，施工企业的施工措施性消耗量与标准定额存在很大的区别，不同企业之间在工料机消耗的差别也应当主要体现在这方面。这部分属于根据企业自身的施工组织设计的不同而产生不同工程造价，属于施工企业在投标报价的竞争项目。因此，施工措施性消耗量定额是企业定额的编制重点。

8. 坚持实事求是的动态管理原则

企业定额应本着实事求是的原则，结合企业经营管理的特点，确定工料机各项消耗的数量，对影响造价较大的主要常用项目，要多考虑施工组织设计、先进的工艺，从而使定额在运用上更贴近实际、技术上更先进、经济上更合理，使工程单价真实反映企业的个别成本。企业定额应当能够真实地反映企业管理现状，真实地反映企业人工、机械装备、材料储备情况。此外，还应注意到市场行情瞬息万变，企业的管理水平和技术水平也在不断地更新，不同的工程，在不同的时段都有不同的价格。企业定额管理应重在动态管理，动态管理的手段就是对企业定额进行定期或不定期的人工、材料、机械消耗量及人工、材料、机械价格的维护。坚持计算机软件与企业定额同步开发，及时地实现企业定额动态管理，就能及时地根据企业的施工管理动态和现行市场的人工、材料、机械行情对定额进行不断地更新，从而使定额反映的价格水平更贴近实际。

9. 稳定性和时效性原则

企业定额是一定时期内企业技术发展和管理水平的反映，所以在一段时期内表现出稳定的状态。在某一时期保持定额的稳定性是有效地贯彻定额所必需的。但这种稳定性又是相对的，当企业定额不再适应市场竞争和成本监控的需要时，就要重新进行编制和修订，否则就会产生负效应。所以，持续改进是企业定额能否长期发挥作用的关键。同时，应及时地将新技术、新结构、新材料、新工艺的应用编入定额中，满足实际施工需要，因此也体现了时效性原则。

10. 保密性原则

建筑市场强手林立，竞争激烈。若施工企业实行的定额水平信息被竞争对手获取，会使企业陷于被动，将会带来不可估量的损失。因为，你的企业定额被对手知道了，就等于知道了你的实力和报价了。因此，现代施工企业要具有自我保护意识和相应的保密措施，如采用计算机管理和相应的保密制度等。保密性原则也限制了企业之间定额的交流，企业定额编制必须坚持独立自主的编制原则。

二、企业定额体系的构成与分类

企业定额体系的构成根据目前大部分建筑施工企业的内部核算模式及我国建筑业市场运行的现状，有施工消耗量定额、费用定额、企业计价定额（工程量清单报价表或工程计价定额）三种。

1. 施工消耗量定额的概念与分类

施工消耗量定额是指在正常施工条件下，以施工过程为标定对象而规定的单位合格产品所需消耗的人工、材料、机械台班的数量标准。按工程量清单计算规范要求，施工消耗量定额应分为工程实体消耗量定额和措施性消耗量定额两种。

（1）工程实体消耗量定额，即构成工程实体的分部分项工程的人工、材料、机械的消耗量标准。人工消耗量要根据本企业工人的操作水平确定。材料消耗量要以本企业实际耗用材料为标准。机械消耗量可以参考统一定额，结合工程特点和具体情况来确定。

（2）措施性消耗量定额，即有助于工程实体形成的临时设施、技术措施等消耗量标准。措施性消耗量定额应根据工程特点和具体情况，以及施工经验进行合理的配置与确定。例如，考虑模板的选择、配置与周转，脚手架的合理使用与搭拆，各种机械设备的合理配置等内容。

2. 费用定额的概念与分类

费用定额主要是指施工过程中不以人工、材料、机械消耗量形式出现的费用，即在建筑施工生产过程中所支出的措施费、企业管理费、利润和税金等费用标准的总称。其编制主要以经济统计法为主。可将企业以往多个类似工程项目费用发生的实际情况进行整理、归纳，剔出不合理费用，按规定的费用定额步距，以金额、某基数的百分比或单价的形式，编制一些费用定额。其中，分部分项工程费和措施项目费中的管理费和利润应按项目分别规定费率。

企业定额体系中的费用定额，主要包括以下 5 部分内容：

（1）措施费定额，是指为完成工程项目施工，发生于该工程施工前和施工过程中非工程实体项目的措施费用标准。

（2）企业管理费定额，是指建筑安装企业组织施工生产和经营管理所需费用标准。

（3）利润定额，是指施工企业完成所承包工程获得的盈利标准。

（4）规费定额，是指政府和有关权力部门规定必须缴纳的费用标准。

（5）税金定额，是指按国家税法规定由施工企业代收税金的标准。

3. 企业计价定额的概念与分类

企业计价定额是指在正常施工条件下，以施工过程为标定对象而规定的单位合格产品所需消耗的人工、材料、机械台班数量及其费用的标准。按工程量清单计算规范要求，企业计价定额应分为分部分项工程量清单报价定额和措施项目清单报价定额两种。

施工消耗量定额是生产管理性定额，主要用于企业内部编制成本计划，进行成本核算、成本控制和落实内部经济责任制，也是编制企业计价定额的基础；费用定额，主要用于对内、对外预结算和投标报价时计算费用的标准；而企业计价定额是计价性定额，主要用于企业对外投标报价，参与市场竞争。

施工消耗量定额和费用定额是企业计价定额的编制基础。因此，在企业定额的编制过程中，首先应按工程量清单计算规范规定的工程内容为对象列项，在国家消耗量定额或在计量测定或统计分析各项工序人工、材料、机械消耗的基础上，按施工消耗量定额所列项目和各项目包含的工作内容，分人工、材料、机械消耗编制施工消耗量定额。施工消耗量定额反映的是根据企业目前采用的施工工艺、技术和组织管理方式，按照企业工人小组或个人的平均先进水平，确定的各工艺施工过程在现场消耗人工、材料、机械的标准数量及措施性项目的消耗标准，它不反映价格因素，只反映基础量的定额。然后在施工消耗量定额和费用定额的基础上，考虑投标报价的范围和各分部分项工程工作内容，企业内部人工单价、机械台班单价和材料、构件的价格信息，以及各种管理费用和利润的标准，在此基础上，编制企业计价定额或称清单报价表。企业计价定额除了反映各分部分项工程人工、材料、机械和措施项目的消耗量标准，还包括为便于快速报价的人工单价、材料单价和机械台班单价及管理费用和利润的标准，以及相应清单项目的综合单价。另外，通过费用定额计算规费和税金。

三、企业定额编制的依据和内容

1. 企业定额编制的依据

定额的编制依据主要有：国家的有关法律、法规，政府的价格政策，现行的建筑安装工程施工及验收规范，安全技术操作规程和现行劳动保护法律、法规，国家设计规范，各种类型具有代表性的标准图集，施工图纸，企业技术与管理水平，工程施工组织方案，现场实际调查和测定的有关数据，工程具体结构和难易程度状况，以及采用新工艺、新技术、新材料、新方法的情况等。

根据目前大部分建筑施工企业的定额管理水平和建设工程项目的特点，建筑施工企业要凭自己的力量完成企业内部定额的编制具有相当大的难度。因此，建筑施工企业要在短期内编制出反映企业自身施工技术管理水平和经营管理水平的企业定额，必须采用“借鸡下蛋”的方式才能得以实现。在成熟的定额基础上，进行改编是一种行之有效的方法，当前可参照的依据主要有：

(1)《建设工程工程量清单计价规范》(GB 50500—2013)。

(2)《房屋建筑与装饰工程工程量计算规范》(GB 50584—2013)。

(3)《房屋建筑与装饰工程消耗量定额》(TY 01-31—2015)。

(4)《建筑工程施工工料定额》(建标〔2009〕10 号)。

(5)《建筑工程人工、材料单价表》(2015 年)。

(6)《全国统一施工机械台班费用定额》(2015 年)。

(7)《建筑安装工程费用组成》(建标〔2013〕44 号)。

2. 企业定额编制的内容

为适应工程量清单计价的要求，施工企业定额应包含工料机消耗定额与间接费定额两个部分。这两部分定额编制时应考虑全省统一基础定额的水平，同时更要兼顾企业各方面的实际情况，从而形成一个切实可行、实事求是的企业计价定额。

(1) 工料机消耗定额的编制。工料机消耗定额的编制可采用现场观测、调查研究、统计分析，用已有定额换算等方法。其中，人工消耗量定额的计算方法为

$$定额人工=基本用工+其他用工$$

$$其他用工=超运距用工+辅助用工+人工幅度差$$

材料用量消耗定额由净用量与损耗量组成，分为主要材料用量和周转性材料用量，即

$$主要用量=净用量+损耗量$$

$$周转材料摊销量使用=一次性使用量\times(1+施工损耗率)\times[1+(周转次数-1)\times补损率]/周转次数$$

机械消耗量是指在合理使用机械和合理施工组织条件下，由工人操作机械时，机械完成单位合格产品所必须消耗的工作时间（即台班）数量的标准。其中人、机共同工作 8h 称一个台班，在测算过程中，还要考虑保持机械的正常生产率和工人正常的劳动工效。

机械台班消耗量=机械纯工作 1h 的正常生产率×工作台班延续时间×机械正常利用系数×机械幅度差系数

其中：机械纯工作 1h 的正常生产率=工作时间内生产的产品数量/工作时间

此外，对于租赁机械的台班单价，应根据机械的租赁市场价格通过分析综合确定。

(2) 除工料机消耗定额外，企业还需要根据建筑市场竞争情况和企业内部定额管理水

平、财务状况编制一些费用定额，如现场施工措施费定额、间接费定额等。

四、企业定额编制的组织

企业定额应该如何组织编制，如何利用最少的企业资源编制出维护成本低、适用范围广、使用时间长的企业定额，是首先要统一思想，弄清企业定额的特点及定位，以政府定额模式为基础，充分结合企业的自身特点，引入市场概念，以市场来组合造价，以市场来检验造价，结合市场来进行新的造价构成体系，建立系统的基础数据库，在市场的基础上进行维护，从而达到测算准确、编制简单、维护方便的动态企业造价确定系统。企业定额编制组织问题主要应做好下面几个方面工作。

1. 企业领导的全面支持

企业定额的编制是一个技术复杂、耗资巨大、牵涉面广、难度大、耗时长的技术工程，企业定额编制的成功与否，在很大程度上与企业领导的全面支持和企业领导的管理理念有很大的关系。只有得到企业领导的全面支持，才能得到各种资源的合理配置，才能获得真实、可靠、有价值的信息，才能充分调动各方面的积极因素，才能收集到定额编制所必需的各项基础资料，才能保证收集到的各项基础资料准确性，才能保证定额编制的最终成果的实践性、指导性和可操作性。

2. 全员全过程的配合和参与

由于企业定额的编制是建筑施工企业的一项巨大的技术工程，那么它必须要施工企业内部全员全过程的配合和参与，形成一个巨大的组织网络，才能确保定额编制工作的顺利开展，确保定额编制工作所需要的各项基础数据得到有效地收集，才能确保定额编制工作的顺利完成和使用。

3. 建立强有力的组织机构

由于企业定额的编制涉及面广，需要大量管理人员和工人的配合，是一项庞大的系统工程。因此，必须建立相应的管理机构，统一管理和协调各方面的工作，确保定额编制工作的顺利开展。

4. 建立强有力的组织制度

由于企业定额编制涉及工程技术、工程经济等方面的工作人员及现职工积极参与，配备了企业定额编制管理机构，就应有配套的、相应的组织管理制度，明确机构内成员的工作任务、职责和权限，确保计划顺利地实施。

5. 建立强有力的组织纪律

由于企业定额编制涉及企业的技术和经营管理等方面深层次的机密，对外实行的是保密性原则，因而，组织定额编制的管理机构应提出相应的组织纪律要求，确保机构成员内在工作实施过程中保守企业的技术和经营管理等方面的机密，违纪者应给予一定处罚。

6. 建立合理的激励机制

由于企业定额的编制技术复杂、牵涉面广、难度大、耗时长，劳动成果不明显，甚至会出现出力不讨好的问题，所以，必须建立合理的激励机制，充分调动企业内部各方面的积极因素参与定额编制工作，有奖有罚，工作态度和效率直接与个人利益挂钩，确保定额编制的时效性、实践性、指导性和可操作性。

五、企业定额的编制方法

编制施工企业定额的关键工作是人工、材料和机械费用及消耗量的确定，同时还要考虑措施性消耗量及其费用的确定。

1. 人工消耗量及其费用的确定方法

（1）人工消耗量的确定方法。人工消耗量的确定方法与其他定额的制定方法基本一致，概括起来，主要有技术测定法、统计分析法、经验估算法、比较类推法等。

1）技术测定法。技术测定法是根据先进合理的技术文件、组织条件对定额各部分的人工、材料和机械台班消耗等进行实地观察和计算，然后通过分析计算测定的资料，从而制定、修改定额的一种方法。技术测定通常采用的方法有写实记录法、测时法、工作日写实法及简易测定法四种。

采用技术测定法测定定额，数据准确可靠，因素分析细致，定额水平的精确度高，适用于生产技术组织条件比较正常、稳定，产品批量大的施工过程，是制定定额的主要方法。但采用此法技术要求高，工作量较大且比较复杂。

2）统计分析法。统计分析法是指依据数学中统计分析的原理，结合目前企业生产技术水平和管理水平的变化，对过往实际典型工程的实际消耗的统计资料和原始记录进行整理、分析和研究。该法相对其他方法简单易行，且所确定的定额消耗水平与实际的消耗量水平非常接近。但是使用该方法需要搜集到大量的典型工程的结算资料及其他相关资料，所选择的项目也要有代表性、典型性，并且要求该工程的资料一定要完整。

统计分析法通常与技术测定法并用。对于还不存在企业定额的企业来说，这是一条编制企业定额的捷径。

3）经验估算法。经验估算法是由定额管理专业人员、工程技术人员和有经验的工人结合在一起，根据个人或集体在从事生产、组织生产、管理生产和贯彻定额中所积累的经验，参考有关的技术资料，通过座谈讨论、反复平衡制定定额的一种方法。

这种方法简单易行，工作量小，速度快，可以缩短制定定额的时间。但由于受到估工人员的经验和水平的局限，又缺乏科学资料依据，估工定额往往出现偏高或者偏低现象。因而，它只适用于品种种类多、批量小、不易计算工作量的施工作业，通常作为一次性定额使用。

4）比较类推法。比较类推法，也称典型定额法，是以同类型或相似类型产品或工序的典型定额项目的定额水平或技术测定的实耗工时为依据，经过分析比较，类推出同一组定额中各相邻定额水平的方法。其具体方法包括比例数示法和坐标图示法两种。

这种方法简便，工作量小，只要典型定额选择恰当，切合实际，具有代表性，类推出的定额水平一般比较合理，也符合制定定额全面和快速的要求。这种方法适用于同类产品品种规格多、批量小的施工过程。

上述这些方法各有优缺点，企业可以根据项目的特殊性、所占工程造价的比重、技术含量等因素选择合适的方法。任何一种方法都不是绝对独立的，在实际工作过程中也可以将多种方法结合起来使用，互为补充，互为验证。

（2）人工费编制。目前，我国工程项目在招投标过程中的标价低，人工费中综合人工单价按照国家（地区）给定的价目表执行，在编制标底过程中人工单价执行国家（地区）给定的价目表。

对于施工企业对人工管理来说，目前我国对人工费的取定大都采用“随市场”的形式，即由市场决定。这种形式就可以认为是市场和企业的特点。通过对多个工地的调查来看，并非所有项目都是以劳务清包的形式来进行人工管理的。所以，除了不采用劳务清包的形式来进行管理的分部分项工程需要单独测算人工消耗量以外，其他分部分项工程的总体造价确定完全可以利用建筑市场上的分包单价来制定。这种利用建筑市场分包单价来确定人工费的方法，不但经济效率高，而且因与市场直接挂钩而相对准确，但是在对各个工程的人工分包单价进行确定时相对困难。而在成本管理工作中发现，利用工程实体的分部分项工作量结合工程机械配备及施工方法来反算清包的综合单价是完全可行的，而且还避免了项目部在进行劳务队伍单价磋商中的信息渠道局限性及不必要的失误。施工企业依随建筑市场的价格情况建立不同工种、不同类型工程劳务分包价格库，既可以避免复杂的工人劳动时间、劳动效率和人工单价的测定过程，还能保证其准确性。

2. 材料消耗量及其费用的确定方法

(1) 材料消耗量的确定方法。主要包括科学计算法、观察法、试验法、统计分析法等。

1) 科学计算法。科学计算法是运用科学合理的计算公式，根据施工质量验收规范确定直接性材料、措施性材料，以及半成品配比材料消耗量来计算总的消耗量的计算方法。

2) 观察法。观察法是指在施工技术、施工管理、施工组织及生产所得产品的质量都符合要求，且操作工人能合理使用品种型号和质量均符合规范、设计需求的材料，并保证所生产的产品质量合格时，测定人员通过对施工现场的实地观察测定，所得出的完成某一单位合格产品所需的材料耗费量。

3) 试验法。试验法是指在试验室通过专门的仪器设备确定材料消耗量的方法。

4) 统计分析法。具体过程同人工消耗量测定时的统计分析法。

(2) 材料费的编制。材料费取定通常是依据编制和施工期间同期市场报价浮动。

3. 机械台班消耗量及其费用的确定方法

(1) 机械台班消耗量的确定方法。首先测定现场施工机械在正常条件下的小时劳动生产率，然后依据施工机械的小时劳动生产率和施工机械的使用系数，从而确定施工机械的台班消耗量。当个别项目的消耗量出入较大时，可以经过测定进行调整，缺项部分进行补充。对个别项目进行测定的方法，可结合测定人工消耗量的方法进行选择使用。机械消耗量应考虑机械摊销率。

(2) 机械费编制。机械费的编制在国家（地区）定额中是按机械台班消耗量及台班单价来进行确定的。但由于机械种类很多，且不同的施工工程项目所需的施工机械配置也不相同，再加上在确定机械台班单价时，各种施工机械的摊销费、残值率等各项费用都很难确定，所以编制按机械台班消耗量和台班单价来确定机械费的方法虽然准确，但是就施工企业而言并不适用。所以建议像人工费的编制一样，将机械费的确定放回市场，让建筑市场对其定价，也就是将机械费按租赁价格计算。如何解决租赁，所有的机械费全部按租赁来算，租赁可以通过市场租赁价格来反映折旧摊销残值等费用的确定，同时，在自有机械的使用中，租赁同样是反映机会成本的最合理方法。因此，施工企业建立自身租赁机械价格库可以很大程度上简化企业对机械费用的测算工作，可以仅仅通过计算所需施工机械的租赁单价和使用时间，从而得出市场能接受、项目部能实现的工程机械成本费用。

4. 措施性消耗量及其费用的确定方法

措施性消耗量可结合施工企业自身的施工技术、管理水平、人工操作水平等条件，经过对以往工程各项费用消耗数量的汇总整理分析，得到各项费用每建筑平方米或每延米消耗费用标准，据此标准按建筑平方米或每延米单价固定费用形式编入定额。大型机械的数量、规格、型号和租用期，根据招标文件和招标图纸由施工组织设计确定，大型机械按租赁考虑，公司内部有租赁分公司，租赁价格由分公司每季度发布一次，周转材料的数量由施工组织设计确定。

第三节　企业定额体系的编制程序与内容

一、企业定额体系的编制程序

1. 编制施工企业定额前的准备工作

编制施工企业定额是一项非常复杂的工作，事先必须做好充分准备和全面规划。编制前的准备工作一般包括以下几个方面的内容。

(1) 明确编制任务和指导思想。

(2) 系统整理和研究日常积累的定额基本资料。

(3) 拟定定额编制方案，确定定额水平、定额步距、表达方式等。

2. 编制施工企业定额的步骤

建筑施工企业定额的编制主要有五个步骤（见图 3-1）：

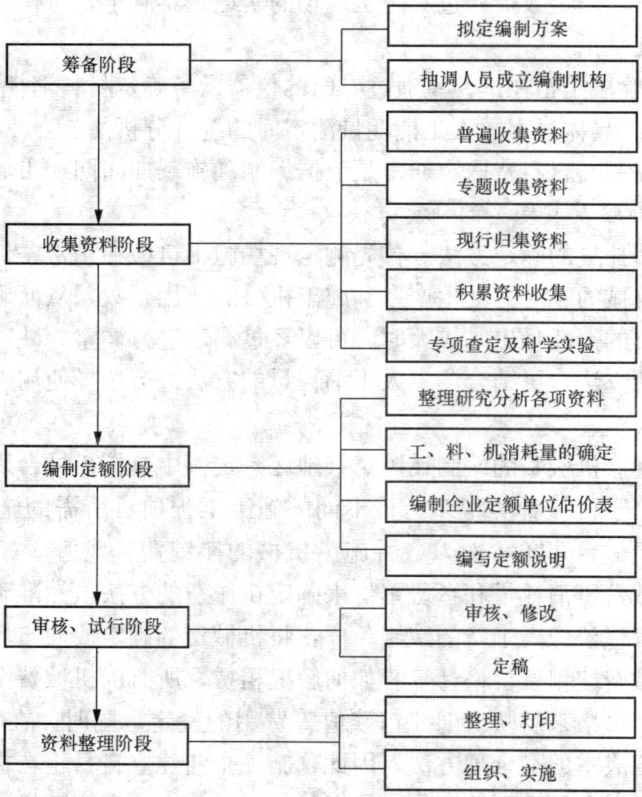

图 3-1　施工企业定额编制步骤图

(1) 筹备阶段。在筹备阶段，首先确定组成由 1 名副总经理或总经济师负责的，有财务、材料设备、劳资、技术、造价等专业人员 5～7 人组成的工作小组，具体实施企业定额的编制工作。工作小组应根据领导的要求，提出建立企业定额的整体计划和各阶段的具体计划，确定编制的原则和方法。其次，企业定额的编制方法根据《计算规范》规定，结合本企业实际，参照国家劳动定额和现行预算定额编制。

(2) 收集资料阶段。由各专业人员负责收集、积累有关定额调研和测定内容的资料，具体为：企业劳动生产率、执行劳动定额情况、一线工人比例、项目管理人员比例、公司管理人员比例、材料人员比例、劳保人员比例等；一线工人的工资情况、项目管理费用和公司管理费收支情况、利润、技术措施费、文明施工费、劳保支出情况等；常用材料的采购成本，包括材料供应价格、运输费、采购保管费情况；周转材料和现场材料的使用，包括领退料情况、损耗、丢失和节约情况等；技术设备水平、设备完好率及折旧情况、设备净值、设备维修费及工器具情况等；采用新技术、新工艺、新材料和推广技术革新降低成本等情况。

(3) 编制定额阶段。应根据编制的原则和方法进行，实事求是计算实际成本满足施工需要为前提，按照国家《计算规范》的要求，统一工程量计算规则、统一项目划分、统一计量单位、统一编码并参照造价管理部门发布的人工、材料、机械消耗量标准进行编制。人工、材料、机械消耗量可以根据调研的企业实际水平进行调整。人工、材料、机械价格可以在调研价格的基础上实行有幅度的浮动价格，以满足编制定额的需要。管理费及利润可根据实际测算的费率计算。

(4) 审核、试行阶段。首先要进行书面审核阶段，将编制的定额进行初步书面审核，然后进行试行阶段。试行一般应该选择管理水平较高的一两个项目部的两三个工程，重点应该考察分部分项工程的人工、材料、机械消耗量和费用，周转材料使用费，项目部和公司机关应分摊在工程上的管理费和利润等。

(5) 资料整理阶段。在这一阶段将试行好的资料进行整理并打印，紧接着进行归档，这是一项重要的工作，可以为以后的定额编制工作提供资料。

二、企业定额体系的内容和形式

为适应工程量清单计价的要求，企业定额体系主要包括施工消耗量定额、费用定额、企业计价定额（工程量清单报价表或工程计价定额）。企业计价定额和费用定额在编制时，应考虑全省统一消耗量定额的水平，同时更要兼顾企业各方面的实际情况，从而形成一个切实可行、实事求是的企业计价定额。

1. 施工消耗量定额的内容和形式

从表现形式上看，施工消耗量定额的编制内容包括编制方案、总说明、工程量计算规则、定额划项、定额水平的测定（人工、材料、机械消耗水平的测算和制定与类似工程的对比测算）、定额编制基础资料的整理归类和编写。

施工消耗量定额一般由文字说明、定额项目表及附录三部分组成。

(1) 文字说明。它包括总说明、分册说明和分章、节说明。

总说明主要说明定额的编制依据、适用范围、用途、工程质量要求，有关综合性工作内容及有关规定和说明。

分册和分章节说明主要说明本册、章、节定额的工作内容、施工方法，有关规定及说明、工程量计算规则等。

(2) 定额项目表。它是分节定额中的核心部分和主要内容。它包括工作内容，分项工程名称、定额单位、定额表及附注。施工工料定额见表 3-2。其中机械消耗，各地区、各企业差别不大，执行通用的国家统一定额即可。

表 3-2 **干 粘 石**

工作内容：包括清扫、打底、弹线、嵌条、筛洗石渣、配色、抹光、起线、粘石等 单位：$10m^2$

编号	项目			人工 综合	人工 技工	人工 普工	水泥 (kg)	砂子 (kg)	石渣 (kg)	107 胶 (kg)	甲基硅醇钠 (kg)
147	墙面、墙裙			$\frac{2.62}{0.38}$	$\frac{2.08}{0.48}$	$\frac{0.54}{1.85}$	92	324	60		
148	混凝土墙面	不打底	干粘石	$\frac{1.85}{0.54}$	$\frac{1.48}{0.68}$	$\frac{0.37}{2.70}$	53	104	60	0.26	
149			机喷石	$\frac{1.85}{0.54}$	$\frac{1.48}{0.68}$	$\frac{0.37}{2.70}$	49	46	60	4.25	0.40
150	柱		方柱	$\frac{3.96}{0.25}$	$\frac{3.10}{0.32}$	$\frac{0.86}{1.16}$	96	340	60		
151			圆柱	$\frac{4.21}{0.24}$	$\frac{3.21}{0.31}$	$\frac{0.97}{1.03}$	92	324	60		
152	窗盘心			$\frac{4.05}{0.25}$	$\frac{3.11}{0.32}$	$\frac{0.94}{1.06}$	92	324	60		

附注：①墙面（裙）、方柱以分格为准，不分格者，综合时间定额乘 0.85。

②窗盘心以起线为准，不带起线者，综合时间定额乘 0.8。

工作内容是说明完成该分项工程所包括的工作内容，单位为该分项工程单位，为了保证定额数据的准确度，一般用扩大单位表示。定额表是由定额编号、定额子目名称、工料机械消耗指标组成。

附注一般列在定额项目表的下面，主要是根据施工内容及条件变动，规定人工、材料、机械定额用量的调整。一般采用乘系数和增减工料的方法来计算。附注是对定额项目表的补充。

（3）附录。它一般放在定额分册后面，包括有关名词解释、图示、做法及有关参考资料，如材料消耗计算表，砂浆、混凝土配合比表及计算公式等。

2. 费用定额的编制

费用定额是指为施工准备、组织施工生产和内部管理，以及投标报价所需的各项费用标准。企业需要根据建筑市场竞争情况和企业定额管理水平、财务状况等编制一些费用定额，如现场施工措施费定额、间接费定额等。为了计算方便，还要编制计费规则、计价程序及相关说明等有关规定。

费用定额的编制类型，应分为多种表现形式，如对内进行劳务分包、对外进行投标报价和包定额工日等各项费率应有所区别，其中对外进行投标报价的费率应该最高，而且应该有一定的幅度范围和分类，以便快速报价。

3. 企业计价定额

企业计价定额又称工程量清单报价表或称工程计价定额，简称报价表。报价表是依据施工消耗量定额中的人工、材料、机械台班消耗量（考虑一定幅度差率），乘以当时当地现行人工、材料、机械台班单价（考虑价格风险因素），计算出以货币形式表现的完成分部分项工程量清单或措施项目清单人工、材料、机械费单价，再计入单位假定产品的管理费和利润，最后汇总出综合单价。

企业计价定额项目表主要由定额编号、工程项目名称、综合单价、人工费、材料费、机械费、管理费、利润，以及人工、材料、机械单价和消耗量等组成。

企业计价定额项目表中的综合单价、人工费、材料费、机械费、管理费、利润，分别与工程数量相乘就可得出分部分项工程量清单或措施项目清单的合价及其人工费、材料费、机械费、管理费、利润额。它们是投标报价的依据，是发承包双方确定合同价的参考，是企业内部搞好经济核算的基础。

表 3-3 为水泥砂浆抹灰企业计价定额项目表或称工程计价定额（量价合一）的一种表现形式。表头中间为分项工程名称，左上角描述工作内容，右上角标明定额单位（扩大单位 $10m^2$）。表中由上而下分别表示：定额编号、项目名称、综合单价，其中人工费、材料费、机械费、管理费、利润。表的上半部分主要以价的形式表现单位产品（假定产品）的价值。表的下半部分，从左到右，分别表示：人工、材料、机械编号和项目名称；单位、基础单价、定额数量、合价，量价相乘得到人工费、材料费、机械费，三项费用合计得基价，根据管理费率和利润率，可得单位产品的管理费和利润，五项费用合计得综合单价，再考虑一定的风险费就可以报价了。当然，表里所包含的所有“价”均应该是可变的。因此，只有用计算机进行管理，才能保持动态的报价。

表 3-3　　水泥砂浆抹灰企业计价定额

工作内容：（1）清理、修补、湿润基层表面，堵墙眼、调运砂浆、清扫落地灰。（2）刷浆、抹灰找平、洒水湿润、罩面压光。

计量单位：$10m^2$

定额编号					13-11		13-12		13-13		13-14	
项目名称			单位	单价	墙面、墙裙抹水泥砂浆							
					砖墙				混凝土墙			
					外墙		内墙		外墙		内墙	
					数量	合价	数量	合价	数量	合价	数量	合价
综合单价			元		111.19		98.52		116.02		103.33	
其中	人工费		元		45.50		40.04		48.62		43.16	
其中	材料费		元		45.61		40.56		46.25		41.18	
其中	机械费		元		2.37		2.26		2.31		2.21	
其中	管理费		元		11.97		10.58		12.73		11.34	
其中	利润		元		5.74		5.08		6.11		5.44	
二类工			工日	26.00	1.75	45.50	1.54	40.04	1.87	48.62	1.66	43.16
材料	013004	水泥砂浆 1∶2.5	m^3	199.26	0.086	17.14	0.082	16.34	0.086	17.14	0.082	16.34
材料	013005	水泥砂浆 1∶3	m^3	176.30	0.142	25.03	0.136	23.98	0.135	23.80	0.129	22.74
材料	013077	801 胶素水泥浆	m^3	468.22					0.004	1.87	0.004	1.87
材料	401029	普通成材	m^3	1599.00	0.002	3.20			0.002	3.20		
材料	613206	水	m^3	2.80	0.086	0.24	0.084	0.24	0.085	0.24	0.083	0.23
机械	06016	灰浆拌和机 200L	台班	51.43	0.046	2.37	0.044	2.26	0.045	2.31	0.043	2.21

第四节　企业定额体系的编制

企业定额体系的编制最关键的工作是确定人工、材料和机械台班的消耗量，计算分项工程单价或综合单价。

人工消耗量的确定，首先是根据企业环境，拟定正常的施工作业条件，分别计算测定基本用工和其他用工的工日数，进而拟定施工作业的定额时间。

材料消耗量的确定，是通过企业历史数据的统计分析、理论计算、试验室试验、实地考察等手段计算确定材料的净用量和损耗量，从而拟定材料消耗定额指标。

机械台班消耗量的确定，同样需要按照企业的环境，拟定机械工作的正常施工条件，确定机械净工作效率和利用系数，据此拟定施工机械作业的定额台班和与机械作业相关的工人小组的定额时间。

一、企业定额的确定

（一）施工消耗量及其确定方法

1. 施工消耗量的组成与分类

施工消耗量包括实体消耗量和措施性消耗量两部分。实体消耗量就是构成工程实体的人工、材料、机械的消耗量，其中，材料消耗量应包括施工时的材料损耗，机械消耗量应考虑机械摊销率。措施性消耗量就是指为保证工程正常施工所采用的措施的消耗，应包括模板的选择、配置与周转，脚手架的合理使用与搭拆，各种机械设备的合理配置等措施性项目。施工消耗量按生产要素可分为人工消耗量、材料消耗量和机械消耗量三部分。

2. 企业定额的确定方法

企业定额中的工程实体消耗量定额和措施性消耗量定额可采用现场观测、调查研究、统计分析、用已有定额换算等方法进行编制。人工消耗量应包括施工时的人工幅度差率，材料消耗量应包括施工时的非工艺性材料损耗量，机械消耗量应包括施工时的机械幅度差率。

（二）人工消耗量的确定

人工消耗量，根据工程量清单计算规范确定定额的步距、工程内容和施工方法，根据既定的定额分项工程工作内容和施工方法，通过下列途径确定：①凡劳动组织、技术装备与现行劳动定额的取定相一致的工序或工作过程，按劳动定额提供的数据确定。②凡劳动组织、技术装备与现行劳动定额取定有差异的工序或工作过程，其人工消耗量在测算基础上增加差异系数，这个差异系数要通过比较、测算加以确定。

1. 人工消耗量的计算

定额工日 ＝ ∑(定额单位 × 时间定额) × (1 ＋ 人工幅度差率)

式中，人工幅度差率一般为10％。

2. 确定碎石灌砂浆垫层人工消耗量定额示例

（1）背景条件。室内碎石灌砂浆垫层工作内容包括铺设、找平、夯实、调制砂浆、灌浆。因多数房间属于小面积施工，增加用工30％。砂浆超运150m。

（2）计算人工消耗量。碎石灌砂浆垫层的人工消耗量计算，见表3-4。

表3-4　　碎石灌砂浆垫层的人工消耗量计算

项目名称	计算量	单位	劳动定额编号	时间定额	工日/$10m^3$
碎石灌砂浆垫层	10	m^3	§10-3-39（一）	0.561	5.610
小面积增加用工30％	3	m^3	0.561×0.3(按1.3系数)	0.1683	0.505
小计					6.115

续表

项目名称	计算量	单位	劳动定额编号	时间定额	工日/10m³
砂浆超运 150m	10	m^3	§10-24-408(四)	0.129	1.290
合计					7.405
定额工日	(人工幅度差 10%)7.405×1.1				8.146

(三) 材料消耗量的确定

施工消耗量定额中材料消耗，应在统一的工程量计算规则指导下，根据施工消耗量定额分项工程所包括的工作内容，采用科学的方法确定，既要尊重材料在施工过程中的消耗规律，又要与企业的综合生产能力相符。

1. 材料的分类

(1) 按材料在施工过程中消耗的形式分类。按材料在施工过程中消耗的形式可分为构成工程实体的材料（简称实体材料）和不构成工程实体的材料（简称非实体材料）。

1）构成工程实体的材料，是指在劳动力的作用下，在改变了的实物形态全部转化为工程实体的同时，它的价值也全部转移到工程价值中的材料。因此，构成建筑工程实体的材料，一旦进入了某一施工过程，就不能再以原有的形态或性质参加另一个施工过程。

2）不构成工程实体的材料，是指在劳动力的作用下，不构成工程实体，但有助于工程实体形成的周转性材料。所谓周转性材料，是指在劳动力作用下，基本保持原有的形态（发生了部分磨损或发生位移），可以再次进入另一个施工过程的材料。因此，它们的价值，只能根据它的磨损程度一部分一部分地转移到新的工程上去。

(2) 按材料在施工过程中的作用和消耗的数量分类。按材料在施工过程中的作用和消耗的数量可分为主要材料、周转性材料、辅助材料、其他材料。

1）主要材料，是指在施工过程中，在劳动力作用下能成为分项工程产品的主要构成，基本体现分项工程产品的功能、性质和特点的材料，即：①它在分项工程产品计量单位中占较大的比重；②材料的性能、特点是分项工程产品性能、特点的主要来源。

2）周转性材料，是指在施工过程中不是一次性消耗的材料，而是可多次周转使用，经过修理、补充才逐渐消耗尽的材料。

3）辅助材料，是指有利于主要材料正常发挥作用的材料。

4）其他材料，即主、辅材料以外的零星材料。

(3) 按材料在施工过程中消耗的性质分类。按材料在施工过程中消耗的性质可分为材料净用量和材料损耗量。

应该说明，所谓“构成工程实体”的材料，或“主要材料”“周转性材料”“辅助材料”，“其他材料”，是对材料在分项工程中的某一消耗特征进行的人为定义，而非材料本身的属性。不能把某一材料固定地称为构成工程实体的材料或主要材料、周转性材料、辅助材料、其他材料等。但不管作为何种材料，在施工过程中，都存在着材料净用量和材料损耗量。因此，在确定材料定额消耗量时，主要应以这种分类确定定额水平。

2. 材料净用量的确定

(1) 材料净用量的概念。材料净用量，是指在正常施工、合理与节约使用材料的条件下，分项工程施工的某种材料的消耗量中，构成工程实体的材料数量；对于周转性材料则是直接用到分项工程上的那部分摊销量。材料净用量是完成质量合格产品所必须消耗的数量，它具有以下特点：

1）净用量内所有的材料全部用到分项工程上或形成分项工程实体；

2）在不同的企业定额之间，综合内容、定额单位相同的同一分项工程所需材料的净用量是相近的，甚至相同的。

（2）材料净用量的确定方法。材料净用量应优先选用理论法、理论与试验相结合的方法确定。不能采用这些方法确定的材料或分项工程，可根据条件具备的情况采用统计法或观测法确定。

1）理论计算法，是根据现行规范和设计的规定，运用一定的数学公式计算材料净用量的方法。用理论计算法确定材料净用量应注意两点：第一，构成工程实体的材料净用量必须满足（不能低于）分项工程定额单位核定的数量。其中，单一材料的分项工程，其材料净用量不得少于定额单位的计量，例如，$1m^3$混凝土构件用混凝土的净用量不应少于$1m^3$。两种及两种以上材料的分项工程，其两种及两种以上材料的数量合计不得低于定额单位的计量。第二，以周转材料为主材的分项工程是以其功能而非实体参与建筑产品形成。因此，周转性材料的净用量，以确保由它构成的工程实体的功能为原则，按企业的实际情况编入施工消耗量定额。周转性材料一次摊销量的大小与周转性材料的周转次数、一次使用时间有关。周转次数取决于企业对周转性材料的使用、维护和管理水平；一次使用时间则取决于企业的施工能力所影响的工期长短；而周转性材料的品种变化，则取决于新材料、新工艺的发展速度。当施工消耗量定额的计算规则、分项工程内容与国家基础定额或地方定额相一致时，可以直接使用国家基础定额或地方定额中的材料净用量。

例如：一砖墙厚普通黏土砖墙，砖规格为240mm×115mm×53mm，灰缝为10mm。试计算$10m^3$砖墙砖的净用量。

利用材料定额消耗量的理论计算法，计算每立方米一砖墙厚的净用量为

$$\text{砖数} = 10 \div [\text{砖长} \times (\text{砖宽} + \text{灰缝}) \times (\text{砖厚} + \text{灰缝})]$$
$$= 10 \div [240 \times (115 + 10) \times (53 + 10)] \times 10 = 5291(\text{块})$$

2）理论和试验相结合的确定方法，是计算混合材料如混凝土、砂浆、灰土等配合比用量的常用方法，即根据设计规范提供的配合比计算公式，先计算出配合比中各种材料的净用量。经试配、试压对计算的数据反复调整、核实最终确定的方法。采用这种方法时应严格按照现行规范提供的计算公式和程序计算，当规范要求发生变化时，要及时修正、调整配合比用量。严格执行现行规范规定的配合比材料的质量标准，并结合实际使用的材质和施工现场的具体情况确定。

3. 材料损耗量的确定

材料损耗量，是指在施工过程中，不能构成分项工程实体或直接用到分项工程上的材料消耗量。某种材料在施工过程中的损耗量，不同的施工企业应该具有不同的消耗水平，正像周转性材料一样，它随企业的技术能力、施工管理水平而变化。因此，施工企业应以提高竞争能力为出发点，施工中不断降低材料的损耗量，实事求是地测定本企业各种材料的损耗率并纳入施工消耗量定额。

1）材料损耗种类。各种建筑材料从其出厂到使用，一般包括运输损耗、库存损耗和施工损耗。运输损耗、库存损耗应纳入材料价格里面，所以，这里只涉及施工损耗的问题。施

工损耗又包括施工操作中不可避免的废料损耗、残余料损耗和现场运输堆放损耗。

2）材料损耗量的特点。①同一施工企业，随着科学技术进步和管理水平的提高，其各种材料的损耗率将呈下降的趋势。②不同的施工企业因具有不同的生产能力，将具有不同的材料损耗量水平。

4. 材料消耗量定额的计算公式

材料消耗量定额由净用量与损耗量组成，即

$$材料用量=净用量+损耗量=净用量\times(1+施工损耗率)$$

$$周转性材料摊销量=一次性使用量\times[1+(周转次数-1)\times平均补损率]/周转次数$$

5. 确定垫层材料消耗量定额示例

垫层材料消耗量可按下列三类情况，分别计算：

(1) 半成品性质的材料，如灰土等，其消耗量的计算公式为

$$半成品材料消耗量=定额单位\times(1+损耗率)$$

示例：灰土是由石灰和黏土按一定配合比拌和而成（配合比可以换算），损耗率为1%。夯填3∶7灰土垫层项目的材料消耗量计算如下

$$3:7灰土消耗量=10m^3\times(1+1\%)=10.1(m^3)$$

(2) 单一性质的材料，如天然级配砂、毛石、碎石、碎砖等，其消耗量的计算公式为

$$单一材料消耗量=定额单位\times压实系数\times(1+损耗率)$$

(3) 充灌性质的材料，如砂浆、砂等，其消耗量的计算公式为

充灌材料消耗量=（骨料密度－骨料堆积密度×压实系数）/骨料密度×填充密实度×(1＋损耗率）×定额单位

示例：某碎石灌浆垫层的碎石密度为2.75t/m³，堆积密度为1.65t/m³，压实系数为1.08，损耗率为3%。砂浆损耗率为1%，填充密实度取0.8。碎石灌浆垫层的材料消耗量计算如下

$$碎石消耗量=10\times1.08\times1.03=11.12(m^3/10m^3)$$

$$砂浆消耗量=(2.75-1.65\times1.08)/2.75\times0.8\times1.01\times10=2.84(m^3/10m^3)$$

（四）机械消耗量的确定

1. 施工机械在施工过程中的作用

(1) 施工机械是人类劳动和科技进步的结晶；是由劳动者创造用来服务于建筑产品生产的机械性工具；是施工企业从事施工生产活动的物质技术基础。施工机械的进步，体现了全社会综合生产能力的总水平。它反映了一定生产关系条件下，建筑产品生产的基本目的。

(2) 施工机械在施工生产过程中起着传导劳动者生产目的的重要作用，是人手的延长、是人力的扩张、是施工进度的加速器。“工欲善其事，必先利其器”，先进的机械装备对发挥人的技能，提高劳动生产率具有重要意义。

(3) 施工过程是劳动者使用工具或机械对劳动对象进行加工改造并使之发生预期变化的过程。因此，施工机械是施工过程赖以进行并完成的最基本的要素之一。不同的劳动目的将有不同的劳动对象，不同的劳动对象将决定着不同的机械选型。

2. 施工机械在施工过程中的消耗特征

施工机械是受人操纵和利用的，因此，它的消耗总是与人的效率密切相关。其相关情况有：

（1）在定额子项工程的施工过程中，机械直接作用在劳动对象之上，从而生产出该子项工程所规定的“假定产品”的过程，称为机动施工过程。其生产效率与机械能力有关；配合机械的人员，将受机械的效率所制约。例如，现行劳动定额中的机械土方、构件运输和安装等施工过程的工作效率主要取决于机械能力。

（2）在定额子项工程的施工过程中，人力或简单机具直接作用在劳动对象之上，从而生产出该子项工程所规定的“假定产品”的过程，称为手工操作的施工过程。机械的消耗将受工人小组的效率所制约。例如，现行劳动定额中的木作工程、抹灰工程等施工过程的工作效率主要取决于人的因素。在手工操作过程中，虽然也使用一些机械，但这些机械提供的一般都是中间产品。例如，在砌筑和抹灰工程中，搅拌机提供的是待砌筑和抹在墙上的已被搅拌好的各种砂浆。这些“砂浆”应该提供多少，将取决于砌筑、抹灰的效率。因此，机械的配置不是无原则的、任意的，而是小组产量和机械效率之间的有机结合。机械配置的数量，通常受到劳动组织的影响。

（3）为整个单位工程统筹配置，且为单位工程中各分部分项工程施工所共用的机械，如垂直运输所用的塔吊、卷扬机、电梯等，其消耗数量则与工期的长短有关，反映了施工企业的综合生产能力。

3. 施工机械消耗量定额的概念

施工机械是指建筑安装企业进行施工经营活动所需的所有生产性机械。施工机械消耗量定额是指在合理使用机械和合理施工组织条件下，由人操纵机械时，机械完成单位合格产品所必须消耗的工作时间（即台班）数量的标准。其中人机共同工作 8h 称一个台班，在测算过程中，还要考虑保持机械的正常生产率和工人正常的劳动工效。

4. 施工机械台班消耗量定额的确定方法

（1）施工机械台班消耗量定额计算的基本公式。施工机械台班消耗量，应遵循机械消耗的基本特征区分不同的工作物对象和不同的机械分别加以确定，在统一的工程量计算规则指导下，根据既定的定额分项工程工作内容和施工方法进行计算。施工机械台班消耗量定额计算的基本公式为

机械台班产量定额＝机械纯工作 1h 的正常生产率×工作班内纯工作时间

＝机械纯工作 1h 的正常生产率×工作台班延续时间×机械正常利用系数

其中：机械纯工作正常生产率＝工作时间内生产的产品数量/工作时间

＝机械纯工作 1h 的正常循环次数×一次循环生产数量

机械台班定额＝1/机械台班产量定额

企业定额中的施工机械台班消耗量 ＝ 机械台班定额 ×（1 ＋ 机械幅度差率）

机械幅度差率一般为 30％左右。

（2）工序或工作过程。工序或工作过程是指定额分项工程中所包括的各工序或工作过程。它是定额分项工程的组成部分，不同的分项工程有不同的工序或工作过程组合。

（3）机械台班产量。机械台班产量是指机械每工作 8h 所能完成的与工序、工作过程工程量同名号的质量合格产品的数量。机械台班产量通常通过下列途径确定：

1）劳动组织、技术装备与现行劳动定额的取定相一致的工序或工作过程，按劳动定额提供的数据确定。其中：

a. 机械为主进行作业的工序或工作过程，其机械台班产量等于劳动定额规定的台班产

量乘以实际效率系数。

b. 手工为主进行作业的工序或工作过程，小组配置机械的台班产量。其计算公式为

$$小组配置机械的台班产量=\frac{(每工产量\times小组人数)\times实际效率系数}{机械配置台数}$$

这里的“实际效率系数”：①为了说明编制企业定额必须考虑实际效率与劳动定额效率的差异因素。②要尊重已有的研究成果，把我国几十年的定额资料利用起来。经过分析、研究、比较、类推来确定“实际效率系数”，从而简化施工消耗量定额的编制过程。

c. 为单位工程统筹配置并为整个工期服务的机械的台班产量。其计算公式为

$$机械的台班产量=\frac{建(构)筑物总面积(或总体积)}{机械配置台数\times实际工期天数}$$

式中，“实际工期天数”可根据现行工期定额和企业的实际情况综合确定。

2）劳动组织、技术装备与现行劳动定额取定有差异的工序或工作过程，其机械的台班产量可按劳动定额提供的数据的基础上，增加一个差异系数。这个差异系数要通过比较、测算加以确定。

3）劳动定额缺项或属于新机械、新工艺施工的工序或工作过程，其机械的台班产量可根据该机械的额定能力通过测量加以确定。其步骤如下：

a. 拟定正常的施工条件。包括工作物对象的类别和质量要求、使用的材料和种类、选用的机型和性能、操作的方法和劳动组合等。

b. 确定台班时间的构成。机械工作时间包括净工作时间和其他工作时间。净工作时间包括有效工作时间、不可避免的无负荷运转时间和不可避免的中断时间。其他工作时间包括机械定期的无负荷时间和定期的不可避免的中断时间，以及操作机械或配合机械工作的工人休息所造成的机械不可避免的中断时间。

c. 确定机械净工作 1h 生产率。对于循环动作机械，净工作 1h 生产率 $N=nm$。式中，n 为循环动作机械净工作 1h 的正常循环次数；m 为每循环 1 次的产品数量。

对于连续动作机械的净工作 1h 生产率 $N=m/t$。式中，t 为连续动作机械延续工作时间；m 为延续时间内的产量。其中，机械延续工作时间和延续时间内的产量必须通过试验或实际观察计算获得数据。

d. 机械台班产量可按式 $W=NTk$ 确定；当 1 次循环时间大于 1h 时，则按式 $W=T/tmk$ 确定。式中：W 为机械台班产量；T 为工作班延续时间；m 为每次循环的产品数量；t 为 1 次循环时间；N 为循环动作或连续动作机械的 1h 生产率；k 为台班时间利用系数，它等于机械净工作时间与工作延续时间的比值。

这里，每循环 1 次的产量或延续时间内的产量，不仅要考虑机械的额定能力和测定期内的实际效率，还要综合考虑机械在走合期内及在特殊条件下施工时减速、降效因素。

（4）机械幅度差率，是指在劳动定额中的机械消耗量内没有包括，而在合理的施工组织条件下所必需的机械停歇时间所占的比例。

5. 机械消耗量定额计算示例

［例 3-1］ 现场测定某沟槽采用 1 台挖斗容量为 0.5m³ 的反铲挖掘机挖土，1 台载重量为 5t 的自卸汽车运土。土的松散系数为 1.2，松散状态堆积密度为 1.65t/m³；挖掘机的铲斗充盈系数为 1.0，每循环 1 次时间为 2min，时间利用系数为 0.85；自卸汽车每一次装卸往

返需 24min，时间利用系数为 0.80。机械幅度差率为 30%。

（1）挖掘机台班产量为

每小时正常循环次数＝60/2＝30（次）

纯工作 1h 正常生产率＝30×0.5×1.0＝15（m^3/h）

时间利用系数＝0.85

挖掘机台班产量＝15×8×0.85＝102（m^3/台班）

（2）自卸汽车台班产量为

每小时正常循环次数＝60/24＝2.5（次）

土壤的质量与松散体积换算为 1m^3≈1.65t

纯工作 1h 正常生产率＝2.5×5÷1.65≈7.58（m^3/h）

时间利用系数＝0.80

自卸汽车台班产量＝7.58×8×0.80≈48.51（m^3/台班）

（3）施工机械台班消耗量定额

挖掘机台班消耗量定额＝（1＋0.3）/102＝0.13（台班/m^3）

自卸汽车台班消耗量定额＝（1＋0.3）/48.51＝0.03（台班/m^3）

二、基础单价的确定

基础单价是编制建筑及安装工程单价的重要基础资料，它包括人工单价、各种材料价格、施工机械使用价格。企业应建立详细的价格数据库，如人工单价可按工种分类；材料可分为实体消耗材料和周转性材料，对实体消耗材料应建立市场价格数据库，对周转性材料应同时建立市场购买价格数据库和市场租赁价格数据库；机械设备也需要建立市场购买价格数据库和市场租赁价格数据库。

人工单价也即劳动力价格，一般情况下应按地区劳务市场价格和政府规定的最低劳动力价格计算确定。

材料价格按市场价格计算确定，其价格应是供货方将材料运至施工现场堆放地或工地仓库后的出库价格。

施工机械使用价格最常用的是台班单价，应通过市场询价确定。

1. 人工单价的确定

人工单价是指在工程计价中一个建筑工人在一个工作日应计入的全部人工费用，它体现了建筑工人的工资水平和一个建筑工人在一个工作日应得到的劳动报酬。

（1）人工单价的确定方法。人工单价的确定应结合国家劳动部门的政策，考虑养老保险金、失业保险金、住房公积金等费用，结合当地同行业实际收入水平确定，形成具有竞争力的人工单价。人工单价应区分工种、岗位、级别，形成不同等级的工资单价，但注意不要低于当地最低工资标准。编制企业计价定额时，可采用加权平均的办法确定，保持人工单价的动态性，并考虑人工工资的风险因素。

（2）人工单价计算。

1）公式法。人工单价由计时工资或计件工资、奖金、津贴补贴、加班加点工资、特殊情况下支付的工资构成。人工日工资单价计算公式为

$$日工资单价=[(月基本工资+月工资性津贴+月辅助工资)\times(1+福利费计提比例)+月劳动保护费]\times12\div224$$

2）规定法。各省市对人工单价有规定数值或最低标准，编制企业计价定额时可直接取用。但需注意，人工单价仅作为编制企业计价定额时的依据，不作为施工企业实发工资的依据。

3）信息法。根据市场信息发布情况，进行合理定价处理。

2. 材料价格的确定

（1）正确计算材料价格的意义。材料价格的高低是企业材料管理水平的测试器，企业只有如实地计算材料的供应价及其他各项组成费用，才能真实反映并使企业的领导者了解自己管理的优劣，从而扬长避短，不断提高。在构成材料价格的各项费用中，除了材料的供应价之外，其余各项都存在不同程度的活劳动和物化劳动消耗。例如，企业负责进行材料场外的运输；自备的包装品材料的摊销价费；采购和仓储保管及损耗等。对于这些情况，企业要在我国工程造价管理改革的大原则下正确处理，否则，材料价格会相差悬殊。

（2）材料价格的概念和内容组成。材料价格是指材料（包括构件、成品及半成品等）从其来源地（或交货地点）到达施工工地仓库或堆放场地后的出库价格，内容包括材料原价（或供应价格）、材料运杂费、场外运输损耗费、采购及保管费等。用公式表示

材料价格＝材料原价＋运杂费＋场外运输损耗费＋采购保管费用＋风险金

或　　材料价格＝（材料原价＋运杂费）×（1＋场外运输损耗率）

×（1＋采购及保管费率）－包装品回收价值＋风险金

（3）材料价格的确定。

1）材料原价。

a. 外购类材料（如钢材、水泥、沥青等）

材料原价＝出厂价＋供销手续费＋包装费

出厂价是指市场价、料场价和调查价等实际价格；供销手续费是指经物资部门供应的材料，加计的手续费，手续费率多少无专门规定；包装费是指为了保护材料或便于材料运输而采用包装品的费用，若出厂价、供销手续费中未计包装费的应加计包装费，并在材料价格中减去回收价值，如桶装沥青、汽油、柴油一般按每吨摊销一个旧汽油桶计算包装费，不计回收。

b. 地方性材料。包括外购的砂、石、砖、瓦、灰等材料，按实际调查价格或当地主管部门规定的价格计算。

c. 自采材料，如黏土等

材料单价＝开采单价＋辅助生产现场经费

开采单价为材料开采时人工费、材料费、机械费总和。辅助生产现场经费一般按人工费的15%计取。

2）运杂费。指材料自供应地点至工地仓库（施工地点存放材料的地方）的运杂费用，包括装卸费、运费等，有时还应计囤存费及其他杂费（如过磅费、标签、支撑加固等费用）。用公式表示

运杂费＝运费＋装卸费＋杂费

a. 运费＝（运价率×运距）×单位毛重＋吨次费

单位毛重＝计算单位×毛重系数

其中，运价率是指材料每吨每千米的运费；运距是指材料的运输距离；吨次费是指因短途运

输，运距小于 30km 时，而增加的费用。

b. 装卸费＝装卸费率×毛重×装卸次数

c. 杂费是指吨次费、过磅费、捆绑费等费用。

［例 3-2］ 某桥梁钢材运输，无包装，运距 25km，运价率 0.34 元/（t·km），吨次费 1.00 元/t，囤存费 3.00 元/t，装卸费 3.30 元/t，若运输 750t，装卸一次，试计算单位运杂费和总运杂费。

解 运费＝(25×0.34＋1.00)×1＝9.50(元/t)

装卸费：3.30 元/t；杂费：3.00 元/t

每吨运杂费＝9.50＋3.30＋3.00＝15.80(元)

钢材运杂费＝750×15.80＝11 850.00(元)

说明：上述运杂费的计算为雇佣汽车运输材料。若施工单位自行运输，运距大于 30km 时，计算方法同上。单程运距为 10～30km 的偏远、山岭区，可按运价加 50％计算运费。若一种材料有两种以上的供应点，按不同运距、运量采用加权平均方法计算运费。

3）场外运输损耗。场外运输损耗是指某些材料在正常运输过程中发生的损耗，这部分损耗应摊入材料单价内，材料场外运输损耗可用损耗率表示。

4）采购保管费。材料采购及保管费是指材料供应部门（包括工地仓库及各级材料管理部门）在组织采购、供应和保管材料过程中，所需的各项费用及工地仓库材料储备损耗。

材料采购及保管费以材料的原价加运杂费及场外运输损耗之和为基数，乘以采购保管费率。原材料的采购保管费率一般为 2.5％，外购的构件、成品及半成品的采购保管费率一般为 1％。

［例 3-3］ 工地用合金钻头的原价为 32.00 元/个，单位运杂费为 0.0035 元/个，场外运输损耗率为 0，采购保管费率为 2.5％，计算其材料价格。

解 合金钻头价格＝(32.00＋0.0035)×(1＋2.5％)＝32.80(元)

3. 施工机械台班单价的确定

机械台班单价，是指施工机械在一个台班中，为使机械正常运转所支出和分摊的各项费用之和。它是编制企业定额的基础之一，也是施工企业对施工机械费用进行成本核算的依据。机械台班单价的高低，直接影响投标报价和企业的经营成果，因此合理确定机械台班单价，对促进机械化水平的提高和降低工程造价都具有重要的意义。

(1) 施工机械台班单价的确定方法。对于租赁机械的台班单价，应根据机械的租赁市场价格通过分析综合确定。自有机械可参照 2015 年《建设工程施工机械台班费用编制规则》所提供的方法进行，但应处理好下列关系：

1)《全国统一施工机械台班费用定额》与企业机械统计资料的关系。《全国统一施工机械台班费用定额》是综合了各省、市及各有关部门的机械管理水平确定的。其中机械保养的工时、材料、配件的消耗定额，燃料动力消耗定额及机上配置人数，机械完好率、利用率等技术经济指标具有综合性、一般性，不可能无差别地适用那些采用预期检修制的企业和实行定检维修制的企业的具体情况。但是，它却是判别企业统计资料中各种数据是否合理的重要依据。企业的机械统计资料，是由企业基层按时填报并由企业的统计主管部门汇总、整理并经分析确定的，数据的质量将取决于统计人员的业务素质和统计方法的科学性。它是编制企业定额确定机械台班费的基础资料。

2）机械的加速折旧与机械的耐用总台班的关系。机械设备的加速折旧，是为了缩短机械的使用年限，以避免由于科学技术进步而加快的机械磨损所造成的损失。但不能成比例地减少机械的耐用总台班，否则，将会引起台班单价的上升。机械使用年限的缩短，是否会影响机械的耐用总台班，将取决于机械的年工作台班在原基础上增加的可能性。根据“年工作台班=(年日历天数－节假日)×机械利用率”不难知道，机械利用率的真实测定是合理确定年工作台班的关键。例如，“报告期内实际作业台日数”中是否对三班作业、二班作业及节假日作业的机械进行了合理的统计；对统计中利用率偏低的某种机械是否进行了必要的分析等。总之，企业定额机械台班单价的编制，不仅要遵循现行折旧制度、推行机械的加速折旧，同时还要结合企业自有机械的使用情况，切合实际地加以确定。

3）推广机械社会租赁和合理配置自有机械的关系。建筑业多工种结构的特点，必然要求多品种的机械来装备。而由于施工对象、施工工艺和工序的多变，需用的机械的品种、规格、数量也必然随之变化。特别是在市场竞争日趋激烈的情况下，机械台班单价的高低，将直接影响到企业的竞争能力。所以，施工企业一方面要解决好机械装备结构的问题；充分利用多种装备形式、采用多种装备方法，结合机械租赁市场情况，自备一部分利用率较高的常用机械；大量的、非常用的机械依靠社会租赁来解决，变一家自用为社会公用，以减少企业乃至行业机械存量，提高机械利用率和年工作台班。另一方面，对国外机械设备的管理技术，企业应有目的、有选择地吸取先进经验，处理好管理、使用、保养和修理四个环节的相互依存关系，提高机械的管理、使用和维修水平，降低台班单价。对于租赁机械的台班单价，应根据机械的租赁市场价格，通过分析综合确定。

(2) 机械台班单价计算。机械台班单价包括：折旧费、大修理费、经常修理费、安拆费及场外运输费、人工费、燃料动力费、车船使用税七项费用。按其费用性质，可分为两大类，即第一类费用和第二类费用。

1）第一类费用，又称不变费用：包括折旧费、大修理费、经常修理费、安拆费及场外运输费等，直接套用机械台班费用定额即可。

2）第二类费用，又称可变费用：包括人工费、燃料动力费、车船使用税等费用。其中的量与价按下列方法规定：

a. 人工工日、燃料、动力消耗量以机械台班费用定额数值为准。

b. 台班中人工单价计算与人工单价计算方法相同。

c. 燃料、动力单价计算与材料单价计算方法相同。如当地自行发电时，每千瓦时电的单价可用式 $a=0.34k/n$ 计算。式中：a 为电的单价；k 为发电机的台班单价；n 为发电机功率。

d. 养路费及车船使用税按当地主管部门规定计算。

[例 3-4] 计算 6～8t 光轮压路机的台班单价。

解 6～8t 压路机，查机械台班费用定额得：不变费 217.80 元，人工 1 工日，柴油 20kg。人工单价 36.00 元/工日，柴油单价 4.30 元/kg。

台班单价=217.80+1×36.00+20×4.30=339.80（元/台班）。

机械单价一般采用表格法计算，将不变费、人工的单价及定额、动力或燃料的单价及定额分别填入表格内的相应栏目即可计算出机械台班单价。

三、国际工程承包中基础单价的计算

在国际工程承包中，业主根据承包商的工程量付款，除了完成暂定项目和按工日和按机械台班费计价的零星工程可以得到额外付款外，其他所有费用都必须计入完成的工程量付款中。工程单价应包括人工及其有关费用、材料货物及其一切有关费用、机械设备的提供、临时工程、开办费、管理费及利润。按照这种计价方式，每一项目的单位价格的组成可以分解为：工资——单位工程的用工量×工日基础价格；材料或货品费——单位工程的材料消耗量或货品×材料货品的单位基础价格；施工机具使用费——将工程施工中使用的机械设备、工具及其动力消耗等按不同类别的子项工程分别摊销；各种管理费和其他一切间接费用——分别摊入每一子项工程的单价中；利润——预期税前利润，根据不同的工程情况和竞争激烈程度等具体情况，在报价前确定预期利润率，计入每个子项工程的单价中。根据这一算法，对工程单价有重大影响的因素有基础价格、工程定额和各种摊入系数。以下介绍基础单价的计算。

1. 工日基价

工日基价是指工人每个工作日的平均工资。如果整个工程都雇用当地工人，只需按当地建筑工人的月工资，适当加入应由雇主支付的各类法定津贴费、招募开支等除以每月平均工作天数，即为工日基价，在当地有工资上涨的趋势情况下，可再适当乘以预计上涨率。如果在工程中由中国工人的参与，则其工日基价的计算大致包括以下三个部分：

（1）国内支付人民币部分，包括平均基本工资、派人单位补偿费、制装费、国内差旅费、出国前后探亲或休假期间工资、零星药品费、出国护照、签证、体检费等。

（2）国外支付外汇部分，包括国际往返机票、出入境和工作许可证费、生活用品购置费、国外零星生活补贴费、伙食费、福利费和杂项开支、平均加班补贴等。

（3）以上两笔费用数叠加，再加有关单位可能要求的管理费，并除以每月平均的工作天数，则为使用中国工人的工日基价。

2. 材料设备基价

对于不同供货来源的材料和设备，付款条件、交货方式及供货商所报价格的表现形式是不同的，为了便于报价计算，应将各种价格全部换算成材料设备到达施工现场的价格，作为算标的基价。为此，应在供货商报价基础上，根据不同情况分别增加海运费、海运保险费，港口装卸及提货、清关、商检等杂项费用，进口许可证费，关税和其他附加费，自港口到工地的运输、装卸、保险和临时仓储费，银行信用证手续费等。另外，还应当增加材料设备的采购费、样品费、试验费及仓储等材料管理费用。所有以上各项增加的费用可以分不同情况，按调查结果或经验数据计算。

3. 施工机械设备使用费基价

机械设备使用费的构成有以下几部分：

（1）基本折旧费。

（2）安装拆卸费。

（3）燃料动力费。按当地的燃料、动力基价和消耗定额乘积计算。

（4）操作人工费。按工日基价与操作人员数的乘积计算。

（5）维护修理费。可参照国内的定额计算，包括工程期间的维修、配件、工具和辅助材料消耗等，可按定额中规定的比率计入。

在大多数投标工程中，是投标人将机械设备费分摊到分部分项工程单价中。而对于有些使用大型施工机械设备，并且机械设备费所占的比重很大的工程，设备使用费可以单独计算。

四、综合单价的确定

1. 综合单价的概念和组成

综合单价是指完成每分项工程每计量单位合格建筑产品所需的全部费用。综合单价应包括为完成工程量清单项目，每计量单位工程量所需的人工费、材料费、施工机械使用费、管理费、利润，并考虑风险、招标人的特殊要求等而增加的费用。工程量清单中的分部分项工程费、措施项目费、其他项目费均应按综合单价报价。

综合单价的确定方法有两种：一种是实物法；另一种是单价法。这两种方法只是步骤不同，但实际项目内容是相同的。

2. 综合单价的确定步骤

(1) 确定计价依据。确定社会平均价格和确定个别价格的依据是不同的。在编制招标标底时应选用《消耗量定额》，在投标报价时应选用《企业定额》。

(2) 分析清单项目的工程内容。由于《计算规范》和《消耗量定额》或《企业定额》在工程项目划分上不完全一致。工程量清单以“综合实体”项目为主划分的，每个清单实体项目中都包括许多工程内容；而消耗量定额一般是按施工工序设置的，包括的工程内容一般是单一的；就企业定额的项目设置而言，最好按清单项目中的工程内容列项，便于组价，如果按清单项目列项，每一项包括的内容太多，重复内容也太多，准确性和灵活度都不好掌握。因此，需要清单计价的编制人根据工程量清单描述的项目特征和工作内容确定清单项目所包含的定额子目。

(3) 计算定额项目的工程量。根据所选定额的工程量计算规则计算工程数量，当与工程量清单计算规则相一致时，可直接以清单中的工程量作为定额子目相应工程内容的工程数量。为了快速报价，定额的计算规则和单位最好和规范保持一致。

(4) 确定相应项目人工、材料、机械台班消耗量。编制标底采用《消耗量定额》，编制报价采用《企业定额》或《消耗量定额》。其中

$$人工消耗量=定额子目中人工消耗量\times定额项目工程量$$

$$材料消耗量=定额子目中材料消耗量\times定额项目工程量$$

$$机械消耗量=定额子目中机械消耗量\times定额项目工程量$$

(5) 确定人工、材料、机械台班的单价。编制标底采用政府部门规定的价格，编制报价采用市场价格。

(6) 确定相应项目的人工费、材料费和机械费，即

$$定额项目人工费=人工消耗量\times人工单价$$

$$定额项目材料费=\sum 材料消耗量\times材料价格$$

$$定额项目机械费=\sum 机械台班量\times台班单价$$

(7) 计算分项直接工程费。分项工程直接费可以用以上实物法计算，即

$$分项工程直接费=人工费+材料费+机械费$$

此时也可用单价法计算，直接应用本地区建筑工程价目表得到人工费、材料费、机械费，有基价的价目表可直接算出工程直接费，计算公式为

工程直接费＝（价目表中人工费＋材料费＋机械费）×定额项目工程量

或　　工程直接费＝基价×定额项目工程量

（8）确定清单项目管理费、利润及风险费。管理费、利润及风险费的确定，根据计价依据的不同，计算方法也不相同。

（9）确定清单项目综合单价，即

清单项目综合单价＝清单项目人工费＋材料费＋机械费＋管理费＋利润＋风险费

或　　清单项目综合单价＝定额项目综合费用/清单项目工程数量

定额项目综合费用＝定额项目人工费＋材料费＋机械费＋管理费＋利润＋风险费

除采用上述方法确定清单项目综合单价以外，还可以采用清单单位含量法和工程计价定额法。

清单单位含量法是在计算定额工程量后（计算人工费、材料费、机械费之前），计算清单项目所分摊的定额项目的工程量，即清单含量，用清单含量为基数计算各种费用，再合计成综合单价的方法。清单含量计算公式为

清单含量＝某工程内容的定额工程量/清单工程量

工程计价定额法，即直接采用工程计价定额中的综合单价（见表3-3）乘以清单含量，清单项目发生的工程内容综合单价合计，即构成清单综合单价。

3. 管理费的确定

（1）管理费的概念。管理费是指承包人为组织和管理施工生产及正常运营所发生的各项费用，管理费是工程成本的重要组成部分。

管理费分为公司管理费和现场管理费，公司管理费即公司总部的管理费，是施工企业用来维持公司营业和总部为全部合同提供服务的一项费用。现场管理费是施工现场项目经理部组织和管理施工所支出的费用。在工程投标报价中不分公司管理费和现场管理费。但由于这两项费用的用途和估算的方法不尽相同，因此，先分别估算，然后再合并为管理费。

（2）管理费的计算。在工程量清单计价模式下，管理费的计价一般以某一基数乘以费率的形式摊入分部分项单价和措施项目费中。

1）以直接工程费为计算基础（适用于除人工土方工程以外的建筑工程项目）

管理费＝直接工程费×管理费费率

2）以人工费为计算基础（适用于人工土方工程和装饰工程项目）

管理费＝人工费×管理费费率

3）管理费的费率。为适应工程量清单计价的要求，企业应编制费用定额，使不同的项目管理费的费率也不应相同。但管理费的费率测算难度较大，也可以参考主管部门发布的费率，同时要兼顾企业各方面的实际情况。

4. 利润的确定

（1）利润的概念。利润是承包人完成所承包工程获得的盈利。为了持续生存与发展，承包人必须获取利润。承包人的所有活动都是为了最大限度的实现这一目标。

如何确定利润是报价决策的关键问题之一。随着建筑市场竞争的日趋激烈，要想获得很高的利润已非易事。很显然，在人工费、材料费、机械费、管理费一定的情况下，报价的高低主要取决于利润的高低。企业经营的目标是获取利润，因此，在报价中不能盲目地压低报价，应制定一个利润的最低限额。然后根据竞争情况，招标人的类型及承包人对工程项目的

期望程度，确定一个不低于最低限额的合适的利润率。

(2) 利润的计算。利润的计算一般以某一基数乘以费率的形式摊入分部分项单价和措施项目费中。

1) 以直接工程费和管理费之和为计算基础（适用于除人工土方工程以外的建筑工程项目）

利润 =（直接工程费 + 管理费）× 利润率

2) 以人工费为计算基础（适用于人工土方工程和装饰工程项目）

利润=人工费×利润率

(3) 利润率。利润率可以参考主管部门发布的费率，不同的项目利润率也不应相同。

5. 风险费的确定

工程承包是一项高风险的事业，在编制报价时，必须对工程的内在风险进行评估，并把最后报价中应该增加的风险补偿费用确定下来。

从目前的情况来看，风险的考虑还是以材料的风险为主，即材料差价的处理，材料差价的计算公式为

材料差价 =（材料的市场价格 − 价目表中材料单价）× 消耗量定额中的材料用量

材料差价的处理：

(1) 编制标底时，材料差价（或材料差价×定额项目工程量后）计入风险费。

(2) 编制报价时，材料差价并入材料费或基价中，并计取管理费和利润。

五、编制企业定额应该注意的问题

(1) 企业定额牵涉到企业的重大经济利益，合理的企业定额水平能够支持企业正确的决策，提升企业的竞争能力，指导企业提高经营效益。因此，企业定额从编制到施行，必须经过科学、审慎的论证，才能用于企业招投标工作和成本核算管理。

(2) 企业生产技术的发展和新材料、新工艺的不断出现会有一些建筑产品被淘汰，一些施工工艺落伍，因此企业定额总有一定的滞后性，施工企业应该设立专门的部门和组织，及时搜集和了解各类市场信息和变化因素的具体资料，对企业定额进行不断的补充、完善和调整，使之更具生命力和科学性，同时改进企业各项管理工作，保持企业在建筑市场中的竞争优势。

(3) 在工程量清单计价方式下，不同时间、不同地点、不同特征、不同施工方案的工程的报价方式也有所不同。因此，对企业定额要进行科学有效的动态管理，建立完整的定额库和资料库，针对不同的工程，灵活使用企业定额。

(4) 企业定额在个性化方面已经比按“定额模式”组价处理工程量清单有了较大进步，但由于企业定额的起步一般是源于地方定额或行业定额，经企业消化吸收变化过来的，因而从内容到形式上都不可避免地受到地方定额或行业定额有关游戏规则的影响；对具体工程项目个性特点的体现，仍然相对缺少；政府对企业的各项管理制度与国际惯例的行业管理制度存在着差距，这种相互间的不协调，也不可避免地影响到编制企业定额时对管理费用的考虑。

(5) 要用先进的思想和科学的手段来管理企业定额，施工单位应利用高速发展的计算机技术建立起完善的工程测算信息系统，去完成原始数据资料的收集、整理、分析等任务，从而提高企业定额的工作效率和管理效能。由于当前我国工程造价管理处于一个多种计价方式

并存的局面，而我国在加入WTO与国际惯例接轨势在必行，因此，企业定额要尽可能做到多种计价模式都能兼容。

(6) 根据目前建设市场经济的发展，用现行的地方定额或行业定额进行清单报价已不能满足市场要求，部分大型企业已经编制出自己的企业定额，但中小企业还相对落后。在政府宏观调控、市场竞争形成价格的思想指导下，住房和城乡建设部对招投标工程已大力推行工程量清单计价并开始组织修订计价相关文件。这就要求每个施工企业要了解政策、调整思路、紧跟市场，尽早制定和完善适合本企业使用的企业定额，不断提高企业在市场中的竞争能力。

六、企业定额的应用

要正确使用企业定额，首先应熟悉定额总说明，册、章、节说明，以及附注等有关文字说明的部分，以便了解定额有关规定及说明、工程量计算规则、施工操作方法、项目的工作内容及调整的规定要求等。企业定额一般可直接套用，但有时需要调整换算后才能套用。

1. 直接套用

当工程项目的设计要求、施工条件及施工方法与定额项目表的内容、规定完全一致时，可以直接套用定额。

[例3-5] 某宿舍楼砖外墙干粘石（分格），按企业定额工程量计算规则计算，干粘石工程量为2200m²，试计算其工料数量。

解 由表3-2查得定额编号为147，该项目与定额做法完全一致，可以直接套用定额，其工料数量为

$$劳动工日用量 = 220 \times 2.62 = 576.40(工日)$$
$$水泥用量 = 220 \times 92 = 20\,240(kg)$$
$$砂子用量 = 220 \times 324 = 71\,280(kg)$$
$$石子用量 = 220 \times 60 = 13\,200(kg)$$

2. 调整计算

当工程设计要求、施工条件及施工方法与定额项目的内容及规定不完全相符时，应按规定调整计算，调整的方法一般采用系数调整和增减工日、材料数量调整。

[例3-6] 某工程按企业定额工程量计算规则计算，墙裙干粘石（不分格）面积是320m²，试计算其工料数量。

解 由表3-2查得定额编号为147，附注1规定：墙面（裙）、方柱以分格为准，不分格者，综合时间定额乘以0.85。做法与规定不同，需调整，其工料数量为

$$劳动工日用量 = 32 \times 2.62 \times 0.85 = 71.26(工日)$$
$$水泥用量 = 32 \times 92 = 2944(kg)$$
$$砂子用量 = 32 \times 324 = 10\,368(kg)$$
$$石子用量 = 32 \times 60 = 1920(kg)$$

七、企业定额的管理

1. 建立企业定额，完善成本核算体系

在我国加入WTO经济全球化的今天，作为施工企业，将面临着更为严峻的挑战，施工企业必须及早更新观念，提高竞争意识，在市场竞争中形成自己成熟有效的价格体系，才能在日趋激烈的国际、国内市场竞争中处于不败之地。因此，施工企业如何结合本企业特色和

经营状况编制自己的一套企业定额，已经成为当务之急。任何一个施工企业，都要按照市场经济规律，建立符合企业自身要求的成本核算体系，编制和拥有自己的企业定额，作为参与市场竞争的计价依据。同时，还要确定科学的计价方法和完善的信息数据库。从现在起，各施工企业应当把编制企业定额作为企业管理和发展的重要内容来抓。

2. 正确执行企业定额

企业定额的执行，就是指将先进合理的企业定额贯彻到施工生产中去，并使劳动者经过努力都能完成定额。因此，在全面贯彻企业定额之前，必须在工人和技术人员中进行广泛的宣传和培训。宣传贯彻新编定额的必要性，说明贯彻新定额对提高企业经济效益的关系，对发展生产、节约资源和推动社会生产力发展的意义，解释新定额的各项具体规定和要求，以及执行新定额应注意的问题和工资报酬等规定。在工作地点上建立好定额所要求的工作条件，全面了解和掌握定额的内涵，正确地使用企业定额。在下达施工生产任务的同时，下达完成此项作业的工作内容、质量要求，以及所耗用人工工日、机械台班和工程材料的数量，在施工生产过程中以此作为成本核算、考核功效、贯彻按劳分配的依据，这是正确执行企业定额的有效途径。

3. 加强成本管理，提高经济效益

在我国加入 WTO、经济全球化的今天，竞争更加激烈，施工企业应高度重视代表自身实力水准的企业定额的编制和管理应用，有效地控制成本，取得最大的经济效益。作为建筑企业，工程项目是企业利润的源泉，降低工程成本就成了增加利润的主要渠道，用企业定额对直接影响成本的资金因素、工期因素、质量因素、环境因素、技术因素、投标人对市场占有率因素等做准确地测算、分析和评判是提高企业管理水平的重要工作，是企业科学地进行经营决策的依据。它对加强成本管理、挖掘企业降低成本潜力，提高经济效益具有重大意义。

4. 企业定额执行情况的统计检查与分析工作

按照企业定额规定的额度，用施工任务单和限额领料单的形式下达生产任务，并且下达完成施工生产任务所需要耗用的人工工日数量、施工机械台班数量和工程材料消耗数量的额度后，在实施施工生产过程中，检查监督对定额的执行情况，统计分析完成定额水平的资料，为修订定额积累真实的原始数据，这一项工作就是对企业定额在贯彻执行过程中的统计检查与分析工作。

5. 企业定额的修订工作

企业定额的修订工作是指随着施工生产的客观条件不断变化，施工生产水平不断提高，从而对企业定额进行定期修订和补充的一项工作。企业定额在某一个时期社会劳动生产率条件下是相对稳定的，一旦社会劳动生产率水平随着科学技术进步而增长了，反映社会劳动生产率水平的定额水平也应及时调整。通过对企业定额执行情况的统计工作，就会积累大量相关的资料，经过对这些资料的汇总归纳、统计分析后，就会掌握实际生产水平与定额水平的差距。所以，企业定额的修订工作是一个长期的、连续性的工作。

6. 加强企业定额管理的建议

（1）加强企业现代化管理，提高定额意识，以数字来说明情况，以企业定额作为提升企业行为质与量的重要方法。

（2）形成企业定额管理机制，确定领导、部门责任，制定定额统计考核方法。

（3）完善企业定额体系，形成企业定额消耗量、市场动态价格和企业费用定额等相互补充、科学分类、动态与市场相适应、静态与企业相适应的完整体系。

（4）推行企业内部定额和建设工程定额考核制度和运行机制。

八、企业定额管理系统

系统定位：大型工程承包企业。

企业根据自身所在的地区和行业，参考政府定额，编制能够反映内部实际成本，体现企业市场竞争能力的企业定额，提供给投标报价和内部核算之用。

该系统软件的特点是面向企业内部数据库的操作，体现和适应市场经济的价值规律的动态化管理。

系统流程见图3-2。

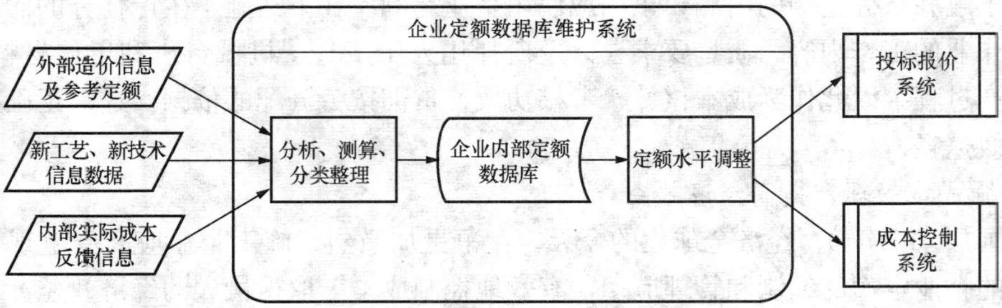

图3-2 系统流程

企业定额数据库的来源有三个主要方面：

（1）各种造价信息，如政府定额，政府部门和其他相关部门发布的各种造价指标，人工、材料、机械价格信息。

（2）由于新工艺、新技术的产生而补充的消耗定额。

（3）企业内部历史工程反馈的实际发生的成本信息。

企业定额相对政府定额来说，编制力量要弱一些，不可能对所有的定额都重新测算编制，企业定额的主要来源仍然是以参考各级政府编制的地区定额和行业定额为主，结合本企业的施工和管理水平，做局部的调整。再根据本企业的特点，对一些专业工序、新工艺、新技术编制部分有针对性地补充定额。企业定额的特点在于不断根据外部信息和企业内部工程成本的反馈信息及时补充和更新、修正企业内部定额数据库，保持企业定额数据库的动态性和针对性，更新前的数据可以按不同的时间段定期保存。

在实际使用企业定额库的时候，需要根据不同的用途，例如对外的投标报价或对内的成本控制，考虑可能发生的风险等不确定因素，采用相应的投标技巧、增减调整等方法，生成相应的工程计价定额，提供给投标报价系统或成本控制等系统使用。

企业定额管理系统的结构见图3-3。

1. 定额数据库生成

（1）导入现有定额。导入政府部门编制的地区定额和专业定额是生成企业数据库的主要手段，通常企业定额的水平要略高于政府定额，对导入的定额含量可以批量乘以约定的调整系数，也可以对指定的人工、材料、机械含量进行批量修正。

（2）补充定额录入。由于新工艺、新技术的产生需要补充新的定额子目，或者是在本企

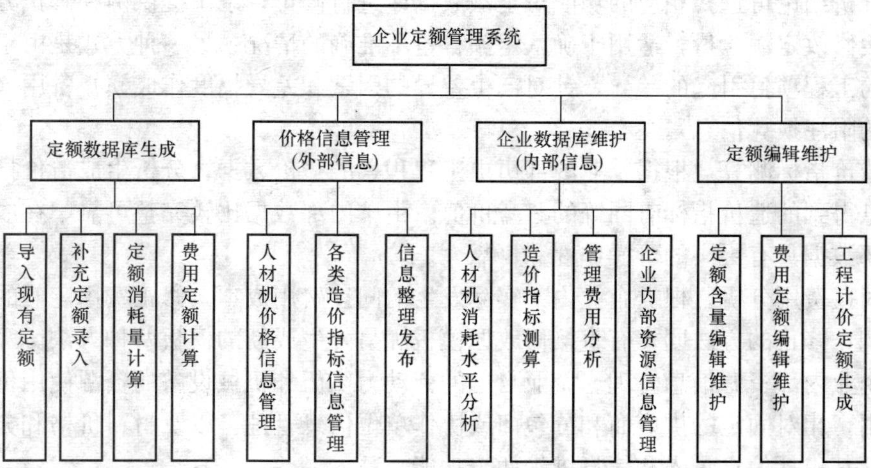

图 3-3 企业定额管理系统的结构

业个别专业工序没有相近的参考定额的情况下，需要编制录入补充定额。

(3) 定额消耗量计算。对于需要重新测算人工、材料、机械消耗量的定额子目，提供针对具体测算方法的测算消耗量的计算模板，输入原始数据，根据约定的计算公式计算出定额用量。

(4) 费用定额计算。提供计算费用的计算模板，输入原始数据，根据约定的计算公式计算出费用定额的数据。

2. 价格信息管理（外部信息）

(1) 人材机价格信息管理。定期采集政府部门和各媒体发布的人工、材料、机械价格信息，定点人工、材料、机械供应商的价格信息，其他价格管理系统提供的价格信息，经过加工处理生成可以在投标报价和成本预测时直接使用的价格。广义的价格信息还包括专业分包商提供的分包价格。企业定额管理系统主要分为两个子功能，其中一个功能是数据采集手段：可以有手工录入、导入数据库、网上下载、协作单位定期传送等；另一个功能是数据加工，对于具体企业承包的工程，在专业和地区上都有相对的稳定性，特殊材料有固定的供应商，特殊工种的施工有固定的分包商和协作单位，所以材料的包装运输费用等都有比较固定的有针对性的计算公式和计算模板。

(2) 各类造价指标信息管理。定期采集政府部门和各媒体发布的各类造价指标，如单方造价、概算指标等，经过分析处理、归类整理，成为企业定额数据库的重要组成部分，其功能同样包含数据采集和数据加工两部分。

(3) 信息整理发布。经过整理的价格信息和造价指标，与工程计价定额一样具有同等的重要性，可以直接提供给用户。该系统发布的信息与价格管理系统的不同之处，在于数据加工的深度不同，在于具有较强的针对性，是直接针对指定的施工现场或指定的工程项目的价格。该系统整理发布的价格信息同样属于内部数据库性质，根据用户所在岗位的不同设定相应的权限控制。

3. 企业数据库维护（内部信息）

(1) 人材机消耗水平分析。根据企业内部历史工程积累的成本核算数据，经过分析对比，找出与定额不相符合的地方。分析得出的结论可分为两部分：产生差异的因素和差异幅度。根据分析结论可选择相应的功能对定额数据库进行修正，系统提供两种修正方式：一种方式是直接修改定额含量，适用于确认定额含量不准确的情况；另一种方式是由于具体的地区或具体的工程项目引起的差异，针对产生差异的因素和差异幅度作成模板备用（类似于定额项目表的附注换算信息）。

（2）造价指标测算。根据企业内部历史工程积累的造价数据，分析生成造价指标，与通过外部信息得到的造价指标有同等的参考价值。由于内部数据比较完整可靠，在成本估算过程中比外部数据具有更高的可操作性和可靠性。

（3）间接费用分析。根据企业内部实际发生的间接费用成本，修正费用定额的计算模板和分摊比例，修正的方法同样有直接修改原模板和另外生成新的模板两种方法。

（4）企业内部资源信息管理。企业自己的劳动力队伍和机械设备的资源使用价格，机械的租赁费用，相对固定的供应商和分包商或协作单位信息管理，以及材料价格和分包价格的信息管理。其包括信息录入和信息维护两个功能。

4. 定额编辑维护

（1）定额含量编辑维护。直接对定额含量编辑维护。

（2）费用定额编辑维护。直接对费用定额编辑维护。

（3）工程计价定额生成。根据企业定额的定额含量和人工、材料、机械价格生成定额子目单价；可以根据具体的用途和工程特性调用不同的修正模板对定额单价进行修正。定额单价的修正可以在该系统中完成，也可以在投标报价系统或成本控制系统中完成，但是相应的调整模板和调整系数表是企业定额数据库不可缺少的组成部分，相应的维护功能在企业数据库维护中实现。

复习思考题

1. 何谓企业定额？
2. 企业定额必须具备哪些特点？
3. 简述企业定额的作用。
4. 施工定额与企业定额是一种定额吗？
5. 简述企业定额编制的原则。
6. 企业定额体系中的费用定额主要包括哪几部分内容？
7. 简述企业定额体系的编制要求。
8. 企业定额的制定方法通常有哪些？
9. 按材料在施工过程中的作用和消耗的数量分为哪几类材料？
10. 简述材料价格的概念和内容组成。
11. 机械台班单价中包括了哪些费用内容？
12. 简述综合单价的确定步骤。
13. 编制企业定额应该注意的问题有哪些？
14. 企业定额数据库的来源有哪几个方面？

第四章　消 耗 量 定 额

第一节　消耗量定额的概念和作用

一、消耗量定额的概念、性质与分类

（一）消耗量定额的概念

消耗量定额是由建设行政主管部门根据合理的施工组织设计，正常施工条件制定的，生产一个规定计量单位工程合格产品所需人工、材料、机械台班的社会平均消耗量标准。

（二）消耗量定额的性质

消耗量定额是由国家或其授权单位统一组织编制和颁发的一种法令性指标。有关部门必须严格遵守执行，不得任意变动。消耗量定额中的各项指标是国家允许建筑企业在完成工程任务时工料消耗的最高限额，也是国家提供的物质资料和建设资金的最高限额，从而使建筑工程有一个统一核算尺度，对基本建设实行计划管理和有效的经济监督，也是保证建筑工程施工质量的重要手段。统一的消耗量定额是一种社会的平均消耗；是一个综合性的定额，它适合一般的设计和施工情况。对一些设计和施工变化多、影响工程造价较大，往往与消耗量定额不相符的项目，消耗量定额规定可以根据设计和施工的具体情况进行换算，使消耗量定额在统一原则下，又具有必要的灵活性。编制施工图预算时，需要按照施工图纸和工程量计算规则计算工程量，还需要借助于某些可靠的参数计算人工、材料和机械（台班）的消耗量，并在此基础上计算出资金的需要量，计算出建筑安装工程的价格。

（三）消耗量定额的分类

（1）按专业性质分，消耗量定额有建筑工程定额和安装工程定额两大类。

建筑工程消耗量定额按专业对象又分为建筑工程消耗量定额、市政工程消耗量定额、铁路工程消耗量定额、公路工程消耗量定额、房屋修缮工程消耗量定额、矿山井巷消耗量定额等。

安装工程消耗量定额按专业对象又分为电气设备安装工程消耗量定额、机械设备安装工程消耗量定额、通信设备安装工程定额、化学工业设备安装工程消耗量定额、工业管道安装工程消耗量定额、工艺金属结构安装工程消耗量定额、热力设备安装工程消耗量定额等。

（2）从管理权限和执行范围分，消耗量定额可分为全国统一定额、行业统一定额和地区统一定额等。

（3）消耗量定额按生产要素区分为的劳动消耗定额、机械消耗定额和材料消耗定额，但它们相互依存形成一个整体，作为编制消耗量定额依据，各自不具有独立性。

二、消耗量定额的用途和作用

（一）消耗量定额的用途

1. 消耗量定额是宏观调控的有效手段

政府宏观调控的手段有行政的、经济的、技术的，而用技术的、经济的手段来调控经济，是最有效也是最可靠的办法。消耗量定额就是一种技术经济手段的综合体现，它是一种

衡量标准，是一种计算规则。

如果同一建设工程使用的衡量标准不同，计算规则各异，标准和规则就没有比较的实际意义，使用上就会造成混乱。例如，建筑物的面积是一个重要的经济技术指标，如果人们所用的标准不一，规则各异，那就不存在可比性，就难以确定建筑物的实际面积，难以正确衡量其适用性，在社会生活中就会造成混乱。没有规矩就不成方圆，国家如果放弃了消耗量定额的制定权、解释权，就会造成标准上的混乱，必定造成规则上的混乱；规则上的混乱，必将造成管理上的混乱，社会公正就会受到严重挑战。

所以，谁掌握了消耗量定额的制定权、解释权，谁就能够有效地调控市场，掌握市场的主动权、主导权，就能获得最大的经济利益和生存空间。因此，政府必须有效地利用消耗量定额这个技术的、经济的手段来调控经济，用消耗量定额标准来统一工程计价技术标准和工程量计算规则，掌握市场的调控权、主导权，维护社会公正。政府应充分利用消耗量定额调控作用，在统一计算规则、统一技术标准、统一计量单位、统一定额名称、统一工作内容的基础上，实行强制性与指导性相结合，政策导向与市场调节相互补充的调控机制，有效地指导市场价格，规范计价行为。

2. 消耗量定额是自主报价的重要基准

消耗量定额虽然是按照正常条件下社会平均消耗标准制定的，有着非常客观的现实基础，但也会受到人们认识的局限，难以体现众多企业的个别成本和技术差异。特别是在市场经济条件下，企业为了在激烈的市场竞争中赢得主动，体现各自企业的综合实力和技术管理水平，根据国家有关部门发布的消耗量定额的规定，制定各自的企业定额是非常必要的。

企业定额，是企业为了提高自身的劳动生产率，强化内部的经济考核与结算，以及对外自主报价等企业的经营管理需要，而制定的技术依据。企业依据各自制定的企业定额为基础进行自主报价，通过市场充分竞争，真实地体现出各自的成本差异，充分体现市场形成价格的目的。但是，制定企业定额必须按照公开发布的消耗量定额的强制性规定来进行编制，其计算规则、技术标准、计量单位、定额名称和工作内容等相关的规定必须统一，不然在强调差异和个性的同时，会失去可比性和互比性，竞争会变得无序和非理性。

因此，在统一发布的消耗量定额规定中，某些条款和规定必须强制执行，在统一基础上的差异和个性才具有实际意义。在定额强制性规定的范围内，对于定额的使用者和执行者来说，不管主观上愿意不愿意，都必须按照强制性的规定执行，它是企业自主报价的重要基准。

3. 消耗量定额是价格评判的社会尺度

消耗量定额是根据工程建设的要求，按照一定的程序和编制方法，制定的不同用途和适用范围的定额标准和计价方式，这种定额标准和计价方式通过公开发布的方式公布执行，具有一定的社会公信力和约束力。

由于现在大多数施工企业都没有编制自己的企业定额，其工程计价活动还是离不开现行消耗量定额，定额仍然起着不可替代的作用。以后，企业就是有了各自的企业定额，也只能用于企业内部经济考核、成本核算和投标报价，对合同双方难以产生有效的约束力。在合同双方对工程量变更、措施费调整、设计修改等合同无约定或约定不明确的情况出现争议时，企业定额也只是“一面之词”难以使对方信服，企业定额的制定权和解释权都不具有社会公信力和约束力。而工程造价管理部门对争议的调解或司法部门对争议的仲裁、判决，只能依据公开发布的消耗量定额的规定，来作为衡量标准，作为价格评判的社会尺度，这样才能体现社会公平、公正。

所以，在当前市场不规范的情况下，赋予消耗量定额的某些规定为强制性是十分必要的，它不仅是定额作用得以充分发挥的有力保证，而且有利于理顺建设各方的经济关系和利害关系，有利于形成平等竞争的良好市场环境。

4. 消耗量定额是执法监督的技术依据

市场经济是法制经济，不是无序经济，建设工程的社会全面监督应该依法办事，需要监督依据和评判尺度。在进行依法监督和解决争议时，用企业定额作为依据和尺度，显然有失公正，制定权和解释权都存在争议；用投标报价作为依据和尺度，不能涵盖争议的全部，难以服众。这时，只能依据事先公开发布的消耗量定额作为监督依据和评判尺度，才有公信力和约束力，得出的结论和解释才具有权威性。一般处理争议的原则是“有约定按照约定，没有约定按照有关规定”，这个规定就是消耗量定额。所以，在正常的市场秩序下，以市场调节为主，行政指导为辅；但在市场机制失灵的特殊情况下，行政和技术手段就成为调节市场的重要手段，而消耗量定额就是宏观调控和执法监督的重要技术依据，毕竟市场经济不是随口喊价。

消耗量定额管理是工程项目管理的重要基础性工作，消耗量定额是政府宏观调控和执法监督的重要技术依据。它为建设项目的效益评估、投资控制、检查监督，工程结算提供了客观公正的社会评价尺度，为建设工程的规划、设计、施工、竣工验收提供量化的统一计价标准，为建设工程的纠纷处理、维护各方的合法权益提供了技术保障和专业支撑。

（二）消耗量定额的作用

（1）是设计、施工、审计部门编审施工图预算，确定建筑安装工程造价的基础。

（2）是建设（咨询）单位合理编制招标标底的基础。

（3）是建筑施工企业进行投标报价和编制施工组织设计的参考依据。

（4）是承发包单位进行工程结算的依据。

（5）是建筑施工企业贯彻经济核算制，考核工程成本的依据。

（6）是造价管理部门编制地区价目表和概算定额的基础。

（7）是设计单位对设计方案进行技术经济分析比较的依据。

综合上述，消耗量定额在建设项目中，对合理确定工程造价，推行以招标承包为中心的经济责任制，实行建设项目投资监督管理、控制建设资金的合理使用、促进企业经济核算、改善造价工作等均有重大作用。

三、消耗量定额的编制原则和依据

（一）消耗量定额的编制原则

消耗量定额的编制工作，实质上是一种标准的制定。在编制时应根据国家对经济建设的要求，贯彻勤俭建国的方针，坚持既要结合历年定额水平，也要照顾现实情况，还要考虑发展趋势，使消耗量定额符合客观实际。消耗量定额的编制应遵循以下原则：

1. 按社会平均合理水平确定消耗量定额的原则

在现有社会生产条件下，在平均劳动熟练程度和平均劳动强度下，完成建筑产品所需的劳动时间，是确定消耗量定额水平的主要依据。作为确定建筑产品价格的消耗量定额，应遵循价值规律的要求，按照产品生产中所消耗的社会必要劳动时间来确定其水平，即社会平均水平。对于采用新技术、新结构、新材料的定额项目，既要考虑提高劳动生产率水平的影响，也要考虑施工企业由此而多付出的生产消耗，做到合理可行。

消耗量定额的编制基础是基础定额或施工定额，但两者是有区别的。因消耗量定额包含着更多的可变因素，因此它需要保留合理的水平幅度差。另一个区别，两者的确定原则是不相同的，消耗量定额是社会平均水平，而基础定额或施工定额是平均先进水平。所以两者相比消耗量定额水平要相对低一些。

2. 消耗量定额的内容和形式要贯彻简明适用性的原则

消耗量定额的内容和形式，既能满足不同用途的需要，具有多方面的适用性，又要简单明了，易于掌握和应用。两者有联系又有区别，简明性应满足适用性的要求。

贯彻简明适用性的原则，有利于简化工程造价的编制工作，简化建筑产品的计价程序，便于群众参加经营管理，便于经济核算。为此，定额项目的划分要以结构构件和分项工程为基础，主要项目、常用项目应齐全，要把已经成熟推广的新技术、新结构、新材料、新工艺的新项目编进定额，使消耗量定额满足预算、结算、清单报价和经济核算的需要。对次要项目，适当综合、扩大，细算粗编。

贯彻简明适用性的原则，还应注意计量单位的选择，使工程量计算合理和简化。同时为了稳定定额水平，统一考核尺度和简化工作，除了变化较多和影响造价较大的因素允许换算外，定额要尽量少留活口，减少换算工作量，而又有利于维护定额的严肃性。

3. 坚持统一性和差别性相结合的原则

消耗量定额的统一性，就是从培育全国统一市场规范计价行为出发点，由中央主管部门归口，根据国家方针政策和发展经济的要求，对消耗量定额统一制定编制原则和编制方法，统一编制和颁发全国统一基础定额，颁发统一的实施条例和制度等，使建筑产品具有统一的计价依据。

消耗量定额的差别性，就是在全国统一性的基础上，各行业部门和各省、自治区、直辖市主管部门可以在自己的管辖范围内，根据本行业部门和地区的具体情况和特点，依据规定的编制原则，对地区性项目和尚未在全国普遍推行的新项目，可由地区主管部门组织编制补充定额，颁发补充性的条例制度，制定部门和地区性的定额、补充性制度和管理办法，并对消耗量定额实行经常性管理。

（二）消耗量定额的编制依据

（1）现行的企业定额和全国统一建筑工程基础定额和劳动定额。

（2）现行的设计规范、施工及验收规范、质量评定标准和安全操作规程。

（3）通用标准图集和定型设计图纸、有代表性的设计图纸和图集。

（4）新技术、新结构、新材料和先进的施工方法等资料。

（5）有关科学试验、技术测定、统计分析资料。

（6）现行的人工工资、材料价格和施工机械台班单价。

（7）现行的消耗量定额及其编制的基础资料和有代表性的补充单位估价表。

四、消耗量定额编制的步骤和计量单位的确定

（一）编制消耗量定额的步骤

编制步骤一般分四个阶段进行：

1. 准备工作阶段

该阶段的任务是由主管部门提出编制工作计划，拟定编制方案，调集并组织编制定额的工作人员，根据专业需要划分编制小组和综合组。

2. 收集资料阶段

(1) 普遍收集资料。到全国各地、各省市全面收集各项依据资料，交流学习，必要时也可到国外考察。由于各省市消耗量定额的制定各有特色，相互交流、互通有无、相互补充是非常必要的。

(2) 专题座谈会。召开不同专题座谈会，就一些原则性问题，进行学习、讨论、统一认识。

(3) 收集现行规定、规范和政策法规资料。消耗量定额是一定时期内的建设标准，它的制定依据是建筑法规、规范、规程和有关标准，是制定消耗量定额的法律依据。

(4) 收集定额管理部门积累的资料。我国定额管理部门几十年来积累了大量的定额编制资料，是编制消耗量定额的宝库，应建立起完善的档案资料管理制度，特别是在定额计价制度的改革时期，定额人员流动是正常的，但定额资料应是长期、稳定、系统、完整的，不能换一茬领导，建立一批资料，另行一套规定。

(5) 专项查定及试验。对于特殊工程项目，应进行专项查定及试验，确保消耗量定额的准确、真实。

3. 编制初稿阶段

根据消耗量定额的编制工作计划和编制方案，确定消耗量定额的编制细则；对收集到的各项依据资料等进行深入细致的测算和分析研究，按消耗量定额的编制细则确定定额的项目划分和工程量计算规则，计算工程量，确定人工、材料和机械台班消耗量指标，进行复核和测算，编制定额项目表初稿，拟定相应的文字说明。

4. 审查定稿阶段

初稿编出后，应通过对新编定额与现行的和历史上的定额进行对比，测算新定额水平，分析定额水平提高或降低的原因，广泛听取基层单位和群众的意见，最后修改定稿，并写出编制说明和送审报告，连同消耗量定额送审稿，报送主管部门审批。

(二) 消耗量定额计量单位的确定

计量单位的选择与定额项目的多少，定额是否准确，以及消耗量定额的繁简有很大关系。

1. 计量单位确定要考虑的原则

(1) 能确切反映单位产品的工料消耗量，保证定额的准确性。

(2) 有利于减少定额项目。

(3) 能简化工程量计算和整个计价编制工作，保证报价的及时性。

2. 消耗量定额计量单位的确定

消耗量定额的计量单位，主要是根据分部分项工程的形体和结构构件特征及其变化确定。由于各种分项工程和结构构件的形体不同，应结合上述原则，正确地确定各分部分项工程的计量单位。耗量定额的计量单位一般依据以下建筑结构构件形体的特点确定：

(1) 凡物体的截面有一定形状和大小，只是长度有变化（如管线、装饰线、扶手等）应以延长米为计量单位。

（2）当物体的厚度一定，只是长和宽有变化（如楼地面、墙面、门窗等）应以 m^2（投影面积或展开面积）为计量单位。

（3）如果物体的长、宽、高都变化不定时（如土石方，钢筋混凝土工程等）应以 m^3 为计量单位。

（4）有的分项工程形状又不固定或虽然体积、面积相同，但质量和价格的差异很大（如金属结构构件的制作、运输与安装等）应以 t 或 kg 为计量单位。

（5）凡建筑结构没有一定规格，而其构造又较复杂时，可按个、根、组、套等为计量单位，如上人孔、水斗、坐便器、配电箱等。

在 m、m^2、m^3 等单位中，以 m 为单位计算最简单。所以，在保证定额准确性的前提下，能简化尽量简化。定额单位确定以后，在列定额项目表时，一般都采用扩大单位，以 10、100 等为倍数，以利于定额的编制精确度。定额计量单位，按公制执行，通常，长度用 m、km，面积用 m^2，体积用 m^3，质量用 kg、t 等。

3. 人工、材料、机械计量单位及小数位数的取定

定额单位以自然单位和物理单位为准，小数点后的位数保留，有规定按规定执行，没有规定按下列规定取定：

（1）人工以工日为单位，取两位小数。

（2）机械以台班为单位，取两位小数。

（3）主要材料及半成品：木料以 m^3 为单位，取三位小数；红砖以千块为单位，取三位小数；钢材以 t 为单位，取三位小数；水泥以 kg 为单位，取整数，以 t 为单位取三位小数；砂浆、混凝土等半成品，以 m^3 为单位，取两位小数；其余材料一般取两位小数。

（4）其他材料费及机械费以元为单位，取两位小数。

第二节 消耗量指标的确定

人工、材料和机械台班消耗指标，是消耗量定额的重要内容。消耗量定额水平的高低主要取决于这些指标的合理确定。

消耗量定额是以工作过程或工序为标定对象，在基础定额的基础上，依据国家现行有关工程建设标准，结合地区实际情况编制而成。在确定各项指标前，应根据编制方案所确定的定额项目和已选定的典型图纸，按定额子目和已确定的计算单位，按工程量计算观则分别计算工程量，在此基础上再计算人工、材料和施工机械台班的消耗指标。

一、人工消耗指标的确定

（一）人工消耗指标的内容

消耗量定额中人工消耗指标中包括了各种用工量。有基本用工、辅助用工、超运距用工和人工幅度差四项，其中后三项综合称为其他用工。

1. 基本用工

基本用工是指完成子项工程的主要用工量。例如，砌墙工程中的砌砖、调制砂浆、运砖、运砂浆的用工量。

2. 辅助用工

辅助用工是指在施工现场发生的材料加工等用工。例如，筛砂子、淋石灰膏等增加的

用工。

3. 超运距用工

超运距用工是指消耗量定额中材料及半成品的运输距离超过劳动定额规定的运距时所需增加的工日数。

4. 人工幅度差

人工幅度差是指在劳动定额中未包括，而在正常施工中又不可避免的一些零星用工因素。这些因素不能单独列项计算，一般是综合定出一个人工幅度差系数，即增加一定比例的用工量，纳入消耗量定额。国家现行规定人工幅度差系数为10%。

人工幅度差包括的因素有：

(1) 工序搭接和工种交叉配合的停歇时间。

(2) 机械的临时维护、小修、移动而发生的不可避免的损失时间。

(3) 工程质量检查与隐蔽工程验收而影响工人操作时间。

(4) 工种交叉作业，难免造成已完工程局部损坏而增加修理用工时间。

(5) 施工中不可避免的少数零星用工所需要的时间。

(二) 人工消耗指标的计算

消耗量定额的人工工日数可以有两种确定方法：一种是以劳动定额为基础确定；另一种是以现场观察测定的资料为基础计算。

消耗量定额常用的定额子目的用工数量，一般都是根据它的工程内容范围及综合取定的工程数量，在劳动定额相应子目的人工工日基础上，经过综合，加上人工幅度差计算出来的。基本计算公式为

$$\text{基本用工数量} = \sum(\text{工序或工作过程工程量} \times \text{时间定额}) \tag{4-1}$$

$$\text{超运距用工数量} = \sum(\text{超运距材料数量} \times \text{时间定额}) \tag{4-2}$$

其中超运距＝消耗量定额规定的运距－劳动定额规定的运距

$$\text{辅助用工数量} = \sum(\text{加工材料的数量} \times \text{时间定额}) \tag{4-3}$$

$$\text{人工幅度差(工日)} = (\text{基本用工} + \text{超运距用工} + \text{辅助用工}) \times \text{人工幅度差系数} \tag{4-4}$$

$$\text{合计工日数量(工日)} = \text{基本用工} + \text{超运距用工} + \text{辅助用工} + \text{人工幅度差用工}$$

或

$$= (\text{基本用工} + \text{超运距用工} + \text{辅助用工}) \times (1 + \text{人工幅度差系数}) \tag{4-5}$$

[例4-1] 国家消耗量定额砖石工程分部一砖厚内墙的人工工日消耗量计算如下：

1. 该项目要素的确定

(1) 项目（子目）名称。砖内墙，一砖厚。

(2) 工程内容。调制砂浆、运砖、运砂浆，砌砖。砌砖包括窗台虎头砖、腰线、门窗套；还包括安放木砖铁件、钢筋等。

(3) 计量单位。项目的计量单位为$10m^3$。

(4) 施工方法。砌砖采用手工操作；砂浆用砂浆搅拌机搅拌；水平运输采用双轮手推车等。

材料现场内运输：根据施工组织设计确定，砂子为80m，石灰膏为100m，砖为170m，砂浆为180m。

（5）有关含量。经过若干份施工图纸测算确定，每 $10m^3$ 一砖厚内墙砌体内含单、双面清水墙各 $2m^3$，即各占 20%，混水内墙 $6m^3$，即占 60%。

加工因素经测算：在每 $1m^3$ 砖墙中，含有墙心、附墙烟囱孔 0.34m，弧形及圆形碹 0.006m，垃圾道 0.03m，预留抗震柱孔 0.3m，墙顶抹找平层 $0.0625m^2$，壁橱和小阁楼各 0.002 个。

2. 计算人工工日

（1）基本用工数量（根据 2009 年统一劳动定额）

双面清水墙 10×20%×1.2=2.400（工日）

单面清水墙 10×20%×1.16=2.320（工日）

混水内墙 10×60%×0.972=5.832（工日）

墙心、附墙烟囱增加用工 10×0.34×0.05=0.170（工日）

弧形及圆形碹增加用工 10×0.006×0.03=0.0018（工日）

垃圾道增加用工 10×0.03×0.06=0.018（工日）

抗震柱孔增加用工 10×0.3×0.05=0.150（工日）

墙顶抹找平层增加用工 10×0.0625×0.08=0.050（工日）

壁橱增加用工 10×0.002×0.3=0.006（工日）

阁楼（隔板、吊柜） 10×0.002×0.15=0.003（工日）

合计 10.951 工日

（2）材料超运距用工。消耗量定额砌砖工程材料超运距计算表，见表 4-1

表 4-1 消耗量定额砌砖工程材料超运距计算表 m

材料名称	消耗量定额规定运距	劳动定额规定运距	超运距
砂 子	80	50	30
石灰膏	150	100	50
标准砖	170	50	120
砂 浆	180	50	130

注 每砌 $10m^3$ 一砖内墙的砂子定额用量 $2.43m^3$，石灰膏定额用量 $0.19m^3$。

根据表 4-1 和式（4-2）计算超运距用工为：

砂子 2.43×0.0453=0.110（工日）

石灰膏 0.19×0.128=0.024（工日）

标准砖 10×0.139=1.390（工日）

砂浆 10×（0.0516+0.008 16）=0.598（工日）

合计 2.122 工日

（3）辅助用工数量。据劳动定额材料加工表及式（4-3）得：

筛砂子 2.43×0.196=0.476（工日）

淋石灰膏 0.19×0.50=0.095（工日）

合计 0.571 工日

（4）幅度差用工数量。据式（4-4）得

人工幅度差=(10.951+2.122+0.571)×10%=1.364(工日)

(5) 合计工日数量。据式 (4-5) 得

$$合计工日 = 10.951 + 2.122 + 0.571 + 1.364 = 15.01(工日 /10m^3)$$

其中：砌筑工 10.95 工日，其他工 4.06 工日。

定额项目各种用工数，一般采用“定额项目劳动力计算表”计算。定额项目劳动力计算表包括定额编号、项目名称、计算单位和人工工日数量等。

二、材料消耗指标的确定

(一) 材料消耗指标的内容

材料消耗指标包括直接构成工程实体的材料消耗、工艺性材料损耗和非工艺性材料损耗三部分。

(1) 直接构成工程实体的材料消耗是材料的有效消耗部分，即材料净用量。

(2) 工艺性材料损耗是材料在加工过程中的损耗（如边角余料）和施工过程中的损耗(如砌墙落地灰)。

(3) 非工艺性材料损耗，如材料保管不善，大材小用、材料数量不足和废次品的损耗等。

前两部分构成工艺消耗定额，企业定额即属此类。加上第三部分，即构成综合消耗定额，消耗量定额即属此类。消耗量定额中的损耗量包括工艺性损耗和非工艺性损耗两部分。

(二) 材料消耗指标的计算

1. 材料消耗指标的分类

消耗量定额中的材料消耗指标包括主要材料、辅助材料、周转性材料和其他材料四项。

(1) 主要材料。是指构成工程实体的大宗性材料，如砖、水泥、砂子等。

(2) 辅助材料。也是直接构成工程实体，但比重较少的材料，如铁钉、铅丝等。

(3) 周转性材料。是指在施工中能反复周转使用的工具性材料，如架杆、架板、模板等。

(4) 其他材料。是指在工程中用量不多、价值不大的材料，如线绳、棉纱等。

消耗量定额中的主要材料消耗量，一般以企业定额中的材料消耗定额为计算基础。如果某些材料没有可依据的材料消耗定额，应当选择合适的计算分析方法，求出所需要的定额。

2. 材料消耗指标计算方法

材料消耗指标计算方法主要有：

(1) 凡有标准规格的材料，按规范要求计算定额计量单位耗用量。

(2) 凡设计图纸标注尺寸及下料要求的按设计图纸尺寸计算材料净用量。

(3) 换算法。按相近定额进行调整换算。

(4) 测定法。包括试验室试验法和现场观察法。

3. 材料消耗指标的计算

$$材料消耗量=材料净用量+损耗量$$

或

$$材料消耗量=材料净用量\times(1+损耗率)$$

材料损耗量，指在正常施工条件下不可避免的材料损耗，如现场内材料运输损耗及施工操作过程中的损耗等。其计算公式为

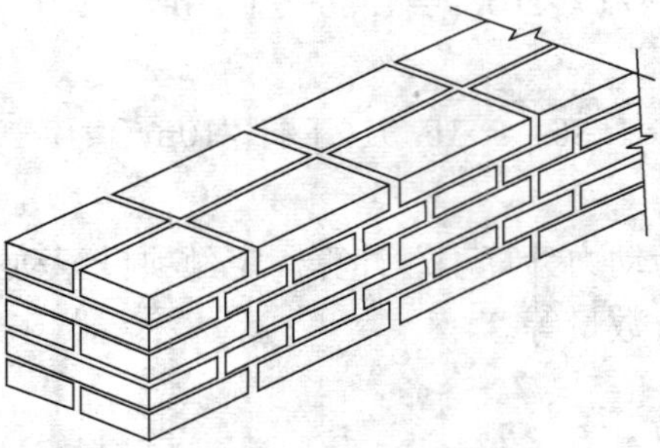

图 4-1 用单元体法计算砖墙中砖和砂浆用量示意图

$$材料损耗率=\frac{损耗量}{净用量}\times 100\%$$

材料损耗量=材料净用量×损耗率

（1）主要材料净用量的计算。一般根据设计施工规范和材料规格采用理论方法计算后，再按定额项目综合的内容和实际资料适当调整确定。例如，消耗定额砌一砖内墙所消耗的砖和砂浆（净用量），一般按取单元体方法计算（见图 4-1），理论计算公式为

$$每\ 1m^3\ 砖数净用量=\frac{墙厚砖数\times 2}{墙厚\times(砖长+灰缝)(砖厚+灰缝)}$$

$$每\ 1m^3\ 砂浆净用量=1-砖数\times 每块砖体积$$

式中分子为单元体砖的块数，分母为单元体体积。墙厚用砖长倍数表示，如图 4-1 所示：1 砖墙单元体砖数=1×2=2 块；半砖墙单元体砖数=0.5×2=1 块；一砖半墙单元体砖数=1.5×2=3 块。墙厚：半砖墙取 115mm，一砖墙取 240mm，一砖半墙取 365mm。标准砖的规格为 240mm×115mm×53mm，每块砖的体积为 0.001 462 8m^3，横竖灰缝均取定 10mm。

$$10m^3一砖厚内墙砌体净用砖数=\frac{1\times 2}{0.24\times(0.24+0.01)(0.053+0.01)}\times 10$$

$$=5291(块)$$

据测算典型工程中未扣梁头垫块占 0.376%，则调整砖及砂浆的用量为

$$消耗量定额净用砖量=5291\times(1-0.003\ 76)=5271(块)$$

$$消耗量定额砂浆净用量=2.26\times(1-0.003\ 76)=2.25(m^3)$$

（2）材料损耗量的确定。材料损耗量，包括工艺性材料损耗和非工艺性损耗。其损耗率应在正常条件下，采用比较先进的施工方法，合理确定。消耗量定额采用的部分材料、成品、半成品损耗率见表 4-2。

表 4-2　　部分材料损耗率表

序号	材料名称	工程项目类型	定额损耗率（%）	序号	材料名称	工程项目类型	定额损耗率（%）
1	普通黏土砖	砖基础	0.5	6	毛石	砌体	2.0
2	普通黏土砖	地面、屋面	1.5	7	多孔砖	轻质砌体	2.0
3	普通黏土砖	实砌砖墙	2.0	8	砌筑砂浆	砖砌体	1.0
4	普通黏土砖	矩形砖柱	3.0	9	砌筑砂浆	多孔砖	10.0
5	普通黏土砖	异形砖柱	7.0				

考虑损耗每 10m^3一砖厚内墙，砖及砂浆损耗量和实际用量计算为

$$红砖损耗量=5271\times 0.02=105.4(块)$$

$$红砖实用量=5271+105.4=5376(块)$$

$$主体砂浆损耗量=2.25\times 0.01=0.0225(m^3)$$

$$主体砂浆实用量=2.25+0.0225=2.27(m^3)$$

按上述方法计算后，经与实际比较，多数砖用量有余，砂浆用量不足，并考虑内墙扣板头、外墙不扣板头的因素，为使定额符合实际，还需调整消耗量定额耗用量，将内墙砌体每立方米减少4块砖，外墙砌体每立方米减少6块砖，增加相应体积的砂浆用量。则 $10m^3$ 一砖内墙，砖及砂浆消耗量定额耗用量为：

$$消耗量定额砖的消耗量=5376-4\times10=5366（块）$$

$$消耗量定额砂浆消耗量=2.27+40\times0.0014628=2.33（m^3）$$

(3) 消耗量定额中次要材料的确定。在工程中用量不多、价值不大的材料，可采用估算等方法计算其用量后，合并为一个"其他材料"的项目，以百分数表示。

(4) 周转性材料消耗量的确定。消耗量定额中的周转性材料是按多次使用、分次摊销的方法进行计算的。周转性材料消耗指标有两个。

1) 一次使用量用是指周转性材料在不重复使用的条件下的一次用量指标，它供建设单位和施工单位申请备料和编制施工作业计划使用。

2) 摊销量是指应分摊到每一计量单位分项工程或结构构件上的周转性材料消耗数量。摊销量可按经验数据查表计算。

现浇混凝土结构模板摊销量计算公式为

$$钢模板摊销量=\frac{一次使用量}{周转次数}$$

$$木模板摊销量=一次使用量\times K_2$$

式中 K_2——摊销量系数。

一次使用量=混凝土构件模板接触面积×每平方米接触面积模板用量×（1+损耗率）

钢模损耗率为1%；木模板损耗率为5%。

$$周转使用量=一次使用量\times K_1$$

式中 K_1——周转使用系数。

周转使用量是指周转性材料在周转使用和补充消耗的条件下，每周转一次平均所消耗的材料量。

周转次数、补损率、K_1、K_2之间的关系见表4-3。

表4-3　周转次数、补损率、K_1、K_2的关系

周转次数	补损率	周转使用系数 K_1	摊销量系数 K_2
4	15	0.3625	0.2669
5	10	0.2800	0.1990
5	15	0.3200	0.2435
6	10	0.2500	0.1825
6	15	0.2917	0.2280
8	10	0.2125	0.1619
8	15	0.2563	0.2085
10	10	0.1900	0.1495

(5) 辅助材料消耗量的确定。辅助材料也是直接构成工程实体的材料，但占比重较少，

如砌墙木砖、水磨地面嵌条等，可以采用相应的计算方法计算或估算，列入定额内。它与次要材料的区别在于是否构成工程实体。

（6）施工用水的确定。水是一项很重要的建筑材料，消耗量定额中应列有水的用量指标。消耗量定额中的用水量可以根据配合比和实际消耗量计算或估算。

三、机械台班消耗指标的确定

1. 机械台班消耗指标的内容

消耗量定额中的施工机械台班消耗定额指标，是以台班为单位进行计算的，每台班为8h。定额的机械化水平，应以多数施工企业采用和已推广的先进方法为标准。

编制消耗量定额时，以统一劳动定额中各种机械施工项目的台班产量为基础进行计算，还应考虑在合理的施工组织设计条件下机械的停歇因素，增加一定的机械幅度差。

机械幅度差一般包括下列因素：

（1）施工中作业区之间的转移及配套机械相互影响的损失时间。

（2）在正常施工情况下机械施工中不可避免的工序间歇。

（3）工程结束时工作量不饱满所损失的时间。

（4）工程质量检查和临时停水、停电等引起机械停歇时间。

（5）机械临时维修、小修和水电线路移动所引起的机械停歇时间。

根据以上影响因素，在企业定额的基础上增加一个附加额，这个附加额用相对数表示，称为幅度差系数。大型机械的幅度差系数一般取1.3左右。

2. 机械台班消耗指标的计算

（1）根据施工定额确定机械台班消耗量的计算，即

消耗量定额机械耗用台班＝施工定额机械耗用台班×（1＋机械幅度差系数）

（2）以现场测定资料为基础确定机械台班消耗量。例如，垂直运输用的塔吊、卷扬机及砂浆、混凝土搅拌机由于是按小组配用，以小组产量计算机械台班数量，不另增加机械幅度差。

按工人小组产量计算公式为

$$\text{小组总产量} = \text{小组总人数} \times \sum(\text{分项计算取定的百分比} \times \text{劳动定额每工综合产量})$$

$$\text{定额机械台班使用量} = \frac{\text{预算定额项目计量单位值}}{\text{小组总产量}}$$

按机械台班产量计算公式为

$$\text{定额机械台班使用量} = \frac{\text{预算定额项目计量单位值}}{\text{机械台班产量}} \times \text{机械幅度差系数}$$

［例4-2］ 按劳动定额规定，砌砖工程的小组人数为22人。根据有关资料统计数据，各种砖墙取定的百分比是：双面清水墙占20%，单面清水墙占20%，混水内墙占60%。劳动定额规定：一砖内墙双面清水为0.833m^3/工日，单面清水为0.862m^3/工日，混水内墙为1.03m^3/工日，小组总产量为

$$\text{小组总产量} = 22 \times (20\% \times 0.833 + 20\% \times 0.862 + 60\% \times 1.03) = 21.05 (m^3)$$

设一个工人小组配置了一台塔吊和一台砂浆搅拌机，那么工人小组的总产量就是这些机械的台班产量，砌墙消耗量定额项目的计量单位为10m^3，所以机械台班使用量为

$$\text{定额台班使用量} = \frac{10}{21.05} = 0.475 (\text{台班})$$

这样就算出了砌 10m^{3}一砖内墙的塔吊和砂浆搅拌机的台班需要量 0.475 个台班。应该注意，有时一台搅拌机要供两个班组使用。

第三节 消耗量定额的内容

为贯彻落实《住房和城乡建设部关于进一步推进工程造价管理改革的指导意见》（建标〔2014〕142 号），住房和城乡建设部组织修订并于 2015 年 3 月 4 日发布了（建标〔2015〕34 号）新的国家标准《房屋建筑与装饰工程消耗量定额》（TY01-31—2015）、《通用安装工程消耗量定额》（TY02-31—2015）、《市政工程消耗量定额》（ZYA1-31—2015）、《建设工程施工机械台班费用编制规则》及《建设工程施工仪器仪表台班费用编制规则》，自 2015 年 9 月 1 日起施行。1995 年发布的《全国统一建筑工程基础定额》、2002 年发布的《全国统一建筑装饰工程消耗量定额》、2000 年发布的《全国统一安装工程预算定额》、1999 年发布的《全国统一市政工程预算定额》、2001 年发布的《全国统一施工机械台班费用编制规则》、1999 年发布的《全国统一安装工程施工仪器仪表台班费用定额》同时废止。

一、消耗量定额手册的内容

《房屋建筑与装饰工程消耗量定额》（TY01-31—2015），简称消耗量定额，主要由目录、总说明、分部说明、工程量计算规则、定额项目表及有关附录组成。

1. 总说明

总说明主要阐述了定额的编制原则、指导思想、编制依据、适用范围及定额的作用。同时说明了编制定额时已经考虑和没有考虑的因素、使用方法及有关规定等。因此，使用定额前应首先了解和掌握总说明。消耗量定额总说明内容如下：

(1) 消耗量定额包括土石方工程，地基处理及边坡支护工程，桩基工程，砌筑工程，混凝土及钢筋混凝土工程，金属结构工程，木结构工程，门窗工程，屋面及防水工程，保温、隔热、防腐工程，楼地面装饰工程，墙、柱面装饰与隔断、幕墙工程，天棚工程，油漆、涂料、裱糊工程，其他装饰工程，拆除工程，措施项目共十七章。

(2) 消耗量定额是完成规定计量单位分部分项工程、措施项目所需的人工、材料、施工机械台班的消耗量标准，是各地区、部门工程造价管理机构编制建设工程定额确定消耗量、编制国有投资工程投资估算、设计概算、最高投标限价（标底）的依据。

(3) 消耗量定额适用于工业与民用建筑的新建、扩建和改建房屋建筑与装饰工程。涉及室外地（路）面、室外给排水等工程的项目，按《市政工程消耗量定额》（ZYA 1-31—2015）的相应项目执行。

(4) 消耗量定额以国家和有关部门发布的国家现行设计规范、施工验收规范、技术操作规程、质量评定标准、产品标准和安全操作规程、现行工程量清单计价规范、计算规范和有关定额为依据编制，并参考了有关地区和行业标准、定额，以及典型工程设计、施工和其他资料。

(5) 消耗量定额按正常施工条件，国内大多数施工企业采用的施工方法、机械化程度和合理的劳动组织及工期进行编制。

1) 材料、设备、成品、半成品、构配件完整无损，符合质量标准和设计要求，附有合格证书和试验记录。

2) 土建工程和安装工程之间的交叉作业正常。

3）正常的气候、地理条件和施工环境。

(6) 消耗量定额未包括的项目，可按其他相应工程消耗量定额计算，如仍缺项，应编制补充定额，并按有关规定报住房和城乡建设部备案。

(7) 关于人工。

1）人工以合计工日表示，并分别列出普工、一般技工和高级技工的工日消耗量。

2）人工包括基本用工、超运距用工、辅助用工和人工幅度差。

3）人工每工日按 8h 工作制计算。

4）机械土石方、桩基础、构件运输及安装等工程，人工随机械产量计算的，人工幅度差按机械幅度差计算。

(8) 关于材料。

1）采用的材料（包括构配件、零件、半成品、成品）均为符合国家质量标准和相应设计要求的合格产品。

2）材料包括施工中消耗的主要材料、辅助材料、周转性材料和其他材料。

3）材料消耗量包括净用量和损耗量。损耗量包括：从工地仓库、现场集中堆放地点（或现场加工地点）至操作（或安装）地点的施工场内运输损耗、施工操作损耗、施工现场堆放损耗等，规范（设计文件）规定的预留量、搭接量不在损耗中考虑。

4）除特殊说明外，大理石和花岗岩均按工程半成品石材考虑，消耗量中仅包括了场内运输、施工及零星切割的损耗。

5）混凝土、砌筑砂浆、抹灰砂浆及各种胶泥等均按半成品消耗量以体积“m^3”表示，其配合比由各地区、部门按现行规范及当地材料质量情况进行编制。

6）所使用的砂浆均按干混预拌砂浆编制，若实际使用现拌砂浆或湿拌预拌砂浆，按以下方法调整：

a. 使用现拌砂浆，除将定额中的干混预拌砂浆调换为现拌砂浆外，砌筑定额按每立方米砂浆增加：一般技工 0.382 工日，200L 灰浆搅拌机 1.67 台班，同时，扣除原定额中干混砂浆罐式搅拌机台班；其余定额按每立方米砂浆增加人工 0.382 工日，同时将原定额中干混砂浆罐式搅拌机调换为 200L 灰浆搅拌机，台班含量不变。

b. 使用湿拌预拌砂浆，除将定额中的干混预拌砂浆调换为湿拌预拌砂浆外，另按相应定额中每立方米砂浆扣除人工 0.20 工日，并扣除干混砂浆罐式搅拌机台班数量。

7）木材不分板材与方材，均以××（指硬木、杉木或松木）板方材取定。木种分类如下：

第一、二类：红松、水桐木、樟木松、白松（云杉、冷杉）、杉木、杨木、柳木、椴木。

第三、四类：青松、黄花松、秋子木、马尾松、东北榆木、柏木、苦楝木、梓木、黄菠萝、椿木、楠木、柚木、樟木、栎木（柞木）、檀木、色木、槐木、荔木、麻栗木（麻栎、青刚）、桦木、荷木、水曲柳、华北榆木、榉木、橡木、枫木、核桃木、樱桃木。

装饰项目中以木质饰面板、装饰线条表示的，其材质包括：榉木、橡木、柚木、枫木、核桃木、樱桃木、檀木、色木、水曲柳等；部分列有榉木或橡木、枫木等的项目，如设计使用的材质与定额取定的不符者，可以换算。

8）所采用的材料、半成品、成品品种、规格型号与设计不符时，可按各章规定调整。

9）周转性材料按不同施工方法、不同类别、材质，计算出一次摊销量进入消耗量定额。

一次使用量和摊销次数见《房屋建筑与装饰工程消耗量定额》（TY01－31—2015）中附录。

10）对于用量少、低值易耗的零星材料，列为其他材料。

11）现浇混凝土工程的承重支模架、钢结构或空间网架结构安装使用的满堂承重架以及其他施工用承重架，满足下列条件之一的应另行计算相应费用，不再执行相应增加层定额：

a. 搭设高度在 8m 及以上。

b. 搭设跨度在 18m 及以上。

c. 施工总荷载在 $15kN/m^2$ 及以上。

d. 集中线荷载在 20kN/m 及以上。

（9）关于机械。

1）机械按常用机械、合理机械配备和施工企业的机械化装备程度，并结合工程实际综合确定。

2）机械台班消耗量按正常机械施工工效并考虑机械幅度差综合确定。

3）挖掘机械、打桩机械、吊装机械、运输机械（包括推土机、铲运机及构件运输机械等）按机械、容量或性能及工作物对象，并按单机或主机与配合辅助机械，分别以台班消耗量表示。

4）凡单位价值在 2000 元以内、使用年限在一年以内的不构成固定资产的施工机械，不列入机械台班消耗量，作为工具用具在建筑安装工程费中的企业管理费考虑，其消耗的燃料动力等已列入材料内。

（10）关于水平和垂直运输。

1）材料、成品、半成品：包括自施工单位现场仓库或现场指定堆放地点运至安装地点的水平和垂直运输。

2）垂直运输基准面：室内以室内地（楼）面为基准面，室外以设计室外地坪面为基准面。

（11）按建筑面积计算的综合脚手架、垂直运输等，是按一个整体工程考虑的。如遇结构与装饰分别发包，则应根据工程具体情况确定划分比例。

（12）除注明高度的以外，均按单层建筑物檐高 20m、多层建筑物 6 层（不含地下室）以内编制，单层建筑物檐高在 20m 以上、多层建筑物在 6 层（不含地下室）以上的工程，其降效应增加的人工、机械及有关费用，另按建筑物超高增加费计算。

（13）工作内容已说明了主要的施工工序，次要工序虽未说明，但均已包括在内。

（14）施工与生产同时进行、在有害身体健康的环境中施工时的降效增加费，定额未考虑，发生时另行计算。

（15）消耗量定额中的安全文明施工及其他措施项目，定额未编入，由各地区、部门自行考虑。

（16）消耗量定额适用海拔 2000m 以下的地区，超过上述情况时，由各地区、部门结合高原地区的特殊情况，自行制订调整办法。

（17）遇有两个或两个以上系数时，按连乘法计算。

（18）注有"××以内"或"××以下"及"小于"者，均包括××本身；"××以外"或"××以上"及"大于"者，则不包括××本身。

定额说明中未注明（或省略）尺寸单位的宽度、厚度、断面等，均以"mm"为单位。

（19）凡总说明未尽事宜，详见各章说明和附录。

2. 分部说明

它主要介绍了分部工程所包括的主要项目及工作内容，编制中有关问题的说明，执行中的一些规定，特殊情况的处理等。它是定额手册的重要部分，是执行定额和进行工程量计算的基准，必须全面掌握。消耗量定额土石方工程说明内容如下：

（1）本章定额包括土方工程、石方工程、回填及其他等。

（2）土壤及岩石分类。在《房屋建筑与装饰工程消耗量定额》（TY01-31—2015）中，土壤的名称及其含义是按《岩土工程勘察规范》（GB 50021—2001）（2009 年版）定义的，将土壤分为一、二类土，三类土和四类土。将岩石分为极软岩、软岩、较软岩、较硬岩、坚硬岩。土壤分类，见表 4-4，岩石分类，见表 4-5。

表 4-4　　土壤分类表

土壤分类	土壤名称	开挖方法
一、二类土	粉土、砂土（粉砂、细砂、中砂、粗砂、砾砂）、粉质黏土，弱中盐渍土、软土（淤泥质土、泥炭、泥炭质土）、软塑红黏土、冲填土	用锹、少许用镐、条锄开挖。机械能全部直接铲挖满载者
三类土	黏土、碎石土（圆砾、角砾）混合土、可塑红黏土、硬塑红黏土、强盐渍土、素填土、压实填土	主要用镐、条锄、少许用锹开挖。机械需部分刨松方能铲挖满载者或可直接铲挖但不能满载者
四类土	碎石土（卵石、碎石、漂石、块石）、坚硬红黏土、超盐渍土、杂填土	全部用镐、条锄挖掘、少许用撬棍挖掘。机械须普遍刨松方能铲挖满载者

表 4-5　　岩石分类表

岩石分类		代表性岩石	开挖方法
极软岩		（1）全风化的各种岩石； （2）各种半成岩	部分用手凿工具、部分用爆破法开挖
软质岩	软岩	（1）强风化的坚硬岩或较硬岩； （2）中等风化——强风化的较软岩； （3）未风化——微风化的页岩、泥岩、泥质砂岩等	用风镐和爆破法开挖
	较软岩	（1）中等风化——强风化的坚硬岩或较硬岩； （2）未风化——微风化的凝灰岩、千枚岩、泥灰岩、砂质泥岩等	用爆破法开挖
硬质岩	较硬岩	（1）微风化的坚硬岩； （2）未风化——微风化的大理岩、板岩、石灰岩、白云岩、钙质砂岩等	用爆破法开挖
	坚硬岩	未风化——微风化的花岗岩、闪长岩、辉绿岩、玄武岩、安山岩、片麻岩、石英岩、石英砂岩、硅质砾岩、硅质石灰岩等	用爆破法开挖

（3）干土、湿土、淤泥的划分。干土、湿土的划分，以地质勘测资料的地下常水位为准。地下常水位以上为干土，以下为湿土。地表水排出后，土壤含水率≥25%时为湿土。

含水率超过液限，土和水的混合物呈现流动状态时为淤泥。

温度在 0℃及以下，并夹含有冰的土壤为冻土。本章定额中的冻土，指短时冻土和季节冻土。

（4）沟槽、基坑、一般土石方的划分。底宽（设计图示垫层或基础的底宽，下同）≤7m，且底长＞3 倍底宽为沟槽；底长≤3 倍底宽，且底面积≤150m^2为基坑；超出上述范围，又非平整场地的，为一般土石方。

（5）挖掘机（含小型挖掘机）挖土方项目，已综合了挖掘机挖土方和挖掘机挖土后，基槽底和边坡遗留厚度≤0.3m 的人工清理和修整。使用时不得调整，人工基槽底清理和边坡修整不另行计算。

（6）小型挖掘机，是指斗容量≤0.30m^3的挖掘机，适用于基础（含垫层）底宽≤1.20m 的沟槽土方工程或底面积≤8m^2的基坑土方工程。

（7）下列土石方工程，执行相应项目时应乘以规定的系数：

1）土方项目按干土编制。人工挖、运湿土时，相应项目人工乘以系数 1.18；机械挖、运湿土时，相应项目人工、机械乘以系数 1.15。采取降水措施后，人工挖、运土相应项目人工乘以系数 1.09，机械挖、运土不再乘以系数。

2）人工挖一般土方、沟槽、基坑深度超过 6m 时，6m＜深度≤7m，按深度≤6m 相应项目人工乘以系数 1.25；7m＜深度≤8m，按深度≤6m 相应项目人工乘以系数 1.25^2；以此类推。

3）挡土扳内人工挖槽坑时，相应项目人工乘以系数 1.43。

4）桩间挖土不扣除桩体和空孔所占体积，相应项目人工、机械乘以系数 1.50。

5）满堂基础垫层底以下局部加深的槽坑，按槽坑相应规则计算工程量，相应项目人工、机械乘以系数 1.25。

6）推土机推土，当土层平均厚度≤0.30m 时，相应项目人工、机械乘以系数 1.25。

7）挖掘机在垫板上作业时，相应项目人工、机械乘以系数 1.25。挖掘机下铺设垫板、汽车运输道路上铺设材料时，其费用另行计算。

8）场区（含地下室顶板以上）回填，相应项目人工、机械乘以系数 0.90。

（8）土石方运输。

1）本章土石方运输按施工现场范围内运输编制。弃土外运及弃土处理等其他费用，按各地的有关规定执行。

2）土石方运距，按挖土区重心至填方区（或堆放区）重心间的最短距离计算。

3）人工、人力车、汽车的负荷上坡（坡度≤15%）降效因素，已综合在相应运输项目中，不另行计算。推土机、装载机负荷上坡时，其降效因素按坡道斜长乘以表 4-6 相应系数计算。

表 4-6　　重车上坡降效系数表

坡度（%）	5～10	≤15	≤20	≤25
系数	1.75	2.00	2.25	2.50

（9）平整场地，是指建筑物所在现场厚度≤±30cm 的就地挖、填及平整。挖填土方厚度＞±30cm 时，全部厚度按一般土方相应规定另行计算，但仍应计算平整场地。

（10）基础（地下室）周边回填材料时，执行《房屋建筑与装饰工程消耗量定额》（TY01-31—2015）“第二章　地基处理与边坡支护工程”中“一、地基处理”相应项目，人工、机械乘以系数0.90。

（11）本章未包括现场障碍物清除、地下常水位以下的施工降水、土石方开挖过程中的地表水排除与边坡支护，实际发生时，另按其他章节相应规定计算。

3. 工程量计算规则

分部工程的工程量计算规则是对分部工程各分项工程量计算所作的统一规定。消耗量定额的工程量计算规则与计算规范的工程量计算规则基本保持一致，以便于进行清单报价，但不完全一样，更具体化。消耗量定额土石方工程的工程量计算规则内容如下：

（1）土石方的开挖、运输均按开挖前的天然密实体积计算。土方回填，按回填后的竣工体积计算。不同状态的土石方体积按表4-7中的系数进行换算。

表4-7　　土石方体积换算系数表

名称	虚方	松填	天然密实	夯填
土方	1.00	0.83	0.77	0.67
	1.20	1.00	0.92	0.80
	1.30	1.08	1.00	0.87
	1.50	1.25	1.15	1.00
石方	1.00	0.85	0.65	—
	1.18	1.00	0.76	—
	1.54	1.31	1.00	—
块石	1.75	1.43	1.00	（码方）1.67
砂夹石	1.07	0.94	1.00	—

（2）基础土石方的开挖深度，应按基础（含垫层）底标高至设计室外地坪标高确定。交付施工场地标高与设计室外地坪标高不同时，应按交付施工场地标高确定。

（3）基础施工的工作面宽度，按施工组织设计（经过批准，下同）计算；施工组织设计无规定时，按下列规定计算：

1）当组成基础的材料不同或施工方式不同时，基础施工的工作面宽度按表4-8计算。

表4-8　　基础施工单面工作面宽度计算表

基础材料	每边各增加工作面宽度（mm）
砖基础	200
毛石、方整石基础	250
混凝土基础（支模板）	400
混凝土基础垫层（支模板）	150
基础垂直面做砂浆防潮层	400（自防潮层面）
基础垂直面做防水层或防腐层	1000（自防水层或防腐层面）
支挡土板	100（另加）

2）基础施工需要搭设脚手架时，基础施工的工作面宽度，条形基础按1.50m计算（只

计算一面）；独立基础按 0.45m 计算（四面均计算）。

3）基坑土方大开挖需做边坡支护时，基础施工的工作面宽度按 2.00m 计算。

4）基坑内施工各种桩时，基础施工的工作面宽度按 2.00m 计算。

5）管道施工的工作面宽度，按表 4-9 计算。

表 4-9　管沟施工单面工作面宽度计算表

管道材质	管道基础外沿宽度（无基础时管道外径）（mm）			
	≤500	≤1000	≤2500	>2500
混凝土管、水泥管	400	500	600	700
其他管道	300	400	500	600

（4）基础土方的放坡。

1）土方放坡的起点深度和放坡坡度，按施工组织设计计算；施工组织设计无规定时，按表 4-10 计算。

表 4-10　土方放坡起点深度和放坡坡度表

土壤类别	放坡起点（>m）	放坡坡度			
		人工挖土	机械挖土		
			在坑内作业	在坑上作业	顺沟槽在坑上作业
一、二类土	1.20	1∶0.50	1∶0.33	1∶0.75	1∶0.50
三类土	1.50	1∶0.33	1∶0.25	1∶0.67	1∶0.33
四类土	2.00	1∶0.25	1∶0.10	1∶0.33	1∶0.25

2）基础土方放坡，自基础（含垫层）底标高算起。

3）混合土质的基础土方，其放坡的起点深度和放坡坡度，按不同土类厚度加权平均计算。

4）计算基础土方放坡时，不扣除放坡交叉处的重复工程量。

5）基础土方支挡土板时，土方放坡不另行计算。

（5）爆破岩石的允许超挖量分别为：极软岩、软岩 0.20m，较软岩、较硬岩、坚硬岩 0.15m。

（6）沟槽土石方，按设计图示沟槽长度乘以沟槽断面面积，以体积计算。

1）条形基础的沟槽长度，按设计规定计算；设计无规定时，按下列规定计算：

a. 外墙沟槽，按外墙中心线长度计算。突出墙面的墙垛，按墙垛突出墙面的中心线长度，并入相应工程量内计算。

b. 内墙沟槽、框架间墙沟槽，按基础（含垫层）之间垫层（或基础底）的净长度计算。

2）管道的沟槽长度，按设计规定计算；设计无规定时，以设计图示管道中心线长度（不扣除下口直径或边长≤1.5m 的井池）计算。下口直径或边长>1.5m 的井池的土石方，另按基坑的相应规定计算。

3）沟槽的断面面积，应包括工作面宽度、放坡宽度或石方允许超挖量的面积。

（7）基坑土石方，按设计图示基础（含垫层）尺寸，另加工作面宽度、土方放坡宽度或石方允许超挖量乘以开挖深度，以体积计算。

（8）一般土石方，按设计图示基础（含垫层）尺寸，另加工作面宽度、土方放坡宽度或石方允许超挖量乘以开挖深度，以体积计算。机械施工坡道的土石方工程量，并入相应工程量内计算。

（9）挖淤泥流砂，以实际挖方体积计算。

（10）人工挖（含爆破后挖）冻土，按设计图示尺寸，另加工作面宽度，以体积计算。

（11）岩石爆破后人工清理基槽底与修整边坡，按岩石爆破的规定尺寸（含工作面宽度和允许超挖量），以面积计算。

（12）回填及其他。

1）平整场地，按设计图示尺寸，以建筑物首层建筑面积计算。建筑物地下室结构外边线突出首层结构外边线时，其突出部分的建筑面积合并计算。

2）基槽底钎探，以垫层（或基础）底面积计算。

3）原土夯实与碾压，按施工组织设计规定的尺寸，以面积计算。

4）回填，按下列规定，以体积计算：

a. 沟槽、基坑回填，按挖方体积减去设计室外地坪以下建筑物、基础（含垫层）的体积计算。

b. 管道沟槽回填，按挖方体积减去管道基础和表 4-11 所列管道折合回填体积计算。

表 4-11　　管道折合回填体积表

管道	管道基础外沿宽度（无基础时管道外径）(mm)					
	500	600	800	1000	1200	1500
混凝土管及钢筋混凝土水泥管（m^3/m）	—	0.33	0.60	0.92	1.15	1.45
其他材料管道（m^3/m）	—	0.22	0.46	0.74	—	—

c. 房心（含地下室内）回填，按主墙间净面积（扣除连续底面面积 $2m^2$ 以上的设备基础等面积）乘以回填厚度，以体积计算。

d. 场区（含地下室顶板以上）回填，按回填面积乘以平均回填厚度，以体积计算。

（13）土方运输，以天然密实体积计算。挖土总体积减去回填土（折合天然密实体积），总体积为正，则为余土外运；总体积为负，则为取土内运。

4. 定额项目表

定额项目表是消耗量定额的主要构成部分，一般由工作内容（分节说明）、定额单位、项目表和附注组成。

分节（项）说明，是说明该分节（项）中所包括的主要内容，列在定额项目表的表头左上方。定额单位列在表头右上方，一般为扩大单位，如 $10m^3$、$100m^2$、100m 等。

定额项目表中，竖向排列为该子项工程定额编号、子项工程名称及人工、材料和施工机械消耗量指标，供进行工料分析和编制工程预算单价表及换算定额单价等使用。横向排列着名称、单位和消耗量等。附注在定额项目表的下方，说明设计与定额规定不符时，进行调整的方法。定额项目表见表 4-12。

表 4-12 **找平层**

工作内容：(1) 清理基层、调运砂浆、抹平、压实。

(2) 细石混凝土搅拌、捣平、压实。

(3) 刷素水泥浆。 $100m^2$

定额编号				11-1	11-2	11-3	11-4	11-5
项目				平面砂浆找平层			细石混凝土地面找平层	
				混凝土或硬基层上	填充材料上	每增减1mm	30mm	每增减1mm
				20mm				
名称			单位	消耗量				
人工	合计工日		工日	7.140	8.534	0.195	10.076	0.160
	其中	普工	工日	1.428	1.707	0.039	2.015	0.032
		一般技工	工日	2.499	2.987	0.068	3.527	0.056
		高级技工	工日	3.213	3.840	0.088	4.534	0.072
材料	干混地面砂浆 DS M20		m^3	2.040	2.550	0.102	—	—
	预拌细石混凝土 C20		m^3	—	—	—	3.030	0.101
	水		m^3	0.400	0.400	—	0.400	—
机械	干混砂浆罐式搅拌机		台班	0.340	0.425	0.017	—	—
	双锥反转出料混凝土搅拌机 200L		台班	—	—	—	0.510	0.017

5. 附录

附录列在消耗量定额手册的最后，包括每 $100m^2$ 模板接触面积的模板一次使用量表和混凝土及砂浆配合比表，供定额换算、补充使用。

二、消耗量定额项目的划分和定额编号

1. 项目的划分

消耗量定额手册中的项目是根据建筑结构、工程内容、施工顺序、使用材料等，按章（分部）、节（分项）、项（子目）排列的。

分部工程（章）是将单位工程中某些性质相近、材料大致相同的施工对象归在一起。例如：《房屋建筑与装饰工程消耗量定额》（TY01-31—2015）与《房屋建筑与装饰工程工程量计算规范》（GB 50584—2013）的项目的划分相同，共分十七章，分别为：①土石方工程；②地基处理与基坑支护工程；③桩基础工程；④砌筑工程；⑤钢筋及混凝土工程；⑥金属结构工程；⑦木结构工程；⑧门窗工程；⑨屋面及防水工程；⑩保温、隔热、防腐工程；⑪楼地面装饰工程；⑫墙、柱面装饰与隔断、幕墙工程；⑬天棚工程；⑭油漆、涂料、裱糊工程；⑮其他装饰工程；⑯拆除工程；⑰措施项目。

分部工程以下，又按工程性质、工程内容、施工方法、使用材料等，分成许多分项（节）。分项以下，再按工程性质、规格、材料的类别等分成若干子项（子目）。

2. 定额编号

为了使计价项目和定额项目一致，便于查对，章、节、项都应有固定的编号，称为定额

编号。编号的方法一般有汇总号、二符号、三符号等编法。消耗定额是按二符号编码的，如“6-10”表示第六章第十个子目，该种编码补充定额只能排到每一章的后面，补充定额编码较乱；也有采用三符号编码，如“2-6-1”表示第二章第六节第一项，该编码虽然麻烦些，但补充定额可以按节补充，补充定额项目不乱，也符合定额项目多变的要求。而国家计算规范则采用汇总号编码，如 011101002001，共 12 位。前 9 位全国统一编码，不得变动。1、2 位表示单位工程，如 01 建筑与装饰工程；3、4 位表示分部工程（11 为楼地面装饰工程）；5、6 位表示分项工程（整体面层及找平层）；7、8、9 位表示子目（现浇水磨石楼地面）；后 3 位为五级编码，由编制人设置清单项目时自行编码，如 001 为普通水磨石，002 为彩色水磨石等。

第四节　消耗量定额的使用与改革

一、消耗量定额的使用方法

为了正确地应用消耗量定额编制施工图预算，办理竣工结算，考核工程成本，计算人工、材料、机械的消耗量，选择设计方案，做好工程量清单计价等工作。造价工作人员都应很好地学习消耗量定额。首先应学习消耗量定额的总说明、分部工程说明，以及附注、附录的规定和说明。对说明中指出的编制原则、依据、适用范围、已经考虑和没有考虑的因素，以及其他有关问题的说明和使用方法等，都应通晓和熟记。其次，对常用项目包括的工作内容、计量单位和项目表中的各项内容的实际含意，要通过日常工作实践，逐一加深理解。还要熟记建筑面积计算规则与各分部分项工程计算规则，以及有关补充定额的规定。

要正确理解设计要求和施工做法，是否与定额内容相符。只有对消耗量定额和施工图有了确切的了解，才能正确套用定额，防止错套、重套和漏套，真正做到正确使用定额。消耗量定额的使用一般有下列三种情况。

（一）消耗量定额的直接套用

工程项目要求与定额内容、做法说明，以及设计要求、技术特征和施工方法等完全相符，且工程量的计量单位与定额计量单位相一致，可以直接套用定额，如果部分特征不相符必须进行仔细核对，进一步理解定额，这是正确使用定额的关键。

另外，还要注意定额中用语和符号的含义。如定额项目表内有（××）的数量是作为调整换算的依据。又如，××以下或以内，则包括本身，××以上或以外，则不包括本身等；还有“—”等都表示一定的含义。

（二）消耗量定额的调整换算

工程项目要求与定额内容不完全相符合，不能直接套用定额，应根据不同情况分别加以换算，但必须符合定额中有关规定，在允许范围内进行。

编制消耗量定额时，对设计和施工中变化多，影响工程量和价差较大的项目，例如砌筑砂浆强度等级、混凝土强度等级、龙骨用量等均留了活口，允许根据实际情况进行换算、调整。但调整换算要严格按分部说明或附注说明中的规定执行。没有规定一般不允许调整，不能有利于施工企业的施工企业调整，有利于建设单位的建设单位调整。消耗量定额是发承包双方共同遵守、执行的消耗量定额标准。

消耗量定额的换算可以分为强度等级换算、用量调整、系数调整、运距调整和其他换算。

1. 强度等级换算

在消耗量定额中，对砖石工程的砌筑砂浆及混凝土等均列几种常用强度等级，设计图纸中的强度等级与定额规定强度等级不同时，允许换算。其换算公式为

换算后定额基价 = 定额中基价 +（换入的半成品单价 − 换出的半成品单价）× 相应换算材料的定额用量

2. 用量调整

在消耗量定额中，定额与实际消耗量不同时，允许调整其数量，如龙骨不同可以换算等。换算时不要忘记损耗量。因定额中已考虑了损耗，与定额比较也必须考虑损耗，才有可比性。

3. 系数调整

在消耗量定额中，由于施工条件和施工方法不同，某些项目可以乘以系数调整。调整系数分定额系数和工程量系数。定额系数是指人工、材料、机械定额等乘系数；工程量系数是用在计算工程量上。

4. 运距调整

在消耗量定额中，对各种项目运输定额，一般分为基本定额和增加定额，即超过基本运距时，另行计算。如人工运土方，定额规定基本运距是 200m，超过的另按每增加 50m 运距计算增加费用。

5. 其他换算

消耗量定额中调整换算的项目很多，方法也不一样，如找平层厚度调整、材料单价换算、增加减费用调整等。总之，定额的换算调整都要按照定额的规定进行。掌握定额的规定和换算调整方法，是对工程造价工作人员的基本要求之一。

（三）消耗量定额的补充

当设计图纸中的项目，在定额中没有时，可作临时性的补充。补充方法一般有两种：

1. 定额代用法

利用性质相似、材料大致相同、施工方法又很接近的定额项目，考虑（估算）一定的系数进行调整后使用。此种方法一定要在施工实践中加以观察和测定，以便对使用的系数进行调整，保证定额精确性，也为以后新编定额、补充定额项目做准备。定额代用法是补充定额编制的一种方法，不同于定额换算，定额编号处应写补 1、补 2 等。

2. 补充定额

材料用量按照图纸的构造做法及相应的计算公式计算，并加入规定的损耗率。人工及机械台班使用量，可按劳动定额、机械台班定额及类似定额计算，并经有关技术、定额人员和工人讨论确定，然后乘上人工工资标准、材料价格及机械台班单价，即得到补充定额单价。

二、社会咨询机构的参与管理

（一）国际咨询机构的参与状况

1. 英国

在英国，各类社会服务机构承担着经济活动的微观管理和服务工作，是政府摆脱对微观经济活动直接控制和参与的保证，也是承发包双方的顾问和代言人。其中，工料测量师行是直接参与工程造价管理的咨询部门。

工料测量师（简称 QS），来源于英联邦式的工料测量（Quantity Surveying）计价制度，从事这方面工作的专业技术人员被称为工料测量师。属于英国皇家特许测量师学会（RICS）成员。

工料测量师一般可在政府部门、发展商/业主、顾问公司和承包商/分包商等机构服务，主要在工程材料、工程数量、工程变更、额外工程报价、现金流量分析及工程成本控制等方面为项目管理提供可靠的数字依据。其工作类似于国内的造价工程师，但其方法和具体操作又有明显区别。

具体地说，工料测量师主要负责整个工程中“数量”有关的工作，包括整个工程工程量的计算与核算，对工程收支的管理与控制等，是集工程概算、验工计价、项目索赔等于一身的、综合性和技术性很强的专业技术人员。

工料测量师受雇于业主，收取一定的费用。其费率虽然较高，但工料测量师行对业主所承担的责任也很大。如果项目在缺乏充足正当理由的情况下超支较多，业主将要求工料测量师对建设成本超支额及应付银行贷款利息进行赔偿，所以测量师往往会购买专业责任赔偿。

测量师学会是众多测量师行之间联系的纽带。学会作为社会权威，对建筑工程造价起了指导和间接管理的作用。

2. 美国

在美国，各种类型的工程咨询公司是工程造价计价和管理的主要承担者，美国的业主一般不拥有从事工程造价管理的大批专业技术人才，为了做好投资效益分析、造价预测和编制、招标管理和造价的控制等，就要借助于社会上的估算公司、工程咨询公司等专业力量来实现。

在美国的咨询机构中，有政府创办的专业咨询信息服务机构，也有民办机构、民办官助机构及大型企业创办的咨询机构，其中尤以民办咨询机构为多。它们十分注意历史资料的积累和分析整理工作，建立起本公司的一套造价资料积累制度，同时注意服务效果的信息反馈，这样就建立起完整的资料数据库，形成了信息反馈、分析、判断、预测等一整套的科学管理体系。

此外，还有造价协会（美国造价工程师协会 AACE）从事同行之间的联系、交流和公益工作，包括对造价工程师、造价咨询师进行资质认定（全国性），定期组织经验交流等。这些活动都有助于促进专业水平的共同提高。

3. 日本

日本的建筑积算协会是以提高工程造价管理业务和专业人员的技术水平及社会地位为宗旨的组织。其工作的主要内容有：推进工程造价管理水平的调查研究；工程量计算标准、建筑成本等相关的调查研究；专业人员教育标准的确定、专业人员业务培训及资格认定；业务情报收集；与国内外有关部门团体交流合作等。从事造价咨询的人员称为积算师，建筑积算师分布在设计单位、施工单位及工程造价咨询事务所等。

（二）国内社会咨询机构的参与状况

国内工程造价咨询机构的参与，目前，还仅限于工程造价的审查工作和造价软件的开发等方面。工程定额的编制和造价指标的测定及发布还处在萌芽之中，工程造价咨询机构的业务还有待于进一步拓展。

工程造价的审查，就是由专职的机构（即取得国家主管部门资质认可，能从事工程造价咨询业务的各类机构，如工程咨询、造价咨询、工程监理、审计机构等）和人员（即通过国家考试，取得执业资格，经过注册的造价工程师）按照国家的政策、法规（即定额、标准、参数）和市场价格信息，对工程项目投资活动的真实性、合理性、合法性、有效性及工程造价构成的正确性、编制与确定的合法有效性进行的全面监督与评价活动。

审查是一种独立、间接、依法进行的监督与评价活动，是社会经济发展到一定阶段的产物，是经济管理职能的分解，即生产资料所有者、管理者及其代理人的分解。当社会经济发展到一定的程度，必然造成经济组织规模扩大，经济活动过程复杂，经济管理层次增多。我国经济发展迅速，经济活动过程的复杂化和管理层次的增多，使专业分工也越来越细，各类执业注册上岗人员管理逐步完善和规范。在这种情况下，生产资料的所有者受经营管理能力和专业知识的限制，对生产经营管理者的管理活动不可能都亲自进行监督与控制，必须求助社会中介机构的支持，这也是信息化时代社会分工的必然。特别是在工程造价的管理上，更需要专门人员从事工程造价的监督与控制活动或聘请社会中介机构来从事工程造价的审查（或审核），使其成为工程造价管理的组成部分。

1. 工程造价审查的意义

（1）正确地贯彻执行国家有关固定资产投资和工程造价管理方面的政策与法规。

（2）建立、维护固定资产投资市场秩序，使审查工作贯穿于固定资产投资的各个阶段。

（3）维护生产资料所有者权益不受侵害。

（4）保护固定资产的生产者合法利益。

（5）建立完善的工程造价学科。

（6）有助于建立健全市场经济体制下的工程造价管理模式及体制。

2. 工程造价审查的作用

（1）增强项目决策的正确性，为项目评估提供正确的评价依据，提高投资效益。

（2）是投资者进行投资控制的重要环节。

（3）是建立社会主义市场经济的需要。

（4）促进国家有关工程造价的政策、法规的贯彻执行。

三、消耗量定额的改革与发展

（一）消耗量定额的发展阶段

在不同经济发展时期，建筑产品有不同的价格形式、不同的定价主体、不同的价格形成机制，而一定的建筑产品价格形式的产生，又存在于一定的工程建设管理体制和一定的建筑产品交换方式之中。我国建筑产品价格市场化经历了“国家定价——国家指导价——国家调控价”三个阶段。定额计价是以消耗量定额、各种费用定额为基础依据，按照规定的计算程序确定工程造价的特殊计价方法。因此，利用工程建设定额计算工程造价就价格形成而言，介于国家定价和国家指导价之间。

1. 第一阶段，国家定价阶段

在我国传统经济体制下，工程建设任务是由国家主管部门按计划分配，建筑业不是一个独立的物质生产部门，建设单位、施工单位的财务收支实行统收统支，建筑产品价格仅仅是一个经济核算的工具而不是工程价值的货币反映，实际上，这一时期的建筑产品并不具有商品性质，所谓的“建筑产品价格”也是不存在的。在这种工程建设管理体制下，建筑产品价格实际上是在建设过程的各个阶段利用国家或地区所颁布的各种定额进行投资费用的预估和计算，也可以说是预算加签证的形式。主要特征是：

（1）这一阶段的“价格”主要表现为设计概算、施工图预算、工程费用签证和竣工结算。

（2）这一阶段的“价格”属于国家定价的价格形式，国家是这一价格形式的决策主体。建筑产品价格形成过程中，建设单位、设计单位、施工单位都按照国家有关部门规定的定额标准、材料价格和取费标准，计算、确定工程价格，工程价格水平由国家规定。

2. 第二阶段，国家指导价阶段

改革开放以后，传统的建筑产品价格形式已经逐步被新的建筑产品价格形式所取代。这一阶段是国家指导定价，出现了预算包干价格形式和工程招标投标价格形式。预算包干价格形式与预算加签证形式相比，两者都属于国家计划价格形式，企业只能按照国家有关规定计算，执行工程价格。包干额是按照国家有关部门规定的包干系数、包干标准及计算方法确定。但是因为预算包干价格对工程施工过程中费用的变动采取了一次包死的形式，对提高工程价格管理水平有一定的作用。工程招标投标价格是在建筑产品招标投标交易确定过程中形成的工程价格，表现为标底价、投标报价、中标价、合同价、结算价格等形式。这一阶段的工程招标投标价格属于国家指导性价格，是在最高限价范围，国家指导下的竞争性价格，低于成本价不能中标。在这种价格形成过程中，国家和企业是价格的双重决策主体。其价格形成的特征是：

（1）计划控制性。作为评标基础的标底价格要按照国家工程造价管理部门规定的定额和有关取费标准制定，标底价格的最高数额受到国家批准的工程概算控制。

（2）国家指导性。国家工程招标管理部门对标底的价格进行审查，管理部门组成的监督小组直接监督、指导大中型工程招标、投标、评标和决标过程。

（3）竞争性。投标单位可以根据本企业的条件和经营状况确定投标报价，并以价格作为竞争承包工程手段。招标单位可以在标底价格的基础上，择优确定中标单位和工程中标价格。

3. 第三阶段，国家调控价阶段

国家调控的招标投标价格形式，是一种由市场形成价格为主的价格机制。它是在国家有关部门调控下，由工程承发包双方根据工程市场中建筑产品供求关系变化自主确定工程价格。其价格的形成可以不受国家工程造价管理部门的直接干预，而是根据市场的具体情况，竞争形成价格，低价中标。与国家指导的招标投标价格形式相比，国家调控招标投标价格的形成特征为：

（1）竞争形成。应由工程承发包双方根据工程自身的物质劳动消耗、供求状况等市场因素经过竞争形成，不受国家计划调控。

（2）自发波动。随着工程市场供求关系的不断变化，工程价格经常处于上升或者下降的波动之中。

（3）自发调节。通过价格的波动，自发调节着建筑产品的品种和数量，以保持工程投资与工程生产能力的平衡。

（二）消耗量定额的改革与探讨

建筑业作为我国整个经济体制改革的突破口，曾率先推行投资包干制和招标承包制，扩大企业自主权，使企业成为相对独立的商品生产者、经营者，并推广“建设监理制度”“工程项目管理制度”等一系列全行业的改革措施，其历经了“改革、调整、充实、提高”，使得建筑业发展为整个经济体制改革提供了借鉴。我国目前的建筑工程价格管理体制，正处于从计划经济管理体制向市场经济管理体制过渡的转换时期，建筑产品价格的形成过程，也正处于由其管理体制“自上而下”的计划、指令、管控特征，向“自下而上”的市场、供求、竞争特征过渡的转换时期。工、料、机，量、本、利，价、费、税，人、财、物等的运作机理、计量规则、计价方式、制约效应等，以及它们发生、发展、变动的环境和条件，均处于变换、过渡、调理的进程中。建筑工程价格管理同时受到来自建筑产品自身的生产特征及社会经济管理体制（价格管理体制的载体）的双重制约。从我国建筑工程价格管理体制的形成及其演变来看，遵循定额所提供的基本管理数据并强化定额管理这一基础管理工作，是确立建筑工程价格管理规范化、科学化的基本前提。计划、市场、技术、经济等因素的变换无法取代定额的基本职能，却恰恰有赖于定额专业化、科学化、现代化管理水平的提高。

自20世纪80年代初以来，围绕定额、费用、单位估价表、地区材料预算价格、机械台班价格，以及与之配套的各时期相应工料机调差、各类费用文件及规定等，从业务讲座、专业学术报告到论文、论著的发表，从培训教材、业务书籍的出版到从业人员的资格上岗培训、各类师级（房地产经济师、建筑经济师、地产评估师、房地产估价师、固定资产评估师、造价工程师等）的统考培训等，各类、各级建设经济管理部门、工程造价管理及各类工程技术经济专业人员多方努力、多加研讨、倾心探究、各施良策，使得该专业领域成为业务活力、研修潜力、专长发挥、技能施展最为活跃的专业领域之一。工程造价专业领域有关工程计价依据改革课题的探讨与争论，就其各方理论的系统形成及其实施效绩来看，尚处于初级的试验摸索阶段。但改革的基础或试验的基准不应离开定额，这是大家所公认的原则。

（三）工程定额计价方法的改革和发展

定额计价制度从产生到完善的数十年中，对中国内地的工程造价管理发挥了巨大作用，为政府进行工程项目的投资控制提供了很好的工具。但随着市场经济体制改革的深度和广度不断增加，传统的定额计价制度也不断受到冲击，改革势在必行。

自20世纪80年代末90年代初开始，建设要素市场的放开，各种建筑材料不再统购统销；随后人力、机械市场等也逐步放开，人工、材料、机械台班的要素价格随市场供求的变化而上下浮动。“动态要素”的动态管理拉开了传统定额计价改革的序幕。

工程定额计价制度第一阶段改革的核心思想是“量价分离”，即由国务院建设行政主管部门制定符合国家有关标准、规范，并反映一定时期施工水平的人工、材料、机械等消耗量标准，实现国家对消耗量标准的宏观管理。对人工、材料、机械的单价等，由工程造价管理机构依据市场价格的变化发布工程造价相关信息和指数，将过去完全由政府计划统一管理的定额计价改变为“控制量、指导价、竞争费。”

工程定额计价制度改革的第二阶段的核心问题是工程造价计价方式的改革。20世纪90年代中后期，是中国内地建设市场迅猛发展的时期。1999年，《中华人民共和国招标投标法》的颁布标志着中国内地建设市场基本形成，建筑产品的商品属性得到了充分认识。在招投标已经成为工程发包的主要方式之后，工程项目需要新的、更适应市场经济发展的、更有利于建设项目通过市场竞争合理形成造价的计价方式来确定其建造价格。2003年2月，《建设工程工程量清单计价规范》（GB 50500—2003）发布并从2003年7月1日开始实施，这是我国工程计价方式改革历程中的里程碑，标志着我国工程造价的计价方式实现了从传统定额计价向工程量清单计价的转变。经过十几年来的工程计价管理制度的完善，工程计价依据体系基本完备，进一步修订发布了《建设工程工程量清单计价规范》（GB 50500—2013）、《房屋建筑与装饰工程工程量计算规范》（GB 50854—2013）等 9 部规范及《建筑工程建筑面积计算规范》（GB/T 50353—2013）、《房屋建筑与装饰工程消耗量定额》（TY01 - 31—2015）等 3 部定额和《建筑安装工程费用组成》（建标〔2013〕44 号）等一系列的计价文件。

在我国建设市场逐步放开的改革中，虽然已经制定并推广了工程量清单计价，但由于各地实际情况的差异，目前的工程造价计价方式不可避免地出现了双轨并行的局面——在保留传统定额计价方式的基础上，又参照国际惯例引入了工程量清单计价方式。目前，我国的建设工程定额还是工程造价管理的重要手段。随着我国工程造价管理体制改革的不断深入及对国际管理的深入了解，市场自主定价模式必将逐渐占据主导地位。

复习思考题

1. 何谓消耗量定额？
2. 消耗量定额是怎样分类的？
3. 消耗量定额有哪些用途？
4. 简述消耗量定额的作用。
5. 消耗量定额的编制原则是什么？
6. 消耗量定额中人工消耗指标包括哪些用工量？
7. 人工幅度差包括哪些因素？
8. 材料消耗指标中包括哪些材料消耗？
9. 举出 10 种主要材料的名称。
10. 举出 4 种周转性材料的名称。
11. 机械幅度差一般包括哪些因素？
12. 《房屋建筑与装饰工程消耗量定额》（TY01 - 31—2015）共分哪些章？
13. 《消耗量定额手册》主要由哪些内容组成？
14. 消耗量定额的换算可以分为哪些种类？
15. 国际咨询机构的参与造价管理的现状如何？
16. 国内工程造价咨询机构的任务有哪些？
17. 简述工程造价审查的意义。
18. 我国建筑产品价格市场化经历了哪几个阶段？
19. 工程造价计价方式改变的标志是什么？
20. 全国统一建筑工程预算工程量计算规则与现行定额有哪些不同？

第五章　计　价　定　额

计价定额是指在消耗量定额基础之上，植入工程基础单价或工程单价而形成的定额，是以货币形式确定定额计量单位分部分项工程或结构构件直接工程费和施工技术措施项目直接费的文件。

第一节　基　础　单　价

基础单价，即要素价格，它是指根据施工所在地区的具体条件、施工技术及材料来源等，编制人工工日单价、材料价格和施工机械台班单价，作为计算直接工程费的基础资料。

基础单价，包括人工工日单价、材料价格和施工机械台班单价三项内容，是计算工程单价的基础，是编制工程计价定额的基础价格资料。正确确定基础单价，对于正确确定工程单价，进而正确确定工程造价非常重要。

基础单价可以分为某地区统一的基础单价和某工程专用的基础单价。某地区统一的基础单价用于编制地区统一工程计价定额，确定地区统一的工程单价。某工程专用的基础单价用于编制个别工程工程计价定额，确定该工程专用的工程单价。

一、人工工资单价的确定

人工工资单价是指在工程计价中一个建筑工人在一个工作日应计入的全部人工费用，它体现了建筑工人的工资水平和一个建筑工人在一个工作日应得到的劳动报酬。合理确定人工工资单价是正确计算人工费和工程造价的前提和基础。

1. 人工工资单价的组成

建筑工程价目表中的人工费是指根据消耗量定额中规定的完成该子项工程或结构构件的合格产品所消耗的人工数量与相应的日工资单价的乘积。

人工工资单价由计时工资或计件工资、奖金、津贴补贴、加班加点工资、特殊情况下支付的工资组成。

（1）计时工资或计件工资是指按计时工资标准和工作时间或对已做工作按计件单价支付给个人的劳动报酬。

（2）奖金是指对超额劳动和增收节支支付给个人的劳动报酬，如节约奖、劳动竞赛奖等。

（3）津贴补贴是指为了补偿职工特殊或额外的劳动消耗和因其他特殊原因支付给个人的津贴，以及为了保证职工工资水平不受物价影响支付给个人的物价补贴，如流动施工津贴、特殊地区施工津贴、高温（寒）作业临时津贴、高空津贴等。

（4）加班加点工资是指按规定支付的在法定节假日工作的加班工资和在法定日工作时间外延时工作的加点工资。

（5）特殊情况下支付的工资是指根据国家法律、法规和政策规定，因病、工伤、产假、计划生育假、婚丧假、事假、探亲假、定期休假、停工学习、执行国家或社会义务等原因按计时工资标准或计件工资标准的一定比例支付的工资。

2. 影响人工工资单价的因素

(1) 社会平均工资水平取决于经济发展水平。经济增长速度越快，社会平均工资涨幅也就越大。

(2) 生活消费指数的提高会影响人工单价的提高，以减少生活水平的下降，或维持原来的生活水平。生活消费指数的变动取决于物价的变动，尤其取决于生活消费品物价的变动。

(3) 人工单价组成内容中的医疗保险、失业保险、住房消费等都列入，就会提高人工单价。

(4) 劳动力市场供需变化。劳动力市场供大于求，人工单价就会下降；反之，就会提高。

(5) 政府推行的社会保障和福利政策等。

3. 人工工资单价的计算确定

(1) 由工程造价管理机构编制计价定额时确定的定额人工工资单价，适用于工程造价管理机构编制计价定额时确定定额人工费，是施工企业投标报价的参考依据。

日工资单价是指施工企业平均技术熟练程度的生产工人在每工作日（国家法定工作时间内）按规定从事施工作业应得的日工资总额。

工程造价管理机构确定日工资单价应通过市场调查，根据工程项目的技术要求，参考实物工程量人工单价综合分析确定，最低日工资单价不得低于工程所在地人力资源和社会保障部门所发布的最低工资标准的：普工 1.3 倍、一般技工 2 倍、高级技工 3 倍。

工程计价定额不可只列一个综合工日单价，应根据工程项目技术要求和工种差别适当划分多种日工资单价，确保各分部工程人工费的合理构成。

(2) 由施工企业投标报价时自主确定的人工工资单价。主要适用于施工企业投标报价时自主确定人工费，也是工程造价管理机构编制计价定额确定定额人工单价或发布人工成本信息的参考依据。日工资单价计算公式为

$$\text{日工资单价}=\frac{\text{生产工人平均月工资(计时、计件)}+\text{平均月(奖金}+\text{津贴补贴}+\text{特殊情况下支付的工资)}}{\text{年平均每月法定工作日}}$$

其中

$$\text{年平均每月法定工作日}=(\text{全年日历日}-\text{法定假日})/12$$

全年日历日为 365 天。法定假日指双休日和法定节日，全年共 52 个星期，每星期休假 2 天，全年双休日共计 52×2=104 天；法定节日：春节 3 天，新年 1 天，五一节 1 天，国庆节 3 天，清明、端午、中秋各放假 1 天，共计 11 天。

全年日历日－法定假日称为年法定工作日。年法定工作日为 365－104－11=250 天；年平均每月法定工作日为 250÷12=20.83 天。

非工作天数（非工人原因停工）按 26 天计，包括气候影响停工 12 天，开会学习 4 天，其他 10 天，共计 26 天。年有效工作日为 250－26=224 天；年平均每月法定工作日为 224÷12=18.67 天。

不同企业、不同工种、不同技术等级日工资单价是不相同的，劳动力的来源不同，工资单价也不相同。人工工资单价应根据工种、技术等级和劳动力的来源（来源本企业的员工、外聘技工、当地劳务市场招聘的普工）的构成比例确定；还应根据本企业现状、工程特点及

对生产工人的要求和当地劳务市场的劳动力资源的充足程度、技能水平及工资水平综合评价后，进行合理确定，即

$$专业综合人工工资单价=\sum(本专业某种来源的人力资源人工单价\times构成比重)$$

$$综合人工工资单价=\sum(某专业综合工日单价\times权数)$$

其中权数的取定是根据各专业工日消耗量占总工日数的比重确定的，例如土建专业工日消耗量占总工日数的比重为20%，则其权数为20%。

(3) 日工资单价的计算步骤：

第一步，根据一定的人工单价的费用构成标准，在充分考虑影响单价各因素的基础上，分别计算不同工种、不同技术等级工人的人工单价。

第二步，根据具体工程的资源配置方案，计算不同工种、不同技术等级的工人在该工程上的工时比例。

第三步，把不同工种、不同技术等级工人的人工单价按其相应的工时比例进行加权平均，即可得到该工程的综合人工单价。综合人工单价是计价定额中常见的一种表现形式。

下面举例说明综合人工单价的确定。

[例5-1]　根据已知条件，试确定临时雇用工人综合人工单价。

(1) 雇用条件：①正常工作时间工资标准，技术工人80元/工日，普通工人60元/工日；②双休日加班工作时间，按正常工作时间工资标准的2倍计算；③如工人的工作效率能达到定额的标准，则除按正常工资标准支付外，还可得到基本工资的30%作为奖金；④法定节假日按正常工作时间工资标准的3倍计算；⑤年休假期和非工人原因停工的工资按正常工作时间工资标准照发；⑥病假工资40元/天；⑦工器具费为4元/天；⑧职工福利费为工资总额的14%。

(2) 工作时间的设定：①全年365天，共52个星期，每周正常工作5天，每周双休日加班；②节假日规定：除11天法定节假日外，每年放假15天，均安排在双休日休息；③非工人原因停工26天，5天病假。

解　(1) 工作时间计算。工人工作时间计算见表5-1。

表5-1　**工人工作时间计算**

序号	工作时间	时间分析	单位	计算式
1	正常工作时间	①年法定工作日	天	365－104－11＝250
		②非工人原因停工天数	天	26
		③病假天数	天	5
	合　　计	①－②－③	天	250－26－5＝219
2	加班工作时间	④双休日天数	天	52×2＝104
		⑤年休假期	天	15
	合　　计	④－⑤	天	104－15＝89
3	全年工作天数	1＋2	天	219＋89＝308

(2) 年人工费计算。工人年人工费计算见表5-2。

表5-2 工人年人工费计算

序号	费用项目	计算公式	技工（元）	普工（元）
1	正常工作工资	219×工资标准	17520	13140
2	双休日正常工作工资	89×工资标准	7120	5340
	基本工资合计	1+2	24640	18480
3	奖金（达到定额标准）	基本工资×30%	7392	5544
4	双休日工作加发工资	双休日正常工作工资×100%	7120	5340
5	法定节假日工资	11×工资标准×300%	2640	1980
6	年休假工资	15×工资标准	1200	900
7	非工人原因停工工资	26×工资标准	2080	1560
8	病假工资	5×40	200	200
	工资总额	1+2+3+4+5+6+7+8	45272	34004
9	工器具费	308×4	1232	1232
10	职工福利费	工资总额×14%	6338.08	4760.56
	人工费合计	工资总额+9+10	52842.08	39996.56
11	人工工日单价	人工费合计÷308	171.57	129.86

假如技工与普工数量比为2∶1，则

综合人工单价=171.57×2/3+129.86×1/3=157.67（元/工日）

二、材料价格的确定

1. 材料价格的概念及组成

材料价格是指材料（包括构件、成品及半成品等）从其来源地（或交货地点）到达施工工地仓库或堆放场地后的出库价格。材料价格一般由材料原价（或供应价格）、材料运杂费、运输损耗费、采购及保管费等组成。

（1）材料原价是指材料、工程设备的出厂价格或商家供应价格。

（2）运杂费是指材料、工程设备自来源地运至工地仓库或指定堆放地点所发生的全部费用。

（3）运输损耗费是指材料在运输装卸过程中不可避免的损耗。

（4）采购及保管费是指为组织采购、供应和保管材料、工程设备的过程中所需要的各项费用，包括采购费、仓储费、工地保管费、仓储损耗。

2. 影响材料价格的因素

（1）市场材料供需的变化会影响材料价格的涨落。

（2）材料生产成本的变动直接会影响材料的价格。

（3）流通环节的多少和材料供应体制也会影响材料价格。

（4）运输距离和运输方法的改变会影响材料运输费用，从而也影响到材料价格。

（5）国际市场行情会对进口材料的价格产生影响，有时也会对国内同类产品价格造成影响。

3. 材料单价的确定

（1）材料供应价格，即材料市场价格，其取得一般有两种途径：①市场调查（询价）；

②通过查询市场材料价格信息取得。对于大批量或高价格的材料一般采用市场调查的方法取得价格；而小量的、低价值的材料，以及消耗性材料等，一般可采用工程当地的市场价格信息指导中的价格。

市场调查应根据所需材料的品种、规格、数量，以及质量要求，了解市场材料对工程材料满足的程度。

(2) 材料的供货方式和供货渠道。材料的供货方式和供货渠道包括业主供货和承包商供货两种方式。对于业主供货的材料，招标书中列有业主供货材料单价表，投标人在利用招标人提供的材料价格报价时，应考虑现场交货的材料运杂费，还应考虑材料的保管费。承包商供货材料的渠道一般有当地供货、指定厂家供货、异地供货和国外供货等。不同的供货方式和供货渠道对材料价格的影响是不同的，主要反映在采购保管费、运输费、其他费用及风险等方面。

(3) 不同原价的确定。对同一种材料，因来源地、供应渠道或制造商不同出现几种原价时，其综合原价可按其不同来源地供应量的比例，采取加权平均的方法计算其材料原价。其计算公式为

$$\overline{P}=\frac{\sum PQ}{\sum Q}$$

式中 $\overline{P}$——材料原价；

P——各材料来源地的材料原价；

Q——各材料来源地的材料数量；

$\sum PQ$——付出的总金额；

$\sum Q$——各来源地的材料总数量。

(4) 材料运输费。材料运输费用应按照国家有关部门和地方政府交通运输部门的规定计算。同一品种的材料如有若干个来源地，其运输费用应根据材料来源地、运输里程、运输方法和运价标准，采用加权平均的方法计算运输费。

(5) 运输损耗费。在确定运输损耗费时，运输损耗可以计入运输费用，也可以单独列项计算。

(6) 采购保管费用。采购的方式、批次、数量，以及材料保管的方式及天数不同，其费用也不相同。材料费是按照材料价格计算的，由于材料价格中包含有采购及保管费，如果工程中有的建筑材料由建设单位供应，那么施工单位和建设单位在办理工程结算款时，建设单位应从材料费中扣除建设单位自己应得的采购管理费。采购及保管费率综合取定值一般为2.5%。各地区在不影响2.5%总水平的情况下，按照材料在工程中的重要性并结合价值大小分为几种不同的标准。采购管理费一般占采购及保管费的40%～60%。

(7) 其他费用主要是指国外采购材料时发生的保险费、关税、港口费、港口手续费、财务费用等。

(8) 风险主要是指材料价格浮动。由于工程所用材料不可能在工程开工初期一次全部采购完毕，所以，随着时间的推移，市场的变化造成材料价格的变动给承包商造成的材料费风险。

4. 材料单价的计算

材料单价的计算公式为

$$材料单价 = \{(材料原价 + 运输费) \times [1 + 运输损耗率(\%)]\} \times [1 + 采购保管费率(\%)]$$

$$工程设备单价 = (设备原价 + 运输费) \times [1 + 采购保管费率(\%)]$$

（1）材料原价（或供应价格）采取加权平均的方法计算。

[例 5-2] 某工程生石灰供应有两个来源地，甲地供应量为 70%，原价为 130 元/t；乙地供应量为 30%，原价为 145 元/t，则生石灰的加权平均原价是

$$130 \times 70\% + 145 \times 30\% = 134.50(元/t)$$

（2）材料运输费采用加权平均的方法计算。

[例 5-3] 某工程用水泥由甲、乙、丙三地供应，各地供应量分别为 30、55、70t，运费单价分别为 120、115、130 元/t。水泥平均运输费用是

$$(30 \times 120 + 55 \times 115 + 70 \times 130)/(30 + 55 + 70) = 122.74(元/t)$$

材料由于出产地不同、运输距离不同、运输方式不同等，则材料价格各地差别很大。

（3）运输损耗费，即

$$运输损耗费 = [材料原价(或供应价) + 运输费] \times 相应材料损耗率$$

（4）采购及保管费，即

$$采购及保管费 = [(供应价格 + 运输费) \times (1 + 运输损耗率)] \times 采购保管费率$$

$$或采购及保管费 = (供应价格 + 运输费 + 运输损耗费) \times 采购保管费率$$

[例 5-4] 某工程材料由建设单位负责采购、订货，并将材料运至施工工地，建筑企业在现场验收后，负责材料的现场保管。若已知材料的预算价格为 3600 元/t，材料采购保管费率为 2.5%，按规定建筑企业只能收取 40%的材料采购保管费，试计算建筑企业应将材料采购保管费中的多少扣还给建设单位。

解 材料采购保管费 $= 3600 \times 2.5\%/(1 + 2.5\%) = 87.80(元/t)$

建筑企业应扣还给建设单位的材料采购保管费为

$$87.80 \times (1 - 40\%) = 52.68(元/t)$$

三、设备费的构成与计算

（一）国产设备原价的构成及计算

国产设备原价一般是指设备制造厂的交货价，或订货合同价。它一般根据生产厂或供应商的询价、报价、合同价确定，或采用一定的方法计算确定。国产设备原价分为国产标准设备原价和国产非标准设备原价。

1. 国产标准设备原价

国产标准设备是指按照主管部门颁布的标准图样和技术要求，由我国设备生产厂批量生产的，符合国家质量检测标准的设备。国产标准设备原价有两种，即带有备件的原价和不带有备件的原价。在计算时，一般采用带有备件的原价。

2. 国产非标准设备原价

国产非标准设备是指国家尚无定型标准，各设备生产厂不可能在工艺过程中采用批量生产，只能按一次订货，并根据具体的设计图样制造的设备。非标准设备原价有多种不同的计算方法，如成本计算估价法、系列设备插入估价法、分部组合估价法、定额估价法等。但无论采用哪种方法都应该使非标准设备计价接近实际出厂价，并且计算方法要简便。按成本计算估价法，非标准设备的原价由以下各项组成：

（1）材料费。其计算公式为

材料费 = 材料净重 ×（1 + 加工损耗系数）× 每吨材料综合价

（2）加工费。包括生产工人工资和工资附加费、燃料动力费、设备折旧费、车间经费等。其计算公式为

加工费 = 设备总质量(t) × 设备每吨加工费

（3）辅助材料费（简称辅材费）。包括焊条、焊丝、氧气、氩气、氮气、油漆、电石等费用。其计算公式为

辅助材料费 = 设备总质量 × 辅助材料费指标

（4）专用工具费。按（1）～（3）项之和乘以一定百分比计算。

（5）废品损失费。按（1）～（4）项之和乘以一定百分比计算。

（6）外购配套件费。按设备设计图样所列的外购配套件的名称、质量，根据相应的价格加运输费计算。

（7）包装费。按以上（1）～（6）项之和乘以一定百分比计算。

（8）利润。可按（1）～（5）项加第（7）项之和乘以一定利润率计算。

（9）税金。主要是指增值税。其计算公式为

增值税＝当期销项税额—进项税额

当期销项税额＝销售额×适用增值税率

其中：销售额为（1）～（8）项之和。

非标准设备设计费：按国家规定的设计费收费标准计算。

综上所述，单台非标准设备原价公式表达为

单台非标准设备原价 =｛[（材料费＋加工费＋辅助材料费）×（1＋专用工具费率）×（1＋废品损失费率）＋外购配套件费] ×（1＋包装费率）－外购配套件费｝×（1＋利润率）＋销项税金＋非标准设备设计费＋外购配套件费

[例 5-5] 某工厂采购一台国产非标准设备，制造厂生产该台设备所用材料费 20 万元，加工费 2 万元，辅助材料费 4000 元，制造厂为制造该设备在材料采购过程中发生进项增值税额 3.5 万元，专用工具费率 1.5%，废品损失费率 10%，外购配套件费 5 万元，包装费率 1%，利润率为 7%，增值税率为 17%，非标准设备设计费 2 万元，求该国产非标准设备的原价。

解 专用工具费 =（20 + 2 + 0.4）× 1.5% = 0.336(万元)

废品损失费 =（20 + 2 + 0.4 + 0.336）× 10% = 2.274(万元)

包装费 =（22.4 + 0.336 + 2.274 + 5）× 1% = 0.300(万元)

利润 =（22.4 + 0.336 + 2.274 + 0.3）× 7% = 1.772(万元)

销项税额 =（22.4 + 0.336 + 2.274 + 5 + 0.3 + 1.772）× 17% = 5.454(万元)

该国产非标准设备的原价 = 22.4 + 0.336 + 2.274 + 0.3 + 1.772 + 5.454 + 2 + 5 = 39.536(万元)

（二）进口设备原价的构成及计算

进口设备原价是指进口设备的抵岸价，即抵达买方边境港口或边境车站，且交完关税等税费后形成的价格。进口设备抵岸价的构成与进口设备的交货类有关。

（1）进口设备的交货方式和交货价。可分为内陆交货类、目的地交货类、装运港交货类三种。

1）内陆交货类，即卖方在出口国内陆的某个地点交货。在交货地点，卖方及时提交合同规定的货物和有关凭证，负担交货前的一切费用并承担风险；买方按时接受货物，交付货款，负担接货后的一切费用并承担风险，自行办理出口手续和装运出口。货物的所有权也在交货后由卖方转入买方。这类交货方式适用于任何运输方式，主要有工厂交货价（E×W）和货交承运人价（FCA）两种交货价。

2）目的地交货类，即卖方要在进口国的港口或内地交货，有目的港船上交货价（DES）、目的港码头交货价（DEQ，关税已付）和完税后交货价（DDP，进口国的指定地点）等几种交货价。它们的特点是：买卖双方承担的责任、费用和风险是以目的地约定交货点为分界线，只有当卖方在交货点将货物置于买方控制下才算交货，才能向买方收取货款。这类交货价对卖方来说承担的风险较大，在国际贸易中卖方一般不愿采用这类交货方式。

3）装运港交货类，即卖方在出口国装运港完成交货任务，主要有装运港船上交货价（FOB），也称离岸价；运费在内价（C&F）装运港船边交货价（FAS）和运费、保险费在内价（CIF）等几种价格。它们的特点主要是：卖方按照约定的时间在装运港交货，只要卖方把合同规定的货物装船后提供货运单据便完成交货任务，可凭单据收回货款。这类交货方式适用于海运或内陆水运。

装运港船上交货价（FOB）是我国进口设备采用最多的一种货价。采用船上交货价时卖方的责任是：在规定的限期内，负责在合同规定的装运港口将货物装上买方指定的船只，并及时通知买方；负责货物装船前的一切费用和风险；负责办理出口手续提供出口国政府或有关方面签发的证件；负责提供有关装运单据。买方的责任是：负责租船或订舱，支付运费，并将船期、船名通知卖方；负担货物装船后的一切费用和风险；负责办理保险及支付保险费，办理在目的港的进口和收货手续；接受卖方提供的有关装运单据，并按合同规定支付货款。

（2）进口设备抵岸价的构成。进口设备抵岸价是指抵达买方边境港口或车站，且缴完关税以后的价格，是由进口设备货价和进口从属费用组成。我国进口设备采用最多的是装运港船上交货价（FOB），其到岸价构成可概括为

进口设备价格（进口价）＝货价＋进口从属费用＝货价＋国外运费＋国外运输保险费＋银行财务费＋外贸手续费＋关税＋增值税＋消费税＋海关监管手续费＋车辆购置附加费

1）进口设备货价。进口设备货价分为原币货价和人民币货价。原币货价一般按离岸价（即 FOB 价）计算，币种一律折算为美元表示人民币货价：原币货价（外币）×外汇汇价（美元兑换人民币中间价）。

2）国外运费。国外运费是从装运港（站）到我国抵达港（站）的运费。我国进口设备大部分采用海洋运输，小部分采用铁路运输，个别采用航空运输。进口设备国外运费计算公式为

$$\text{国外运费(海陆空)} = \text{原币货价(FOB 价)} \times \text{运费率}$$

$$\text{国外运费(海陆空)} = \text{运量} \times \text{运费单价}$$

以上两个公式中的运费率和运费单价可参照执行中国技术进出口总公司和中国机械进出口总公司规定，还可参照中国远洋运输公司、铁道部和民航总局等有关运价表计算。一般海运费率：近洋可取 3%～4%，远洋可取 5%～8%。注意软件不计算运费。

3）国外运输保险费。对外贸易货物运输保险是由保险人（保险公司）与被保险人（出

口人或进口人）订立保险契约，在被保险人交付议定的保险费后，保险人根据保险契约的规定对货物在运输过程中发生的承保责任范围内的损失给予经济上的补偿。这属于财产保险。其计算公式：

国外运输保险费(外币)＝[原币货价(FOB价)＋国外运费]/(1－保险费率)×保险费率

保险费率，海运可取0.4%。必要时，可按保险公司规定的进口货物保险费率计算。软件不计算运输保险费。

4）银行财务费。银行财务费一般是指中国银行手续费，按下式计算

银行财务费(元)＝人民币货价(FOB价)×银行财务费率

银行财务费率，一般为0.4%～0.5%。

5）外贸手续费。外贸手续费是指按对外经济贸易部规定的外贸手续费率计取的费用，其计算公式为

外贸手续费(元)＝[离岸货价(FOB价)＋国外运费＋运输保险费]
×外汇牌价(人民币中间价)×外贸手续费率
＝到岸价格(CIF)×外汇牌价×外贸手续费

外贸手续费一般取1.5%。

6）关税。关税是由海关对进出国境或关境的货物和物品征收的一种税。按下列公式计算

关税(元)＝到岸价(CIF价)×进口关税税率
＝关税完税价格×进口关税税率

式中关税完税价格(元)＝到岸价(CIF)(元)＝[原币货价(外币)＋国外运费(外币)＋运输保险费(外币)]×外汇牌价(人民币中间价)

进口货物按海关审定的以成交价格为基础的到岸价作为完税价格。到岸价格（CIF价）包括货价、加上货物运抵中国海关境内运入地点起卸前的包装费、运费、保险费和其他劳务费等费用。

进口关税税率分为优惠和普通两种。普通税率适用于与我国未订有关税互惠条款的贸易条约或协定的国家与地区的进口设备；当进口货物来自与我国签订有关税互惠条款的贸易条约或协定的国家时，按优惠税率征税。进口关税税率按中华人民共和国海关总署发布的进口关税税率计算。以租赁（包括租借）方式进口的货物以货物的租金作为完税价格。

7）消费税。仅对进口时应纳消费税的货物（如轿车、摩托车等），按下式计算消费税

消费税(元)＝[(关税完税价格＋关税)/(1－消费税税率)]×消费税税率

消费税税率，按国家颁发的税率计算，即根据《中华人民共和国消费税暂行条例》规定的税率计算。如以量计算消费税，可按下式计算

消费税(元)＝应税消费品的数量×消费税单位税额

8）增值税。增值税是我国政府对从事进口贸易的单位和个人，在进口商品报关进口后征收的税种。我国增值税条例规定，进口应税产品均按组成计税价格和增值税税率直接计算应纳税额，按下式计算

进口产品增值税额(元)＝组成计税价格×增值税税率
＝(关税完税价格＋关税＋消费税)×增值税税率

增值税税率根据《中华人民共和国增值税暂行条例》规定的税率计算。对减、免进口关

税的货物，同时减、免进口环节的增值税。目前进口设备适用增值税率一般为17%。

9）海关监管手续费。海关监管手续费是指海关对进口减税、免税、保税货物实施监督、管理、提供服务的手续费，对于全额征收进口关税的货物不计本项费用。海关监管手续费应按下列公式计算

海关监管手续费 = 到岸价(人民币货价)×海关监管手续费率

海关监管手续费率：进口免税、保税货物为3‰；进口减税货物为3‰×减税百分率。

10）车辆购置附加费。对进口车辆需征收进口车辆购置附加费，按下式计算

进口车辆购置附加费 =［到岸价(人民币货价)＋关税＋消费税＋增值税］×(进口车辆购置附加费率)

［例5-6］ 某单位从国外进口设备，到岸价格（CIF）为5800万元，关税税率为15%，增值税税率为16%，无消费税，则该进口设备应缴纳的增值税为多少万元？

解 进口产品增值税额＝组成计税价格×增值税税率

组成计税价格＝关税完税价格＋关税＋消费税，该设备消费税为0，则进口设备应缴纳的增值税＝(5800＋5800×15%)×16%＝1067.20万元。另外需注意的是，关税完税价格与到岸价格的含义是一样的。

（三）设备运杂费

1. 设备运杂费的组成

设备运杂费通常由下列各项组成：

(1) 国产标准设备由设备制造厂交货地点起至工地仓库（或施工组织设计指定的需要安装设备的堆放地点）止所发生的运费和装卸费。

进口设备则为我国到岸港口、边境车站起至工地仓库（或施工组织设计指定的需安装设备的堆放地点）止所发生的运费和装卸费。

(2) 在设备出厂价格中没有包含的设备包装和包装材料器具费。在设备出厂价或进口设备价格中如已包括了此项费用，则不应重新计算。

(3) 设备供销部门的手续费。按有关部门规定的统一费率计算。

(4) 建设单位（或工程承包公司）的采购与仓库保管费。指采购、验收、保管和收发设备所发生的各种费用，包括设备采购、保管和管理人员的工资、工资附加费、办公费、差旅交通费，设备供应部门办公和仓库所占固定资产使用费、工具用具使用费、劳动保护费、检验试验费等。这些费用可按主管部门规定的采购与保管费率计算。

一般来讲，沿海和交通便利的地区，设备运杂费率相对低一点；内地和交通不很便利的地区就要相对高一点，边远省份则要更高一些。对于非标准设备来讲，应尽量就近委托设备制造厂、施工企业制作或由建设单位自行制作，以大幅度降低设备运杂费。进口设备由于原价较高，国内运距较短，因而运杂费比率应适当降低。我国一般按6%费率计算。

2. 设备运杂费的计算

(1) 进口货物的运杂费计算公式为

进口货物的运杂费＝到岸价（外币）×外汇汇价×设备运杂费率

(2) 国内非贸易货物的运杂费计算公式为

国内非贸易货物的运杂费＝出厂价（元）×运杂费率

设备运杂费率按各部门及省、市等的规定计取。

四、机械台班单价的确定

1. 机械台班单价的概念及其组成

施工机械台班单价是指一台施工机械，在正常运转条件下一个工作班中所发生的分摊和支出的费用。每台班按 8h 工作制计算。正确制定施工机械台班单价，是合理控制工程造价的重要方面。机械台班单价由台班折旧费、台班大修理费、台班经常修理费、台班安拆费和场外运输费、台班人工费、台班燃料动力费、台班车船使用税费七部分组成。

(1) 折旧费是指施工机械在规定的使用年限内，陆续收回其原值的费用。

(2) 大修理费是指施工机械按规定的大修理间隔台班进行必要的大修理，以恢复其正常功能所需的费用。

(3) 经常修理费是指施工机械除大修理以外的各级保养和临时故障排除所需的费用。包括为保障机械正常运转所需替换设备与随机配备工具附具的摊销和维护费用，机械运转中日常保养所需润滑与擦拭的材料费用及机械停滞期间的维护和保养费用等。

(4) 安拆费及场外运费。安拆费是指施工机械（大型机械除外）在现场进行安装与拆卸所需的人工、材料、机械和试运转费用，以及机械辅助设施的折旧、搭设、拆除等费用；场外运费是指施工机械整体或分体自停放地点运至施工现场或由一施工地点运至另一施工地点的运输、装卸、辅助材料及架线等费用。

(5) 人工费是指机上司机（司炉）和其他操作人员的人工费。

(6) 燃料动力费是指施工机械在运转作业中所消耗的各种燃料及水、电等费用。

(7) 税费是指施工机械按照国家规定应缴纳的车船使用税、保险费及年检费等。

其中折旧费、大修理费、经常修理费、安拆费及场外运输费四项费用称为第一类费用，它属于分摊性质的费用，也称为不变费用。人工费、燃料动力费、车船使用税费三项费用称为第二类费用，它属于支出性质的费用，也称为可变费用。

2. 影响机械台班单价变动的因素

(1) 施工机械的价格是影响机械台班单价的重要因素。

(2) 机械使用年限会影响到折旧费的提取和经常修理费、大修理费的开支。

(3) 机械的供求关系、使用效率和管理水平直接影响到机械台班单价。

(4) 政府征收税费的规定等。

3. 机械台班单价的计算

机械台班单价的计算公式为

机械台班单价＝台班折旧费＋台班大修理费＋台班经常修理费＋台班安拆费和场外运输费＋台班人工费＋台班燃料动力费＋车船使用税费

仪器仪表使用费＝工程使用的仪器仪表摊销费＋维修费

(1) 折旧费计算，即

台班折旧费＝机械价格×（1－残值率）×时间价值系数/耐用总台班

1) 机械预算价格。国产机械预算价格按照机械原值、供销部门手续费和一次运杂费及车辆购置税之和计算。

国产机械原值应按下列途径询价、采集：

a. 编制期施工企业已购进施工机械的成交价格。

b. 编制期国内施工机械展销会发布的参考价格。

c. 编制期施工机械生产厂、经销商的销售价格。

供销部门手续费和一次运杂费可按机械原值的5%计算。

车辆购置税应按下列公式计算

车辆购置税=计税价格×车辆购置税率

其中计税价格=机械原值-供销部分手续费和一次运杂费-增值税

车辆购置税应执行编制期间国家有关规定。

进口机械的预算价格按照机械原值、关税、增值税、消费税、外贸手续费和国内运杂费、财务费、车辆购置税之和计算。

进口机械原值按其到岸价格取定。

关税、增值税、消费税及财务费应执行编制期间国家有关规定，并参照实际发生的费用计算。

外贸部门手续费和国内一次运杂费应按到岸价格的6.5%计算。

车辆购置税的计税价格是到岸价格、关税和消费税之和。

2）残值率是指机械报废时其收回残值占原有价值的比率。

3）时间价值系数。时间价值系数是指购置施工机械的资金在施工生产过程中随着时间的推移而产生的单位增值。其公式为

时间价值系数 = 1 + [(折旧年限 + 1)/2] × 年折现率

其中年折现率应按编制期银行年贷款利率确定。

4）耐用总台班是指施工机械设备从开始投入使用直到报废前所使用的总台班数。机械耐用总台班的计算公式为

耐用总台班 = 折旧年限 × 年工作台班 = 大修间隔台班 × 大修周期

年工作台班是根据有关部门对各类主要机械最近3年的统计资料分析确定的。

大修间隔台班是指机械自投入使用起至第一次大修止或自上一次大修后投入使用起至下一次大修止，应达到的使用台班数。

大修周期是指机械正常的施工作业条件下，将其寿命期（即耐用总台班）按规定的大修理次数划分为若干个周期。其计算公式为

大修周期=寿命期大修理次数+1

（2）大修理费计算，即

台班大修理费=一次大修理费×寿命期内大修理次数/耐用总台班

一次大修理费是指机械设备按照相关规定的大修理范围内的修理工作内容，所需更换的配件、材料、机械和工时及送修运费。

寿命期内修理次数指机械设备在正常的施工作业条件下，按照其使用周期数减1，即

寿命期内大修理次数=使用周期数-1

耐用总台班=大修理间隔台班×大修理周期

（3）经常修理费计算，即

台班经常修理费 = [∑(各级保养一次费用 × 寿命期内各级保养次数) + 临时故障排除费]/ 耐用总台班 + 替换设备台班摊销费 + 工具附具台班摊销费 + 例保辅料费

当台班经常修理费计算公式中各项数值难以确定时，也可按下列公式计算

台班经常修理费=台班大修费×K

式中 K——台班经常修理费系数。

1）各级保养一次费用。分别指机械在各个使用周期内为保证机械处于完好状况，必须按规定的各级保养间隔周期，保养范围和内容进行的一、二、三级保养或定期保养所消耗的工时、配件、辅料、油燃料等费用。应以《全国统一施工机械保养修理技术经济定额》为基础，结合编制期市场价格综合确定。

2）寿命期内各级保养次数。分别指一、二、三级保养或定期保养在寿命期内各个使用周期中保养次数之和，应按照《全国统一施工机械保养修理技术经济定额》确定。

3）临时故障排除费。指机械除规定的大修理及各级保养以外，临时故障所需费用及机械在工作日以外的保养维护所需润滑擦拭材料费，可按各级保养（不包括例保辅料费）费用之和的3%计算。

4）替换设备及工具附具台班摊销费。指轮胎、电缆、蓄电池、运输皮带、钢丝绳、胶皮管、履带板等消耗性设备和按规定随机配备的全套工具附具的台班摊销费用。

5）例保辅料费。指机械日常保养所需润滑擦拭材料的费用。替换设备及工具附具台班摊销费、例保辅料费的计算应以《全国统一施工机械保养修理技术经济定额》为基础，结合编制期市场价格综合确定。

（4）安拆费和场外运输费计算。安拆费及场外运费根据施工机械不同分为计入台班单价、单独计算和不计算三种类型。

1）工地间移动较为频繁的小型机械及部分中型机械，其安拆费及场外运输费应计入台班单价。台班安拆费及场外运输费应按下列公式计算

台班安拆费及场外运输费＝一次安拆费及场外运输费×年平均安拆次数/年工作台班

a. 一次安拆费应包括施工现场机械安装和拆卸一次所需的人工费、材料费、机械费及试运转费。

b. 一次场外运输费应包括运输、装卸、辅助材料和架线等费用。

c. 年平均安拆次数应以《全国统一施工机械保养修理技术经济定额》为基础，由各地区（部门）结合具体情况确定。

d. 运输距离均应按25km计算。

2）移动有一定难度的特、大型（包括少数中型）机械，其安拆费及场外运输费应单独计算。

单独计算的安拆费及场外运输费除应计算安拆费、场外运输费外，还应计算辅助设施（包括基础、底座、固定锚桩、行走轨道枕木等）的折旧、搭设和拆除等费用。

自升式塔式起重机安装、拆卸费用的超高起点及其增加费，各地区（部门）可根据具体情况确定。

3）不需安装、拆卸且自身又能开行的机械和固定在车间不需安装、拆卸及运输的机械，其安拆费及场外运输费不计算。

（5）人工费计算，即

台班人工费＝年工作台班机上人工消耗量×人工单价×［1＋（法定工作日－年工作台班）/年工作台班］/年工作台班

1）人工消耗量是指机上司机（司炉）和其他操作人员工日消耗量。

2）法定工作日应执行编制期国家有关规定。

3）人工单价应执行编制期工程造价管理部门的有关规定。

（6）燃料动力费计算，即

$$台班燃料动力费 = \sum(台班燃料动力消耗量 \times 相应燃料动力单价)$$

1）燃料动力消耗量应根据施工机械技术指标及实测资料综合确定。例如可采用下列公式

$$台班燃料动力消耗量 = (实测数 \times 4 + 定额平均值 + 调查平均值)/6$$

2）燃料动力单价应执行编制期工程造价管理部门的有关规定。

（7）车船使用税费计算，即

$$台班车船使用税费 = (年车船使用税 + 年保险费 + 年检费用)/年工作台班$$

1）年车船使用税、年检费用应执行编制期有关部门的规定。

2）年保险费执行编制期有关部门强制性保险的规定，非强制性保险不应计算在内。

[例 5-7] 现有 5t 载重汽车的资料为：预算价格 141 846 元，年工作台班 240 台班，折旧年限 8 年，贷款年利率 8.64%，大修理间隔台班 950 台班，人工费单价 62.40 元/工日，大修理周期 2 年，人工消耗 1.25 工日/台班，一次大修理费 16 653.44 元，柴油预算价格 5.17 元/kg，经常维修费系数 K 为 5.61，柴油 32.19kg/台班，机械残值率 2%。若不计车船税，试计算其台班使用费。

解 （1）计算第一类费用：

1）耐用总台班为

$$950 \times 2 = 1900(台班)$$

2）机械台班折旧费为

$$141\,846 \times (1-2\%) \times [1+0.5 \times 8.64\% \times (8+1)] \div 1900 = 101.61(元/台班)$$

3）台班大修理费为

$$16\,653.44 \times (2-1) \div 1900 = 8.76(元/台班)$$

经常修理费为

$$8.76 \times 5.61 = 49.14(元/台班)$$

第一类费用小计

$$101.61 + 8.76 + 49.14 = 159.51(元/台班)$$

（2）计算第二类费用：

1）台班人工费为

$$62.40 \times 1.25 = 78.00(元/台班)$$

2）台班柴油费为

$$5.17 \times 32.19 = 166.42(元/台班)$$

第二类费用小计

$$78.00 + 166.42 = 244.42(元/台班)$$

（3）5t 载重汽车台班使用费为

$$159.51 + 244.42 = 403.93(元/台班)$$

五、要素市场价格信息——询价

构成建设工程投资的要素包括人工、材料、施工机械等，要素价格是影响建设工程投资的关键因素，要素价格是由市场形成的。建设工程投资采用的要素资源的价格来自市场，随

着市场的变化，要素价格也随之发生变化。投标报价之前，投标人必须通过各种渠道，采用多种方式对工程所需各种材料、设备等的价格、质量、供应时间、供应数量等进行系统全面的调查，同时还要了解分包项目的分包形式、分包范围、分包人报价、分包人履约能力及信誉等。询价是投标报价的基础，它为投标报价提供可靠的依据。询价时要特别注意两个问题：①产品质量必须可靠，并满足招标文件的有关规定；②供货方式、时间、地点，有无附加条件和费用。

1. 询价的渠道

（1）直接与生产厂商联系。

（2）了解生产厂商的代理人或从事该项业务的经纪人。

（3）了解经营该项产品的销售商。

（4）向咨询公司进行询价。通过咨询公司所得到的询价资料比较可靠，但需要支付一定的咨询费用，也可向同行了解。

（5）通过互联网查询。

（6）自行进行市场调查或信函询价。

2. 生产要素询价

（1）材料询价。材料询价的内容包括调查对比材料价格、供应数量、运输方式、保险和有效期、不同买卖条件下的支付方式等。询价人员在施工方案初步确定后，立即发出材料询价单，并催促材料供应商及时报价。收到询价单后，询价人员应将从各种渠道所询得的材料报价及其他有关资料汇总整理。对同种材料从不同经销部门得到的所有资料进行比较分析，选择合适、可靠的材料供应商的报价，提供给工程报价人员使用。

（2）施工机械设备询价。在外地施工需用的机械设备，有时在当地租赁或采购可能更为有利，因此事前有必要进行施工机械设备的询价。必须采购的机械设备，可向供应厂商询价。对于租赁的机械设备，可向专门从事租赁业务的机构询价，并应详细了解其计价方法。

（3）劳务询价。劳务询价主要有两种情况：一种是成建制的劳务公司，相当于劳务分包，一般费用较高，但素质较可靠，工效较高，承包商的管理工作较轻；另一种是劳务市场招募零散劳动力，根据需要进行选择，这种方式虽然劳务价格低廉，但有时素质达不到要求或工效降低，且承包商的管理工作较繁重。投标人应在对劳务市场充分了解的基础上决定采用哪种方式，并以此为依据进行投标报价。

3. 分包询价

总承包商在确定了分包工作内容后，就将分包专业的工程施工图纸和技术说明送交预先选定的分包单位，请它们在约定的时间内报价，以便进行比较选择，最终选择合适的分包人。对分包人询价应注意以下几点：

（1）分包标函是否完整。

（2）分包工程单价所包含的内容。

（3）分包人的工程质量、信誉及可信赖程度。

（4）质量保证措施。

（5）分包报价。

第二节 工 程 单 价

一、工程单价的含义

工程单价，是指单位假定建筑安装产品的不完全价格，通常是指建筑安装工程的预算单价和概算单价。工程单价与工程价值名称类似，但两者在概念上不等同，有本质的区别。

工程价值，是指完整的建筑产品价值，如单位工程产品价值、单项工程产品价值。工程价值是建筑物或构筑物在真实意义上的全部价值，即全部成本加利润、税金。工程单价，不是可以独立发挥建筑物或构筑物价值的价格，也不是单位假定建筑物或构筑物的完整价格，这种工程单价主要是指某一单位工程直接费中的直接工程费，即人工费、材料费和机械费或管理费、利润的汇总。

工程单价是传统概预算编制制度中采用单位估价法编制工程概预算的重要文件，也是计算程序中的一个重要环节。我国建设工程概预算制度中长期采用单位估价法编制概预算，因为在价格比较稳定，或价格指数比较完整、准确的情况下，通过编制地区的统一工程单价，可以简化概预算编制工作。

二、工程单价的分类

1. 按工程单价的适用对象划分

（1）建筑工程单价。

（2）安装工程单价。

2. 按用途划分

（1）预算单价。预算单价是通过编制工程计价定额和地区工程计价定额及设备安装价目表所确定的单价，是编制施工图预算时与消耗量定额相匹配的预算单价。如工程计价定额、单位估价汇总表和安装价目表中所列出的“预算价格”或“基价”都属于工程单价。

（2）概算单价。概算单价是通过编制扩大的工程计价定额即单位价值计算书所确定的单价，是编制设计概算时与概算定额相匹配的概算单价。

3. 按适用范围划分

（1）地区单价。根据地区性定额和价格等资料编制，在地区范围内使用的工程单价属地区单价。如地区工程计价定额和汇总表所计算和列出的“预算单价”。

（2）个别单价。这是为适应个别工程编制概算或预算的需要而计算的工程单价。

4. 按编制依据划分

（1）定额单价。这是指根据各种工程计价定额，如概算定额、消耗量定额等编制的工程单价，亦称工程计价定额单价或工程单价。

（2）补充单价。当现行有关定额有缺项时，以补充定额为依据而编制的工程单价即是补充单价。

5. 按单价的综合程度划分

（1）工料单价。也称直接工程费用单价，包括人工费、材料费和机械台班使用费，即建筑安装工程的直接工程费，如工程计价定额中的“基价”。

（2）综合单价。也称工程量清单单价，其内容包括人工费、材料费、机械台班使用费、管理费、利润等。同时，还应考虑风险费用。

(3) 全费单价。也称完全费用单价，其内容包括直接工程费、间接费、利润和税金等。同时，还应考虑一定的风险费用。

三、工程单价的作用

(1) 工程单价是确定和控制工程造价的基本依据。

(2) 能简化编制概预算的工作量和缩短工作周期。

(3) 工程单价能为投标报价提供依据。

(4) 利用工程单价可以对结构方案进行经济比较，优选设计方案。

(5) 利用工程单价可以进行工程款的期中结算。

四、工程单价的编制依据

(1) 工程实物定额。编制预算单价或概算单价，主要依据之一是消耗量定额或概算定额。首先，工程单价的分项是根据定额的分项划分的，所以工程单价的编号、名称、计量单位的确定均以相应的定额为依据。其次，确定分部分项工程的人工、材料和机械台班消耗的种类和数量，也是依据相应的定额。

(2) 人工工日单价、材料价格和机械台班单价。工程单价除了依据概算定额和消耗量定额确定分部分项工程的人工、材料、机械的消耗数量外，还必须依据上述三项“价”的因素，才能计算出分部分项工程的人工费、材料费和机械费，进而计算出工程单价。

(3) 规费和税金的取费标准。它是计算全费单价的必要依据。

五、工程单价的编制方法

设计图纸决定着它所包含的分项工程和结构构件的数量，即工程量。施工图设计一经确定，建筑工程造价主要就取决于施工单位的人工、材料及机械台班的消耗水平及相应价格。人工、材料及机械台班的消耗水平及相应价格集中地通过工程单价体现出来。目前工程单价的编制主要有工料单价法、综合单价法和全费用单价法 3 种。

1. 工料单价法

为了有利于控制工程造价，各地建设行政主管部门或其授权的工程造价管理机构一般以工程计价定额的形式来发布地区统一的消耗量定额，按照上述工料单价的计算方法，以及省会（或市政府）所在地的工资单价、材料预算价格、机械台班单价来确定工料单价。这种定额的工料单价，也叫定额基价。

工程单价的编制过程，实质就是人工、材料、机械的消耗量和人工、材料、机械台班单价的结合过程。其计算公式一般为

$$\text{分部分项工程直接工程费单价(基价)} = \text{分部分项工程人工费} + \text{材料费} + \text{机械使用费}$$

$$\text{措施项目直接费单价(基价)} = \text{措施项目人工费} + \text{材料费} + \text{机械使用费}$$

其中

$$\text{人工费} = \sum(\text{工日消耗量} \times \text{人工日工资单价})$$

$$\text{材料费} = \sum(\text{材料消耗量} \times \text{材料单价}) + \text{检验试验费}$$

$$\text{施工机械使用费} = \sum(\text{施工机械台班消耗量} \times \text{机械台班单价})$$

在计划经济时期，由于价格水平得到控制，地区统一的工程单价（或者工程计价定额）具有相对的稳定性。在市场价格变动情况下计算工程造价，必须根据工程造价管理机构发布的调价文件，对固定的定额工料单价求出的定额直接费进行修正，通过采用修正后的工料单价乘以根据图纸计算出来的工程量的方法，或者通过采用定额直接费加直接费调整的方法，可以获得符合实际市场情况的直接工程费。

我国长期以来，在根据图纸计算出来的工程量乘以工料单价得到直接工程费之后，其他费用的计算均采用在一定的费用计算基础上取费的办法。对于建筑工程，一般选用以直接工程费为计算基础乘以规定的取费费率来计算间接费、利润等费用。

在造价实务工作中，由于固定的定额工料单价的存在，面对变化的建筑市场和建筑材料市场，各地长期的造价计算习惯，各地工程造价计算程序与方法有着更加复杂的不同情况。

2. 综合单价法

为了简化计价程序，实现与国际惯例接轨，工程量清单采用综合单价计价。综合单价是指完成工程量清单中一个规定计量单位项目所需的人工费、材料费、机械使用费、管理费和利润，并考虑一定风险因素。

综合单价应包括完成规定计量单位合格产品所需的全部费用，考虑我国的现实情况，综合单价包括除规费、税金以外的全部费用。综合单价不仅适用于分部分项工程量清单，也适用于措施项目清单、其他项目清单。

分项工程的综合单价可以在工料单价的基础上综合计算管理费和利润生成。综合单价的理论计算公式为

$$综合单价=工料单价+管理费+利润$$

综合单价目前各地区计算方法不完全相同，主要原因是国家没有规定统一的取费办法。目前，综合单价的具体计算和编制方法，由各省、自治区、直辖市工程造价管理机构制定具体统一办法。因此，各省市对管理费和利润的计算五花八门。关于取费问题，国家有关部门正在统一思想，着手制定相应计费办法，不久就会有新的规定办法出台。目前不统一的地方主要表现在以下几个方面：

（1）管理费和利润均以基价为基数计算

$$综合单价 = 工料单价(基价)\times(1+管理费费率+利润率)$$

（2）管理费以基价为基数计算，利润以基价和管理费之和为基数计算

$$综合单价 = 工料单价(基价)\times(1+管理费费率)\times(1+利润率)$$

（3）装饰和安装工程的管理费和利润均以人工费为基数计算

$$综合单价 = 工料单价(基价)+人工费\times(管理费费率+利润率)$$

（4）装饰和安装工程的管理费和利润均以人工费加机械费之和为基数计算

$$综合单价 = 工料单价(基价)+(人工费+机械费)\times(管理费费率+利润率)$$

（5）以综合费率计取

$$综合单价 = 工料单价(基价)\times(1+综合费率)$$

（6）管理费由人工费为计算基础，利润以基价加管理费的合计值为计费基础

$$综合单价 =[人工费\times(1+管理费率)+材料费+机械费]\times(1+利润率)$$

从以上式子可以看出，统一且合理地确定费用计算基础至关重要。确定费用计算基础应考虑两个基本问题：①能否促进企业加强管理和有利于多种形式承包制的推行；②能否使取费相对合理和稳定，编制和使用是否方便和统一。有三种费用计算基础可以选择使用。

第一种，以直接工程费为费用计算基础。这种方法使用已久，简便易行，但存在不少弊病。首先，理论上并不科学。材料、构件越昂贵，在工程成本中所占比重越大，则取费就越多，形成了同类工程的肥瘦之别，也滋长施工单位要求建设单位变更使用贵重材料的行为。其次，没有考虑工程资金占用情况。第三，不利于专业化协作的发展。专业化程度越高，计

取费用的次数就越多，前一工序（如构件制作）的价格又成为下一工序（如构件安装）计取费用的基础，提高了工程造价。这也是我国建筑业专业化程度低，大而全、小而全的施工单位很多的原因之一。

第二种，以人工费为费用计算基础。这种方法大致可以反映出费用实际支出的变化趋势，工程造价中价格变动最为活跃的材料费及机械费不再影响管理费值的多少，缓解了因材料价格波动带来的对工程造价的冲击。提取直接费构成因素中最稳定可控的人工费作为管理费的计算基础，是合乎管理工作性质及其费用实际支出变化情形的，这有利于管理费的市场形成及动态调控。特别适合于直接工程费构成因素不稳定而人工费比较稳定的工程（如设备安装工程)。这种方法的缺点在于，手工劳动比重大的工程在计取费用时处于特别有利的地位。由于人工费成为计取费用的唯一敏感因素，当遇到定额项目中既可使用人工也可使用机械作业的工作项目时，机械施工往往不被使用，不利于建筑业摆脱笨重体力劳动、提高施工机械化水平，影响整个行业的技术进步。

第三种，以人工费和机械费之和为费用计算基础。在一般建筑工程中，许多工程要求的技术水平不高，表现为手工劳动密集型，而许多中小型机械工作的项目也往往可以利用人工来代替，人工和机械的费用之和较为稳定；有些工程项目人工和机械互为补充，相互交替，两者很难截然分割。因而，在一般建筑工程中，以人工费和机械费之和作为费用的计算基础，在理论上较为合理。更为重要的是，在建筑材料市场价格变化的情况下，有关费用计算值不至于随之发生较大变化。但没有考虑材料的影响因素，因为材料不同，管理费的支出也是不相同的。

以上三种费用计算基础都有优缺点。如果根据分项工程特点，分部分解、分别处理，差别对待、系统衡量、科学测算，又会很麻烦。随着工程量清单计价的全面启用，管理费率分部分解、分别测算、分项应用，是今后解决管理费差别的唯一途径。

(1) 综合单价费用组成。综合单价费用组成是工程量清单计价活动中的依据，实行综合单价是工程量清单计价的特点之一，综合单价包括完成清单项目一个计量单位合格产品所需的全部费用。根据我国实际情况，《计价规范》规定，综合单价包括完成一个规定工程量清单项目所需的人工费、材料费和工程设备费、施工机具使用费、企业管理费、利润，以及一定范围内风险费用的分摊，即

综合单价＝人工费＋材料和工程设备费＋施工机具使用费
＋管理费＋利润（含风险费用）

各分项工程的综合单价是否均能发生上述五项费用，视分项工程不同而定。工程量清单计价办法的综合单价组成与《计价规范》是一致的。

(2) 确定综合单价时的注意事项。

1) 以项目特征描述为依据。项目特征是确定综合单价的重要依据之一，投标人投标报价时应依据招标文件中清单项目的特征描述确定综合单价。在招标投标过程中，当出现招标工程量清单特征描述与设计图纸不符时，投标人应以招标工程量清单的项目特征描述为准，确定投标报价的综合单价。在工程实施阶段施工图纸或设计变更与招标工程量清单项目特征描述不一致时，发承包双方应按实际施工的项目特征，依据合同约定重新确定综合单价。

2) 材料、工程设备暂估价的处理。招标文件的其他项目清单中提供了暂估单价的材料和工程设备，应按其暂估的单价计入清单项目的综合单价。

3）考虑合理的风险。招标文件中要求投标人承担的风险费用，投标人应考虑进入综合单价。在施工过程中，当出现的风险内容及其范围（幅度）在招标文件规定的范围（幅度）内时，综合单价不得变动，合同价款不作调整。发承包双方对合同履行阶段的风险分摊可参照以下原则：

a. 对于主要由市场价格波动导致的价格风险，如工程造价中的建筑材料、燃料等价格风险，发承包双方应当在招标文件或合同中对此类风险的范围和幅度予以明确约定，进行合理分摊。根据工程特点和工期要求，一般采取的方式是承包人承担5%以内的材料、工程设备价格风险，10%以内的施工机具使用费风险。

b. 对于法律、法规、规章或有关政策出台导致工程税金、规费、人工费发生变化，并由省级、行业建设行政主管部门或其授权的工程造价管理机构根据上述变化发布的政策性调整，以及由政府定价或政府指导价管理的原材料等价格进行了调整，承包人不应承担此类风险，应按照有关调整规定执行。

c. 对于承包人根据自身技术水平、管理、经营状况能够自主控制的风险，如承包人的管理费、利润的风险，承包人应结合市场情况，根据企业自身的实际合理确定、自主报价，该部分风险由承包人全部承担。

（3）综合单价确定的步骤和方法。

1）确定计算基础。计算基础主要包括消耗量指标和生产要素单价。应根据本企业的企业消耗量定额，并结合拟定的施工方案确定完成清单项目需要消耗的各种人工、材料、机械台班的数量。若没有企业定额或企业定额缺项，可参照与本企业实际水平相近的国家、地区、行业定额，并通过调整来确定清单项目的人工、材料、机械单位用量。各种人工、材料、机械台班的单价，则应根据询价的结果和市场行情综合确定。

2）分析每一清单项目的工程内容。在招标工程量清单中，招标人已对项目特征进行了准确、详细的描述，投标人根据这一描述，再结合施工现场情况和拟定的施工方案确定完成各清单项目实际应发生的工程内容。必要时，可参照《计算规范》中提供的工程内容，有些特殊的工程也可能出现规范列表之外的工程内容。

3）计算工程内容的工程数量与清单单位的含量。每一项工程内容都应根据所选定额的工程量计算规则计算其工程数量，当定额的工程量计算规则与清单的工程量计算规则相一致时，可直接以工程量清单中的工程量作为工程内容的工程数量：

当采用清单单位含量计算人工费、材料费、施工机具使用费时，还需要计算每一计量单位的清单项目所分摊的工程内容的工程数量，即清单单位含量，即

清单单位含量＝某工程内容的定额工程量/清单工程量

4）分部分项工程人工、材料、机械费用的计算。以完成每一计量单位的清单项目所需的人工、材料、机械用量为基础计算，即

每一计量单位清单项目某种资源的使用量＝

该种资源的定额单位用量×相应定额条目的清单单位含量

再根据预先确定的各种生产要素的单位价格，可计算出每一计量单位清单项目的分部分项工程的人工费、材料费和施工机械使用费。

3. 全费用单价法

全费用单价是指构成工程造价的全部费用均包括在分项工程单价中。在全费用单价下，

工程造价的计算表现出如下简洁情况

$$工程造价 = \sum 分项工程量 \times 全费用单价$$

$$全费用单价 = 工料单价 \times (1 + 综合费率)$$

第三节 工 程 计 价 定 额

一、工程计价定额的概念及作用

1. 工程计价定额的概念

工程计价定额又称单位估价表，是以货币形式确定定额计量单位分部分项工程或结构构件直接工程费和施工技术措施项目直接费的文件。它是根据消耗量定额所确定的人工、材料和机械台班消耗数量乘以人工工资单价、材料单价和机械台班单价汇总而成，也就是说，全国或地区统一的消耗量定额，如果套用某个工程或某个地区的建筑安装工人日工资单价、材料单价和施工机械台班单价，就形成了个别工程综合单价表或地区工程计价定额。

2. 工程计价定额的内容组成及分类

工程计价定额的内容由两部分组成：①相应消耗量定额规定的人工、材料、机械数量；②与上述三种“量”相适应的人工工资单价、材料单价和机械台班单价。地区工程计价定额见表 5-3。

表 5-3　　地区工程计价定额

找 平 层

工作内容：清理基层、刷素水泥浆、混凝土搅拌、捣平、压实。　　$10m^3$

定额编号				9-1-4	9-1-5
项目				细石混凝土	
				40mm	每增减 5mm
基价		元		162.93	20.99
其中	人工费	元		94.76	12.88
	材料费	元		67.85	8.06
	机械费	元		0.32	0.05
人工、材料、机械名称		单位	单价	数量	数量
综合工日		工日	92.00	1.03	0.14
素水泥浆		m^3	379.64	0.0100	—
细石混凝土 C20		m^3	157.98	0.4040	0.0510
水		m^3	3.80	0.0600	—
平板式混凝土振捣器		台班	13.43	0.024	0.004

编制工程计价定额就是把三种“量”与“价”分别结合起来，得出分项工程的人工费、材料费和施工机械台班使用费，三者汇总即为工程预算单价（基价），用公式表示为

$$每一分项工程预算单价(基价) = 人工费 + 材料费 + 施工机械使用费$$

其中 $$人工费 = 相应等级日工资标准 \times 人工工日数量$$

$$材料费 = \sum(相应的材料单价 \times 材料耗量)$$

$$施工机械使用费 = \sum(相应的施工机械台班使用费 \times 施工机械台班使用量)$$

为了便于清单报价，也可在工程预算单价（基价）的基础上计算出管理费和利润，用公式表示为

$$管理费 = 每一分项工程预算单价(基价) \times 管理费率$$

$$利润 = 每一分项工程预算单价(基价) \times 利润率$$

工程综合单价表见表 5-4。

表 5-4　　工程综合单价表

商品混凝土现浇柱

工作内容：泵送、浇捣、养护。　　计量单位：m^3

定额编号					5-181		5-182		5-183	
项目			单位	单价	矩形柱		圆形、多边形柱		L、T、十形柱	
					数量	合价	数量	合价	数量	合价
综合单价			元		427.15		352.78		445.09	
其中		人工费	元		95.76		21.06		112.14	
其中		材料费	元		303.61		303.46		303.92	
其中		机械费	元		14.94		14.94		14.94	
其中		管理费	元		8.68		9.00		9.52	
其中		利润	元		4.16		4.32		4.57	
		一般技工	工日	126.00	0.76	95.76	0.81	102.06	0.89	112.14
材料	303083	商品混凝土 C30（泵送）	m^3	296.00	0.99	293.04	0.99	293.04	0.99	293.04
材料	013003	水泥砂浆 1∶2	m^3	212.43	0.031	6.59	0.031	6.59	0.031	6.59
材料	605155	塑料薄膜	m^2	0.86	0.28	0.24	0.14	0.12	0.51	0.44
材料	613206	水	m^3	2.80	1.25	3.50	1.24	3.47	1.29	3.61
材料		泵管摊销费	元			0.24		0.24		0.24
机械	15004	混凝土震动器（插入式）	台班	12.00	0.112	1.34	0.112	1.34	0.112	1.34
机械	06016	灰浆拌和机 200L	台班	51.43	0.006	0.31	0.006	0.31	0.006	0.31
机械	13082	混凝土输送泵车	台班	1208.41	0.011	13.29	0.011	13.29	0.011	13.29

3. 工程计价定额与消耗量定额的关系

工程计价定额主要来源于消耗量定额的人工、材料、机械台班数量和某一地区或某一工程的人工、材料、机械台班单价。有了上述的量和价，就能编出分项工程单价（基价）。确切地说，定额只列有人工、材料、机械台班的消耗量，不列相应单价。所以也就无法据以列出子项工程单价，也就是不能根据定额编制施工图预算和进行投标报价。如果消耗量定额套用某一地区的人工工资单价、材料预算价格、机械台班单价，那就是某一地区的工程计价定额。一般说来，国家预算定额套用北京地区价格，各省消耗量定额套用省会城市价格（如山

东省采用全省平均价格），这样省定额和省会城市的工程计价定额就融为一体，该估价表中的预算单价，通常称为基价，以便作为计取各项费用的计算基础。

4. 工程计价定额的作用

工程计价定额的主要作用表现在：

(1) 工程计价定额是确定工程造价的基本依据之一。各种分项工程的工程量乘以相应的预算单价并汇总后，就求出了一个单位工程的直接工程费，在此基础上就可以计算间接费、利润和税金，最后汇总求出工程造价。

(2) 工程综合单价表是建筑施工企业进行投标报价的依据。各种分项工程清单工程量乘以工程综合单价表中的相应的综合单价并汇总后，就求出了一个单位工程的分部分项工程费和措施项目费用，在此基础上再确定其他项目费、规费和税金，最后汇总求出单位工程或单项工程投标总价。

(3) 工程计价定额在决定设计方案作技术经济分析时有重要作用。应该采取什么样的设计方案，必须考虑其经济条件，这就需要用预算单价进行衡量比较，决定采用哪种设计方案比较经济。

(4) 工程计价定额也是工程结算的依据之一。工程价款必须按着工程进度进行拨付，以保证建筑安装企业资金的需要。有了工程计价定额，再算出企业实际已完成的建筑安装工程量，就可办理施工过程中的结算和竣工工程结算。

(5) 工程计价定额是建设部门搞好经济核算常用的货币指标之一。如考核单位建筑产品的预算成本；另外也是统计和分析建设项目投资额完成情况的重要指标之一。

二、地区工程计价定额的编制

1. 编制地区工程计价定额的意义

地区单价估价表是在地区范围内统一编制和统一使用的工程单价。编制地区工程单价的意义，主要是简化工程造价的计算，方便工程结算，同时也有利于工程造价的正确计算和控制。一个建设项目包括的分部分项工程众多，套用不同的计价定额和概预算价格及多次的运算，不仅需要大量的人力、物力，也难以保证预算编制的及时性和准确性。同时，统一的地区工程单价，为地区的工程项目建设提供了统一的核算尺度，有利于大规模建设项目的开展。所以，编制地区单价不仅十分必要，而且十分有意义。

2. 地区工程计价定额的编制原则

编制地区工程计价定额应遵循以下三项原则：

(1) 必须遵循勤俭建国、厉行节约的方针，充分发掘和利用一切可以降低单价的因素，以降低工程的预算造价，节约建设资金。特别是编制通用的地区工程计价定额，应当大量收集编制地区材料单价的基础资料。在分析资料与确定各种数据时（如价格的取定及价格的综合），一定要认真贯彻国家的有关方针政策和规定，合理地确定各种费用。

(2) 无论是通用工程计价定额或补充工程计价定额，都必须严格执行消耗量定额，根据定额和有关资料，按一定的原则、程序进行详细的计算。要详细了解定额中有关说明、工料及施工机械台班数量、材料规格与价格等要求，以便在编制工程计价定额时正确执行消耗量定额的规定。

(3) 实事求是地编制补充工程计价定额。通用性工程计价定额的编制，国家有统一的要求和参考依据，一般不会相差太大。但对于补充工程计价定额的编制，由于资料的不健全，新材料单位相对较高，补充工程计价定额的编制问题较多。对于消耗量定额中的缺项，应当参照消耗量定额的编制方法，按照设计图纸或通过调查、测算，合理确定每一计量单位分项工程的人工、材料、机械的消耗量和材料的预算价格。对于地区常用的项目需上报审批。

3. 编制地区工程计价定额的依据

(1) 国家、主管部门或地区编制的消耗量定额。

(2) 现行的地区日工资标准，以及为该地区编制的材料单价和施工机械台班使用费。

(3) 全国或地区有关编制工程计价定额的规定。

4. 收集和编制有关基础资料

(1) 确定需要编制的工程计价定额项目。

(2) 收集和编制材料、施工机械台班费计算表。

(3) 收集和编制日工资级差单价。

(4) 收集现行工程消耗量定额和可利用的单价表。

5. 工程计价定额的编制步骤

工程计价定额的编制方法和步骤可概括为：

(1) 按消耗量定额编号、工程名称、单位等分别填入工程计价定额相应各栏中，其中“项目”一栏（工料名称及说明）比消耗量定额要细、要具体，如混凝土要分强度等级、使用石子粒径等，按不同混凝土配合比、不同石子粒径得出相应的不同材料规格和消耗量。

(2) 将消耗量定额中的人工、材料、机械等消耗量分别填入单价表各栏。

(3) 将各种人工、材料和机械台班消耗量乘以相应的预算单价，得出相应金额。

(4) 汇总上述人工费用、材料费用、机械台班费用等得出该分项工程单位产品的价格，即基价。

(5) 作必要的说明和附注等。

6. 工程计价定额的编制方法

地区工程计价定额同样是将“三量”与“三价”的因素分别结合起来，得出各分项工程的人工费、材料费和机械台班费，最后汇总起来就是地区工程概预算单价（基价）。

“三量”根据全国或地区的相应消耗量定额中人工、材料、机械的实物消耗量取定，“三价”根据地区人工、材料、机械台班单价取定。通常，在一个地区范围内消耗量定额的实物消耗量、工资单价、机械台班单价等较为统一，也比较稳定，但材料单价相对不统一、不稳定，所以，地区工程计价定额，关键在于综合考虑上述因素，采取加权平均法计算出地区统一材料单价。

按有关部门规定，在材料单价的组成因素中，供销部门手续费、采购及保管费的费率在地区范围内是相同的，材料原价也基本相同。因此，编制地区性统一材料单价的主要问题是材料运输费。

就一个地区来看，每种材料运输费都可以分为两部分：一部分是从发货地点至当地一个中心点的运输费；另一部分是从这一中心点至各用料地点的运输费。与此相适应，材料运输费也可以分为长途（外埠）运输费和短途（当地）运输费。这两部分运输费，可分别采用加权平均法计算出平均运输费。

(1) 计算长途运输的平均运输费，主要应考虑：由于供应者不同而引起同一材料的运输距离和运输方式的不同；每个供应者所供应的材料数量上的不同。采用加权平均法计算长途

平均运输费的公式为

$$T_A = \frac{Q_1T_1 + Q_2T_2 + \cdots + Q_nT_n}{Q_1 + Q_2 + \cdots + Q_n} = R_1T_1 + R_2T_2 + \cdots + R_nT_n$$

式中 T_A——平均长途运输费；

Q_1，Q_2，…，Q_n——自各不同交货地点启运的同一材料数量；

T_1，T_2，…，T_n——自各交货地点至当地中心点的同一材料运输费；

R_1，R_2，…，R_n——自各交货地点启运的材料占该种材料总量的比重。

(2) 计算当地运输的平均运输费，主要应考虑从中心仓库到各用料地点的运输距离不同对运输费的影响和用料数量。计算方法与长途运输费基本相同，计算公式为

$$T_B = M_1T_1 + M_2T_2 + \cdots + M_nT_n$$

式中 T_B——平均当地运输费；

M_1，M_2，…，M_n——各用料地点对某种材料需要量占该种材料总量比重；

T_1，T_2，…，T_n——自当地中心仓库至各用料地点的运输费。

综合平均长途运输费和平均当地运输费，就可以得到材料的平均运输费，即

$$材料平均运输费 = T_A + T_B$$

如果原价不同，也可以采用加权平均法计算，将计算后的各项因素相加，就得到地区材料单价。

地区统一的工程单价是以现行消耗量定额和当地、当时的价格水平为基础编制的，具有相对的稳定性。当这些基础发生变化时，地区单价也就相应地发生变化。为适应市场价格的变动，在根据地区工程计价定额编制预算时，必须根据价格修正系数对固定的工程单价进行修正。修正后的工程单价乘以根据图纸计算出来的工程量，可以保证获得符合实际市场情况的直接工程费。

[**例 5-8**] 以表 5-3 工程计价定额为例，说明编制工程计价定额的步骤：

从找平层消耗量定额 9-1-4 中查得：每 10m³ 综合工日为 1.03 工日；素水泥浆为 0.0100m³；细石混凝土 C20 为 0.4040m³；水为 0.0600m³；平板式混凝土振捣器为 0.024 台班。人工工日单价按照造价主管部门发布的单价为 92.00 元/工日；根据造价主管部门发布的价目表查得：素水泥浆为 379.64 元/m³；细石混凝土 C20 为 157.98 元/m³；水为 3.80 元/m³；平板式混凝土振捣器为 13.43 元/台班。计算结果如下：

$$人工费 = 1.03 \times 92.00 = 94.76(元)$$

$$素水泥浆 = 0.0100 \times 379.64 = 3.80(元)$$

$$细石混凝土\ C20 = 0.4040 \times 157.98 = 63.82(元)$$

$$水 = 0.0600 \times 3.80 = 0.23(元)$$

$$材料费 = 3.80 + 63.82 + 0.23 = 67.85(元)$$

$$机械费 = 0.024 \times 13.43 = 0.32(元)$$

$$基价 = 94.76 + 67.85 + 0.32 = 162.93(元)$$

三、补充工程计价定额的编制

实际工作中，在编制施工图预算时，都会由于新材料、新设备、新工艺、新技术的出现，而遇到现行工程计价定额中找不到需用的工程预算单价的情形。这时，就必须要编制补充工程计价定额。

补充工程计价定额的编制内容、方法与工程计价定额基本相同，具体说明如下：

（1）补充工程计价定额应包括人工、材料、机械台班的消耗量和相应的人工、材料、机械的单价，以及人工、材料及施工机械使用费三个部分。

（2）补充工程计价定额的编制，是将实物消耗量乘人工、材料和机械台班的单价，汇总后即得到补充工程单价，即

$$\text{补充工程估价} = \sum(\text{人工工日单价} \times \text{人工补充定额}) + \sum(\text{材料单价} \times \text{材料的补充定额}) + \sum(\text{机械台班单价} \times \text{机械的补充定额})$$

（3）补充工程计价定额的分部工程范围划分（即属于哪个分部）、计算单位、编制内容及工程说明，都应与相应的定额一致。对某些比较复杂特殊的整体构件可适当扩大其结构范围，以简化编制预算的手续。

（4）编制补充工程计价定额，可根据有关设计图纸、劳动定额、企业定额和施工现场有关测定的资料及类似工程进行计算比较制定。

（5）补充工程计价定额编制好后，应随同造价文件一同报送相关部门审定，批准后的补充工程计价定额，只适用于同一建设单位的各项工程。对于标准构件的补充工程计价定额，可以重复使用，但需要根据地区不同对其价值部分做出相应调整。

（6）一次性使用的补充工程计价定额，是由预算编制单位（设计单位、建设单位或施工企业），在现行工程计价定额中有缺项时，根据主管部门的有关规定编制。这类工程计价定额要经定额管理机构审查批准，才能在该建设工程上一次性使用，并报有关机关备案。

（7）在地区范围内反复使用的补充工程计价定额，由各地区的定额管理机构在两次消耗量定额手册修订间隔期间，根据当地预算编制工作中的实际需要统一编制。这种在地区范围内反复使用的补充工程计价定额，实际上是一种地区统一工程计价定额。

（8）编制和审查补充工程计价定额，是各地区、各部门定额管理机构的一项重要的、经常性的任务。质量较好的补充工程计价定额，是修订消耗量定额和工程计价定额的依据之一，应该注意积累和研究这类资料。

四、建筑工程价目表的概念与组成

1. 建筑工程价目表的概念

建筑工程价目表又称为地区单位估价汇总表，简称价目表。为使用方便，在工程计价定额的基础上，应编制单位估价汇总表（价目表）。单位估价汇总表（价目表）也称为单价手册，是汇总反映工程计价定额主要内容的表格。与工程计价定额相比，在项目划分上，单位估价汇总表的项目与消耗量定额和工程计价定额相互对应；在定额项目上，为简化预算编制，单位估价汇总表中纳入了消耗量定额中一些常用的分部分项工程和定额中需要调整或换算的项目；在内容上，将工程计价定额略去了人工、材料和机械台班的消耗数量（即“三量”），保留了工程计价定额中的人工费、材料费、机械费（即“三价”）和基价（预算价值）；在计量单位上，可以将单位估价汇总表将消耗量定额和工程计价定额中的扩大计量单位（如 $10m^3$、$100m^3$等）折算为个位计量单位（如定额单位为 $10m^3$，应折合为 $1m^3$），以便于套用单价。建筑工程价目表的编制表式参见表 5 - 5。

表 5-5 建筑工程价目表

楼地面工程

定额编号	项目名称	单位	省定额价			
			基价	人工费	材料费	机械费
	一、找平层					
9-1-1	水泥砂浆在混凝土或硬基层上 20mm	$10m^2$	63.93	21.84	40.09	2.00
9-1-2	水泥砂浆在填充材料上 20mm	$10m^2$	70.27	22.40	45.40	2.47
9-1-3	水泥砂浆每增减 5mm	$10m^2$	13.56	3.92	9.11	0.53
9-1-4	细石混凝土 40mm	$10m^2$	98.22	28.84	69.06	0.32
9-1-5	细石混凝土每增减 5mm	$10m^2$	12.18	3.92	8.21	0.05
9-1-6	沥青砂浆在混凝土或硬基层上 20mm	$10m^2$	230.77	46.20	184.57	
9-1-7	沥青砂浆在填充材料上 20mm	$10m^2$	285.10	54.88	230.22	
9-1-8	沥青砂浆每增减 5mm	$10m^2$	60.69	14.28	46.41	

建筑工程价目表是依据消耗量定额中的人工、材料、施工机械台班消耗数量，乘以某一地区现行人工、材料、施工机械台班单价，计算出以货币形式表现的完成单位子项工程或结构构件合格产品的单位价格，即基价、人工费、材料费、机械费。

2. 建筑工程价目表的组成

建筑工程价目表主要由定额编号、工程项目名称、基价、人工费、材料费、机械费和地区单价（省价目表不包括此项）组成。

建筑工程价目表中的基价、人工费、材料费、机械费和地区单价，分别与工程量相乘就可得出每个子项工程的直接工程费、人工费、材料费、机械费和地区直接工程费。它是编制建筑工程招标标底或招标控制价的依据，是发承包双方确定合同价、编制工程预算时的参考。价目表对市场具有一定的指导意义，是计取企业管理费和利润的基础。

补充价目表的编制内容、方法与建筑工程价目表基本相同。

3. 建筑工程价目表的说明

（1）以《山东省建筑工程价目表》为例，对建筑工程价目表进行说明。《山东省建筑工程价目表》（以下简称价目表）是依据《山东省建筑工程消耗量定额》中的人工、材料、机械台班消耗数量，计入现行人工、材料、机械台班单价计算而成。

（2）价目表中的项目名称、编号与《山东省建筑工程消耗量定额》相对应，使用时与《山东省建筑工程消耗量定额》《山东省建筑工程量计算规则》《山东省建筑工程费用项目构成及计算规则》配套使用。

（3）价目表是编制建筑工程招标标底的依据，是发承包双方确定合同价、编制工程预算时的参考。价目表对市场具有一定的指导意义，是计取企业管理费和利润的基础。

（4）价目表中的人工工日单价：建筑工程按 80 元、装饰工程按 92 元计入。

（5）价目表中的材料单价，是以山东省现行价格为基础取定的。

（6）价目表中的施工机械台班单价，是根据山东省现行的机械设备、动力燃料单价及有关规定，按照《山东省统一机械台班费用编制规则》计算而成。大型机械安拆及场外运费，按《山东省建筑工程消耗量定额》综合解释和《山东省统一机械台班费用编制规则》的规定计算。

（7）价目表中的材料单价及机械台班单价取定表见价目表附录。

五、建筑工程价目表套用

建筑工程价目表套用是指选择合适的工程单价来计算工程造价。在定额计价情况下，套用价目表的单价，必须维护定额和单价的严肃性，除定额说明允许换算调整者外，一律遵照执行，不得任意修改。

（1）直接套用。分项工程的名称、规格、计量单位必须与定额或价目表中所列的内容完全一致，方可以直接套用。防止重套、漏套或错套价目表的现象发生。套价目表时一定要注意个位单位和扩大单位之间的换算。

（2）换算或调整。当某些单价的特征不完全符合设计图纸时，必须根据定额说明是否允许换算的规定，对单价进行局部换算或调整。价目表换算或调整的基本公式为

换算后的单价＝价目表的单价$-\sum$换出工料消耗量×相应预算价格$+\sum$换入工料消耗量×相应预算价格

换算主要是指因价目表中已经计价的主要材料品种不同而进行的换价，但一般不调量，即价变量不变，称为价差换算，计算公式简化为

$$换算后的单价 = 价目表单价 - 消耗量 \times (换出单价 - 换入单价)$$

选择价目表的单价时，施工图所示分项内容与定额基本符合，而所使用的建筑材料品种、规格或配合比与定额中的规定不同，或施工操作上有特殊规定，而定额又允许换算时，则必须经过换算，此时应在定额编号后加添“换”字。

［例 5-9］ 某工程盥洗室砖墙面使用防水水泥砂浆抹灰。设计做法为：底层 1∶2.5 防水水泥砂浆 15mm 厚，面层 1∶2 防水水泥砂浆 10mm 厚。试换算价目表的单价。

解 查某省价目表附录，1∶2.5 防水水泥砂浆预算价格为 236.50 元/m^3，1∶2 防水水泥砂浆预算价格为 254.76 元/m^3。

查水泥砂浆抹灰企业计价定额（见表 3-3），定额子目 13-12，墙面抹水泥砂浆有关数据为：1∶3 水泥砂浆 12mm 厚 0.136m^3，材料费为 23.98 元；1∶2.5 水泥砂浆 8mm 厚 0.082m^3，材料费为 16.34 元。换算如下：

底层 1∶2.5 防水水泥砂浆用量＝0.136×15/12＝0.170（m^3）

面层 1∶2 防水水泥砂浆用量＝0.082×10/8＝0.103（m^3）

换算材料费为

$$40.56-(23.98+16.34)+(0.170\times 236.50+0.103\times 254.76)$$
$$=40.56-40.32+66.45=66.69(元/m^3)$$

$$换算后的综合单价 = 40.04+66.69+2.26+10.58+5.08 = 124.65(元/m^3)$$

（3）补充单价。在套用价目表时，当设计和施工所示分项工程在价目表上既不能直接套用，又不能换算、调整时，必须编制补充单价。

价目表的补充应按编制价目表的原则、方法进行。补充单价可在预算书定额编号栏内写“补”，如同一工程有几个补充单价，可写“补 1”“补 2”等。补充单价的组成，应作为工程预算书的附件列后。

［例 5-10］ 取用［例 5-9］的基本资料，假设施工单位在投标报价时决定：人工消耗

量按定额量乘 0.90 系数，工资单价为 30 元/工日；材料消耗量及费用不变；机械消耗量不变，灰浆搅拌机台班单价为 56.43 元；管理费费率为人工费加机械费之和的 33%，利润率为人工费加机械费之和 8%。试计算投标综合单价。

解 人工费＝1.54×0.9×30＝41.58(元/m^3)

材料费＝66.69(元/m^3)

机械费＝0.044×56.43＝2.48(元/m^3)

管理费＝(41.58＋2.48)×33%＝14.54(元/m^3)

利润＝(41.58＋2.48)×8%＝3.52(元/m^3)

投标综合单价＝41.58＋66.69＋2.48＋14.54＋3.52＝128.81(元/m^3)

第四节 国际建筑市场价格管理现状

我国工程承发包价格管理的改革已进行了多年，然而由于种种原因，至今未能建立起一套完全适应于市场经济发展的工程计价模式。在市场经济发达国家的工程承发包计价与管理方面，以英国、美国、日本较具有代表性。通过对国际三大施工承发包计价模式及工程价格管理的借鉴，能对我国相应领域的改革有所启发。

一、工程承发包价格的计价依据

1. 英国

英国除编有《建筑维修及小型工程定额表》外，无其他统一工程概预算定额。但英国有统一的工程量计算规则。对于建筑工程，由皇家测量师学会组织制定的《建筑工程工程量标准计算规则》应用最为广泛，并为建筑各方共同认可。统一的工程量计算规则为工程量的计算、计价工作和工程造价管理提供了科学化、规范化的基础，政府工程与私人工程都必须遵守。

2. 美国

美国的施工发包承包价格是标准的市场价格。美国既没有统一的概预算定额，也没有统一的工程量计算规则。施工发承包计价的依据基本分为两大类：政府部门制定的计价标准、民间组织与专业咨询公司制定的计价标准。

3. 日本

日本承发包价格的“量”有统一的工程量计算规则，“价”有类似于我国的工程计价定额，但日本的单价是活单价，《积算资料》每两个月出一期，其中的材料价格资料来源是各地商社、建材店、货场或工地实地调查所得，体现了“活市场，活价格”，不同地区不同价，有利于投标方在同等条件下报价竞争。

二、对政府工程与私人工程的管理

1. 英国

在英国，建筑业被划分为政府工程和私人工程两大部分。英国政府对此采取了不同的价格管理方式。政府工程由政府建设主管部门、贸工部、劳工部及建筑业理事会进行系统管理，并对承包政府工程的承包商实行严格的注册牌照管理。而对于占工程量 70%的私人工程，政府则实行积极的“不干预”政策，即对各项目的具体实施过程不加干预，只进行间接管理。这种间接管理体现在：

（1）建立完善的法律体系，以制约建筑市场主体的价格行为，如英国土木工程师编制的《土木工程施工合同条款》和英国皇家建筑师学会编制的《建筑业标准合同条款》等。

（2）制定与发布各种工程造价信息，对私营建筑业施加间接影响，起到指导价格的作用。

（3）与测量师学会及测量师行保持密切联系，间接影响测量师的估价。

2. 美国

（1）美国政府对政府工程的价格管理。在美国，政府工程的范围主要包括政府机构办公楼、军事工程、公共事业工程、社会福利设施及交通运输工程等。美国对于政府工程的价格管理一般采取两种形式：①由政府设专门部门对工程进行直接管理；②将一些政府工程通过公开招标的形式发包，并委托私营设计、估算或咨询公司进行管理。

美国各地方政府、州政府、联邦政府对自己地区的政府工程负有全面的管理权限。几乎各级政府部门都设置了相应的管理机构，如纽约市政府的综合开发部（DGS）、华盛顿政府的综合开发局（GSA）等都是代表各级政府专门负责管理建设工程的部门。以 DGS 为例，其下属的设计和建设管理处雇有设计工程师、估算师等，对纽约各区的建设工程进行价格、质量、进度的管理。

对于政府工程委托给私营承包商的项目管理，各级政府都十分重视严格把招投标这一关，以保证工程质量和合理的工程成本，并且政府对委托给私营承包商承建的工程也不是不闻不问，而是对之进行必要的监督和检查。

（2）美国政府对私营工程的价格管理。在美国的建设工程中，私营工程占较大的比重，主要集中在那些盈利较高的项目上。美国政府对私营工程项目的管理更加突出使用间接管理的手段，而对于关于价格管理的具体事项，如计价标准等基本不加干预。这种间接管理主要体现在通过变换使用经济杠杆（如价格、税收、利率、信贷等），以及制定若干经济政策来表明政府希望私人投资于哪些行业。

3. 日本

日本政府对政府工程的价格直接从调查（规划）开始直至引渡（交工）、保全（维修服务）实行全过程管理。而私人工程则通过市场管理，用招标的办法加以确认。

复习思考题

1. 何谓基础单价？它包括哪些内容？
2. 什么叫人工工日单价？
3. 人工工日单价由哪些费用组成？
4. 影响人工工日单价的因素有哪些？
5. 年法定工作日是怎样计算的？
6. 何谓材料价格？它由哪几部分费用组成？
7. 影响材料价格的因素有哪些？
8. 材料采购保管费用怎么样计算？
9. 材料单价怎么样计算？
10. 通用非标准设备价格由哪些费用组成？

11. 进口设备的交货方式有哪几种？
12. 进口设备抵岸价的费用由哪几部分构成？
13. 消费税和增值税有什么不同？
14. 何谓施工机械台班单价？它由哪几部分费用组成？
15. 影响机械台班单价变动的因素有哪些？
16. 何谓工程单价？何谓工程价值？两者有何区别？
17. 工程单价可以怎样进行分类？
18. 简述工程单价的作用。
19. 料单价法、综合单价法和全费用单价法有何区别？
20. 费用计算基础有几种形式？各有什么优缺点？
21. 何谓建筑工程价目表？它包括哪些内容？
22. 工程计价定额与消耗量定额两者有何区别？
23. 简述工程计价定额的作用。
24. 套定额与套单价是一回事吗？
25. 国外对政府工程是怎样进行价格管理的？

第六章　费　用　定　额

第一节　建设项目总投资及工程造价构成

一、建设工程造价的构成

建设工程费用，即为建设工程造价。它一般是指进行某项工程建设所耗费的全部固定资产费用，也就是指建设项目从建设前期决策工作开始到项目全部建成投产为止所发生的全部固定资产投资费用。建设项目工程造价就是建设项目固定资产的总投资，包括建设投资和建设期利息。

根据劳动价值规律，产品的价格（P）是社会必要劳动时间价值的货币表现，它应等于物化劳动价值（C）、活劳动价值（V）和盈利（m）之和，即 $P=C+V+m$。前两者构成产品生产成本。因此，从理论上讲，建设工程造价（即建筑产品价格）应能反映项目建设过程中勘察设计机构、监理单位、施工企业、设备制造工厂和建设单位等的物质消耗支出（C）、劳动报酬（V）和盈利（m）的全部内容，如图 6-1 所示。

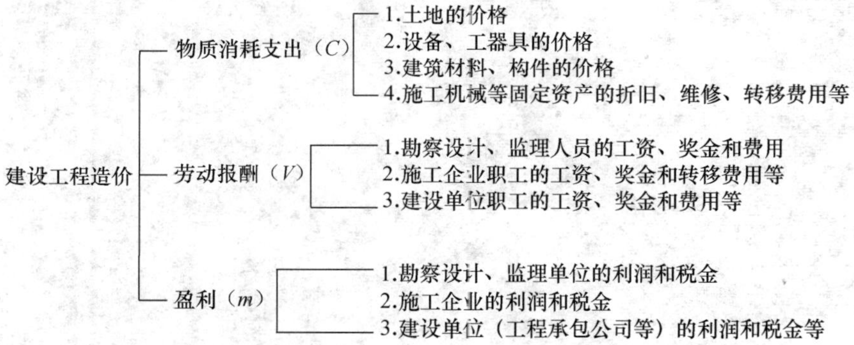

图 6-1　建设工程造价的基本构成示意图

在社会主义市场经济条件下，工程的价格应以价值为基础，价格是价值总和的货币体现。价值由三个部分组成：①物资消耗的支出，即转移价值的货币表现；②为劳动者支付的报酬部分，即工资，这是劳动所创造价值的货币体现；③劳动者为社会的劳动（剩余劳动）所创造价值的货币体现。前两部分构成工程的成本，后一部分是工程中的盈利。

二、建设项目总投资的构成

建设项目总投资是指为完成工程项目建设并达到使用要求或生产条件，在建设期内预计或实际投入的全部费用总和。生产性建设项目总投资包括固定资产投资和流动资产投资。非生产性建设项目总投资一般仅指固定资产投资。

建设项目总投资由建设投资、建设期利息、固定资产投资方向调节税和铺底流动资金等项目组成。建设项目总投资组成内容，见表 6-1。

表 6-1　　　建设项目总投资组成

<table>
<tr><th colspan="4">费 用 项 目 名 称</th><th>资产类别归并
（项目经济评价）</th></tr>
<tr><td rowspan="24">建设项目总投资</td><td rowspan="21">建设投资</td><td rowspan="3">第一部分
工程费用</td><td>建筑工程费</td><td rowspan="17">固定资产费用</td></tr>
<tr><td>设备及工器具购置费</td></tr>
<tr><td>安装工程费</td></tr>
<tr><td rowspan="16">第二部分
工程建设其他费用</td><td>建设用地费</td></tr>
<tr><td>建设管理费</td></tr>
<tr><td>项目论证费</td></tr>
<tr><td>研究试验费</td></tr>
<tr><td>勘察设计费</td></tr>
<tr><td>环境影响评价费</td></tr>
<tr><td>节能评估审查费</td></tr>
<tr><td>劳动安全卫生评价费</td></tr>
<tr><td>场地准备及临时设施费</td></tr>
<tr><td>引进技术和引进设备其他费</td></tr>
<tr><td>工程保险费</td></tr>
<tr><td>特殊设备安全监督检验费</td></tr>
<tr><td>配套设施建设费</td></tr>
<tr><td>联合试运转费</td></tr>
<tr><td>专利及专有技术使用费</td><td>无形资产费用</td></tr>
<tr><td>生产准备及开办费</td><td rowspan="3">其他资产费用
（递延资产）
固定资产费用</td></tr>
<tr><td rowspan="2">第三部分
预备费用</td><td>基本预备费</td></tr>
<tr><td>价差预备费</td></tr>
<tr><td colspan="3">建设期利息</td><td rowspan="2">固定资产费用</td></tr>
<tr><td colspan="3">固定资产投资方向调节税（已暂停征收）</td></tr>
<tr><td colspan="3">铺底流动资金</td><td>流动资产费用</td></tr>
</table>

1. 建设投资

建设投资是工程造价中的主要构成部分，是为完成工程项目建设，在建设期内投入且形成现金流出的全部费用。建设投资包括工程费用、工程建设其他费用和预备费用三部分。

工程费用是指建设期内直接用于工程建造、设备购置及其安装的建设投资，可分为建筑工程费、设备及工器具购置费和安装工程费；其中建筑工程费和安装工程费又统称为建筑安装工程费。建筑安装工程费又可按照费用构成要素和造价形成方式划分为具体的工程费用项目。工程建设其他费用是指建设期发生的与土地使用权取得、整个工程项目建设及未来生产经营有关的构成建设投资，但不包括在工程费用中的费用。预备费是在建设期内因各种不可预见因素的变化而预留的可能增加的费用，包括基本预备费和价差预备费。

2. 建设期利息

建设期利息是指建设项目贷款在建设期内发生并应计入固定资产的贷款利息等财务费用。

3. 固定资产投资方向调节税

固定资产投资方向调节税是指国家为贯彻产业政策、引导投资方向、调整投资结构而征收的投资方向调整税金。固定资产投资方向调节税根据国家产业政策和项目经济规模实行差别税率，各固定资产投资项目按其单位工程分别适用税率，计税依据为固定资产投资项目实际完成的投资额，其中更新改造项目为建设工程实际完成的投资。

按《国务院关于修改和废止部分行政法规的决定》（国务院令第 628 号）和财政部、国家税务总局《关于暂停征收固定资产投资方向调节税的通知》（财税字〔1999〕299 号文件）规定，固定资产投资方向调节税暂停征收。

4. 经营性铺底流动资金

经营性铺底流动资金是指生产经营性建设项目为保证投产后正常的生产营运所需，并在项目资本金中的自有流动资金。非生产经营性建设项目不列铺底流动资金。

经营性铺底流动资金一般占流动资金的 30%，其余 70%流动资金可申请短期贷款。

流动资金可采用下述方法估算：

（1）扩大指标估算法。扩大指标估算法一般可参照同类生产企业流动资金占营业收入或经营成本的比例，或者单位产量占用流动资金的比率进行估算。

（2）分项详细估算法。分项详细估算法一般是将流动资产与流动负债的构成要素进行分析，估算出建设项目占用的流动资金，也可根据建设单位提供的数值或可行性研究报告估算数值计列。

三、建设项目总投资及其他费用项目组成规定

1. 一般规定

（1）为合理确定和有效控制建设项目投资，规范建设项目投资估算和概算的编制与管理，根据国家法律、法规及有关规定，制定《建设项目总投资及其他费用项目组成规定》。

（2）该规定适用于基本建设新建和改扩建项目，是编制与管理建设项目可行性研究投资估算和初步设计概算投资的指导性依据。外商投资的建设项目总投资及其他费用项目组成可参考该规定。

（3）该规定根据国家法律、法规列出了建设项目通常发生的费用项目。在编制建设项目投资估算和初步设计概算时，建设项目不发生的费用项目不计取。

（4）该规定对建设项目的费用项目组成做了适当简化和费用归并，以方便投资估算和概算的编制与管理。但建设项目的费用核算仍应按有关会计制度和财务管理规定执行。

（5）一般建设项目很少发生或一些具有明显行业特征的工程建设其他费用项目，如移民安置费、水资源费、水土保持评价费、地震安全性评价费、地质灾害危险性评价费、河道占用补偿费、超限设备运输特殊措施费、航道维护费、植被恢复费、种质检测费、引种测试费等，各省（市、自治区）、各部门可在实施办法中补充或具体项目发生时依据有关政策规定列入。

（6）建设项目总投资组成中的建筑安装工程费用、设备购置费用、预备费、建设期利息和铺底流动资金等参照各省（市、自治区）、各部门的有关规定计算。

（7）各省（市、自治区）、各部门可按照该规定并结合本省（市、自治区）和本部门建设项目的具体情况制定实施办法。

2. 建设项目总投资组成规定

（1）根据国家有关法律、法规及《基本建设财务管理规定》《中央基本建设投资项目预算编制暂行办法》《国有建设单位会计制度》《建设项目经济评价方法与参数》《企业会计制度》《建筑安装工程费用项目组成》等，规定了建设项目总投资的组成。

（2）建设项目总投资组成的费用项目划分，考虑了可行性研究投资估算与初步设计概算的衔接，并可满足建设项目经济评价的费用划分需要。

（3）建设项目可行性研究阶段的“建设项目报批总投资”应与建设项目初步设计阶段的“建设项目概算总投资”口径一致。

（4）项目资本金是指在建设项目总投资中由投资者认缴的出资额。对建设项目来说是非债务性资金。建设项目必须首先落实资本金才能进行建设。

项目资本金由建设投资乘以资本金规定比例与铺底流动资金之和组成。

（5）建设项目总投资的各项费用按资产属性分别形成固定资产、无形资产和其他资产（递延资产）。项目可行性研究阶段可按资产类别简化归并后进行经济评价。

第二节 建设工程费用项目构成和计算方法

一、工程费用构成及计算方法

工程费用由建筑工程费用、安装工程费用和设备及工器具购置费三部分构成。

（一）建筑工程费用

（1）各类房屋建筑工程和列入房屋建筑工程造价的供水、供暖、供电、卫生、通风、燃气等设备费用及其装饰、防腐工程的费用，列入建筑工程造价的各种管道、电力、电信和电缆导线敷设工程的费用。

（2）设备基础、支柱、工作台、烟囱、水塔、水池、灰塔等建筑工程，以及各种窑炉的砌筑工程和金属结构工程的费用。

（3）为施工而进行的场地平整，工程和水文地质勘察，原有建筑物和障碍物的拆除，以及施工临时用水、电、气、路和完工后的场地清理、环境绿化、美化等工作的费用。

（4）矿井开凿、井巷延伸、露天矿剥离，石油、天然气钻井，修建铁路、公路、桥梁、水库、堤坝、灌溉及防洪等工程的费用。

（二）安装工程费用

（1）生产、动力、起重、运输、传动和医疗、试验等各种需要安装的机械设备的装配费用，与设备相连的工作台、梯子、栏杆等装设工程，附属于被安装设备的管线敷设工程费用，以及被安装设备的绝缘、防腐、保温、油漆等工作的材料费和安装费。

（2）为测定安装工程质量，对单个设备进行单机试运转，对系统设备进行系统联动无负荷试运转工作的调试费。

（三）设备及工器具购置费

设备及工器具购置费，是指建设项目范围内需要安装及不需要安装的达到固定资产标准的，为保证正常建设和生产所必需的设备、仪器、工器具及生产家具和备品备件等购置费。

设备购置费包括设备费、运杂费、采购保管（服务）费等。

1. 设备费

主要设备按采用制造厂现行出厂价格逐项计算；非标准设备可按国家或主管部门颁发的非标准设备指标计价或按制造厂的报价计算，也可按类似设备现行价格及有关资料估价计算；次要设备可参照主管部门颁发的指标或类似工程项目次要设备占主要设备价格比例计算。

2. 设备运杂费

指设备从供应地点到达施工现场所发生的运输费、包装费、装卸费等费用。运杂费一般可按设备费的3%～4%计算。

3. 设备采购保管费

设备采购保管费一般按设备费和运杂费之和的1.0%计，即

$$设备采购保管费 = \sum[设备费\times(1+运杂费率)]\times(1+采购保管费率)$$

如果只能够对工程设备计算其购置费用，可按照工程设备购置费的比例计算工器具、生产家具、备品备件购置费。

工器具、生产家具购置费，指为保证初期正常生产所必需的第一套达不到固定资产标准的设备、仪器、工器具及生产家具用具购置费。工器具及生产家具购置费可按设备购置费的1%～2%估算。

备品备件购置费可按设备费的1%计算。

引进设备材料的国外运输费、国外运输保险费、关税、增值税、外贸手续费、银行财务费、国内运杂费、引进设备材料国内检验费、海关监管手续费等按引进货价（FOB或CIF）计算后进入相应的设备材料费中。单独引进软件不计关税和增值税。设备购置费计算公式为

$$设备购置费=设备原价+设备运杂费+设备采购保管费$$

二、工程建设其他费用构成及计算方法

工程建设其他费用是指建设项目从筹建起至竣工验收交付使用止的整个建设期间，除工程费用（包括建筑工程费用、安装工程费用和设备购置费之和）以外，为保证工程建设顺利完成且交付使用后能够正常发挥效能而发生的各项费用。由此，工程建设其他费用可划分为四类：第一类指土地使用权购置或取得的费用（建设用地费），第二类指与工程建设管理有关的费用（建设管理费），第三类指与整个工程建设有关的各类其他费用，第四类指与未来企业生产经营有关的其他费用。

（一）建设用地费

建设用地费是指建设项目通过划拨或土地使用权出让方式取得土地使用权，所需付出的土地征用或土地使用权出让金、土地使用补偿费、拆除迁建费等。建设用地费应符合国家、省政府的现行规定。

1. 建设用地取得的基本方式

建设用地取得，实质是依法获取国有土地的使用权。根据《中华人民共和国房地产管理法》规定，获取国有土地使用权的基本方式有两种：①国有土地划拨方式；②国有土地出让方式。建设用地取得的其他方式还包括租赁和转让方式。

（1）通过划拨方式获取国有土地使用权。国有土地使用权划拨，是指县级以上人民政府依法批准，在土地使用者缴纳补偿、安置等费用后将该土地交付其使用，或者将土地使用权

无偿交付给土地使用者使用的行为。

国家对划拨用地有着严格的规定，下列建设用地经县级以上人民政府依法批准，可以以划拨方式取得：

a. 国家机关用地和军事用地；

b. 城市基础设施用地和公益事业用地；

c. 国家重点扶持的能源、交通、水利等基础设施用地；

d. 法律、行政法规规定的其他用地。

依法以划拨方式取得土地使用权的，除法律、行政法规另有规定外，没有使用期限的限制。因企业改制、土地使用权转让或者改变土地用途等不再符合目录要求的，应当实行有偿使用。

(2) 通过出让方式获取国有土地使用权。国有土地使用权出让，是指国家将国有土地使用权在一定年限内出让给土地使用者，由土地使用者向国家支付土地使用权出让金的行为。

1) 土地出让主体。国家城市政府是城市土地的唯一所有者，并分层次、有偿、有限期地出让、转让城市土地。第一层次是城市政府将国有土地使用权出让给用地者，该层次由城市政府垄断经营。

2) 土地出让对象。可以是有法人资格的企事业单位，也可以是外商。第二层次及以下层次的转让则发生在使用者之间。

3) 使用权年限。关于政府有偿出让土地使用权的年限，各地可根据时间、区位等各种条件作不同的规定。根据《中华人民共和国城镇国有土地使用权出让和转让暂行条例》，土地使用权出让最高年限按下列用途确定：

a. 居住用地 70 年；

b. 工业用地 50 年；

c. 教育、科技、文化、卫生、体育用地 50 年；

d. 商业、旅游、娱乐用地 40 年；

e. 综合或者其他用地 50 年。

4) 土地的出让方式。通过出让方式获取土地使用权又可分成两种具体方式：①通过招标、拍卖、挂牌等竞争出让方式获取国有土地使用权；②通过协议出让方式获取国有土地使用权。

a. 通过竞争出让方式获取国有土地使用权。按照国家相关规定，工业（包括仓储用地，但不包括采矿用地）、商业、旅游、娱乐和商品住宅等各类经营性用地，必须以招标、拍卖或者挂牌方式出让。上述规定以外用途的土地的供地计划公布后，同一宗地有两个以上意向用地者的，也应当采用招标、拍卖或者挂牌方式出让。

招标方式是在规定的期限内，由用地单位以书面形式投标，市政府根据投标报价、所提供的规划方案及企业信誉综合考虑，择优而取。该方式适用于一般工程建设用地；公开拍卖是指在指定的地点和时间，由申请用地者叫价应价，价高者得。这完全是由市场竞争决定，适用于盈利高的行业用地。

b. 通过协议出让方式获取国有土地使用权。按照国家相关规定，出让国有土地使用权，除依照法律、法规和规章的规定应当采用招标、拍卖或者挂牌方式外，方可采取协议方式。以协议方式出让国有土地使用权的出让金，不得低于按国家规定所确定的最低价。协议出让底价不得低于拟出让地块所在区域的协议出让最低价。

协议方式是由用地单位申请，经市政府批准同意后双方洽谈具体地块及地价。该方式适用于市政工程、公益事业用地，以及需要减免地价的机关、部队用地和需要重点扶持、优先发展的产业用地。

2. 土地征用及迁移补偿费

土地征用及迁移补偿费，是指建设项目通过划拨方式取得无限期的土地使用权，依照《中华人民共和国土地管理法》等规定所支付的费用。建设用地如通过行政划拨方式取得，则须承担征地补偿费用或对原用地单位或个人的拆迁补偿费用，其总和一般不得超过被征土地年产值的 30 倍，土地年产值则按该地被征用前 3 年的平均产量和国家规定的价格计算。其内容包括：

（1）土地补偿费。土地补偿费是对农村集体经济组织因土地被征用而造成的经济损失的一种补偿。征用耕地（包括菜地）的补偿标准，按国家规定，为该耕地被征用前 3 年平均年产值的 6～10 倍，具体补偿标准由省、自治区、直辖市人民政府在此范围内制定。征用园地、鱼塘、藕塘、苇塘、宅基地、林地、牧场、草原等的补偿标准，由省、自治区、直辖市人民政府参照征用耕地的土地补偿费制定。征收无收益的土地，不予补偿。土地补偿费归农村集体经济组织所有。

（2）青苗补偿费和地上附着物补偿费。青苗补偿费是因征地时对其正在生长的农作物受到损害而作出的一种赔偿。在农村实行承包责任制后，农民自行承包土地的青苗补偿费应付给本人，属于集体种植的青苗补偿费可纳入当年集体收益。凡在协商征地方案后抢种的农作物、树木等，一律不予补偿。地上附着物是指房屋、水井、树木、涵洞、桥梁、公路、水利设施、林木等地面建筑物、构筑物、附着物等。视协商征地方案前地上附着物价值与折旧情况确定，应根据“拆什么、补什么；拆多少，补多少，不低于原来水平”的原则确定。地上附着物的补偿标准由省、自治区、直辖市规定。征用城市郊区的菜地时，还应按照有关规定向国家缴纳新菜地开发建设基金。地上附着物及青苗补偿费归地上附着物及青苗的所有者所有。

（3）安置补助费。安置补助费应支付给被征地单位和安置劳动力的单位，作为劳动力安置与培训的支出，以及作为不能就业人员的生活补助。征用耕地、菜地的，其安置补助费按照需要安置的农业人口数计算。需要安置的农业人口数，按照被征收的耕地数量除以征地前被征收单位平均每人占有耕地的数量计算。每一个需要安置的农业人口的安置补助费标准，为该耕地被征用前 3 年平均年产值的 4～6 倍，最高不得超过被征用前 3 年平均年产值的 15 倍。土地补偿费和安置补助费，尚不能使需要安置的农民保持原有生活水平的，经省、自治区、直辖市人民政府批准，可以增加安置补助费。但是，土地补偿费和安置补助费的总和不得超过土地被征收前 3 年平均年产值的 30 倍。

（4）新菜地开发建设基金。新菜地开发建设基金是指征用城市郊区商品菜地时支付的费用。这项费用交给地方财政，作为开发建设新菜地的投资。菜地是指城市郊区为供应城市居民蔬菜，连续 3 年以上常年种菜地或者养殖鱼、虾等的商品菜地和精养鱼塘。一年只种一茬或因调整茬口安排种植蔬菜的，均不作为需要收取开发基金的菜地。征用尚未开发的规划菜地，不缴纳新菜地开发建设基金。在蔬菜产销放开后，能够满足供应，不再需要开发新菜地的城市，不收取新菜地开发基金。

(5) 耕地占用税。耕地占用税是对占用耕地建房或者从事其他非农业建设的单位和个人征收的一种税收，目的是合理利用土地资源、节约用地，保护农用耕地。耕地占用税征收范围，不仅包括占用耕地，还包括占用鱼塘、园地、菜地及其农业用地建房或者从事其他非农业建设，均按实际占用的面积和规定的税额一次性征收。其中，耕地是指用于种植农作物的土地。占用前3年曾用于种植农作物的土地也视为耕地。

(6) 土地管理费。土地管理费主要作为征地工作中所发生的办公、会议、培训、宣传、差旅、借用人员工资等必要的费用。土地管理费的收取标准，一般是在土地补偿费、青苗费、地面附着物补偿费、安置补助费四项费用之和的基础上提取2%～4%。如果是征地包干，还应在四项费用之和后再加上粮食价差、副食补贴、不可预见费等费用，在此基础上提取2%～4%作为土地管理费。

(7) 征地动迁费。征地动迁费包括征用土地上的房屋及附属构筑物、城市公共设施等拆除、迁建补偿费、搬迁运输费，企业单位因搬迁造成的减产、停工损失补贴费，拆迁管理费等。在城市规划区内国有土地上实施房屋拆迁，拆迁人应当对被拆迁人给予补偿、安置。

1) 拆迁补偿。拆迁补偿的方式可以实行货币补偿，也可以实行房屋产权调换。

货币补偿的金额根据被拆迁房屋的区位、用途、建筑面积等因素，以房地产市场评估价格确定，具体办法由省、自治区、直辖市人民政府制定。

实行房屋产权调换的，拆迁人与被拆迁人按照计算得到的被拆迁房屋的补偿金额和所调换房屋的价格，结清产权调换的差价。

2) 搬迁、安置补助费。拆迁人应当对被拆迁人或者房屋承租人支付搬迁补助费，对于在规定的搬迁期限届满前搬迁的，拆迁人可以付给提前搬家奖励费；在过渡期限内，被拆迁人或者房屋承租人自行安排住处的，拆迁人应当支付临时安置补助费；被拆迁人或者房屋承租人使用拆迁人提供的周转房的，拆迁人不支付临时安置补助费。

搬迁补助费和临时安置补助费的标准，由省、自治区、直辖市人民政府规定。有些地区规定，拆除非住宅房屋，造成停产、停业引起经济损失的，拆迁人可以根据被拆除房屋的区位和使用性质，按照一定标准给予一次性停产、停业综合补助费。

(8) 水利水电工程水库淹没处理补偿费。水利水电工程水库淹没处理补偿费包括农村移民安置迁建费，城市迁建补偿费，库区工矿企业、交通、电力、通信、广播、管网、水利等的恢复、迁建补偿费，库底清理费，防护工程费，环境影响补偿费用等。

3. 土地使用权出让金

建设用地通过市场机制取得，除承担以上各项费用外，还需要向土地所有者支付土地使用权出让金。土地使用权出让金，是指建设项目通过土地使用权出让方式，取得有限期的土地使用权，依照《中华人民共和国城镇国有土地使用权出让和转让暂行条例》规定支付的土地使用权出让金。

土地使用权出让金为用地单位向国家支付的土地所有权收益，出让金标准一般参考城市基准地价并结合其他因素制定。基准地价由市土地管理局会同市物价局、市国有资产管理局、市房地产管理局等部门综合平衡后报市级人民政府审定通过，它以城市土地综合定级为基础，用某一地价或地价幅度表示某一类别用地在某一土地级别范围的地价，以此作为土地使用权出让价格的基础。

(1) 土地出让和转让原则。在有偿出让和转让土地时，政府对地价不作统一规定，但应坚持以下原则：

1）地价对目前的投资环境不产生大的影响。

2）地价与当地的社会经济承受能力相适应。

3）地价要考虑已投入的土地开发费用、土地市场供求关系、土地用途和使用年限。

（2）有关事项。土地有偿出让和转让，土地使用者和所有者要签约，明确使用者对土地享有的权利和对土地所有者应承担的义务。

1）有偿出让和转让使用权，要向土地受让者征收契税。

2）转让土地如有增值，要向转让者征收土地增值税。

3）土地使用者每年应按规定的标准缴纳土地使用费。

4）土地使用权出让或转让应先由地价评估机构进行价格评估后，再签订土地使用权出让和转让合同。

4. 建设用地费的计算方法

1）根据应征建设用地面积、临时用地占用面积，按工程项目所在地人民政府制定颁发的土地征用补偿费、安置补助费标准、耕地占用税和土地使用税标准等规定计算。

2）建设用地上的建（构）筑物如需迁建，其迁建补偿费应按迁建补偿协议计列或按新建同类工程造价计算。建设场地平整中的余留结构物拆除、清理费在“场地准备及临时设施费”中计算。

3）建设项目采用“长租短付”方式租用土地使用权，在建设期间支付的租用土地费用计入建设用地费；在生产经营中支付的租用土地使用费应进入营运成本中核算。

（二）建设管理费

建设管理费是指建设单位为组织完成工程项目建设，在建设期内发生的各类管理性费用，内容包括建设单位管理费、工程监理费、项目建设管理代理费、施工图审查费、招标代理服务费、工程造价咨询服务费等项目。

1. 建设单位管理费

建设单位管理费是指建设单位从项目筹建之日起至办理竣工财务决算之日止发生的管理性质的开支。

（1）建设单位管理费的内容。包括工作人员的工资、养老保险费、医疗保险费、失业保险费、生育保险费、工伤保险费、住房公积金、施工现场津贴费、劳动保护费、办公费、差旅交通费、工具用具使用费、固定资产使用费、零星购置费、生产工人招募费、技术图书资料费、工程审价费、审计费、总承包服务费、合同订立及公证费、法律顾问费、咨询费、业务招待费、印花税、保险费、竣工验收费和其他管理费性质开支。

（2）建设单位管理费的计算方法。建设单位管理费按照工程费用（包括建筑工程费用、安装工程费用和设备购置费之和）乘以建设单位管理费费率，按下式计算

建设单位管理费＝工程费用×建设单位管理费费率

建设单位管理费费率按照建设项目的不同性质、不同规模确定。有的建设项目按照建设工期和规定的金额计算建设单位管理费。发生下列情况时建设单位管理费费率应适当降低：

1）如建设单位将部分管理工作量转移至被委托的工程监理单位；

2）如建设项目采用工程总承包方式，建设单位将部分管理工作量交由总包单位；

3）改扩建项目的建设管理费费率应比新建项目适当降低。

2. 工程监理费

工程监理费是指建设单位委托工程监理单位对工程实施监理工作所需的费用。由于工程监理是受建设单位委托的工程建设技术服务，属建设管理范畴。

(1) 工程监理的内容。工程监理包括施工监理和勘察、设计等阶段的监理。

(2) 工程监理费的计算。工程监理费应按国家发展和改革委员会与住房和城乡建设部联合发布的《建设工程监理与相关服务收费管理规定》(发改价格〔2007〕670 号) 计算。建设工程监理与相关服务收费根据建设项目投资额的不同情况，分别实行政府指导价和市场调节价。依法必须实行监理的建设工程施工阶段的监理收费实行政府指导价，其他建设工程施工阶段的监理收费和其他阶段的监理与相关服务收费实行市场调节价。

实行政府指导价的建设工程施工阶段监理收费，其基准价根据《建设工程监理与相关服务收费标准》(见表 6-2) 计算，浮动幅度为上下 20%；发包人和监理人应当根据建设项目的实际情况在规定的浮动幅度内协商确定收费额；实行市场调节价的建设工程监理与相关服务收费，由发包人和监理人协商确定收费额。

表 6-2 施工监理服务收费基价表 万元

序号	计费额	收费基价	序号	计费额	收费基价
1	500	16.5	9	60 000	991.4
2	1000	30.1	10	80 000	1255.8
3	3000	78.1	11	100 000	1507.0
4	5000	120.8	12	200 000	2712.5
5	8000	181.0	13	400 000	4882.6
6	10 000	218.6	14	600 000	6835.6
7	20 000	393.4	15	800 000	8658.4
8	40 000	708.2	16	1 000 000	10 390.1

注 计费额大于 1 000 000 万元的，以计费额乘以 1.039% 的收费率计算该费基价，其他未包含的其收费由双方协商议定。

建设工程施工监理服务收费按建筑安装工程费分档定额计费方式计算收费。计费额处于两个数值区间的，采用直线内插法确定施工监理服务收费基价。在施工监理服务收费基价的基础上，还应按照不同专业工程专业调整系数、监理工程复杂程度调整系数及特殊调整系数进行计算。

3. 项目建设管理代理费

项目建设管理代理费是指代理人代表被代理人对项目实施全过程或若干阶段的组织、协调和监督管理工作所需的费用。

(1) 项目建设管理代理费的内容。被代理人可委托代理人完成或协助完成项目可行性分析、项目策划和项目可行性研究报告；完成项目各种审批手续；完成勘察、设计、施工、安装、材料设备采购的招投标工作及合同谈判，并对外签订合同；核查初步设计和施工图设计、工程概算及施工组织方案等；承担工程建设投资、质量、工期控制及合同管理，协调参建单位之间的关系；组织竣工验收，编制工程决算报告；归集整理项目档案资料，移交被代理人；协助办理权属登记；完成被代理人委托的其他管理工作所花费的费用。

（2）项目建设管理代理费的计算方法。建设管理代理费列入项目总投资，并按基本建设程序管理。凡实行建设管理代理制的项目，总投资中原则上不得再列建设单位管理费。若建设单位确需发生建设单位管理费，需报经财政部门审核批准列支。

项目建设管理代理费根据国家或省发布的现行规定计算。如无规定，建设管理代理费开支范围和标准，参照建设单位管理费的计算方法，协商确定，在“待摊投资”——“其他待摊投资”科目中反映。

各阶段代理费一般按以下原则实行分段计算费用：可行性研究报告及其以前阶段管理工作的代理费为项目建设管理代理费总额的10%，初步设计阶段管理工作的代理费为项目建设管理代理费总额的10%，工程建设阶段（含施工图设计阶段）管理工作的项目建设管理代理费为代理费总额的80%。

4. 施工图审查费

施工图审查费是指施工图审查机构接受建设单位委托，根据国家法律、法规、技术标准与规范，对施工图进行审查所需的费用。施工图审查费为经营服务性收费。

（1）施工图审查内容。包括对施工图进行结构安全和强制性标准、规范执行情况进行独立审查。施工图设计文件审查机构应依法取得相应资格。

（2）施工图审查费计算方法。

1）建筑工程、城市市政基础设施工程的施工图审查收费标准按该工程设计收费标准最高不超过8%收取，经济适用住房、安居工程减半收取。

2）超限高层工程的抗震专项审查按建筑面积0.6元/m^2收取，最高不得超过4万元。

5. 招标代理服务费

招标代理服务费是指招标代理机构接受招标人委托，从事招标业务所需的费用。

（1）招标代理服务内容。包括编制招标文件，审查投标人资格，组织投标人勘察现场、答疑，组织开标、评标、定标，以及协调合同的签订等业务。

（2）招标代理服务收费的计算方法。招标代理服务收费实行政府指导价。招标代理服务收费采用差额定率累进计费方式。见表6-3，招标代理服务费按差额定率累进法计算，执行中可上下浮动幅度不超过20%。具体收费额由招标代理机构和招标委托人在规定的收费标准和浮动幅度内协商确定，招标代理服务实行谁委托谁付费。

表6-3 招标代理服务收费标准

服务类型 / 费率 / 中标金额（万元）	货物招标	服务招标	工程招标
100以下	1.5%	1.5%	1.0%
100～500	1.1%	0.8%	0.7%
500～1000	0.8%	0.45%	0.55%
1000～5000	0.5%	0.25%	0.35%
5000～10 000	0.25%	0.1%	0.2%
10 000～100 000	0.05%	0.05%	0.05%
1 000 000以上	0.01%	0.01%	0.01%

表 6-3 中招标代理服务收费标准为招标代理服务全过程的收费基准价格，单独提供编制招标文件（有标底的含标底）服务的，可按规定标准的 30%计收。

［例 6-1］ 某建设工程招标代理业务中标金额为 6000 万元，按上述规定计算工程招标代理服务收费额。

解 100 万元×1.0%=1（万元）

（500－100）万元×0.7%=2.8（万元）

（1000－500）万元×0.55%=2.75（万元）

（5000－1000）万元×0.35%=14（万元）

（6000－5000）万元×0.2%=2（万元）

合计收费=1+2.8+2.75+14+2=22.55（万元）

6. 工程造价咨询服务费

工程造价咨询服务费是指工程造价咨询机构受建设单位委托，对工程项目概算、预算、结算进行编制、审核工作，以及工程造价的全过程控制所发生的费用。工程造价咨询服务收费属经营服务性收费，实行政府指导价管理。

工程造价咨询服务收费采用差额定率累进计费方式收费标准，见表 6-4 和表 6-5。收费单位可根据服务项目的难易程度，在规定标准的基础上适当浮动，上浮幅度最高不超过 10%。如果建设单位自行完成上述工作则不得计算该费用。如果部分工作内容已计入设计费用则不得重复计算。

表 6-4　　建设工程造价咨询服务收费标准

<table>
<tr><th>序号</th><th colspan="2">咨询服务项目</th><th colspan="5">咨询收费标准</th><th>说　明</th></tr>
<tr><td rowspan="2">一</td><td colspan="2" rowspan="2">编制可行性报告（%）</td><td>≤0.1 亿元</td><td>≤0.5 亿元</td><td>≤1 亿元</td><td>≤5 亿元</td><td>>5 亿元</td><td rowspan="2">以工程项目投资额为标的</td></tr>
<tr><td>2.8</td><td>2.4</td><td>2.2</td><td>2</td><td>1.8</td></tr>
<tr><td>二</td><td colspan="2">编制投资估算及概算</td><td colspan="5">按估算、概算总值的 1‰</td><td></td></tr>
<tr><td rowspan="2">三</td><td colspan="2" rowspan="2">工程预算、结算、招标标底、投标报价的编制（‰）</td><td>≤100 万元</td><td>≤1000 万元</td><td>≤2000 万元</td><td>≤5000 万元</td><td>>5000 万元</td><td rowspan="4">以建安工程造价为标的，核减额不包括建设单位供料的材料款</td></tr>
<tr><td>3</td><td>2.8</td><td>2.6</td><td>2.4</td><td>2</td></tr>
<tr><td rowspan="2">四</td><td rowspan="2">工程预结算审查 1+2</td><td>1. 核增、减额 5%及以下</td><td>3</td><td>2.3</td><td>2.6</td><td>2.4</td><td>2</td></tr>
<tr><td>2. 核增/减额 5%以上（按超±5%部分的额度）收取（%）</td><td colspan="5">5</td></tr>
<tr><td rowspan="2">五</td><td colspan="2" rowspan="2">工程造价纠纷的鉴证书%</td><td>≤200 万元</td><td>≤500 万元</td><td>≤1000 万元</td><td>≤2000 万元</td><td>>2000 万元</td><td rowspan="2">以鉴证工程造价纠纷部分为标的，收费起点为 1000 元/宗</td></tr>
<tr><td>1.5</td><td>1.3</td><td>1.1</td><td>0.8</td><td>0.6</td></tr>
</table>

表 6-5　建设工程工程量清单编制等计价项目造价咨询服务收费标准　万元、‰

<table>
<tr><th>序号</th><th colspan="3">咨询项目</th><th>收费基数</th><th>工程类型</th><th>≤100部分</th><th>≤1000部分</th><th>≤2000部分</th><th>≤5000部分</th><th>>5000部分</th></tr>
<tr><td rowspan="2">一</td><td rowspan="7">工程量清单计价方式</td><td colspan="2" rowspan="2">工程预算、结算、招标标底、投标报价的编制</td><td rowspan="2">建安工程造价</td><td>建筑工程</td><td>5.4</td><td>5.0</td><td>4.7</td><td>4.3</td><td>3.6</td></tr>
<tr><td>安装工程</td><td>6.4</td><td>6.0</td><td>5.7</td><td>5.3</td><td>4.6</td></tr>
<tr><td rowspan="3">二</td><td rowspan="3">工程预算、结算、招标标底投标报价的审核1+2</td><td rowspan="2">1. 核增、减额5%以下（含）</td><td rowspan="2">送审工程造价</td><td>建筑工程</td><td>5.4</td><td>5.0</td><td>4.7</td><td>4.3</td><td>3.6</td></tr>
<tr><td>安装工程</td><td>6.4</td><td>6.0</td><td>5.7</td><td>5.3</td><td>4.6</td></tr>
<tr><td>2. 核增、减额5%以上</td><td>按核增、减额5%以上的额度收取（%）</td><td colspan="6">5</td></tr>
<tr><td rowspan="2">三</td><td colspan="2" rowspan="2">建设工程工程量清单编制或审核</td><td rowspan="2">建安工程造价</td><td>建筑工程</td><td>4.0</td><td>3.7</td><td>3.5</td><td>3.2</td><td>2.7</td></tr>
<tr><td>安装工程</td><td>4.8</td><td>4.5</td><td>4.2</td><td>4.0</td><td>3.4</td></tr>
<tr><td>四</td><td colspan="3">施工阶段全过程造价控制（含预结算）</td><td>建安工程造价</td><td></td><td>10</td><td>8</td><td>7</td><td>6</td><td>5</td></tr>
<tr><td>五</td><td colspan="3">钢筋及预埋件计算</td><td>实际吨数</td><td colspan="6">12元/t</td></tr>
<tr><td>六</td><td colspan="3">竣工决算编制</td><td>建设项目总费用</td><td></td><td>1.6</td><td>1.3</td><td>0.8</td><td>0.5</td><td>0.3</td></tr>
<tr><td>七</td><td colspan="3">竣工决算审核</td><td>建设项目总费用</td><td></td><td>1.0</td><td>0.6</td><td>0.3</td><td>0.2</td><td>0.1</td></tr>
<tr><td rowspan="5">八</td><td rowspan="5">计时收费</td><td colspan="2">注册造价工程师</td><td colspan="7">200元/（人·工作小时）</td></tr>
<tr><td colspan="2">省工程造价高级资格专业人员</td><td colspan="7">160元/（人·工作小时）</td></tr>
<tr><td colspan="2">省工程造价中级资格专业人员</td><td colspan="7">100元/（人·工作小时）</td></tr>
<tr><td colspan="2">省工程造价初级资格专业人员</td><td colspan="7">40元/（人·工作小时）</td></tr>
<tr><td colspan="2">特殊专业技术人员</td><td colspan="7">由双方协议商定</td></tr>
</table>

（三）与整个工程建设有关的各类其他费用

1. 项目论证费

项目论证费是指在工程项目投资决策阶段，依据调研报告对有关建设方案、技术方案或生产经营方案进行的技术经济论证，以及编制、评审可行性研究报告所需的费用。

（1）项目论证费的内容。项目论证费包括编制项目建议书、编制可行性研究报告、评估项目建议书及评估可行性研究报告等费用。

（2）项目论证费的计算方法。项目论证费应依据前期研究委托合同计列，或按原国家计划委员会《关于印发〈建设项目前期工作咨询收费暂行规定〉的通知》（计价格〔1999〕1283号）规定计算。

工程咨询收费实行政府指导价。工程咨询收费根据不同工程咨询项目的性质、内容，一般采取以下两种方法计取费用：

1）按建设项目估算投资额，分档计算工程咨询费，收费标准见表6-6。

表 6-6 **按建设项目估算投资额分档收费标准** 万元

项目咨询内容 \ 项目投资额（亿元）	0.3～1	1～5	5～10	10～50	50 以上
一、编制项目建议书	6～14	14～37	37～55	55～100	100～125
二、编制可行性研究报告	12～28	28～75	75～110	110～200	200～250
三、评估项目建议书	4～8	8～12	12～15	15～17	17～20
四、评估可行性研究报告	5～10	10～15	15～20	20～25	25～35

注 1. 建设项目估算投资额是指项目建议书或者可行性研究报告的估算投资额。

2. 建设项目的具体收费标准，根据估算投资额在相对应的区间内用插入法计算。

3. 根据行业特点和各行业内部不同类别工程的复杂程度，计算咨询费用时可分别乘以行业调整系数和工程复杂程度调整系数，见表 6-7。

表 6-7 **按建设项目估算投资额分档收费的调整系数**

行 业	调整系数
一、行业调整系数	
1. 石化、化工、钢铁	1.3
2. 石油、天然气、水利、水电、交通（水运）、化纤	1.2
3. 有色、黄金、纺织、轻工、邮电、广播电视、医药、煤炭、火电（含核电）、机械（含船舶、航空、航天、兵器）	1.0
4. 林业、商业、粮食、建筑	0.8
5. 建材、交通（公路）、铁道、市政公用工程	0.7
二、工程复杂程度调整系数	0.8～1.2

注 工程复杂程度具体调整系数由工程咨询机构与委托单位根据各类工程情况协商确定。

2）按工程咨询工作所耗工日计算工程咨询费用，见表 6-8。

表 6-8 **工程咨询人员工日费用标准** 元

咨询人员职级	工日费用标准
一、高级专家	1000～1200
二、高级专业技术职称的咨询人员	800～1000
三、中级专业技术职称的咨询人员	600～800

具体收费标准由工程咨询机构与委托方根据指导性收费标准协商确定。按照前款方法不便于计算的，可按工日费用标准。但按照工日计算的收费额，不得超过按估算投资额分档计费方式计算的收费额。

［**例 6-2**］ 某市拟新建一条城市道路，工程复杂系数为 1，投资额约为 15 亿元，委托工程咨询企业编制项目建议书，委托合同约定按照分档计算工程咨询费的方法。计算应收多少工程咨询费。

解 $$55+\frac{(100-55)}{(50-10)}\times(15-10)=55+1.125\times5=60.625(\text{万元})$$

道路复杂调整系数为 0.8，则编制项目建议书应收咨询费用为

$$60.625\times0.8=48.5(万元)$$

2. 研究试验费

研究试验费是指为本建设项目提供或验证设计参数、数据资料等进行必要的研究试验及按照设计规定在建设过程中必须进行的试验、验证所需的费用。

（1）研究试验费的内容。研究试验费包括自行或委托其他部门研究所需的人工费、材料费、试验设备及仪器使用费，在本工程中使用专项研究成果、先进技术所支付的一次性转让费用。但不包括：

1）应由科技三项费用（即新产品试制费、中间试验费和重要科学研究补助费）开支的项目。

2）应在建筑安装费用中列支的施工企业对建筑、构件和建筑物进行一般鉴定、检查所发生的费用及技术革新的研究试验费。

3）应由勘察设计费或工程费用中开支的项目。

（2）研究试验费的计算方法。研究试验费根据研究试验的内容和要求按实际进行编制。

3. 勘察设计费

勘察设计费是指委托勘察、设计单位进行工程水文地质勘察、工程设计所发生的各项费用。

（1）勘察设计费的内容。包括工程勘察费、初步设计费（基础设计费）、施工图设计费（详细设计费）、设计模型制作等所需的费用，以及在规定范围内由建设单位自行完成勘察、设计工作所需的费用。

（2）勘察设计费的计算方法。勘察设计费的计算可以依据勘察设计委托合同计列，或参照原国家计划委员会、建设部《关于发布〈工程勘察设计收费管理规定〉的通知》（计价格〔2002〕10号）规定计算。

工程勘察和工程设计收费根据建设项目投资额的不同情况，分别实行政府指导价和市场调节价。实行政府指导价的工程勘察和工程设计收费，其基准价根据《工程勘察收费标准》或者《工程设计收费标准》计算，除另有规定者外，浮动幅度为上下20%。发包人和勘察人、设计人应当根据建设项目的实际情况在规定的浮动幅度内协商确定收费额；实行市场调节价的工程勘察和工程设计收费，由发包人和勘察人、设计人协商确定收费额。

工程设计收费按照建设项目单项工程概算投资额分档定额计费方法计算收费。

工程设计收费按照下列公式计算：

$$工程设计收费=工程设计收费基准价\times(1\pm浮动幅度值)$$

$$工程设计收费基准价=基本设计收费+其他设计收费$$

$$\begin{aligned}基本设计收费=&工程设计收费基价\times专业调整系数\\&\times工程复杂程度调整系数\times附加调整系数\end{aligned}$$

其中：工程设计收费基价是完成基本服务的价格。工程设计收费基价应按照表6-9进行计算。表6-9中计费额，为经过批准的建设项目初步设计概算中的建筑安装工程费用、设备与工器具购置费和联合试运转费之和。计费额处于表6-9中两个数值区间的，采用直线内插法确定工程设计收费基价。

表 6 - 9　　**工程设计收费基价表**　　万元

序号	计费额	收费基价	序号	计费额	收费基价
1	200	9.0	10	60 000	1515.2
2	500	20.9	11	80 000	1960.1
3	1000	38.8	12	100 000	2393.4
4	3000	103.8	13	200 000	4450.8
5	5000	163.9	14	400 000	8276.7
6	8000	249.6	15	600 000	11 897.5
7	10 000	304.8	16	800 000	15 391.4
8	20 000	566.8	17	1 000 000	18 793.8
9	40 000	1054.0	18	2 000 000	34 948.9

注　计费额大于 2 000 000 万元的，以计费额乘以 1.6%的收费率计算收费基价。

工程设计收费标准的调整系数包括：

1）专业调整系数。是对不同专业建设项目的工程设计复杂程度和工作量差异进行调整的系数。建筑工程设计收费专业调整系数为 1.0。

2）工程复杂调整系数。是对同一专业不同建设项目的工程设计复杂程度和工作量差异进行调整的系数。工程复杂程度分为一般、较复杂和复杂三个等级，其调整系数分别为：一般（Ⅰ级）0.85，较复杂（Ⅱ级）1.0，复杂（Ⅲ级）1.15。以建筑工程设计为例，工程各阶段工作量比例见表 6 - 10。

表 6 - 10　　**建筑工程设计各阶段工作量比例表**

<table>
<tr><th colspan="2">工程类型</th><th>方案设计（%）</th><th>初步设计（%）</th><th>施工图设计（%）</th></tr>
<tr><td rowspan="3">建筑及室外工程</td><td>Ⅰ级</td><td>10</td><td>30</td><td>60</td></tr>
<tr><td>Ⅱ级</td><td>15</td><td>30</td><td>55</td></tr>
<tr><td>Ⅲ级</td><td>20</td><td>30</td><td>50</td></tr>
<tr><td colspan="2">住宅小区（组团）工程</td><td>25</td><td>30</td><td>45</td></tr>
<tr><td colspan="2">住宅工程</td><td>25</td><td></td><td>75</td></tr>
<tr><td colspan="2">古建筑保护性建设工程</td><td>30</td><td>20</td><td>50</td></tr>
<tr><td colspan="2">智能建筑弱电系统工程</td><td></td><td>40</td><td>60</td></tr>
<tr><td colspan="2">室内装修工程</td><td>50</td><td></td><td>50</td></tr>
<tr><td rowspan="3">建筑工程专业</td><td>建筑</td><td colspan="3">35～43</td></tr>
<tr><td>结构</td><td colspan="3">24～30</td></tr>
<tr><td>设备</td><td colspan="3">28～38</td></tr>
</table>

注　提供两个以上建筑设计方案，且达到规定内容和深度的要求的，从第二个设计方案起，每个方案按照方案设计费的 50%另收方案设计费。

3）附加调整系数。是对专业调整系数和工程复杂程度调整系数尚不能调整的因素进行补充调整的系数。

编制工程施工图预算的，按照该建设项目基本设计收费的10%收取施工图预算编制费；编制工程竣工图，按照该建设项目基本设计收费的8%收取竣工图编制费。

4. 环境影响评价费

环境影响评价费是指按照《中华人民共和国环境保护法》《中华人民共和国环境影响评价法》等规定，在工程项目投资决策过程中，对其进行环境污染或影响评价所需的费用。

（1）环境影响评价费的内容。此项费用包括编制环境影响报告书（含大纲）、环境影响报告表，以及对环境影响报告书（含大纲）、环境影响报告表进行评估等所需的费用。

（2）环境影响评价费的计算方法。按照国家环境保护总局《关于规范环境影响咨询收费有关问题的通知》（计价格〔2002〕125号）及有关规定计算，或依据环境影响评价委托合同计列。

建设项目环境影响咨询收费实行政府指导价。具体收费标准由环境影响评价和技术评估机构与委托方根据建设项目不同的性质和内容，可在规定标准上下20%的幅度内协商确定。对于不同行业，要注意该行业的规定，如石油建设工程中，还要考虑安全预评价及验收费、职业病危害预评价及控制效果评价费、地震安全性评价费、地质灾害危险性评价费、水土保持评价及验收费、压覆矿产资源评价费等。

5. 节能评估审查费

（1）节能评估审查的内容。对节能评估报告的审查内容包括：项目是否符合节能法律、法规和产业政策；项目能耗指标是否符合行业准入条件；项目是否符合合理用能标准和节能设计规范；项目能源消耗品种、数量、对所在地区能耗负荷的影响等。

（2）节能评估审查费的计算方法。节能评估审查费按照各市的有关规定进行计算或估算。如在项目论证费中已计算，该项费用则不能重复计算。

6. 劳动安全卫生评价费

劳动安全卫生评价费是指按照劳动部《建设项目（工程）劳动安全卫生监察规定》（劳动部令第3号）和《建设项目（工程）劳动安全卫生预评价管理办法》的规定，在工程项目投资决策过程中，为编制劳动安全卫生评价报告所需的费用。

（1）劳动安全卫生评价费的内容。包括编制建设项目劳动安全卫生预评价大纲和劳动安全卫生预评价报告书，以及为编制上述文件所进行的工程分析和环境现状调查等所需的费用。必须进行劳动安全卫生预评价的项目包括：

1）属于《国家计划委员会、国家基本建设委员会、财政部关于基本建设项目和大中型划分标准的规定》中规定的大中型建设项目。

2）属于《建筑设计防火规范》（GB 50016—2014）中规定的火灾危险性生产类别为甲类的建设项目。

3）属于原劳动部颁布的《爆炸危险场所安全规定》中规定的爆炸危险场所等级为特别危险场所和高度危险场所的建设项目。

4）大量生产或使用《职业性接触毒物危害程度分级》（GBZ 230—2010）规定的Ⅰ、Ⅱ级危害程度的职业性接触毒物的建设项目。

5）大量生产或使用石棉粉料或含有10%以上的游离二氧化硅粉料的建设项目。

6）其他由劳动行政部门确认的危险、危害因素大的建设项目。

（2）劳动安全卫生评价费的计算方法。按国家、省政府部门发布的现行标准规定和劳动安全卫生预评价委托合同计列。一般按工程费用（包括建筑工程费用、安装工程费用和设备购置费）的0.1%～0.5%估列。

7. 场地准备及临时设施费

场地准备及临时设施费包括建设场地准备费和建设单位临时设施费。建设项目场地准备费是指为使工程项目的建设场地达到开工条件，由建设单位组织进行的场地平整等准备工作而发生的费用。建设单位临时设施费是指建设单位为满足工程项目建设、生活、办公的需要，用于临时设施建设、维修、租赁、使用所发生或摊销的费用。

(1) 场地准备及临时设施费的内容。场地准备包括场地平整和建设场地余留的有碍施工建设的设施进行拆除清理等内容。建设单位临时设施包括临时宿舍、文化福利及公用事业房屋与构筑物、仓库、办公室、加工厂，以及规定范围内未列入工程费用的道路、水、电、气、通信、管线等临时设施。不包括已列入建筑安装工程费用中的施工单位临时设施。

(2) 场地准备及临时设施费的计算方法。

1) 场地准备及临时设施应尽量与永久性工程统一考虑。建设场地的大型土石方工程应进入建筑工程费用中。

2) 新建项目的场地准备和临时设施费应根据实际工程量估算，或按工程费用的比例计算，一般可按工程费用（包括建筑工程费用、安装工程费用和设备购置费之和）的0.5%～2.0%计列，即

$$场地准备及临时设施费=工程费用\times费率+拆除清理费$$

3) 改扩建项目一般只计拆除清理费。发生拆除清理费时可按新建同类工程造价或主材费、设备费的比例计算。凡可回收材料的拆除工程采用以料抵工方式冲抵拆除清理费。

4) 此项费用不包括已列入建筑安装工程费用中的施工单位临时设施费用。

8. 引进技术和引进设备其他费

引进技术和引进设备其他费是指引进技术和设备发生的，但未计入设备购置费中的费用。

(1) 引进技术和引进设备其他费的内容。包括：

1) 出国人员费用。包括买方人员出国进行设计、联络、考察、联合设计、设备材料监检、培训等所发生的差旅费、生活费、制装费等。

2) 来华人员费用。包括卖方来华工程技术人员的差旅费、现场办公费用、往返现场交通费、工资、食宿费用、接待费等。

3) 银行担保及承诺费。指引进项目由国内外金融机构出面承担风险和责任担保所发生的费用，以及支付贷款机构承诺费用。

4) 引进项目图纸资料翻译复制费、备品备件测绘费。

(2) 引进技术和引进设备其他费的计算方法。

1) 出国人员费用。依据合同规定的出国人次、期限和费用标准计算。生活费及制装费按财政部、外交部规定的现行标准计算，差旅费按中国民航公布的国际航线票价计算。

2) 来华人员费用。应依据引进合同有关条款规定和来华技术人员派遣计划计算。来华人员接待费用可按人次费用标准计算。引进合同有关条款中已包括的费用内容不得重复计算。

3) 银行担保及承诺费。应按担保或承诺协议计取。投资估算和概算编制时可按担保金

额或承诺金额乘以费率计算。

4）引进项目图纸资料翻译复制费。根据引进项目的具体情况计列或按引进货价（FOB）的比例估列；引进项目发生备品备件测绘费时按具体情况估列。

5）引进设备材料的国外运输费、国外运输保险费、关税、增值税、外贸手续费、银行财务费、国内运杂费、引进设备材料国内检验费等按引进货价（FOB或CIF）计算后进入相应的设备材料费中。

6）单独引进软件不计关税只计增值税。

9. 工程保险费

工程保险费是指建设项目在建设期间根据需要对建筑工程、安装工程、机器设备和人身安全进行投保而发生的保险费用。

（1）工程保险费包括的内容。工程保险费包括建筑安装工程一切险、引进设备财产保险和人身意外伤害险等。

（2）工程保险费的计算方法。

1）根据不同的工程建设项目类别、特点选择投保险种，根据投保合同计列保险费用。

2）不投保的工程不计取此项费用；已列入施工企业管理费中的施工管理财产、车辆保险费不能计入。

3）编制投资估算和概算时可分别按工程费用（包括建筑工程费用、安装工程费用和设备购置费之和）的比例估算。一般建筑工程按2‰～4‰计，安装工程、市政工程按3‰～6‰计。

10. 特殊设备安全监督检验费

特殊设备安全监督检验费是指根据《特种设备安全监察条例》的有关规定，经特种设备安全监督管理部门核准的特种设备检验检测机构，对施工现场组装的特种设备实施检验检测，应由建设项目支付的、向设备安全监察部门缴纳的费用，按照国家、省有关规定在项目建设中应缴纳的且应计入工程造价的行政事业性收费。

（1）特种设备包括的内容。主要包括锅炉和压力容器、压力管道、消防设备、燃气设备、电梯等特殊设备和设施等。

（2）特种设备安全监督检验费计算方法。特殊设备安全监督检验费可以按照建设项目所在省（市、自治区）安全监察部门的规定标准计算。无具体规定的，在编制投资估算和概算时可按受检设备现场安装费的比例估算。

11. 配套设施建设费

配套设施建设费是指项目建设单位按照项目所在地省级人民政府有关规定缴纳的基础设施、市政公用、社会公益等配套设施建设费。

（1）配套设施建设费的内容。一般包括：建设工程规划综合费、城市建设（教育、医疗等机构）配套费、供电配套工程费、城区内自来水管道施工费、城区内电话通信施工费、城区内燃气管道施工费、防雷工程设计审核费、有线电视安装费、人防工程易地建设费、人防工程拆除补偿费、城市占道费、绿化补偿费、绿地保证金、地上天然气供气设施拆除费、上水管网补偿费等。

（2）配套设施建设费计算方法：

1）按照工程所在地省级人民政府有关文件规定的标准计列。

2）不发生或按规定免征项目不计取。

12. 其他技术咨询费用

按照有关规定双方合同约定计算。

（四）与未来企业生产经营有关的其他费用

1. 联合试运转费

联合试运转费是指新建项目或新增加生产能力的工程，在交付生产前按照批准的设计文件所规定的工程质量标准和技术要求，进行整个生产线或装置的负荷联合试运转或局部联动试车所发生的费用净支出（试运转支出大于收入的差额部分费用）。

（1）联合试运转费的内容。联合试运转支出包括试运转所需原材料、燃料及动力消耗、低值易耗品、其他物料消耗、工具用具使用费、机械使用费、保险金、施工单位参加试运转人员工资及专家指导费等；试运转收入包括试运转期间的产品销售收入和其他收入。

联合试运转费不包括应由设备安装工程费用开支的调试及试车费用，以及在试运转中暴露出来的因施工原因或设备缺陷等发生的处理费用。

（2）联合试运转费的计算方法。

1）不发生试运转或试运转收入大于（或等于）费用支出的工程，不列此项费用。

2）当联合试运转收入小于试运转支出时

联合试运转费＝联合试运转费用支出－联合试运转收入

3）试运转期应按照批准的设计文件所规定的期限计算，引进项目应按建设合同中规定的期限计算。试运转期需要超过规定试运转期的，应报项目批准部门审批。试运转期一经确定，各建设单位应严格按规定执行，不得擅自缩短或延长。

2. 专利及专有技术使用费

专利及专有技术使用费是指建设项目使用国内外专利和专有技术支付的费用。

（1）专利及专有技术使用费内容。包括：

1）国外设计及技术资料费、引进有效专利、专有技术使用费和技术保密费。

2）国内有效专利、专有技术使用费用。

3）商标权、商誉和特许经营权费等。

（2）专利及专有技术使用费的计算方法。计算专利及专有技术使用费时应注意以下问题：

1）按专利使用许可协议和专有技术使用合同的规定计列。

2）专有技术的界定应以省、部级鉴定批准为依据。

3）项目投资中只计需在建设期支付的专利及专有技术使用费。协议或合同规定在生产期支付的使用费应在生产成本中核算。

4）一次性支付的商标权、商誉及特许经营权费按协议或合同规定计列。协议或合同规定在生产期支付的商标权或特许经营权费应在生产成本中核算。

5）为项目配套的专用设施投资，包括专用铁路线、专用公路、专用通信设施、变送电站、地下管道、专用码头等，如由项目建设单位负责投资但产权不归属本单位的，应作无形资产处理。

3. 生产准备及开办费

生产准备及开办费是指建设项目为保证正常生产（或营业、使用）而发生的人员培训费、提前进厂费，以及投产使用必备的生产办公、生活家具用具及工器具等购置费。

（1）生产准备及开办费的内容。包括：

1）生产准备费。包括人员培训费及提前进厂费，指在项目交工验收前对工人、技术人员和管理人员自行组织培训，或委托其他单位培训的人员的工资、工资性补贴、职工福利费、差旅交通费、劳动保护费、学习资料费等。

2）办公、生活家具用具购置费。为保证建设项目初期正常生产、生活（或营业、使用）和管理所必须购置的办公、生活家具用具的费用，不包括备品备件费。

（2）生产准备及开办费的计算方法。

1）新建项目按设计定员为基数计算，改扩建项目按新增设计定员为基数计算，乘以以上两项费用内容的分类指标（元/人）计算，即

生产准备费及开办费＝设计定员×生产准备费及开办费指标（元/人）

2）可采用综合的生产准备费指标进行计算，也可以按费用内容的分类指标计算。

4. 与项目相关的其他费用

可根据实际需要的内容，按照有关规定进行计算。

三、预备费构成及计算方法

预备费是指在建设期内因各种不可预见因素的变化而预留的可能增加的费用，包括基本预备费和价差预备费。

1. 基本预备费

基本预备费又称工程建设不可预见费，是指在投资估算或设计概算阶段预留的，由于工程实施中不可预见的工程变更及洽商、一般自然灾害处理、地下障碍物处理、超规超限设备运输等可能增加的费用。

（1）基本预备费的内容。基本预备费一般由以下四部分构成：

1）在批准的初步设计范围内，技术设计、施工图设计及施工过程中所增加的工程费用；设计变更、材料代用、局部处理等增加的费用。

2）一般自然灾害造成的损失和预防自然灾害所采取措施的费用。实行工程保险的工程项目，该费用应适当降低。

3）竣工验收时为鉴定工程质量，对隐蔽工程进行必要的挖掘和修复的费用。

4）超规超限设备运输过程中可能增加的费用。

（2）基本预备费的计算。基本预备费一般是以建设项目的工程费用和工程建设其他费用之和为基础，乘以基本预备费率，按下式进行计算

基本预备费＝（工程费用＋工程建设其他费用）×基本预备费费率

基本预备费率的大小应根据建设项目的设计阶段和具体的设计深度，以及在估算中所采用的各项估算指标与设计内容的贴近度、项目所属行业主管部门的具体规定确定，如没有规定，一般可根据工程具体情况按5%～10%计取。

［例6-3］ 某建设项目建筑安装工程费为5000万元，设备购置费为3000万元，工程建设其他费用为2000万元，已知基本预备费率为8%，求建设项目基本预备费。

解 基本预备费＝(5000＋3000＋3000)×8%＝800(万元)

2. 价差预备费

价差预备费是指为在建设期间内利率、汇率或价格等因素的变化而预留的可能增加的费

用，也称为价格变动不可预见费或涨价预备费。此费用属工程造价的动态因素，应在总预备费用中单独列出。

(1) 价差预备费的内容。价差预备费内容包括：人工、设备、材料、施工机械的价差费，建筑安装工程费及工程建设其他费用调整，利率、汇率调整等增加的费用。

(2) 价差预备费的测算方法。价差预备费一般根据国家规定的投资综合价格指数，按估算年份价格水平的投资额为基数，根据价格变动趋势，预测价值上涨率，采用复利方法计算。其计算公式为

$$PF = \sum_{t=1}^{n} I_t[(1+f)^m(1+f)^{0.5}(1+f)^{t-1}-1]$$

式中 PF——价差预备费；

n——建设期年份数；

I_t——估算静态投资额中第 t 年投入的工程费用；

f——年涨价率；按政府部门规定执行，没有规定的由可行性研究人员预测；

m——建设前期年限（从编制估算到开工建设，年）。

[例 6-4] 某项目建筑安装工程费为 5000 万元，设备购置费为 3000 万元，项目建设前期年限为 1 年，建设期为 3 年，各年投资计划额为：第一年完成投资 20%，第二年 60%，第三年 20%。平均投资价格上涨率为 6%，求建设项目建设期间价差预备费。

解 工程费用 $= 5000 + 3000 = 8000$(万元)

建设期第一年完成投资$=8000\times20\%=1600$（万元）

第一年价差预备费 $PF_1=I_1[(1+f)(1+f)^{0.5}-1]=146.14$(万元)

第二年完成投资$=8000\times60\%=4800$（万元）

第二年价差预备费 $PF_2=I_2[(1+f)(1+f)^{0.5}(1+f)-1]=752.72$(万元)

第三年完成投资$=8000\times20\%=1600$（万元）

第三年价差预备费 $PF_3=I_3[(1+f)(1+f)^{0.5}(1+f)^2-1]=361.96$(万元)

所以，建设期的价差预备费为

$$PF = 146.14 + 752.72 + 361.96 = 1260.82\text{(万元)}$$

四、建设期利息

建设期利息主要是指在建设期内发生的为工程项目筹措资金的融资费用及债务资金利息，并按规定允许在投产后计入固定资产原值的利息。

1. 建设期利息的内容

债务资金包括向国内银行和其他非银行金融机构贷款、出口信贷、外国政府贷款、国际商业银行贷款及在境内外发行的债券等。融资费用和应计入固定资产原值的利息包括借款（或债券）利息及手续费、承诺费、管理费等。

国外贷款利息的计算中，还应包括国外贷款银行根据贷款协议向贷款方以年利率的方式收取的手续费、管理费、承诺费，以及国内代理机构经国家主管部门批准的以年利率的方式向贷款单位收取的转贷费、担保费、管理费等。

2. 建设期利息的计算方法

根据不同的资金来源，建设期贷款利息可按以下方法分别计算：

(1) 贷款总额一次性贷出且利率固定时

$$贷款利息 = 贷款总额 \times [(1+年利率)^n - 1]$$

（2）总贷款分年均衡发放时

$$贷款利息 = \sum(本年度初需付息贷款本息累计 + 本年度付息贷款/2) \times 年利率$$

年利率按单利计算时为名义年利率，按复利方式计算时为有效年利率。名义年利率和有效年利率的换算公式为

$$有效年利率 = (1+r/m)^n - 1$$

式中 r——名义年利率；

m——每年计息次数；

n——建设期年数。

[例 6-5] 有一新建写字楼，建设期为 3 年，部分工程价款分年均衡贷款，第一年贷款 2000 万元，第二年贷款 4000 万元，第三年贷款 3000 万元，贷款利率 10%计算建设期贷款利息。

解 第一年贷款利息 $= 2000/2 \times 10\% = 100$(万元)

第二年贷款利息 $= (2000 + 100 + 4000/2) \times 10\% = 410$(万元)

第三年贷款利息 $= (2000 + 100 + 4000 + 410 + 3000/2) \times 10\% = 801$(万元)

三年贷款利息共计 $= 100 + 410 + 801 = 1311$(万元)

（3）采用其他方式时。如建设单位与贷款方达成协议采用其他方式计算，则按实际达成的协议方式计算。

融资费用是指某些债务融资中发生的手续费、承诺费、管理费、信贷保险费等融资费用。一般应将其单独计算并计入建设期利息，如该费用已计入工程其他费用，则不再计算。

以上工程项目的投资可分为静态投资和动态投资两部分。建设工程静态投资是指以编制投资计划或概预算造价时的社会整体物价水平和银行利率、汇率、税率等为基本参数，按照有关文件规定计算得出的建设工程投资额。其内容包括：建筑工程费、设备购置费、安装工程费、工程建设其他费用和基本预备费；建设工程动态投资是指在建设期内，因建设工程贷款利息、汇率变动及建设期间由于物价变动等引起的建设工程投资增加额。

五、国外建设工程造价的构成

1978 年，世界银行、国际咨询工程师联合会对项目的总建设成本做了统一规定，工程项目总建设成本包括直接建设成本、间接建设成本、应急费和建设成本上升费用。其详细内容如下：

1. 项目直接建设成本

项目直接建设成本包括以下内容：

（1）土地征购费。

（2）场外设施费用，如道路、码头、桥梁、机场、输电线路等设施费用。

（3）场地费用。指用于场地准备、厂区道路、铁路、围栏、场内设施等的建设费用。

（4）工艺设备费。指主要设备、辅助设备及零配件的购置费用，包括海运包装费用、交货港离岸价，但不包括税金。

（5）设备安装费。指设备供应商的监理费用，本国劳务及工资费用，辅助材料、施工设备、消耗品和工具等费用，以及安装承包商的管理费和利润等。

（6）管道系统费用。指与系统的材料及劳务相关的全部费用。

(7) 电气设备费，其内容与 (4) 相似。

(8) 电气安装费。指设备供应商的监理费用，本国劳务及工资费用，辅助材料、电缆管道和工具费用，以及营造承包商的管理费和利润。

(9) 仪器仪表费。指所有自动仪表、控制板、配线和辅助材料的费用，以及供应商的监理费用、外国或本国劳务及工资费用、承包商的管理费和利润。

(10) 机械的绝缘和油漆费。指与机械及管道的绝缘和油漆相关的全部费用。

(11) 工艺建筑费。指原材料、劳务费，以及与基础、建筑结构、屋顶、内外装修、公共设施等有关的全部费用。

(12) 服务性建筑费用，其内容与 (11) 相似。

(13) 工厂普通公共设施费，包括材料和劳务费，以及与供水、燃料供应、通风、蒸汽产生及分配、下水道、污物处理等公共设施有关的费用。

(14) 车辆费。指工艺操作必需的机动设备零件费用。包括海运包装费用及交货港的离岸价，但不包括税金。

(15) 其他当地费用。指不能归类于以上任何一个项目，不能计入项目间接成本，但在建设期间又是必不可少的当地费用。如临时设备、临时公共设施及场地的维持费，营地设施及其管理、建筑保险和债券，杂项开支等费用。

2. 项目间接建设成本

项目间接建设成本包括以下内容：

(1) 项目管理费。

1) 总部人员的薪金和福利费，以及用于初步和详细工程设计、采购、时间和成本控制、行政和其他一般管理的费用。

2) 施工管理现场人员的薪金、福利费和用于施工现场监督、质量保证、现场采购、时间及成本控制、行政及其他施工管理机构的费用。

3) 零星杂项费用，如返工、旅行、生活津贴、业务支出等。

4) 各种酬金。

(2) 开工试车费。指工厂投料试车必需的劳务和材料费用（项目直接成本包括项目完工后的试车和空运转费用）。

(3) 业主的行政性费用。指业主的项目管理人员费用及支出（其中某些费用必须排除在外，并在“估算基础”中详细说明）。

(4) 生产前费用。指前期研究、勘测、建矿、采矿等费用（其中一些费用必须排除在外，并在“估算基础”中详细说明）。

(5) 运杂费和保险费。指海运、国内运输、许可证及佣金、海洋保险、综合保险等费用。

(6) 地方税。指地方关税、地方税及对特殊项目征收的税金。

3. 应急费

应急费包括以下内容：

(1) 未明确项目的准备金。此项准备金用于在估算时不可能明确的潜在项目，包括在做成本估算时因为缺乏完整、准确和详细的资料而不能完全预见和不能注明的项目，并且这些项目是必须完成的，或它们的费用是必定要发生的，在每一个组成部分中均单独以一定的百分比确定，并作为估算的一个项目单独列出。此项准备金不是为了支付工作范围以外可能增加的项目，不是用以应付天灾、非正常经济情况及罢工等情况，也不是用来补偿估算的任何误差，而是用来支付那些几乎可以肯定要发生的费用。因此，它是估算不可缺少的一个组成部分。

(2) 不可预见准备金。此项准备金（在未明确项目准备金之外）用于在估算达到了一定的完整性并符合技术标准的基础上，由于物质、社会和经济的变化，导致估算增加的情况。此种情况可能发生，也可能不发生。因此，不可预见准备金只是一种储备，可能不动用。

4. 建设成本上升费用

通常，估算中使用的构成工资率、材料和设备价格基础的截止日期就是“估算日期”。必须对该日期或已知成本基础进行调整，以补偿直至工程结束时的未知价格增长。

工程的各个主要组成部分（国内劳务和相关成本、本国材料、外国材料、本国设备、外国设备、项目管理机构）的细目划分决定以后，便可确定每一个主要组成部分的增长率。这个增长率是一项判断因素。它以已发表的国内和国际成本指数、公司记录等为依据，并与实际供应商进行核对，然后根据确定的增长率和从工程进度表中获得的每项活动的中点值，计算出每项主要组成部分的成本上升值。

第三节　建筑安装工程费用项目构成和计算方法

一、按费用构成要素划分的费用项目

建筑安装工程费用按照费用构成要素划分：由人工费、材料（包含工程设备，下同）费、施工机具使用费、企业管理费、利润、规费和税金组成。其中人工费、材料费、施工机具使用费、企业管理费和利润包含在分部分项工程费、措施项目费、其他项目费中。建筑安装工程费用项目组成，见图 6-2。

（一）人工、材料和机具使用费的概念及计算方法

(1) 人工费是指按工资总额构成规定，支付给从事建筑安装工程施工的生产工人和附属生产单位工人的各项费用，即

$$人工费 = \sum(工日消耗量 \times 日工资单价)$$

(2) 材料费是指施工过程中耗费的原材料、辅助材料、构配件、零件、半成品或成品、工程设备的费用。工程设备是指构成或计划构成永久工程一部分的机电设备、金属结构设备、仪器装置及其他类似的设备和装置，即

$$材料费 = \sum(材料消耗量 \times 材料单价)$$

$$工程设备费 = \sum(工程设备量 \times 工程设备单价)$$

(3) 施工机具使用费是指施工作业所发生的施工机械、仪器仪表使用费或其租赁费。

1) 施工机械使用费以施工机械台班消耗量乘以施工机械台班单价表示，即

$$施工机械使用费 = \sum(施工机械台班消耗量 \times 机械台班单价)$$

2) 仪器仪表使用费是指工程施工所需使用的仪器仪表的摊销及维修费用，即

$$仪器仪表使用费 = 工程使用的仪器仪表摊销费 + 维修费$$

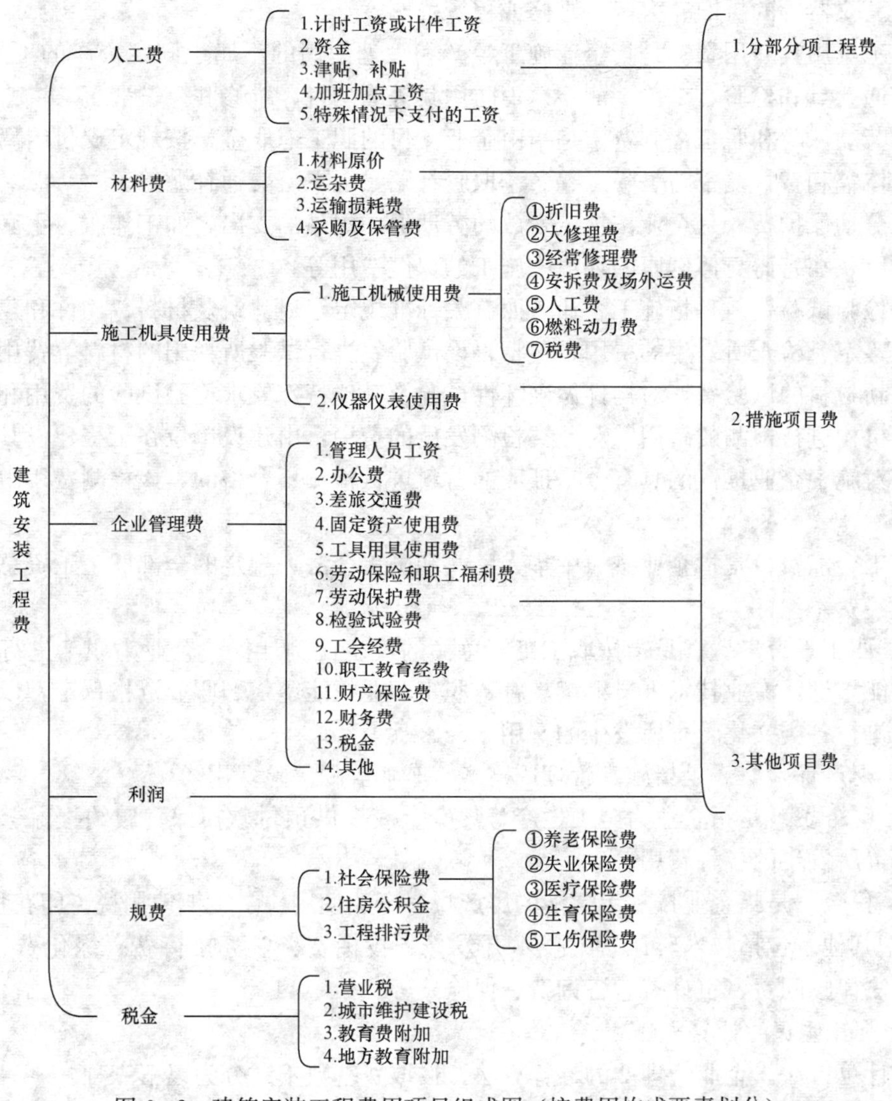

图 6-2 建筑安装工程费用项目组成图（按费用构成要素划分）

（二）企业管理费的概念、构成及计算方法

1. 企业管理费的概念与构成

企业管理费是指建筑安装企业组织施工生产和经营管理所需的费用。内容包括：

（1）管理人员工资。是指按规定支付给管理人员的计时工资、奖金、津贴补贴、加班加点工资及特殊情况下支付的工资等。

（2）办公费。是指企业管理办公用的文具、纸张、账表、印刷、邮电、书报、办公软件、现场监控、会议、水电、烧水和集体取暖降温（包括现场临时宿舍取暖降温）等费用。

（3）差旅交通费。是指职工因公出差、调动工作的差旅费、住勤补助费，市内交通费和误餐补助费，职工探亲路费，劳动力招募费，职工退休、退职一次性路费，工伤人员就医路费，工地转移费，以及管理部门使用的交通工具的油料、燃料等费用。

（4）固定资产使用费。是指管理和试验部门及附属生产单位使用的属于固定资产的房屋、设备、仪器等的折旧、大修、维修或租赁费。

（5）工具用具使用费。是指企业施工生产和管理使用的不属于固定资产的工具、器具、家具、交通工具和检验、试验、测绘、消防用具等的购置、维修和摊销费。

（6）劳动保险和职工福利费。是指由企业支付的职工退职金，按规定支付给离休干部的经费，集体福利费，夏季防暑降温、冬季取暖补贴，上下班交通补贴等。

（7）劳动保护费。是企业按规定发放的劳动保护用品的支出，如工作服、手套、防暑降温饮料，以及在有碍身体健康的环境中施工的保健费用等。

（8）检验试验费。是指施工企业按照有关标准规定，对建筑及材料、构件和建筑安装物进行一般鉴定、检查所发生的费用，包括自设试验室进行试验所耗用的材料等费用，不包括新结构、新材料的试验费，对构件做破坏性试验及其他特殊要求检验试验的费用和建设单位委托检测机构进行检测的费用，对此类检测发生的费用，由建设单位在工程建设其他费用中列支。但对施工企业提供的具有合格证明的材料进行检测不合格的，该检测费用由施工企业支付。

（9）工会经费。是指企业按《中华人民共和国工会法》规定的全部职工工资总额比例计提的工会经费。

（10）职工教育经费。是指按职工工资总额的规定比例计提，企业为职工进行专业技术和职业技能培训，专业技术人员继续教育、职工职业技能鉴定、职业资格认定，以及根据需要对职工进行各类文化教育所发生的费用。

（11）财产保险费。是指施工管理用财产、车辆等的保险费用。

（12）财务费。是指企业为施工生产筹集资金或提供预付款担保、履约担保、职工工资支付担保等所发生的各种费用。

（13）税金。是指企业按规定缴纳的房产税、车船使用税、土地使用税、印花税等。

（14）其他。包括技术转让费、技术开发费、投标费、业务招待费、绿化费、广告费、公证费、法律顾问费、审计费、咨询费、保险费等。

2. 企业管理费的计算方法

（1）计算方法。企业管理费的计算方法，按取费基数不同分为以下三种：

1）以分部分项工程费作为计算基础。它是将企业管理费按其占分部分项工程费的百分比计算，通常可按下式计算

$$企业管理费=分部分项工程费合计\times 企业管理费费率（\%）$$

2）以人工费和机械费合计为计算基础。它是将企业管理费按其以人工费和机械费合计的百分比计算，通常可按下式计算

$$企业管理费=（人工费+机械费）合计\times 企业管理费费率（\%）$$

3）以人工费为计算基础。它是将企业管理费按其人工费的百分比计算，通常可按下式计算

$$企业管理费=人工费合计\times 企业管理费费率（\%）$$

（2）费率确定。费率确定分为以下三种情况：

1）以分部分项工程费为计算基础。通常可按下式计算企业管理费费率

$$企业管理费费率(\%)=\frac{生产工人年平均管理费}{年有效施工天数\times 人工单价}\times 人工费占分部分项工程费比例(\%)$$

2）以人工费和机械费合计为计算基础。通常可按下式计算企业管理费费率

$$企业管理费费率(\%)=\frac{生产工人年平均管理费}{年有效施工天数\times(人工单价+每一工日机械使用费)}\times100\%$$

3）以人工费为计算基础。通常可按下式计算企业管理费费率

$$企业管理费费率(\%)=\frac{生产工人年平均管理费}{年有效施工天数\times人工单价}\times100\%$$

上述公式适用于施工企业投标报价时自主确定管理费，是工程造价管理机构编制计价定额确定企业管理费的参考依据。

工程造价管理机构在确定计价定额中企业管理费时，应以定额人工费或定额人工费＋定额机械费作为计算基数，其费率根据历年工程造价积累的资料，辅以调查数据确定，列入分部分项工程和措施项目中。

（三）利润的概念及计算方法

1. 利润的概念及计算

利润是指施工企业完成所承包工程获得的盈利。建筑安装工程利润的计算，可分以下两种情况：

(1) 以人工费和机械费之和作为计算基础。以人工费和机械费之和作为计算基础的利润，可按下式计算

$$利润=(人工费+机械费)合计\times利润率(\%)$$

(2) 以人工费作为计算基础。以人工费作为计算基础的利润，可按下式计算

$$利润=人工费合计\times利润率(\%)$$

施工企业根据企业自身需求并结合建筑市场实际自主确定，列入报价中。

工程造价管理机构在确定计价定额中利润时，应以定额人工费或定额人工费＋定额机械费作为计算基数，其费率根据历年工程造价积累的资料，并结合建筑市场实际确定，以单位（单项）工程测算，利润在税前建筑安装工程费的比例可按不低于5%且不高于7%的费率计算。利润应列入分部分项工程和措施项目中。

2. 利润计算说明

利润每种计算方法的适用范围，各地区都有明显规定，计算时必须按各地区的规定执行。其中：

(1) 施工企业的利润，根据企业自身需求并结合建筑市场实际自主确定，列入报价中。

(2) 工程造价管理机构在确定计价定额中的利润时，应以定额人工费或定额人工费＋定额机械费作为计算基数，其费率根据历年工程造价积累的资料，并结合建筑市场实际确定，以单位（单项）工程测算，利润在税前建筑安装工程费的比例可按不低于5%且不高于7%的费率计算。

(3) 利润应列入分部分项工程和措施项目中。

（四）规费的概念、构成及计算方法

1. 规费的概念及构成

(1) 规费是指按国家法律、法规规定，由省级政府和省级有关权力部门规定必须缴纳或计取的费用。

(2) 规费主要包括社会保险费（5险）、住房公积金（1金）、工程排污费及其他费用。

1）社会保险费。社会保险费由以下五项组成：

a. 养老保险费。它是指企业按照规定标准为职工缴纳的基本养老保险费。

b. 失业保险费。它是指企业按照规定标准为职工缴纳的失业保险费。

c. 医疗保险费。它是指企业按照规定标准为职工缴纳的基本医疗保险费。

d. 生育保险费。它是指企业按照规定标准为职工缴纳的生育保险费。

e. 工伤保险费。它是指企业按照规定标准为职工缴纳的工伤保险费。

2）住房公积金。它是指企业按规定标准为职工缴纳的住房公积金。

3）工程排污费。它是指按规定缴纳的施工现场工程排污费。

4）其他应列而未列入的规费，按实际发生计取。

2. 规费的计算方法

（1）社会保险费和住房公积金。社会保险费和住房公积金应以定额人工费为计算基础，根据工程所在地省、自治区、直辖市或行业建设主管部门规定费率计算。其计算公式为

社会保险费和住房公积金＝∑(工程定额人工费×社会保险费和住房公积金费率)

式中：社会保险费和住房公积金费率可以每万元发承包价的生产工人人工费和管理人员工资含量与工程所在地规定的缴纳标准综合分析取定。

（2）工程排污费。工程排污费等其他应列而未列入的规费应按工程所在地环境保护等部门规定的标准缴纳，按实计取列入。

（五）税金的概念、构成及计算方法

1. 税金的概念与构成

建筑安装工程费用中的税金是指国家税法规定的应计入建筑安装工程造价内的税金额，包括营业税、城市维护建设税、教育费附加和地方教育附加（房产税、车船使用税、土地使用税、印花税已计入企业管理费中）。

税收是国家财政收入的主要来源。它与其他收入相比，具有强制性、固定性和无偿性等特点。通常建筑施工企业也要像其他企业一样，按国家规定缴纳税金。

根据建筑安装工程施工生产的技术经济特点，建筑施工企业应向国家缴纳九种税金，即营业税、城市维护建设税、房产税、车船使用税、土地使用税、印花税、教育费附加、地方教育附加和所得税。其中，所得税属于利润所得分配税；其余的属于转嫁税，应列入建筑工程费用中；所得税则由施工企业所得收入中支付。上述某些税金项目若在前面的费用中已经列支，则在缴纳税金时不再列入。

2. 税金的计算方法

（1）税金的计算规定。营业税、城市维护建设税、教育费附加、地方教育附加的计税规定如下：

1）营业税。它是按计税营业额以营业税税率确定。其中建筑安装企业营业税税率为3%，营业税可按下式计算

应纳营业税＝计税营业额×3%

计税营业额是含税营业额，指从事建筑、安装、修缮、装饰及其他工程作业收取的全部收入，包括建筑、修缮、装饰工程所用原材料及其他物资和动力的价款。当安装设备的价值作为安装工程产值时，也包括所安装设备的价款。营业税的纳税地点为应税劳务的发生地。

2）城市维护建设税。它是指为筹集城市维护和建设资金，稳定和扩大城市、乡镇维护

建设的资金来源，而对有经营收入的单位和个人征收的一种税。

城市维护建设税是按应纳营业税额乘以适用税率确定的，可按下式计算

$$城市维护建设税=应纳营业税额\times适用税率$$

城市维护建设税的纳税地点在市区的，其适用税率为营业税的7%；所在地为县镇的，其适用税率为营业税的5%；所在地为农村的，其适用税率为营业税的1%。城市维护建设税的纳税地点与营业税的纳税地点相同。

3）教育费附加。它是按应纳营业税额的3%确定，可按下式计算：

$$教育费附加=应纳营业税额\times3\%$$

建筑安装企业的教育费附加要与营业税同时缴纳。即使办有职工子弟学校的建筑安装企业，也应当先缴纳教育费附加，教育部门可根据企业的办学情况，酌情返还给办学单位，作为对办学经费的补助。

4）地方教育附加。大部分地区地方教育附加按应纳营业税额的2%确定，可按下式计算

$$地方教育附加=应纳营业税额\times2\%$$

地方教育附加应专项用于发展教育事业，不得从地方教育附加中提取或列支征收或代征手续费。

(2) 税金的综合计算方法。在工程造价的计算过程中，上述税金通常一起计算。由于营业税的计税依据是含税营业额，城市维护建设税和教育费附加的计税依据是应纳营业税额，而在计算税金时，往往已知条件是税前造价。因此，在实际计算和征收税金时，往往需要将税前造价转化为含税营业额，再按相应的公式计算税金。含税营业额可按下式计算

$$营业额=\frac{税前造价}{1-营业税率-营业税率\times城市维护建设税率-营业税率\times教育费附加率-营业税率\times地方教育附加率}$$

为简化计算，可以直接将上述税种合并为一个综合税率，按下式计算

$$税金=税前造价\times综合税率(\%)$$

式中，综合税率根据工程所在地不同按下列情况分别确定。

1）纳税地点在市区的企业，按下式确定

$$综合税率(\%)=\frac{1}{1-3\%-(3\%\times7\%)-(3\%\times3\%)-(3\%\times2\%)}-1=3.48\%$$

2）纳税地点在县城、镇的企业，按下式确定

$$综合税率(\%)=\frac{1}{1-3\%-(3\%\times5\%)-(3\%\times3\%)-(3\%\times2\%)}-1=3.41\%$$

3）纳税地点不在市区、县城、镇的企业，按下式确定

$$综合税率(\%)=\frac{1}{1-3\%-(3\%\times1\%)-(3\%\times3\%)-(3\%\times2\%)}-1=3.28\%$$

4）实行营业税改增值税的，按纳税地点现行税率计算。

[例6-6] 某一建筑施工企业承建某县城重点中学教学楼工程，该工程的税前造价为1000万元，计算该施工企业应缴纳的营业税、城市维护建设税、教育费附加和地方教育附加。

解 含税营业额 $=1000/[1-3\%-(3\%\times5\%)-(3\%\times3\%)-(3\%\times2\%)]=1034.1262$(万元)

应缴纳的营业税＝1034.1262×3%＝31.0238(万元)

应缴纳的城市维护建设税＝31.0238×5%＝1.5512(万元)

应缴纳的教育费附加＝31.0238×3%＝0.9307(万元)

应缴纳的地方教育附加＝31.0238×2%＝0.6205(万元)

二、按造价形成划分的费用项目

建筑安装工程费按照工程造价形成由分部分项工程费、措施项目费、其他项目费、规费、税金组成，分部分项工程费、措施项目费、其他项目费包含人工费、材料费、施工机具使用费、企业管理费和利润。建筑安装工程费用项目组成，见图6-3。

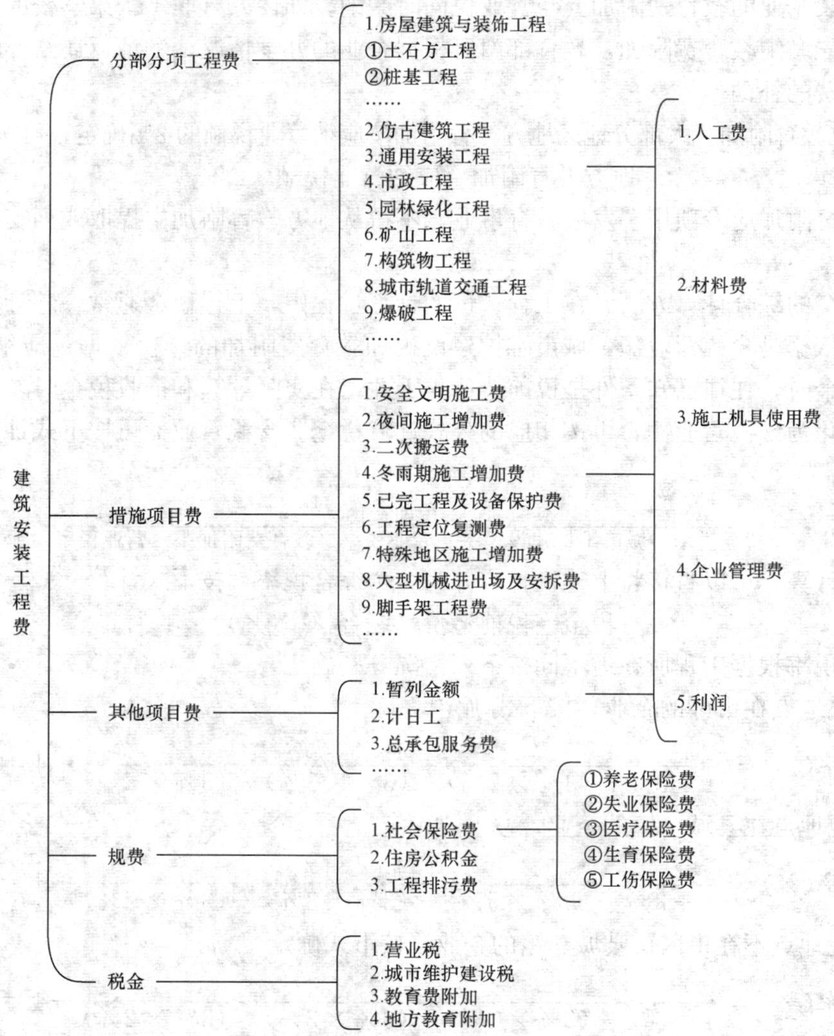

图6-3 建筑安装工程费用项目组成图（按造价形成划分）

（一）分部分项工程费的概念、构成及计算方法

1. 分部分项工程费的概念

分部分项工程费是指各专业工程的分部分项工程应予列支的各项费用。

(1) 专业工程是指按现行国家计量规范划分的房屋建筑与装饰工程、仿古建筑工程、通用安装工程、市政工程、园林绿化工程、矿山工程、构筑物工程、城市轨道交通工程、爆破工程等各类工程。

（2）分部分项工程指按现行国家计量规范对各专业工程划分的项目。如房屋建筑与装饰工程划分的土石方工程、地基处理与边坡支护工程、桩基工程、砌筑工程、钢筋及钢筋混凝土工程等。

各类专业工程的分部分项工程划分见现行国家或行业计量规范。

2. 分部分项工程费的构成及计算方法

$$分部分项工程费 = \sum(分部分项工程量 \times 综合单价)$$

式中：综合单价包括人工费、材料费、施工机具使用费、企业管理费和利润，以及一定范围的风险费用（下同）。

（二）措施项目费的概念、构成及计算方法

1. 措施项目费的概念与构成

措施项目费是指为完成建设工程施工，发生于该工程施工前和施工过程中的技术、生活、安全、环境保护等方面的费用。内容包括：

（1）安全文明施工费。安全文明施工费包括：环境保护费、文明施工费、安全施工费和临时设施费等。

a. 环境保护费。是指施工现场为达到环保部门要求所需要的各项费用。

b. 文明施工费。是指施工现场文明施工所需要的各项费用。

c. 安全施工费。是指施工现场安全施工所需要的各项费用。

d. 临时设施费。是指施工企业为进行建设工程施工所必须搭设的生活和生产用的临时建筑物、构筑物和其他临时设施费用，包括临时设施的搭设、维修、拆除、清理费或摊销费等。

（2）夜间施工增加费。是指因夜间施工所发生的夜班补助费、夜间施工降效、夜间施工照明设备摊销及照明用电等费用。

（3）二次搬运费。是指因施工场地条件限制而发生的材料、构配件、半成品等一次运输不能到达堆放地点，必须进行二次或多次搬运所发生的费用。

（4）冬雨期施工增加费。是指在冬期或雨期施工需增加的临时设施、防滑、排除雨雪，人工及施工机械效率降低等费用。

（5）已完工程及设备保护费。是指竣工验收前，对已完工程及设备采取的必要保护措施所发生的费用。

（6）工程定位复测费。是指工程施工过程中进行全部施工测量放线和复测工作的费用。

（7）特殊地区施工增加费。是指工程在沙漠或其边缘地区、高海拔、高寒、原始森林等特殊地区施工增加的费用。

（8）大型机械设备进出场及安拆费。是指机械整体或分体自停放场地运至施工现场或由一个施工地点运至另一个施工地点，所发生的机械进出场运输及转移费用及机械在施工现场进行安装、拆卸所需的人工费、材料费、机械费、试运转费和安装所需的辅助设施的费用。

（9）脚手架工程费。是指施工需要的各种脚手架搭、拆、运输费用，以及脚手架购置费的摊销（或租赁）费用。

措施项目及其包含的内容详见各类专业工程的现行国家或行业计算规范。

2. 措施项目费的计算方法

（1）国家计算规范规定应予计量的措施项目，其计算公式为

$$措施项目费 = \sum(措施项目工程量 \times 综合单价)$$

（2）国家计算规范规定不宜计量的措施项目计算方法如下：

1）安全文明施工费，即

安全文明施工费=计算基数×安全文明施工费费率（%）

按计算基数的不同，安全文明施工费的计算分以下三种情况：

a. 以定额分部分项工程费与定额中可以计量的措施项目费之和作为计算基础，可按下式计算

安全文明施工费=(定额分部分项工程费合计+定额中可以计量的措施项目费合计)×安全文明施工费费率（%）

b. 以定额人工费作为计算基础，可按下式计算

安全文明施工费=定额人工费合计×安全文明施工费费率（%）

c. 以定额人工费与定额机械费之和作为计算基础，可按下式计算

安全文明施工费=(定额人工费合计+定额机械费合计)×安全文明施工费费率（%）

上述安全文明施工费计算中，其费率由工程造价管理机构根据各专业工程的特点综合确定。

2）夜间施工增加费。夜间施工增加费的计算分以下两种情况：

a. 以定额人工费作为计算基础，可按下式计算

$$夜间施工增加费 = 定额人工费 \times 夜间施工增加费费率(\%)$$

b. 以定额人工费与定额机械费之和作为计算基础，可按下式计算

$$夜间施工增加费 = (定额人工费 + 定额机械费) \times 夜间施工增加费费率(\%)$$

3）二次搬运费。二次搬运费的计算，分以下两种情况：

a. 以定额人工费作为计算基础，可按下式计算

$$二次搬运费 = 定额人工费 \times 二次搬运费费率(\%)$$

b. 以定额人工费与定额机械费之和作为计算基础，可按下式计算

$$二次搬运费 = (定额人工费 + 定额机械费) \times 二次搬运费费率(\%)$$

4）冬雨期施工增加费。冬雨期施工增加费的计算，同样分以下两种情况：

a. 以定额人工费作为计算基础，可按下式计算

$$冬雨期施工增加费 = 定额人工费 \times 冬雨期施工增加费费率(\%)$$

b. 以定额人工费与定额机械费之和作为计算基础，可按下式计算

$$冬雨期施工增加费 = (定额人工费 + 定额机械费) \times 冬雨期施工增加费费率(\%)$$

5）已完工程及设备保护费。已完工程及设备保护费的计算分以下两种情况：

a. 以定额人工费作为计算基础，可按下式计算

已完工程及设备保护费=定额人工费×已完工程及设备保护费费率（%）

b. 以定额人工费与定额机械费之和作为计算基础，可按下式计算

$$已完工程及设备保护费 = (定额人工费 + 定额机械费) \times 已完工程及设备保护费费率(\%)$$

上述2）～5）项措施项目的计费基数应为定额人工费或定额人工费+定额机械费，其费率由工程造价管理机构根据各专业工程特点和调查资料综合分析后确定。

（三）其他项目费的概念、构成及计算方法

1. 其他项目费的概念与构成

（1）暂列金额。是指建设单位在工程量清单中暂定并包括在工程合同价款中的一笔款项。用于施工合同签订时尚未确定或者不可预见的所需材料、工程设备、服务的采购，施工中可能发生的工程变更、合同约定调整因素出现时的工程价款调整，以及发生的索赔、现场签证确认等的费用。

（2）计日工。是指在施工过程中，施工企业完成建设单位提出的施工图纸以外的零星项目或工作所需的费用。

（3）总承包服务费。是指总承包人为配合、协调建设单位进行的专业工程发包，对建设单位自行采购的材料、工程设备等进行保管，以及施工现场管理、竣工资料汇总整理等服务所需的费用。

2. 其他项目费的计算方法

（1）暂列金额由建设单位根据工程特点，按有关计价规定估算，施工过程中由建设单位掌握使用，扣除合同价款调整后如有余额，归建设单位。

（2）计日工由建设单位和施工企业按施工过程中的签证计价。

（3）总承包服务费由建设单位在招标控制价中根据总包服务范围和有关计价规定编制，施工企业投标时自主报价，施工过程中按签约合同价执行。

（四）规费和税金的概念、构成及计算方法

1. 规费的概念与构成

规费是指按国家法律、法规规定，由省级政府和省级有关权力部门规定必须缴纳或计取的费用。

2. 税金的概念与构成

税金是指国家税法规定的应计入建筑安装工程造价内的营业税、城市维护建设税、教育费附加以及地方教育附加。

3. 规费和税金的计算方法

建设单位和施工企业均应按照省、自治区、直辖市或行业建设主管部门发布标准计算规费和税金，不得作为竞争性费用。

三、建筑安装工程计价程序

建筑安装工程各项费用之间存在着密切的内在联系，前者是后者的计算基础。因此，费用计算必须按照一定的程序进行，避免重算或漏算，做到计算清晰、结果准确。在进行建筑安装工程费用计算时，要按照当地当时的费用项目构成、费用计算方法等，遵照一定的程序进行。

（一）建设单位工程招标控制价计价程序

建设单位工程招标控制价计价程序见表 6 - 11。

表 6 - 11　　建设单位工程招标控制价计价程序

工程名称：　　　　标段：

序号	内 容	计算方法	金额（元）
1	分部分项工程费	按计价规定计算	

续表

序号	内　容	计算方法	金额（元）
1.1			
1.2			
1.3			
1.4			
1.5			
2	措施项目费	按计价规定计算	
2.1	其中：安全文明施工费	按规定标准计算	
3	其他项目费		
3.1	其中：暂列金额	按计价规定估算	
3.2	其中：专业工程暂估价	按计价规定估算	
3.3	其中：计日工	按计价规定估算	
3.4	其中：总承包服务费	按计价规定估算	
4	规费	按规定标准计算	
5	税金（扣除不列入计税范围的工程设备金额）	（1＋2＋3＋4）×规定税率	
招标控制价合计＝1＋2＋3＋4＋5			

（二）施工企业工程投标报价计价程序

施工企业工程投标报价计价程序见表6-12。

表6-12　　施工企业工程投标报价计价程序

工程名称：　　　　　　　　　　标段：

序号	内　容	计算方法	金额（元）
1	分部分项工程费	自主报价	
1.1			
1.2			
1.3			
1.4			
1.5			
2	措施项目费	自主报价	
2.1	其中：安全文明施工费	按规定标准计算	
3	其他项目费		

续表

序号	内　容	计算方法	金额（元）
3.1	其中：暂列金额	按招标文件提供金额计列	
3.2	其中：专业工程暂估价	按招标文件提供金额计列	
3.3	其中：计日工	自主报价	
3.4	其中：总承包服务费	自主报价	
4	规费	按规定标准计算	
5	税金（扣除不列入计税范围的工程设备金额）	（1＋2＋3＋4）×规定税率	
投标报价合计＝1＋2＋3＋4＋5			

（三）竣工结算计价程序

竣工结算计价程序见表6-13。

表6-13　　竣工结算计价程序

工程名称：　　　　　　　　　　　　　　　标段：

序号	汇总内容	计算方法	金额（元）
1	分部分项工程费	按合同约定计算	
1.1			
1.2			
1.3			
1.4			
1.5			
2	措施项目	按合同约定计算	
2.1	其中：安全文明施工费	按规定标准计算	
3	其他项目		
3.1	其中：专业工程结算价	按合同约定计算	
3.2	其中：计日工	按计日工签证计算	
3.3	其中：总承包服务费	按合同约定计算	
3.4	索赔与现场签证	按发承包双方确认数额计算	
4	规费	按规定标准计算	
5	税金（扣除不列入计税范围的工程设备金额）	（1＋2＋3＋4）×规定税率	
竣工结算总价合计＝1＋2＋3＋4＋5			

四、相关问题的说明

（1）各专业工程计价定额的编制及其计价程序，均按现行《建筑安装工程费用项目组成》的规定实施。

（2）各专业工程计价定额的使用周期原则上为5年。

（3）工程造价管理机构在定额使用周期内，应及时发布人工、材料、机械台班价格信息，实行工程造价动态管理，如遇国家法律、法规、规章或相关政策变化及建筑市场物价波动较大时，应适时调整定额人工费、定额机械费及定额基价或规费费率，使建筑安装工程费用能反映建筑市场实际。

（4）建设单位在编制招标控制价时，应按照各专业工程的计算规范和计价定额及工程造价信息进行。

（5）施工企业在使用计价定额时除不可竞争费用外，其余仅作参考，由施工企业投标时自主报价。

五、国外建筑安装工程费用的构成

（一）建筑安装工程费用的组成内容

1. 直接工程费

（1）人工费。国外一般工程施工的工人按技术要求划分为高级技工、熟练工、半熟练工和壮工。当工程价格采用平均工资计算时，要按各类工人总数的比例进行加权计算。人工费应该包括工资、加班费、津贴、招雇解雇费用等。

（2）材料费。主要包括以下内容：

1）材料原价。在当地材料市场中采购的材料则为采购价，包括材料出厂价和采购供销手续费等。进口材料一般是指到达当地海港的交货价。

2）运杂费。在当地采购的材料是指从采购地点至工程施工现场的短途运输费、装卸费。进口材料则为从当地海港运至工程施工现场的运输费、装卸费。

3）税金。在当地采购的材料，采购价格中已经包括税金；进口材料则为工程所在国的进口关税和手续费等。

4）运输损耗及采购保管费。

5）预涨费。根据当地材料价格年平均上涨率和施工年数，按材料原价、运杂费、税金之和的一定比例计算。

（3）施工机械费。大型自有机械台时单价，一般由每台时应摊折旧费、应摊维修费、台时消耗的能源和动力费、台时应摊的驾驶工人工资，以及工程机械设备险投保费、第三者责任险投保费等组成。如使用租赁施工机械，其费用则包括租赁费、租赁机械的进出场费等。

2. 管理费

管理费包括工程现场管理费（占整个管理费的20％～30％）和公司管理费（占整个管理费的70％～75％）。管理费除了包括与我国施工管理费构成费用以外，还含有业务经费。业务经费包括：

（1）广告宣传费。

（2）交际费。如日常接待饮料、宴请及礼品费等。

（3）业务资料费。如购买投标文件、文件及资料复印费等。

（4）业务所需手续费。施工企业参加投标时，必须由银行开具投标保函；在中标后必须由银行开具履约保函；在收到业主的工程预付款以前必须由银行开具预付款保函；在工程竣工后，必须由银行开具质量或维修保函。在开具以上保函时，银行要收取一定的担保费。

（5）代理人费用和佣金。施工企业为争取中标或为加强收取工程款，在工程所在地（所在国）寻找代理人或签订代理合同，因而付出的佣金和费用。

(6) 保险费。包括建筑安装工程一切险投保费、第三者责任险投保费。

(7) 税金。包括印花税、转手税、公司所得税、个人所得税、营业税、社会安定税等。

(8) 向银行贷款利息。

在许多国家，施工企业的业务经费往往是管理费中所占比例最大的一项，大约占整个管理费的30%～38%。

3. 利润

国际市场上，施工企业的利润一般为成本的10%～15%，也有的管理费与利润合取，为直接费的30%左右。具体工程的利润率要根据具体情况，如工程难易、现场条件、工期长短、竞争对手的情况等随行就市确定。

4. 开办费

在许多国家，开办费一般是在各分部分项工程造价的前面按单项工程分别单独列出。单项工程建筑安装工程量越大，开办费在工程价格中的比例就越小；反之，开办费就越大。一般开办费占工程价格的10%～20%。开办费因国家和工程的不同而异，大致包括以下内容：

(1) 施工用水、用电费。施工用水费，按实际打井、抽水、送水发生的费用估算，也可以按占直接费的比率估计。施工用电费，按实际需要的电费或自行发电费估算，也可按照占直接费的比率估算。

(2) 清理费。工地清理费及完工后清理费，建筑物烘干费，临时围墙、安全信号、防护用品的费用，以及恶劣气候条件下的工程防护费、污染费、噪声费，其他法定的防护费用。

(3) 周转材料费。如脚手架、模板的摊销费等。

(4) 临时设施费。包括生活用房、生产用房、临时通信、室外工程（包括道路、停车场、围墙、给水排水管道、输电线路等）的费用，可按实际需要计算。

(5) 驻工地工程师的现场办公室及所需设备的费用，现场材料试验及所需设备的费用。一般在招标文件的技术规范中有明确的面积、质量标准及设备清单等要求。如要求配备一定的服务人员或试验助理人员，则其工资费用也需计入。

(6) 其他。包括工人现场福利费及安全费、职工交通费、日常气候报表费、现场道路及进出场道路修筑及维护费、恶劣天气下的工程保护措施费、现场保卫设施费等。

5. 暂定金额

暂定金额是指包括在合同中，供工程任何部分的施工或提供货物、材料、设备或服务、不可预料事件所使用的一项金额，这项金额只有工程师批准后才能动用。

6. 分包工程费用

(1) 分包工程费。包括分包工程的直接工程费、管理费和利润。

(2) 总包利润和管理费。是指分包单位向总包单位交纳的总包管理费、其他服务费和利润。

(二) 建筑安装工程费用的组成形式和分摊比例

1. 组成形式

建筑安装工程费用体现在承包商投标报价中有三种形式：组成分部分项工程单价、单独列项、分摊进入单价。

(1) 组成分部分项工程单价。人工费、机械费和材料费直接消耗在分部分项工程上，在费用和分部分项工程之间存在着直观的对应关系，所以人工费、材料费和机械费组成分部分项工程单价，单价与工程量相乘得出分部分项工程价格。

（2）单独列项。开办费中的项目有临时设施、为业主提供的办公和生活设施、脚手架等费用，经常在工程量清单的开办费部分单独分项报价。这种方式适用于不直接消耗在某个分部分项工程上，无法与分部分项工程直接对应，但是对完成工程建设必不可少的费用。

（3）分摊进入单价。承包商总部管理费、利润和税金，以及开办费中的项目经常以一定的比例分摊进入单价。

需要注意的是，开办费项目在单独列项和分摊进入单价这两种方式中采用哪一种，要根据招标文件和计算规则的要求而定。

2. 分摊比例

（1）固定比例。税金和政府收取的各项管理费的比例是工程所在地政府规定的费率，承包商不能随意变动。

（2）浮动比率。总部管理费和利润的比例由承包商自行确定。承包商根据自身经营状况、工程具体情况等投标策略确定。一般来讲，这个比例在一定范围内是浮动变化的，不同的工程项目、不同的时间和地点，承包商对总部管理费和利润的预期值都不会相同。

（3）测算比例。开办费的比例需要详细测算，首先计算出需要分摊的项目金额，然后计算分摊金额与分部分项工程价格的比例。

（4）公式法。可参考下列公式分摊

$$A = a(1+K_1)(1+K_2)(1+K_3)$$

式中 A——分摊后的分部分项工程单价；

a——分摊前的分部分项工程单价；

K_1——开办费项目的分摊比例；

K_2——总部管理费和利润的分摊比例；

K_3——税率。

复习思考题

1. 何谓建设项目总投资？建设项目总投资由哪些费用组成？
2. 工程费用由哪些费用组成？
3. 什么是设备及工器具购置费，它包括哪些内容，如何计算？
4. 建设用地取得的基本方式有哪些？
5. 土地使用权出让最高年限是多少？
6. 哪些用地可以通过划拨方式取得？
7. 建筑工程费由哪几部分费用组成？
8. 何谓勘察设计费？
9. 基本预备费和价差预备费有何区别？
10. 建筑安装工程费包括哪些内容？
11. 企业管理费的计算方法有几种？
12. 5险1金包括哪些内容？
13. 计入建筑安装工程造价中的税金包括哪些内容？

14. 施工现场的哪些设施属于临时设施？
15. 什么是企业管理费？它包括哪些内容？
16. 分部分项工程费包括哪些内容？
17. 措施项目费一般包括哪些内容？
18. 什么叫环境保护费？
19. 什么叫文明施工费？
20. 什么叫冬雨期施工增加费？

第七章　工程量清单计价与计算规范

为了规范建设工程工程量清单计价行为，统一建设工程工程量清单的编制和计价方法，按照工程造价管理改革的要求，住建部和国家质检总局于 2012 年 12 月 25 日联合发布了新的国家标准《建设工程工程量清单计价规范》（GB 50500—2013）和《房屋建筑与装饰工程工程量计算规范》（GB 50584—2013）、《仿古建筑工程工程量计算规范》（GB 50855—2013）、《通用安装工程工程量计算规范》（GB 50856—2013）、《市政工程工程量计算规范》（GB 50857—2013）、《园林绿化工程工程量计算规范》（GB 50858—2013）、《矿山工程工程量计算规范》（GB 50859—2013）、《构筑物工程工程量计算规范》（GB 50860—2013）、《城市轨道交通工程工程量计算规范》（GB 50861—2013）、《爆破工程工程量计算规范》（GB 50862—2013）。《建设工程工程量清单计价规范》（GB 50500—2013），简称《计价规范》；九部专业工程工程量计算规范，简称《计算规范》，自 2013 年 7 月 1 日起实施。原《建设工程工程量清单计价规范》（GB 50500—2008）同时作废。

2013 版工程量清单计价计算规范体系包括计价规范和计算规范两大部分，共十本规范，两者具有同等的效力。

第一节　工程量清单计价与计算规范概述

一、工程量清单计价规范与计算规范的作用及内容

1. 工程量清单计价的作用

（1）提供一个平等的竞争条件。采用施工图预算投标报价，由于设计图纸的缺陷，不同施工企业的人员理解不一，计算出的工程量也不同，报价就相去甚远，也容易产生纠纷。而工程量清单报价就为投标者提供了一个平等竞争的条件，在工程量相同的条件下由企业结合自身的施工技术、装备和管理水平自主编制综合单价。投标人的这种自主报价，使得企业的优势体现到投标报价中，可在一定程度上规范建筑市场秩序，确保工程质量。

（2）满足市场经济条件下竞争的需要。招标投标过程就是竞争的过程，招标人提供工程量清单，投标人根据自身情况确定综合单价，利用单价与工程量逐项计算每个项目的合价，再分别填入工程项目清单表内，计算出投标总价。单价成了决定性的因素，定高了不能中标，定低了又要承担亏损的风险。单价的高低直接取决于企业管理水平和技术水平的高低，这种局面促成了企业整体实力的竞争，有利于我国建设市场的有序和健康发展。

（3）有利于提高工程计价效率，能真正实现快速报价。采用工程量清单计价方式，避免了传统计价方式中招标人与投标人在工程量计算上的重复工作，促使投标人尽快编制和完善自己的企业定额，加强对工程造价数据及信息的积累，满足现代工程建设中快速报价的要求。

（4）有利于工程款的拨付和工程造价的最终结算。中标后，业主要与中标单位签订施工合同，中标价就是确定合同价的基础，按照计价规范要求一般应采用固定单价合同。投标报价中的综合单价是拨付工程款的基础依据，业主根据施工企业完成的工程量，可以很容易地

确定进度款的拨付额。工程竣工后，根据设计变更、工程量增减等，业主也很容易确定工程的最终造价，可在某种程度上减少业主与施工单位之间的纠纷。

(5) 有利于业主对投资的控制。采用工程量清单计价方式，其特点是量价分离、风险共担，业主在变更做法或增加功能等情况时要承担工程量变化所带来的增加投资的风险，有利于业主对投资的控制。

2. 工程量清单计价规范与计算规范的性质

(1)《计价规范》具有强制性、统一性、实用性、竞争性和通用性的特点。

(2)《计算规范》具有准确性、实用性、完整性和简约性的特点。

3.《计算规范》专业分类

01—房屋建筑与装饰工程；02—仿古建筑工程；03—通用安装工程；04—市政工程；05—园林绿化工程；06—矿山工程；07—构筑物工程；08—城市轨道交通工程；09—爆破工程。

每个专业《计算规范》附录中均包括项目编码、项目名称、项目特征、计量单位、工程量计算规则和工程内容六部分。其中项目编码、项目名称、项目特征、计量单位和工程量作为分部分项工程和单价措施项目清单的五个要件，要求招标人在编制工程项目清单时必须执行，缺一不可。

4. 工程量清单计价规范与计算规范的内容

(1)《计价规范》的主要内容。计价规范共十六章，包括总则、术语、一般规定、工程量清单编制、招标控制价、投标报价、合同价款约定、工程计量、合同价款调整、合同价款期中支付、竣工结算与支付、合同解除的价款结算与支付、合同价款争论的解决、工程造价鉴定、工程计价资料与档案和工程计价表格。

(2)《计算规范》的主要内容。《计算规范》内容包括正文和附录两部分。

1)《计算规范》正文内容包括总则、术语、工程计量、工程量清单编制。

2)《房屋建筑与装饰工程工程量计算规范》(GB 50584—2013) 中附录内容包括：附录A 土石方工程；附录B 地基处理与边坡支护工程；附录C 桩基工程；附录D 砌筑工程；附录E 混凝土及钢筋混凝土工程；附录F 金属结构工程；附录G 木结构工程；附录H 门窗工程；附录J 屋面及防水工程；附录K 保温、隔热、防腐工程；附录L 楼地面装饰工程；附录M 墙、柱面装饰与隔断、幕墙工程；附录N 天棚工程；附录P 油漆、涂料、裱糊工程；附录Q 其他装饰工程；附录R 拆除工程；附录S 措施项目。应作为编制房屋建筑与装饰工程工程量清单的依据。

二、工程量清单计价规范与计算规范总则

1.《计价规范》总则

(1) 制定《计价规范》的目的和法律依据。为规范工程造价计价行为，统一建设工程计价文件的编制和计价方法，根据《中华人民共和国建筑法》《中华人民共和国合同法》《中华人民共和国招标投标法》等法律法规，制定《计价规范》。

(2)《计价规范》适用的计价活动范围。《计价规范》适用于建设工程施工发承包及实施阶段的计价活动。"计价规范"所指的计价活动包括：招标工程量清单、招标控制价、投标报价的编制，工程合同价款的约定，竣工结算的办理，以及施工过程中的工程计量、合同价款支付、施工索赔与现场签证、合同价款调整、合同价争议处理和资料与档案管理等活动。

（3）建设工程造价的组成。建设工程施工发承包及实施阶段的工程造价应由分部分项工程费、措施项目费、其他项目费、规费和税金组成。

（4）工程造价文件的编制与核对资格。招标工程量清单、招标控制价、投标报价、工程计量、合同价款调整、合同价款结算与支付，以及工程造价鉴定等工程造价文件的编制与核对，应由具有资格的工程造价专业人员承担。

（5）工程造价文件编制与核对的质量责任主体。承担工程造价文件的编制与核对的工程造价人员及其所在单位，应对工程造价文件的质量负责。

（6）建设工程计价活动的基本原则。建设工程施工发承包及实施阶段的计价活动应遵循客观、公正、公平的原则。

2.《房屋建筑与装饰工程工程量计算规范》（GB 50584—2013）总则

（1）制定《计算规范》的目的。为规范工程造价计量行为，统一房屋建筑与装饰工程工程量清单的编制、项目设置和工程量计算规则，制定计算规范。

（2）《计算规范》的适用范围。适用于工业与民用的房屋建筑与装饰工程发承包及实施阶段计价活动中的工程计量和工程量清单编制。

（3）《计算规范》的计量要求。房屋建筑与装饰工程计价，必须按计算规范规定的工程量计算规则进行工程计量。

（4）《计算规范》与其他标准的关系。房屋建筑与装饰工程计量活动，除应遵守计算规范外，尚应符合国家现行有关标准的规定。

三、工程量清单计价规范与计算规范术语

1. 计价规范术语

（1）工程量清单，是指载明建设工程分部分项工程项目、措施项目和其他项目的名称及相应数量，以及规费和税金项目等内容的明细清单。

（2）招标工程量清单，是指招标人依据国家标准、招标文件、设计文件及施工现场实际情况编制的，随招标文件发布供投标报价的工程量清单，包括对其的说明和表格。

（3）已标价工程量清单，是指构成合同文件组成部分的投标文件中已标明价格，经算术性错误修正（如有）且承包人已确认的工程量清单，包括对其的说明和表格。

（4）分部分项工程，分部工程是单位工程的组成部分，是按结构部位、路段长度及施工特点或施工任务将单位工程划分为若干分部的工程；分项工程是分部工程的组成部分，是按不同施工方法、材料、工序及路段长度等将分部工程划分为若干个分项或项目的工程。

（5）措施项目，是指为完成工程项目施工，发生于该工程施工准备和施工过程中的技术、生活、安全、环境保护等方面的项目。

（6）项目编码，是指分部分项工程和措施项目清单名称的阿拉伯数字标识。

（7）项目特征，是指构成分部分项工程项目、措施项目自身价值的本质特征。

（8）综合单价，是指完成一个规定清单项目所需的人工费、材料和工程设备费、施工机具使用费和企业管理费、利润，以及一定范围内的风险费用。

（9）风险费用，是指隐含于已标价工程量清单综合单价中，用于化解发承包双方在工程合同中约定内容和范围内的市场价格波动风险的费用。

（10）工程成本，是指承包人为实施合同工程并达到质量标准，必须消耗或使用的人工、材料、工程设备、施工机械台班及其管理等方面发生的费用。

(11) 单价合同，是指发承包双方约定以工程量清单及其综合单价进行合同价款计算、调整和确认的建设工程施工合同。

(12) 总价合同，是指发承包双方约定以施工图及其预算和有关条件进行合同价款计算、调整和确认的建设工程施工合同。

(13) 成本加酬金合同，是指发承包双方约定以施工工程成本加酬金的施工合同。

(14) 工程造价信息，是指工程造价管理机构根据调查和测算发布的建设工程人工、材料、工程设备、施工机械台班的价格信息，以及各类工程的造价指数、指标。

(15) 工程造价指数，反映一定时期的工程造价相对于某一固定时期的工程造价变化程度的比值或比率，包括按单位或单项工程划分的造价指数，按工程造价构成要素划分的人工、材料、机械等价格指数。

(16) 工程变更，是指合同工程实施过程中由发包人提出或由承包人提出经发包人批准的合同工程任何一项工作的增、减、取消或施工工艺、顺序、时间的改变；设计图纸的修改；施工条件的改变；招标工程量清单的错、漏从而引起合同条件的改变或工程量的增减变化。

(17) 工程量偏差，是指承包人按照合同工程图纸（含经发包人批准由承包人提供的图纸）实施，按照现行国家计算规范规定的工程量计算规则计算得到的完成合同工程项目应予计量的工程量与相应的招标工程量清单项目列出的工程量之间出现的量差。

(18) 暂列金额，是指招标人在工程量清单中暂定并包括在合同价款中的一笔款项。用于工程合同签订时尚未确定或者不可预见的所需材料、工程设备、服务的采购，施工中可能发生的工程变更、合同约定调整因素出现时的合同价款调整，以及发生的索赔、现场签证确认等的费用。

(19) 暂估价，是指招标人在工程量清单中提供的用于支付必然发生但暂时不能确定价格的材料、工程设备的单价及专业工程的金额。

(20) 计日工，是指在施工过程中，承包人完成发包人提出的工程合同范围以外的零星项目或工作，按合同中约定的单价计价的一种方式。

(21) 总承包服务费，是指总承包人为配合协调发包人进行的专业工程发包，对发包人自行采购的材料、工程设备等进行保管，以及施工现场管理、竣工资料汇总整理等服务所需的费用。

(22) 安全文明施工费，是指承包人按照国家法律、法规、标准等规定，在合同履行中为保证安全施工、文明施工，保护现场内外环境和搭拆临时设施等所采用的措施发生的费用。

(23) 索赔，是指在工程合同履行过程中，合同当事人一方因非己方的原因而遭受损失，按合同约定或法规规定应由对方承担责任，从而向对方提出补偿的要求。

(24) 现场签证，是指发包人现场代表（或其授权的监理人、工程造价咨询人）与承包人现场代表就施工过程中涉及的责任事件所作的签认证明。

(25) 提前竣工（赶工）费，是指承包人应发包人的要求，采取加快工程进度的措施，使合同工程工期缩短产生的，应由发包人支付的费用。

(26) 误期赔偿费，是指承包人未按照合同工程的计划进度施工，导致实际工期超过合同工期（包括经发包人批准的延长工期），承包人应向发包人赔偿损失发生的费用。

（27）不可抗力，是指发承包双方在工程合同签订时不能预见的，对其发生的后果不能避免，并且不能克服的自然灾害和社会性突发事件。

（28）工程设备，是指构成或计划构成永久工程一部分的机电设备、金属结构设备、仪器装置及其他类似的设备和装置。

（29）缺陷责任期，是指承包人对已交付使用的合同工程承担合同约定的缺陷修复责任的期限。

（30）质量保证金，是指承包人用于保证在缺陷责任期内履行缺陷修复义务的金额。

（31）费用，是指承包人为履行合同所发生或将要发生的所有合理开支，包括管理费和应分摊的其他费用，但不包括利润。

（32）利润，是指承包人完成合同工程获得的盈利。

（33）企业定额，是指施工企业根据本企业的施工技术、机械装备和管理水平而编制的人工、材料和施工机械台班等的消耗标准。

（34）规费，是指根据国家法律、法规规定，由省级政府或省级有关权力部门规定施工企业必须缴纳的，应计入建筑安装工程造价的费用。

（35）税金，是指国家税法规定的应计入建筑安装工程造价内的营业税、城市维护建设税、教育费附加和地方教育附加。

（36）发包人，是指具有工程发包主体资格和支付工程价款能力的当事人，以及取得该当事人资格的合法继承人，有时又称招标人。

（37）承包人，是指被发包人接受的具有工程施工承包主体资格的当事人，以及取得该当事人资格的合法继承人，有时又称投标人。

（38）工程造价咨询人，是指取得工程造价咨询资质等级证书，接受委托从事建设工程造价咨询活动的当事人，以及取得该当事人资格的合法继承人。

（39）造价工程师，是指取得造价工程师注册证书，在一个单位注册从事建设工程造价活动的专业人员。

（40）造价员，是指取得全国建设工程造价员资格证书，在一个单位注册从事建设工程造价活动的专业人员。

（41）单价项目，是指工程量清单中以单价计价的项目，即根据合同工程图纸（含设计变更）和国家现行相关工程计算规范规定的工程量计算规则进行计量，与已标价工程量清单相应综合单价进行价款计算的项目。

（42）总价项目，是指工程量清单中以总价计价的项目，即此类项目在现行国家计算规范中无工程量计算规则，以总价（或计算基础乘费率）计算的项目。

（43）工程计量，是指发承包双方根据合同约定，对承包人完成合同工程的数量进行的计算和确认。

（44）工程结算，是指发承包双方根据合同约定，对合同工程在实施中、终止时、已完工后进行的合同价款计算、调整和确认，包括期中结算、终止结算、竣工结算。

（45）招标控制价，是指招标人根据国家或省级、行业建设主管部门颁发的有关计价依据和办法，以及拟定的招标文件和招标工程量清单，结合工程具体情况编制的招标工程的最高投标限价。

（46）投标价，是指投标人投标时响应招标文件要求所报出的在已标价工程量清单中标明的总价。

（47）签约合同价（合同价款），是指发承包双方在工程合同中约定的工程造价，包括分部分项工程费、措施项目费、其他项目费、规费和税金的合同总金额。

（48）预付款，是指发包人按照合同约定，在开工前预先支付给承包人用于购买合同工程施工所需的材料、工程设备，以及组织施工机械和人员进场等的款项。

（49）进度款，是指发包人在合同工程施工过程中，按照合同约定对付款周期内承包人完成的合同价款给予支付的款项，也是合同价款期中结算支付。

（50）合同价款调整，是指发承包双方根据合同约定，对发生的合同价款调整事项，提出、确认调整合同价款的行为。

（51）竣工结算价，是指发承包双方依据国家有关法律、法规和标准规定，按照合同约定确定的，包括在履行合同过程中按合同约定进行的合同价款调整，是承包人按合同约定完成了全部承包工作后，发包人应付给承包人的合同总金额。

（52）工程造价鉴定，是指工程造价咨询人接受人民法院、仲裁机关委托，对施工合同纠纷案件中的工程造价争议进行的鉴别和评定，也称工程造价司法鉴定。

2.《房屋建筑与装饰工程工程量计算规范》（GB 50584—2013）术语

（1）工程量计算，是指建设工程项目以工程设计图纸、施工组织设计或施工方案及有关技术经济文件为依据，按照相关工程国家标准的计算规则、计量单位等规定，进行工程数量的计算活动，在工程建设中简称工程计量。

（2）房屋建筑，是指在固定地点，为使用者或占用物提供庇护覆盖进行生活、生产或其他活动的实体，可分为工业建筑与民用建筑。

（3）工业建筑，是指提供生产用的各种建筑物，如车间、厂区建筑、生活间、动力站、库房和运输设施等。

（4）民用建筑，是指非生产性的居住建筑和公共建筑，如住宅、办公楼、幼儿园、学校、食堂、影剧院、商店、体育馆、旅馆、医院、展览馆等。

四、工程量清单计价规范的一般规定

1. 计价方式的一般规定

（1）使用国有资金投资的建设工程发承包，必须采用工程量清单计价。国有资金投资的项目包括使用国有资金和国家融资投资的工程建设项目。

1）国有资金投资的工程建设项目包括：

a. 使用各级财政预算资金的项目；

b. 使用纳入财政管理的各种政府性专项建设基金的项目；

c. 使用国有企事业单位自有资金，并且国有资产投资者实际拥有控制权的项目。

2）国家融资投资的工程建设项目包括：

a. 使用国家发行债券所筹资金的项目；

b. 使用国家对外借款或者担保所筹资金的项目；

c. 使用国家政策性贷款的项目；

d. 国家授权投资主体融资的项目；

e. 国家特许的融资项目。

非国有资金投资的建设工程，宜采用工程量清单计价。不采用工程量清单计价的建设工程，应执行除工程量清单等专门性规定外的其他规定。

（2）分部分项工程、措施项目和其他项目清单应采用综合单价计价。

（3）措施项目清单中的安全文明施工费必须按照国家或省级、行业建设主管部门的规定计算，不得作为竞争性费用。

（4）规费和税金必须按国家或省级、行业建设主管部门的规定计算，不得作为竞争性费用。

2. 计价风险的一般规定

（1）建设工程发承包，必须在招标文件、合同中明确计价中的风险内容及其范围（幅度），不得采用无限风险、所有风险或类似语句规定计价中的风险内容及其范围（幅度）。

（2）由于下列因素出现，影响合同价款调整的，应由发包人承担：

1）国家法律、法规、规章和政策发生变化；

2）省级或行业建设主管部门发布的人工费调整，但承包人对人工费或人工单价的报价高于发布的除外；

3）由政府定价或政府指导价管理的原材料等价格进行了调整。

（3）由于市场物价波动影响合同价款，应由发承包双方合理分摊。

1）人工、材料、工程设备、机械台班价格波动影响合同价款时，应根据合同约定，按《计价规范》附录 A 规定的方法调整合同价款。

2）承包人采购材料在合同没有约定的，且材料、工程设备单价变化涨幅超过 5%时，超过部分的价格应按照规范规定的方法调整合同价款。

（4）由于承包人使用机械设备、施工技术，以及组织管理水平等影响工程价款的由承包人全部承担。

（5）不可抗力发生时，影响合同价款的，按下列规定执行：

1）工程本身的损害、因工程损害导致第三方人员伤亡和财产损失，以及运至施工场地用于施工的材料和待安装的设备的损害，由发包人承担。

2）发包人、承包人人员伤亡由其所在单位负责，并承担相应费用。

3）承包人的施工机械设备损坏及停工损失，由承包人承担。

4）停工期间，承包人应发包人要求留在施工场地的必要的管理人员及保卫人员的费用由发包人承担。

5）工程所需清理、修复费用，由发包人承担。

第二节　工程量清单的编制与复核

一、招标工程量清单编制的一般规定

1. 招标工程量清单编制人

招标工程量清单应由具有编制能力的招标人或受其委托、具有相应资质的工程造价咨询人编制。

2. 招标工程量清单编制的责任主体

采用工程量清单方式招标，招标工程量清单必须作为招标文件的组成部分，连同招标文件一并发（或售）给投标人，其准确性和完整性应由招标人负责。

3. 工程量清单的作用

招标工程量清单是工程量清单计价的基础，应作为编制招标控制价、投标报价、计算或调整工程量、索赔等的依据之一。

4. 工程量清单的组成

招标工程量清单应以单位（项）工程为单位编制，应由分部分项工程项目清单、措施项目清单、其他项目清单、规费和税金项目清单组成。

5. 编制招标工程量清单的依据

（1）“计价规范”和相关工程的国家计算规范。

（2）国家或省级、行业建设主管部门颁发的计价定额和办法。

（3）建设工程设计文件及相关资料。

（4）与建设工程项目有关的标准、规范、技术资料。

（5）拟定的招标文件。

（6）施工现场情况、地勘水文资料、工程特点及常规施工方案。

（7）其他相关资料。

二、分部分项工程项目清单

分部分项工程是“分部（子分部）工程”和“分项工程”的总称。“分部工程”是单位工程的组成部分，是按结构部位、路段长度及施工特点或施工任务将单位工程划分为若干分部的工程。例如，砌筑工程（分部工程）分为砖砌体、砌块砌体、石砌体、垫层等子分部工程。“分项工程”是分部（子分部）工程的组成部分，是按不同施工方法、材料、工序及路段长度等划分为若干个分项或子项工程。例如，砖砌体（子分部工程）分为砖基础、砖砌挖孔桩护壁、实心砖墙、多孔砖墙、空心砖墙、空斗墙、空花墙、填充墙、实心砖柱、多孔砖柱、砖检查井、零星砌砖、砖散水地坪、砖地沟明沟等分项工程。

1. 分部分项工程项目清单五要件

分部分项工程项目清单必须载明项目编码、项目名称、项目特征、计量单位和工程量，规定了构成一个分部分项工程项目清单的五个要件——项目编码、项目名称、项目特征、计量单位和工程量，这五个要件在分部分项工程项目清单的组成中缺一不可。

2. 分部分项工程项目清单的编制依据

房屋建筑与装饰工程的分部分项工程项目清单，应根据《房屋建筑与装饰工程工程量计算规范》（GB 50584—2013）规定的项目编码、项目名称、项目特征、计量单位和工程量计算规则进行编制，其格式见表 7-1。该编制依据主要体现了对分部分项工程项目清单内容规范管理的要求。在分部分项工程项目清单的编制过程中，由招标人负责前六栏内容填列，金额部分在编制招标控制价或投标报价时分别由招标人或投标人填列。

表 7-1　　分部分项工程项目清单与计价表

工程名称：××工程　　　标段：　　　第　页　共　页

序号	项目编码	项目名称	项目特征描述	计量单位	工程量	金额（元）		
						综合单价	合价	其中：暂估价
	0101	土石方工程						

续表

序号	项目编码	项目名称	项目特征描述	计量单位	工程量	金额（元）		
						综合单价	合价	其中：暂估价
1	010101003001	挖沟槽土方	三类土，垫层底宽 1.6m，挖土深度 2m，弃土运距 1km	m^3	1214			
	0104	砌筑工程						
2	010401001001	条形砖基础	M5.0 水泥砂浆砌筑标准 MU15 煤矸石机制砖	m^3	200			
		……						
		分部小计						

注 为了计取规费等需要的基数，可在表中增设"其中：定额人工费"。

3. 项目编码

分部分项工程项目清单和措施项目清单的项目编码以五级编码设置，应采用 12 位阿拉伯数字表示，如（010302001001）。一、二、三、四级编码，即 1～9 位应按"计算规范"附录的规定设置，全国统一编码，不得变动。第五级编码，即 10～12 位应根据拟建工程的工程项目清单项目名称和项目特征设置，由招标人针对招标工程项目具体编制，并应自 001 起顺序编制。同一招标工程的项目编码不得有重码。

各位数字的含义是：第一级编码，1、2 位为专业工程代码；第二级编码，3、4 位为"计算规范"附录分类顺序码；第三级编码，5、6 位为分部工程顺序码；第四级编码，7、8、9 位为分项工程项目名称顺序码；第五级编码，10～12 位为清单项目名称顺序码。

项目编码结构如图 7-1 所示（以房屋建筑与装饰工程举例）：

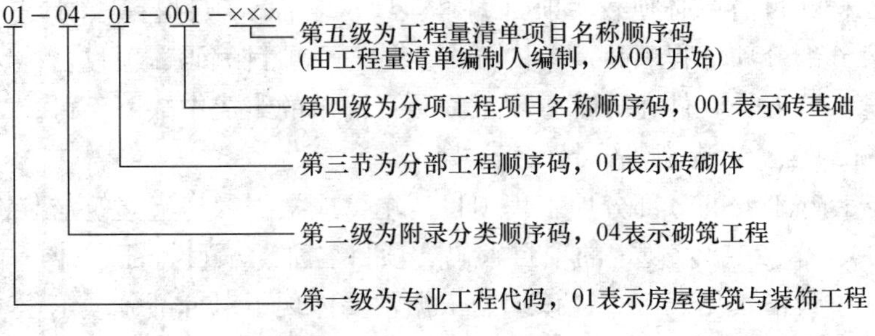

图 7-1 项目编码结构

当同一标段（或合同段）的一份工程项目清单中含有多个单位工程，且工程项目清单是以单位工程为编制对象时，在编制工程项目清单时应特别注意对项目编码 10～12 位的设置不得有重码的规定。如一个标段（或合同段）的工程项目清单中含有两个单位工程，每一单位工程中都有项目特征相同的实心砖墙砌体，在工程项目清单中又需反映两个不同单位工程的实心砖墙砌体工程量时，则第一个单位工程的实心砖墙的项目编码应为 010401003001，第二个单位工程的实心砖墙的项目编码应为 010401003002，并分别列出各单位工程实心砖墙的工程量。

4. 项目名称

分部分项工程项目清单的项目名称应按《计算规范》中附录的项目名称结合拟建工程的实际确定。附录表中的“项目名称”为分项工程项目名称，是形成分部分项工程项目清单项目名称的基础，即在编制分部分项工程项目清单时，以附录中的分项工程项目名称为基础，考虑该项目的规格、型号、材质等特征要求，结合拟建工程的实际情况，使其工程项目清单项目名称具体化、细化，以反映影响工程造价的主要因素，如“门窗工程”中“特殊门”应区分“冷藏门”“冷冻闸门”“保温门”“变电室门”“隔声门”“人防门”“金库门”等。清单项目名称应表达详细、准确。

5. 项目特征

分部分项工程项目清单项目特征应按《计算规范》附录中规定的项目特征内容，结合技术规范、标准图集、施工图纸，按照工程结构、使用材质及规格或安装位置等，以准确和全面的表述和说明。

工程项目清单的项目特征是确定一个清单项目综合单价不可缺少的重要依据，在编制工程项目清单时，必须对项目特征进行准确和全面的描述。

(1) 工程项目清单项目特征描述的重要意义。工程项目清单项目特征描述的重要意义在于：

1) 项目特征是区分清单项目的依据。

2) 项目特征是确定综合单价的前提。工程项目清单项目特征描述得准确与否，直接关系到工程项目清单项目综合单价的准确确定。

3) 项目特征是履行合同义务的基础。如果工程项目清单项目特征的描述不清，甚至漏项、错误，从而引起在施工过程中的更改，都会引起分歧，导致纠纷。

(2) 工程项目清单项目特征描述的原则。

1) 项目特征描述的内容应按《计算规范》附录中的规定，结合拟建工程的实际，能满足确定综合单价的需要；若计算规范清单项目中的项目特征有未描述到的其他独有特征，由清单编制人视项目具体情况确定，以准确描述清单项目为准。特征描述分为问答式和简约式两种，提倡简约式描述。

2) 若有些项目特征用文字难以准确、全面地描述清楚，可采用标准图集或施工图纸能够全部或部分满足项目特征描述，项目特征描述可直接采用详见××图集或××图号的方式。对不能满足项目特征描述要求的部分，仍应用文字描述。

6. 计量单位

分部分项工程项目清单的计量单位应按《计算规范》附录中规定的计量单位确定。计量单位应采用基本单位，除各专业另有特殊规定外，均按以下单位计量：

(1) 以质量计算的项目——吨或千克（t 或 kg)。

(2) 以体积计算的项目——立方米（m^3)。

(3) 以面积计算的项目——平方米（m^2)。

(4) 以长度计算的项目——米（m)。

(5) 以自然计量单位计算的项目——个、套、块、樘、组、台……。

(6) 以特殊计量单位计算的项目——系统、天、昼夜……，如系统调试、措施项目等。

《计算规范》附录中有两个或两个以上计量单位时，应根据所编工程项目清单项目的特征要求，结合拟建工程项目的实际情况，选择最适宜表现该项目特征并方便计量的一个单位。例如，樘/m^2只能选择一个。在一个建设项目（或标段、合同段）中，有多个单位工程的相同项目计量单位必须保持一致。

7. 工程量计算

以房屋建筑与装饰工程为例，其计算规范中规定的实体项目包括土石方工程，地基处理与边坡支护工程，桩基工程，砌筑工程，混凝土及钢筋混凝土工程，金属结构工程，木结构工程，门窗工程，屋面及防水工程，保温、隔热、防腐工程，楼地面装饰工程，墙、柱面装饰与隔断、幕墙工程，天棚工程，油漆、涂料、裱糊工程，其他装饰工程，拆除工程等，分别制定了它们的项目设置和工程量计算规则。房屋建筑与装饰工程计价，必须按《房屋建筑与装饰工程工程量计算规范》（GB 50584—2013）附录中规定的工程量计算规则进行工程计量。

有些项目在计算工程量时要考虑预留，如《通用安装工程工程量计算规范》（GB 50856—2013）中，电缆、电线工程量中要包括预留或附加长度。投标人投标报价时，应在编制综合单价时考虑施工中的各种损耗。

（1）工程量计算依据。工程量计算除依据《计算规范》各项规定外，尚应依据以下文件：

1）经审定的施工设计图纸及其说明；

2）经审定的施工组织设计或施工技术措施方案；

3）经审定的其他有关技术经济文件。

（2）工程量计算有效位数保留的规定。工程计量时每一项目汇总的有效位数应遵守下列规定：

1）以“t”为单位，应保留三位小数，第四位小数四舍五入；

2）以“m^3”“m^2”“m”“kg”为单位，应保留两位小数，第三位小数四舍五入；

3）以“个”“根”“套”“榀”“樘”等为单位，应取整数。

8. 工作内容

在《计算规范》附录中还给出各清单项目的工程内容。工程内容是指完成清单项目可能发生的具体工作和操作程序。《计算规范》附录中的工作内容项目，仅列出了主要工作内容，除另有规定和说明者外，应视为已经包括完成该项所列或未列的全部工作内容。清单项目中的工作内容不作为确定综合单价的依据。

（1）《计算规范》附录的现浇混凝土工程项目“工作内容”中包括模板工程的内容，同时又在措施项目中单列了现浇混凝土模板工程项目。对此，由招标人根据工程实际情况选用，若招标人在措施项目清单中未编列现浇混凝土模板项目清单，即表示现浇混凝土模板项目不单列，现浇混凝土工程项目的综合单价中应包括模板工程费用。

（2）《计算规范》对预制混凝土构件按现场制作编制项目，“工作内容”中包括模板工程，不再另列。若采用成品预制混凝土构件，构件成品价（包括模板、钢筋、混凝土等所有费用）应计入综合单价中。

（3）金属结构构件按成品编制项目，构件成品价格应计入综合单价中，若采用现场制作，应包括制作的所有费用。

（4）门窗（橱窗除外）按成品编制项目，门窗成品价应计入综合单价中。若采用现场制作，应包括制作的所有费用。

9. 编制补充工程项目清单项目

随着工程建设中新材料、新技术、新工艺等的不断涌现，《计算规范》附录中所列的工程项目清单项目不可能包含所有项目。编制工程项目清单出现附录中未包括的项目，编制人应作补充。在编制补充项目时应注意以下三个方面：

（1）补充项目的编码由专业工程计算规范的第一级代码前两位与 B 和三位阿拉伯数字组成，并应从 B001 起顺序开始编制，同一招标工程的项目不得重码。例如，房屋建筑与装饰工程如需补充项目，则补充项目编码应从 01B001 开始。

（2）补充的工程项目清单中，需附有补充项目编码、项目名称、项目特征、计量单位、工程量计算规则、工程内容。

（3）将编制的补充项目报省级或行业工程造价管理机构备案，省级或行业工程造价管理机构应汇总后，报住房和城乡建设部标准定额研究所。

编制的补充工程项目清单项目见表 7-2。

表 7-2　补充工程项目清单项目

表 M.11 隔墙（编码：011211）

项目编码	项目名称	项目特征	计量单位	工程量计算规则	工作内容
01B001	成品 GRC 隔墙	1. 隔墙材料品种、规格 2. 隔墙厚度 3. 嵌缝、塞口材料品种	m^2	按设计图示尺寸以面积计算，扣除门窗洞口及单个面积≥0.3m^2的孔洞所占面积	1. 骨架及边框安装 2. 隔板安装 3. 嵌缝、塞口

三、措施项目清单

1. 措施项目清单的列项

措施项目清单的设置需考虑多种因素，除工程本身的因素外，还涉及水文、气象、环境、安全等因素。鉴于工程建设施工特点和承包人组织施工生产的施工装备水平、施工方案及其管理水平的差异，同一工程、不同承包人组织施工采用的施工措施有时是不一致的，所以措施项目清单应根据拟建工程的实际情况列项。若出现清单计算规范中未列的项目，可根据工程实际情况补充。措施项目清单编制的主要依据有：

（1）施工现场情况、地质勘察水文资料、工程特点。

（2）常规施工方案。

（3）与建设工程有关的标准、规范、技术资料。

（4）拟定的招标文件。

（5）建设工程设计文件及相关资料。

2. 措施项目清单的类别

措施项目费用的发生与使用时间、施工方法或者两个以上的工序相关。措施项目清单可以分为两类：一类是可以计算工程量的项目，称为单价措施项目。例如，脚手架工程，混凝土模板及支架（撑），垂直运输、超高施工增加，大型机械设备进出场及安拆，施工排水、降水等，这类措施项目与分部分项工程项目清单的编制没有什么区别，可以采用分部分项工程项目清单的方式用综合单价的形式编制，更有利于措施费的确定和调整。另一类是不可以计算工程量的项目，称为总价措施项目，如安全文明施工、夜间施工、非夜间施工照明、二次搬运、冬雨期施工、地上地下设施及建筑物的临时保护设施、已完工程及设备保护等项目。应根据工程实际情况以费率的形式计算措施项目费用，需分摊的应合理计算摊销费用。

（1）单价措施项目。编制单价措施项目（即能计量的措施项目）清单时，必须列出项目编码、项目名称、项目特征、计量单位和工程量（见表 7-3）。

表 7-3　　单价措施项目清单与计价表

工程名称：某工程

序号	项目编码	项目名称	项目特征描述	计量单位	工程量	金额（元）	
						综合单价	合价
1	011701001001	综合脚手架	1. 建筑结构形式：框剪 2. 檐口高度：80m	m^2	5114		
…	…	……	……	…	…		

（2）总价措施项目。针对不能计量的且以清单形式列出的总价措施项目，在编制措施项目清单时，必须按计算规范规定的项目编码、项目名称确定清单项目，不必描述项目特征和确定计量单位（见表 7-4）。

表 7-4　　总价措施项目清单与计价表

工程名称：某工程

序号	项目编码	项目名称	计算基础	费率（%）	金额（元）	调整费率（%）	调整后金额（元）	备注
1	011707001001	安全文明施工费	定额基价					
2	011707002001	夜间施工	定额人工费					
…	…	…	……					

注　1. “计算基础”中安全文明施工费可为“定额基价”“定额人工费”或“定额人工费＋定额机械费”，其他项目可为“定额人工费”或“定额人工费＋定额机械费”。

2. 按施工方案计算的措施费，若无“计算基础”和“费率”的数值，也可只填“金额”数值，但应在备注栏说明施工方案出处或计算方法。

3. 措施项目清单编制规定

措施项目清单必须根据相关工程现行国家计算规范的规定编制，如《房屋建筑与装饰工程工程量计算规范》（GB 50584—2013）中措施项目清单编制有以下规定：

（1）措施项目中列出了项目编码、项目名称、项目特征、计量单位、工程量计算规则的项目，编制工程项目清单时，应按照《计算规范》分部分项工程的规定执行。

（2）措施项目仅列出项目编码、项目名称，未列出项目特征、计量单位和工程量计算规则的项目，编制工程项目清单时，应按《房屋建筑与装饰工程工程量计算规范》（GB 50584—2013）附录 S 中措施项目规定的项目编码、项目名称确定。

（3）在单价措施项目补充的工程项目清单中，需附有补充项目编码、项目名称、项目特征、计量单位、工程量计算规则、工程内容。不能计量的总价措施项目以“项”计价，需附有补充项目编码、项目名称、工程内容及包含范围。

四、其他项目清单

1. 其他项目清单内容的组成

其他项目清单是指除分部分项工程量清单、措施项目清单所包含的内容以外，因招标人的特殊要求而发生的与拟建工程有关的其他费用项目和相应数量的清单。工程建设标准的高低、工程的复杂程度、施工工期的长短、工程的组成内容、发包人对工程管理要求等都直接影响其他项目清单的具体内容。其他项目清单应按照下列内容列项：

（1）暂列金额。

（2）暂估价：包括材料暂估单价、工程设备暂估单价、专业工程暂估价。

（3）计日工。

（4）总承包服务费。

除此之外，可以根据实际情况补充。其他项目清单与计价汇总表的编制格式见表7-5。

表7-5　其他项目清单与计价汇总表

工程名称：某工程

序号	项目名称	金额（元）	结算金额（元）	备注
1	暂列金额	150 000.00		明细详见《计价规范》表G.2
2	暂估价	180 000.00		
2.1	材料（工程设备）暂估价/结算价	—		明细详见《计价规范》表G.3
2.2	专业工程暂估价/结算价	180 000.00		明细详见《计价规范》表G.4
3	计日工			明细详见《计价规范》表G.5
4	总承包服务费			明细详见《计价规范》表G.6
合计		330 000.00		—

注　材料（工程设备）暂估单价进入清单项目综合单价，此处不汇总。

2. 其他项目清单的编制

（1）暂列金额。不管采用何种合同形式，其理想的标准是，一份合同的价格就是其最终的竣工结算价格，或者至少两者应尽可能接近。我国规定对国有资金投资工程实行设计概算控制管理，经项目审批部门批复的设计概算是工程投资控制的刚性指标，即使商业性开发项目也有成本的预先控制问题，否则无法相对准确预测投资的收益和科学合理地进行投资控制。但工程建设自身的特性决定了工程的设计需要根据工程进展不断地进行优化和调整，业主需求可能会随工程建设进展出现变化，工程建设过程还会存在一些不能预见、不能确定的因素。消化这些因素必然会影响合同价格的调整，暂列金额正是因这类不可避免的价格调整而设立，以便达到合理确定和有效控制工程造价的目标。设立暂列金额并不能保证合同结算价格就不会再出现超过合同价格的情况，是否超出合同价格完全取决于工程量清单编制人对暂列金额预测的准确性，以及工程建设过程是否出现了其他事先未预测到的事件。

1）暂列金额的性质。包括在签约合同之内，但并不直接属承包人所有，而是由发包人暂定并掌握使用的一笔款项。

2）暂列金额的用途。暂列金额主要有以下几个方面的用途：

a. 由发包人用于在施工合同签订时尚未确定或者不可预见的相关费用；

b. 由发包人用于在施工过程中合同价款调整、索赔、现场签证等费用；

c. 其他用于该工程且发承包双方认可的费用。

3）暂列金额的确定。暂列金额明细表由招标人填写其项目名称、计量单位、暂定金额等，并要求招标人能将暂列金额与拟用项目列出明细，如确实不能详列也可只列暂列金额总额，不同专业预留的暂列金额应分别列项。由于暂列金额由招标人支配，实际发生后才得以支付，因此，在确定暂列金额时应根据工程特点、工期长短、工程复杂程度、工程环境条件（包括地质、水文、气候条件等）、图纸设计深度、暂估价设定水平、合同价款约定调整的因素及工程实际情况合理确定，或按有关计价规定进行估算，暂列金额总额一般可以按分部分项工程费的10%～15%作为参考。

（2）暂估价。包括材料暂估单价、工程设备暂估单价和专业工程暂估价。暂估价在招标阶段预见肯定要发生，只是因为标准不明确或者需要由专业承包人完成，暂时无法确定价格。

材料、工程设备暂估价要求招标人针对每一类暂估价给出相应的拟用项目，即按照材料、工程设备的名称分别给出，以方便投标人组价，将其纳入分部分项工程项目清单的综合单价中。

专业工程的暂估价一般应是综合暂估价，是指分包人实施专业工程的含税后的完整价（即包含了该专业工程中所有供应、安装、完工、调试、修复缺陷等全部工作），除了合同约定的发包人应承担的总包管理、协调、配合和服务责任所对应的总承包服务费用外，承包人为履行其总包管理、协调、配合和服务等所需发生的费用应该包括在投标报价中。

暂估价中的材料、工程设备暂估单价应根据工程造价信息或参照市场价格估算，列出明细表；专业工程暂估价应分不同专业，按有关计价规定估算，列出明细表。为了方便合同管理和计价，需要纳入分部分项工程项目清单综合单价中的暂估价应只是材料、工程设备费，以方便投标与组价。专业工程的暂估价应是综合单价，包括除规费和税金以外的管理费、利润等。

（3）计日工。计日工是为了解决现场发生的零星工作的计价而设立的。计日工为额外工作的计价提供一个方便快捷的途径，国际上常见的标准合同条款中，大多数都设立了计日工计价机制。计日工对完成零星工作所消耗的人工工时、材料数量、施工机械台班进行计量，并按照计日工表中填报的适用项目的单价进行计价支付。计日工适用的所谓零星项目或工作一般是指合同约定之外的或者因变更而产生的、工程量清单中没有相应项目的额外工作，尤其是那些难以事先商定价格的额外工作。

编制计日工表时，一定要列出项目名称、计量单位和暂估数量，并且需要根据经验，尽可能估算出一个比较贴近实际的数量，且尽可能把项目列全，以消除因此而产生的争议。

（4）总承包服务费。总承包服务费的用途包括三部分：①当招标人在法律法规允许的范围内对专业工程进行发包，要求总承包人协调服务；②发包人自行采购供应部分材料、工程设备时，要求总承包人提供保管等相关服务；③总承包人对施工现场进行协调和统一管理、对竣工资料进行统一汇总整理等所需的费用。

总承包服务费应列出项目名称、项目价值和服务项目及其内容等，以方便报价和消除索赔隐患。

（5）出现“计价规范”未列的项目，应根据工程实际情况补充。

五、规费和税金项目清单

1. 规费项目清单的编制

(1) 规费项目清单应按照下列内容列项：

1) 社会保险费：包括养老保险费、失业保险费、医疗保险费、工伤保险费、生育保险费；

2) 住房公积金；

3) 工程排污费。

(2) 出现《计价规范》未列的规费项目，应根据省级政府或省级有关部门的规定列项。

2. 税金项目清单的编制

(1) 税金项目清单应包括下列内容：

1) 营业税；

2) 城市维护建设税；

3) 教育费附加；

4) 地方教育附加。

(2) 出现《计价规范》未列的税金项目，应根据税务部门的规定列项。

六、工程量清单复核要点

1. 封面和总说明内容填写要求

(1) 封面格式要求。封面格式及相关盖章要求应符合《计价规范》《计算规范》的要求。

(2) 总说明的填写要求。总说明应按下列内容填写：

1) 工程概况：建设规模、工程特征、计划工期、施工现场实际情况、自然地理条件、环境保护要求等。

2) 工程招标和分包范围。

3) 工程量清单编制依据。

4) 工程质量、材料、施工等的特殊要求。

5) 招标人自行采购材料的名称、规格型号、数量等。

6) 暂列金额、自行采购材料的金额数量。

7) 其他需要说明的问题。

2. 保证工程量清单编制的准确性和完整性的基本要求

(1) 掌握工程量清单的编制依据。

(2) 熟悉清单项目的工程内容。

(3) 准确描述清单项目的项目特征。

(4) 准确计算清单项目的工程量。

(5) 非实体项目不要漏项。

(6) 认真复核工程量清单。

(7) 查阅已完工程的竣工结算资料。

(8) 提高设计文件的质量。

第三节　招标控制价与投标报价的编制与复核

一、招标控制价的编制与复核

根据住房与城乡建设部颁布的《建筑工程施工发包与承包计价管理办法》（住建部令第16号）的规定，国有资金投资的建筑工程招标，应当设有最高投标限价；非国有资金投资的建筑工程招标，可以设有最高投标限价或者招标标底。

（一）招标控制价与标底的关系

招标控制价是推行工程量清单计价过程中对传统标底概念的性质进行界定后所设置的专业术语，它使招标时评标定价的管理方式发生了很大的变化。设标底招标、无标底招标及招标控制价招标的利弊分析如下：

1. 设标底招标

（1）设标底时易发生泄露标底及暗箱操作的现象，失去招标的公平公正性，容易诱发违法违规行为。

（2）编制的标底价是预期价格，因较难考虑施工方案、技术措施对造价的影响，容易与市场造价水平脱节，不利于引导投标人理性竞争。

（3）标底在评标过程的特殊地位使标底价成为左右工程造价的杠杆，不合理的标底会使合理的投标报价在评标中显得不合理，有可能成为地方或行业保护的手段。

（4）将标底作为衡量投标人报价的基准，导致投标人尽力地去迎合标底，往往招标投标过程反映的不是投标人实力的竞争，而是投标人编制预算文件能力的竞争，或者各种合法或非法的“投标策略”的竞争。

2. 无标底招标

（1）容易出现围标、串标现象，各投标人哄抬价格，给招标人带来投资失控的风险。

（2）容易出现低价中标后偷工减料，以牺牲工程质量来降低工程成本，或产生先低价中标，后高额索赔等不良后果。

（3）评标时，招标人对投标人的报价没有参考依据和评判基准。

（4）如果发生投标人串标、围标，容易导致中标价远远高于建设工程真实价格。

3. 招标控制价招标

（1）采用招标控制价招标的优点：

1）可有效控制投资，防止恶性哄抬报价带来的投资风险。

2）提高了透明度，避免了暗箱操作等违法活动的产生。

3）可使各投标人自主报价、公平竞争，符合市场规律。投标人自主报价，不受标底的左右。

4）既设置了控制上限，又尽量减少业主依赖评标基准价的影响。

（2）采用招标控制价招标也可能出现如下问题：

1）若“最高限价”大大高于市场平均价，就预示中标后利润很丰厚，只要投标不超过公布的限额都是有效投标，从而可能诱导投标人串标、围标。

2）若公布的最高限价远远低于市场平均价，就会影响招标效率。有可能出现投标人数量不符合法定要求而重新招标的情况，因为按此限额投标将无利可图，超出此限额投标又成为无效投标，结果使招标人不得不修改招标控制价进行二次招标。

（二）招标控制价编制的规定

1. 招标控制价编制的一般规定

（1）国有资金投资的工程建设项目应实行工程量清单招标，招标人必须编制招标控制价，并应当拒绝高于招标控制价的投标报价，即投标人的投标报价若超过公布的招标控制价，则其投标作为废标处理。

（2）招标控制价应由具有编制能力的招标人或受其委托具有相应资质的工程造价咨询人编制和复核。工程造价咨询人接受招标人委托编制招标控制价，不得再就同一工程接受投标人委托编制投标报价。

（3）招标控制价应按照编制依据进行编制与复核，不应上浮或下调。招标人应在发布招标时公布招标控制价，同时应将招标控制价及有关资料报送工程所在地或有该工程管辖权的行业管理部门工程造价管理机构备查。在公布招标控制价时，除公布招标控制价的总价外，还应公布各单位工程的分部分项工程费、措施项目费、其他项目费、规费和税金。

（4）招标控制价超过批准的概算时，招标人应将其报原概算审批部门审核。这是由于我国对国有资金投资项目的投资控制实行的是设计概算审批制度，国有资金投资的工程原则上不能超过批准的设计概算。

（5）投标人经复核认为招标人公布的招标控制价未按照《建设工程工程量清单计价规范》（GB 50500—2013）的规定进行编制的，应在招标控制价公布后 5 天内向招标投标监督机构和工程造价管理机构投诉。工程造价管理机构受理投诉后，应立即对招标控制价进行复查，组织投诉人、被投诉人或其委托的招标控制价编制人等单位人员对投诉问题逐一核对。当招标控制价复查结论与原公布的招标控制价误差大于±3%时，应责成招标人改正。当重新公布招标控制价时，若重新公布之日起至原投标截止时间不足 15 天的，应延长投标截止期。

2. 综合单价中应包括风险费用

综合单价中应包括招标文件中划分的应由投标人承担的风险范围及其费用。招标文件没有明确的，如是工程造价咨询人编制，应提请招标人明确；如是招标人编制，应予明确。

（三）招标控制价的编制

1. 招标控制价编制的基本要求

《建设工程工程量清单计价规范》（GB 50500—2013）中将招标工程量清单表与工程量清单计价表两表合一，编制招标控制价时，其项目编码、项目名称、项目特征、计量单位、工程量栏与招标工程量清单一致，对“综合单价”“合价”，以及“其中：暂估价”按计价规范规定填写。招标控制价编制见表 7-6。

表 7-6　　分部分项工程量清单与计价表

工程名称：××住宅楼工程　　标段：　　第　页　共　页

序号	项目编码	项目名称	项目特征描述	计量单位	工程量	金额（元）		
						综合单价	合价	其中：暂估价
	0105	混凝土及钢筋混凝土工程						

续表

序号	项目编码	项目名称	项目特征描述	计量单位	工程量	金额（元）		
						综合单价	合价	其中：暂估价
1	010502001001	矩形柱	C25 商品混凝土	m^3	52.00	383.69	19 951.88	
2	010515001001	现浇构件钢筋	HRB335 级钢筋（ϕ25）	t	5.652	5280.29	29 844.20	11 360.52
3	010515001002	现浇构件钢筋	HPB300 级钢筋（ϕ6.5）	t	0.827	6679.09	5697.26	1695.35
			分部小计				55 493.34	13 055.87

注 为计取规费等使用，可在表中增设“其中：定额人工费”。

2. 招标控制价编制与复核的依据

招标控制价的编制依据是指在编制招标控制价时需要进行工程量计量、价格确认、工程计价的有关参数、率值的确定等工作时所需的基础性资料，主要包括：

（1）《建设工程工程量清单计价规范》（GB 50500—2013）与专业工程计算规范。

（2）国家或省级、行业建设主管部门颁发的计价定额和计价办法。

（3）建设工程设计文件及相关资料。

（4）拟定的招标文件及招标工程量清单。

（5）与建设项目相关的标准、规范、技术资料。

（6）施工现场情况、工程特点及常规施工方案。

（7）工程造价管理机构发布的工程造价信息，当工程造价信息没有发布时，参照市场价。

（8）其他相关资料。

3. 分部分项工程项目编制规定

（1）分部分项工程项目，应根据拟定的招标文件和招标工程项目清单项目中的特征描述及有关要求确定综合单价计算。

（2）工程量依据招标文件中提供的分部分项工程量清单确定。

（3）招标文件提供了暂估单价的材料，应按暂估单价计入综合单价。

（4）为使招标控制价与投标报价所包含的内容一致，综合单价中应包括招标文件中要求投标人所承担的风险内容及其范围（幅度）产生的风险费用。

4. 措施项目编制规定

（1）措施项目应按招标文件中提供的措施项目清单确定，措施项目分为以“量”计算和以“项”计算两种。对于可精确计量的单价措施项目，应根据拟定的招标文件和招标工程项目清单项目中的特征描述及有关要求确定综合单价计算；对于不可精确计量的总价措施项目，则以“项”为单位，采用费率法按有关规定综合取定，采用费率法时需确定某项费用的计费基数及其费率，结果应是包括除规费、税金以外的全部费用。

（2）措施项目费中的安全文明施工费应当按照国家或省级、行业建设主管部门的规定标准计价，该部分不得作为竞争性费用。

5. 其他项目编制规定

其他项目应按下列规定计价：

（1）暂列金额。应按招标工程量清单中列出的金额填写，并将其金额计入工程总价中。

（2）暂估价。暂估价中的材料、工程设备单价应按招标工程量清单中列出的单价计入综合单价；暂估价中的专业工程暂估金额应按招标工程量清单中列出的金额填写。

（3）计日工。计日工应按招标工程量清单中列出的项目和暂估数量根据工程特点和有关计价依据确定综合单价计算。在编制招标控制价时，对计日工中的人工单价和施工机械台班单价应按省级、行业建设主管部门或其授权的工程造价管理机构公布的单价计算；材料应按工程造价管理机构发布的工程造价信息中的材料单价计算，工程造价信息未发布单价的材料，其价格应按市场调查确定的单价计算。

（4）总承包服务费。总承包服务费应根据招标工程量清单列出的内容和要求估算。总承包服务费是招标人应预计该项费用并按投标人的投标报价向投标人支付该项费用。

总承包服务费应按照省级或行业建设主管部门的规定计算，在计算时可参考以下标准：

1）招标人仅要求对分包的专业工程进行总承包管理和协调时，按分包的专业工程估算造价的1.5%计算。

2）招标人要求对分包的专业工程进行总承包管理和协调并同时要求提供配合服务时，根据招标文件中列出的配合服务内容和提出的要求按分包专业工程估算造价的3%～5%计算。

3）招标人自行供应材料的，按招标人供应材料价值的1%计算。

6. 规费和税金项目编制规定

规费和税金必须按国家或省级、行业建设主管部门的规定计算。税金计算式为

税金 =（分部分项工程量清单费 + 措施项目清单费 + 其他项目清单费 + 规费）× 综合税率

（四）招标控制价的计价程序与综合单价的确定

1. 招标控制价计价程序

建设工程的招标控制价反映的是单位工程费用，各单位工程费用是由分部分项工程费、措施项目费、其他项目费、规费和税金组成。建设单位工程招标控制价计价程序见表7-7。

表7-7　建设单位工程招标控制价计价程序表

工程名称：　　　　标段：　　　　第　页　共　页

序号	汇总内容	计算方法	金额（元）
1	分部分项工程	按计价规定计算	
1.1			
1.2			
2	措施项目	按计价规定计算	
2.1	其中：安全文明施工费	按规定标准估算	
3	其他项目		
3.1	其中：暂列金额	按计价规定估算	
3.2	其中：专业工程暂估价	按计价规定估算	
3.3	其中：计日工	按计价规定估算	
3.4	其中：总承包服务费	按计价规定估算	

续表

序号	汇总内容	计算方法	金额（元）
4	规费	按规定标准计算	
5	税金（扣除不列入计税范围的工程设备金额）	（1＋2＋3＋4）×规定税率	
	招标控制价合计＝1＋2＋3＋4＋5		

注 本表适用于单位工程招标控制价计算，如无单位工程划分，单项工程也使用本表。

2. 综合单价的确定

招标控制价的分部分项工程费应由各单位工程的招标工程量清单乘以其相应综合单价汇总而成。综合单价的确定应按照招标文件中的分部分项工程量清单的项目名称、工程量、项目特征描述，依据工程所在地区颁发的计价定额和人工、材料、机械台班价格信息等进行编制，并应编制工程量清单综合单价分析表。

编制招标控制价在确定其综合单价时，应考虑一定范围内的风险因素。在招标文件中应通过预留一定的风险费用，或明确说明风险所包括的范围及超出该范围的价格调整方法。对于招标文件中未做要求的可按以下原则确定：

（1）对于技术难度较大和管理复杂的项目，可考虑一定的风险费用，并纳入到综合单价中。

（2）对于工程设备、材料价格的市场风险，应依据招标文件的规定、工程所在地或行业工程造价管理机构的有关规定，以及市场价格趋势考虑一定率值的风险费用，纳入到综合单价中。

（3）税金、规费等法律、法规、规章和政策变化的风险和人工单价等风险费用不应纳入综合单价。

（五）编制招标控制价时应注意的问题

（1）采用的材料价格应是工程造价管理机构通过工程造价信息发布的材料价格，工程造价信息未发布材料单价的材料，其材料价格应通过市场调查确定。采用的市场价格则应通过调查、分析确定，有可靠的信息来源。

（2）施工机械设备的选型直接关系到综合单价水平，应根据工程项目特点和施工条件，本着经济实用、先进高效的原则确定。

（3）应该正确、全面地使用行业和地方的计价定额与相关文件。

（4）不可竞争的措施项目和规费、税金等费用的计算均属于强制性的条款，编制招标控制价时应按国家有关规定计算。

（5）不同工程项目、不同施工单位会有不同的施工组织方法，所发生的措施费也会有所不同，因此对于竞争性的措施费用的确定，招标人应首先编制常规的施工组织设计或施工方案，然后经专家论证确认后再进行合理的措施项目与费用的确定。

（六）招标控制价的复核

1. 分部分项工程项目清单费用

（1）综合单价应参照现行消耗定额进行组价，计费应完整，取费费率应按国家或省级、行业建设主管部门对工程造价计价中费用或费用标准执行。综合单价中应考虑投标人承担的风险费用。

（2）人工、材料、设备单价按工程造价管理机构发布的工程造价信息及市场信息价格进入综合单价；招标文件中提供暂估单价的材料，应按暂估的单价进入综合单价，暂估价应在工程量清单计价表中单列，并计算总额，从而便于汇入汇总表中。

（3）工程量应按工程量清单提供的工程项目清单进行计算。

（4）不应出现不均衡报价或零报价。

（5）综合单价分析表应采用清单计价规范中规定的表格形式，应清楚，充分满足以后调价的需要。

（6）综合单价与数量的乘积是否与合价一致。

（7）各分项金额合计是否与总计一致。

2. 措施项目清单费用

（1）总价措施项目清单费用应根据相关计价规定、工程具体情况及企业实力进行计算，如总价措施项目清单未列的，但实际会发生的措施项目应进行补充；总价措施项目清单中相关措施项目应齐全，计算基础、费率应清晰。

（2）单价措施项目清单费用应根据专业措施项目清单数量进行计算，具体综合单价的组价原则按分部分项工程项目清单费用的组价原则进行计算，并提供工程项目清单综合单价分析表，综合单价分析表格式与内容与分部分项工程项目清单一致。

3. 其他项目清单费用

（1）应单独列出“暂列金额明细表”，暂列金额应按招标文件工程量清单中给予的总额列入，汇入“其他项目清单与计价汇总表”中；根据招标文件及工程量清单的要求，应注意此部分费用是否应计算规费和税金。

（2）应单独列出“材料暂估单价表”和“专业工程暂估价表”，其单价和金额应按工程量清单中提供的价格执行。材料暂估价总价汇入“分部分项工程项目清单与计价表”，专业工程暂估价总价汇入“其他项目清单与计价汇总表”中。

（3）计日工按工程量清单给予的数量，根据企业自身情况填报综合单价和合价，形成“计日工表”，“计日工表”中的总额汇入“其他项目清单与计价汇总表”中。

（4）总承包服务费根据招标文件及工程量清单的要求，结合自身实力对发包人发包专业工程和发包人供应材料计取总包服务费，在“总包服务费计价表”中列明计算基数、服务内容、费率和总额，并将此表中的合计并入“其他项目清单与计价汇总表”中。

4. 规费、税金

规费、税金应严格按政府规定费率计算，计算基数应准确。

5. 投资额控制上限复核

汇总后的招标控制价应在批准的概算范围内，如超出原概算，招标人应将其报原概算审批部门审核。

6. 复核文件格式

招标控制价封面应有招标控制价的大写与小写，同时招标人、工程造价咨询人及法定代表人或授权人盖章和签字，具有相关资质的编制人和复核人应签字盖资质专用章。

7. 做好复核管理工作

完成招标控制价编审工作之后，为了检验成果的可行性，必须采用类比法，即利用工程所在地类似工程的技术经济指标进行分析比较，并进行可行性判断。如差距过大，应寻找原因，如设计错误，应予纠正。

（七）投诉与处理

1. 对投诉人的投诉要求

（1）投标人经复核认为招标人公布的招标控制价未按照“计价规范”的规定进行编制的，应在招标控制价公布后5天内向招投标监督机构和工程造价管理机构投诉。

（2）投诉人投诉时，应当提交由单位盖章和法定代表人或其委托人的签名或盖章的书面投诉书。

投诉书应包括以下内容：

1）投诉人与被投诉人的名称、地址及有效联系方式；

2）投诉的招标工程名称、具体事项及理由；

3）投诉依据及有关证明材料；

4）相关的请求及主张。

（3）投诉人不得进行虚假、恶意投诉，阻碍投标活动的正常进行。

2. 对工程造价管理机构受理投诉的要求

（1）工程造价管理机构在接到投诉书后应在2个工作日内进行审查，对有下列情况之一的，不予受理：

1）投诉人不是所投诉招标工程招标文件的收受人。

2）投诉书提交的时间超过招标控制价公布5天以后的。

3）投诉书不符合投诉文件要求规定的，如不是书面投诉书或没有签名或盖章等。

4）投诉事项已进入行政复议或行政诉讼程序的。

（2）工程造价管理机构应在不迟于结束审查的次日将是否受理投诉的决定书面通知投诉人、被投诉人，以及负责该工程招投标监督的招投标管理机构。

（3）工程造价管理机构受理投诉后，应立即对招标控制价进行复查，组织投诉人、被投诉人或其委托的招标控制价编制人等单位人员对投诉问题逐一核对。有关当事人应当予以配合，并保证所提供资料的真实性。

（4）工程造价管理机构应当在受理投诉的10天内完成复查，特殊情况下可适当延长，并作出书面结论通知投诉人、被投诉人及负责该工程招投标监督的招投标管理机构。

（5）当招标控制价复查结论与原公布的招标控制价误差大于±3%时，应当责成招标人改正。

（6）招标人根据招标控制价复查结论需要重新公布招标控制价的，其最终公布的时间到招标文件要求提交投标文件截止时间不足15天的，应相应延长投标文件的截止时间。

二、投标报价的编制与复核

（一）投标报价编制的基本要求

1. 投标报价编制的一般规定

（1）投标价应由投标人或受其委托具有相应资质的工程造价咨询人编制。

（2）除《计价规范》强制性规定外，投标人应依据招标文件及其工程量清单等相关资料自主确定投标报价。

（3）投标报价不得低于工程成本。

（4）投标人必须按招标工程量清单填报价格。项目编码、项目名称、项目特征、计量单位、工程量必须与招标工程量清单一致。

（5）投标人的投标报价高于招标控制价的应予废标。

2. 投标报价编制的内容

投标报价中应包括招标文件中划分的由投标人承担的风险范围及其费用，招标文件中没有明确的，应提请招标人明确。

（二）投标报价的编制与复核

1. 投标报价编制与复核的依据

（1）《建设工程工程量清单计价规范》（GB 50500—2013）。

（2）国家或省级、行业建设主管部门颁发的计价办法。

（3）企业定额，国家或省级、行业建设主管部门颁发的计价定额。

（4）招标文件、工程量清单及其补充通知、答疑纪要。

（5）建设工程设计文件及相关资料。

（6）施工现场情况、工程特点及拟定的投标施工组织设计或施工方案。

（7）与建设项目相关的标准、规范等技术资料。

（8）市场价格信息或工程造价管理机构发布的工程造价信息。

（9）其他的相关资料。

2. 投标报价的编制规定

（1）分部分项工程和措施项目中的单价项目，应根据招标文件和招标工程量清单项目中的特征描述确定综合单价计算。

（2）措施项目中的总价项目金额应根据招标文件及投标时拟定的施工组织设计或施工方案，采用综合单价计价自主确定。其中安全文明施工费应按照国家或省级、行业建设主管部门的规定计价，招标人不得要求投标人对该项费用进行优惠，投标人也不得将该项费用参与市场竞争。

（3）其他项目费应按下列规定报价：

1）暂列金额投标人应按招标工程工程量清单中列出的金额填写，并将其金额计入投标总价中。

2）暂估价不得变动和更改。材料、工程设备暂估价应按招标工程工程量清单中列出的单价计入综合单价；专业工程暂估价应按招标工程工程量清单中列出的金额填写。

3）计日工应按招标工程工程量清单中列出的项目和数量，自主确定综合单价并计算计日工金额。

4）总承包服务费根据招标工程工程量清单中列出的内容和提出的要求自主确定。

（4）规费和税金必须按国家或省级、行业建设主管部门的规定计算，不得作为竞争性费用。这是由于规费和税金的计取标准是依据有关法律、法规和政策规定制定的，具有强制性。

（5）招标工程工程量清单与计价表中列明的所有需要填写的单价和合价的项目，投标人均应填写且只允许有一个报价。未填写单价和合价的项目，可视为此项费用已包含在已标价工程量清单中其他项目的单价和合价之中。竣工结算时，此项目不得重新组价予以调整。

（6）投标总价应当与分部分项工程费、措施项目费、其他项目费和规费、税金的合计金额一致。进行工程量清单招标的投标报价时，不能进行投标总价优惠（或降价、让利），投标人对招标人的任何优惠（或降价、让利）均应反映在相应清单项目的综合单价中。

3. 投标报价的复核

(1) 复核投标报价中的工程量是否按工程量清单中的数量计算，招标工程工程量清单应当被认为是准确的和完整的，其目的是使各投标人在投标报价中具有共同的竞争平台。因此要求投标人在投标报价中填写的工程数量必须与招标工程工程量清单一致。工程量的大小对投标报价时编制综合单价有一定影响。在投标时间允许的情况下可以对主要项目的工程量进行复核，对比与招标文件提供的工程量差距，从而考虑相应的投标策略，决定报价尺度；也可根据工程量的大小采取合适的施工方法，选择适用、经济的施工机具设备，投入使用相应的劳动力数量；还能确定大宗物资的预订及采购的数量，防止由于超量或少购等带来的浪费、积压或停工待料。

(2) 复核综合单价中有没有明显的偏低或偏高现象，计算或汇总有无明显的错误，有无总价与分项组价不符现象；复核综合单价中的费率是否体现了竞争性，有无高于计价文件规定的费率。

(3) 复核综合单价中的暂估材料价格是否按招标文件要求的价格进行组价；复核专业工程暂估价、暂列金额是否与招标文件要求的价格一致；复核总包服务费的计算基数及服务内容是否与招标文件要求一致，有无含糊不清。

(4) 复核措施费用中的相关措施费用的计算是否与施工组织设计的方案一致；复核安全文明施工费用、规费、税金是否按照政府规定的费率进行计算，有无将此部分作为竞争。

(5) 复核投标报价说明中的相关内容是否与招标文件要求的内容有无不一致的地方；复核投标单位所报材料设备规格、型号、品牌是否清晰，是否符合招标文件要求，是否会对过程工程管理带来难度。

第四节　工程计量与价款结算

一、工程合同价款的约定

1. 合同价款在合同中的约定形式

(1) 实行招标的工程合同价款应在中标通知书发出之日起 30 天内，由发承包双方依据招标文件和中标人的投标文件在书面合同中约定。

(2) 不实行招标的工程合同价款，在发承包双方认可的工程价款基础上，由发承包双方在合同中约定。

(3) 招标人和中标人不得再行订立背离合同实质性内容的其他协议。

2. 工程合同价款的约定原则

实行招标的工程，合同约定不得违背招、投标文件中关于工期、造价、质量等方面的实质性内容。若招标文件与中标人投标文件不一致的地方，应以投标文件为准。

在工程招投标及建设工程合同签订过程中，招标文件应视为要约邀请，投标文件为要约，中标通知书为承诺。因此，在签订建设工程合同时，若招标文件与中标人的投标文件有不一致的地方，应以投标文件为准。

3. 采用的合同形式

实行工程量清单计价的工程，宜采用单价合同，即合同约定的工程价款中所包含的工程量清单项目综合单价在约定条件内是固定的，不予调整，工程量允许调整。工程量清单项目综合单价在约定的条件外，允许调整。调整方式、方法应在合同中约定。建设规模较小，技术难度较低，工期较短，且施工图设计已审查完备的建设工程可以采用总价合同；紧急抢险、救灾，以及施工技术特别复杂的建设工程可以采用成本加酬金合同。

4. 合同条款中应约定的基本事项

发承包双方应在合同条款中对下列事项进行约定：

（1）预付工程款的数额、支付时间及抵扣方式。

（2）安全文明施工措施的支付计划、使用要求等。

（3）工程计量与支付工程进度款的方式、数额及时间。

（4）工程价款的调整因素、方法、程序、支付及时间。

（5）施工索赔与现场签证的程序、金额确认与支付时间。

（6）承担风险的内容、范围，以及超出约定内容、范围的调整办法。

（7）工程竣工价款结算编制与核对、支付及时间。

（8）工程质量保证（保修）金的数额、预扣方式及时间。

（9）违约责任，以及发生工程价款争议的解决方法及时间。

（10）与履行合同、支付价款有关的其他事项等。

合同中没有约定或约定不明的，由双方协商确定；协商不能达成一致的，按《计价规范》相关规定执行。

二、工程计量与价款支付

1. 工程计量的一般规定

（1）工程量应当按照相关工程的现行国家计算规范规定的工程量计算规则计算。

（2）工程计量可选择按月或按工程形象进度分段计量，具体计量周期在合同中约定。

（3）因承包人原因造成的超范围施工或返工的工程量，发包人不予计量。

（4）工程量必须以承包人完成合同工程应予计量的工程量确定。

（5）工程计量时，若发现招标工程量清单中出现缺项、工程量偏差，或因工程变更引起工程量的增减，应按承包人在履行合同过程中实际完成的工程量计算。

2. 发包人支付工程预付款的规定

发包人应按照合同约定支付工程预付款，承包人应将预付款专用于合同工程。

（1）工程预付款的额度。包工包料工程的预付款的支付比例不得低于签约合同价（扣除暂列金额）的 10%，不宜高于签约合同价（扣除暂列金额）的 30%。

（2）工程预付款的支付时间。承包人应在签订合同或向发包人提供与预付款等额的预付款保函后向发包人提交预付款支付申请。发包人应在收到支付申请的 7 天内进行核实，向承包人发出预付款支付证书，并在签发支付证书后的 7 天内向承包人支付预付款。

（3）发包人没有按合同约定按时支付预付款的，承包人可催告发包人支付；发包人在预付款期满后的 7 天内仍未支付的，承包人可在付款期满后的第 8 天起暂停施工。发包人应承担由此增加的费用和延误的工期，并应向承包人支付合理利润。

（4）预付款应从每一个支付期应支付给承包人的工程进度款中扣回，直到扣回的金额达到合同约定的预付款金额为止。

（5）承包人的预付款保函的担保金额根据预付款扣回的数额相应递减，但在预付款全部扣回之前一直保持有效。发包人应在预付款扣完后的 14 天内将预付款保函退还给承包人。

3. 支付工程进度款的规定

（1）发承包双方应按照合同约定的时间、程序和方法，根据工程计量结果，办理期中价款结算，支付进度款。进度款支付周期应与合同约定的工程计量周期一致。

（2）已标价工程量清单中的单价项目，承包人应按工程计量确认的工程量与综合单价计算；综合单价发生调整的，以发承包双方确认调整的综合单价计算进度款。

（3）发包人提供的甲供材料金额，应按照发包人签约提供的单价和数量从进度款支付中扣除，列入本周期应扣减的金额中。承包人现场签证和得到发包人确认的索赔金额应列入本周期应增加的金额中。

（4）进度款的支付比例按照合同约定，按期中结算价款总额计，不低于 60%，不高于 90%。

4. 支付安全文明施工费的规定

（1）发包人应在工程开工后的 28 天内预付不低于当年施工进度计划的安全文明施工费总额的 60%，其余部分应按照提前安排的原则进行分解，并应与进度款同期支付。

（2）发包人没有按时支付安全文明施工费的，承包人可催告发包人支付；发包人在付款期满后的 7 天内仍未支付的，若发生安全事故，发包人应承担相应责任。

（3）承包人对安全文明施工费应专款专用，在财务账目中应单独列项备查，不得挪作他用，否则发包人有权要求其限期改正；逾期未改正的，造成的损失和延误的工期应由承包人承担。

三、合同价款调整

1. 合同价款调整的一般规定

以下事项（但不限于）发生，发承包双方应当按照合同约定调整合同价款：

（1）法律、法规变化。

（2）工程变更。

（3）项目特征不符。

（4）工程量清单缺项。

（5）工程量偏差。

（6）计日工。

（7）物价变化。

（8）暂估价。

（9）不可抗力。

（10）提前竣工（赶工补偿）。

（11）误期赔偿。

（12）索赔。

（13）现场签证。

（14）暂列金额。

（15）发承包双方约定的其他调整事项。

2. 工程价款调整报告

工程价款调整报告应由受益方在合同约定时间内向合同的另一方提出，经对方确认后调整合同价款。受益方未在合同约定时间内提出工程价款调整报告的，视为不涉及合同价款的调整。收到工程价款调整报告的一方应在合同约定时间内确认或提出协商意见，否则，视为工程价款调整报告已经确认。

当合同未作约定时，按下列规定办理：

(1) 调整因素确定后14天内，由受益方向对方递交工程价款调整报告。受益方在14天内未递交工程价款调整报告的，视为不调整工程价款。

(2) 收到工程价款调整报告的一方，应在收到之日起14天内予以确认或提出协商意见，如在14天内未作确认也未提出协商意见，视为工程价款调整报告已被确认。

(3) 经发承包双方确定调整的工程价款，作为追加（减）合同价款与工程进度款或结算款同期支付。

3. 法律、法规、规章和政策发生变化的调整

(1) 招标工程以投标截止日前28天，非招标工程以合同签订前28天为基准日，其后国家的法律、法规、规章和政策发生变化影响工程造价的，发承包双方应按省级或行业建设主管部门或其授权的工程造价管理机构发布的规定调整合同价款。

(2) 因承包人原因导致工期延误，按规范规定的调整时间在合同工程原定竣工时间之后，合同价款调增的不予调整，合同价款调减的予以调整。

4. 工程变更引起的价款调整

因工程变更引起已标价工程量清单项目或其工程数量发生变化，应按照下列单价确定原则调整：

(1) 已标价工程量清单中有适用于变更工程项目的，采用该项目的单价；但当工程变更导致该清单项目的工程数量发生变化，且工程量偏差超过15%时，该项目单价的调整应按照工程量偏差调整的规定调整。

(2) 已标价工程量清单中没有适用，但有类似于变更工程项目的，可在合理范围内参照类似项目的单价。

(3) 已标价工程量清单中没有适用，也没有类似于变更工程项目的，由承包人根据变更工程资料、计量规则和计价办法、工程造价管理机构发布的信息价格和承包人报价浮动率提出变更工程项目的单价，并应报发包人确认后调整。承包人报价浮动率可按下列公式计算：

招标工程　　承包人报价浮动率 $L=(1-\text{中标价}/\text{招标控制价})\times 100\%$

非招标工程　　承包人报价浮动率 $L=(1-\text{报价值}/\text{施工图预算})\times 100\%$

(4) 已标价工程量清单中没有适用，也没有类似于变更工程项目，且工程造价管理机构发布的信息价格缺价的，由承包人根据变更工程资料、计量规则、计价办法和通过市场调查等取得有合法依据的市场价格提出变更工程项目的单价，并应报发包人确认后调整。

(5) 工程变更引起施工方案改变，并使措施项目发生变化的，承包人提出调整措施项目费的，应事先将拟实施的方案提交发包人确认，并详细说明与原方案措施项目相比的变化情况。拟实施的方案经发承包双方确认后执行。该情况下，应按照下列规定调整措施项目费：

1) 安全文明施工费，按照实际发生变化的措施项目调整，不得浮动。

2) 采用单价计算的措施项目费，按照实际发生变化的措施项目，按分部分项工程费的调整方法确定单价。

3) 按总价（或系数）计算的措施项目费，按照实际发生变化的措施项目调整，但应考

虑承包人报价浮动因素。

如果承包人未事先将拟实施的方案提交给发包人确认，则视为工程变更不引起措施项目费的调整或承包人放弃调整措施项目费的权利。

(6) 如果发包人提出的工程变更，因为非承包人原因删减了合同中的某项原定工作或工程，致使承包人发生的费用或（和）得到的收益不能被包括在其他已支付或应支付的项目中，也未被包含在任何替代的工作或工程中，则承包人有权提出并得到合理的利润补偿。

5. 项目特征描述不符的价款调整

合同履行期间，出现设计图纸（含设计变更）与招标工程量清单任一项目的特征描述不符，且该变化引起该项目的工程造价增减变化的，应按照实际施工的项目特征重新确定相应工程量清单项目的综合单价，并调整合同价款。

6. 工程量清单缺项的价款调整

(1) 合同履行期间，出现招标工程量清单项目缺项，新增工程量清单项目的，应按“计价规范”单价确定原则确定单价，并调整合同价款。

(2) 新增分部分项工程量清单项目后，引起措施项目发生变化的，并且承包人提出调整措施项目费的，在承包人提交的实施方案被发包人批准后，调整合同价款。

(3) 由于招标工程量清单中措施项目缺项，承包人应将新增措施项目实施方案提交发包人批准后，按照“计价规范”单价确定原则确定单价，并调整合同价款。

7. 工程量偏差价款的调整

(1) 合同履行期间，当应予计算的实际工程量与招标工程工程量清单中的工程量出现偏差，且偏差大于15%时，发承包双方应调整合同价款。

(2) 调整原则与调整公式。当工程量增加15%以上时，其增加部分的工程量的综合单价应予调低；当工程量减少15%以上时，减少后剩余部分的工程量的综合单价应予调高。此时，按下列公式调整结算分部分项工程费：

当 $Q_1 > 1.15Q_0$ 时　$S = 1.15Q_0 \times P_0 + (Q_1 - 1.15Q_0) \times P_1$

当 $Q_1 < 0.85Q_0$ 时　$S = Q_1 \times P_1$

式中　S——调整后的某一分部分项工程费结算价；

Q_1——最终完成的工程量；

Q_0——招标工程工程量清单中列出的工程量；

P_1——按照最终完成工程量重新调整后的综合单价；

P_0——承包人在工程量清单中填报的综合单价。

(3) 如果工程量上述变化引起相关措施项目相应发生变化，当按系数或单一总价方式计价时，工程量增加的措施项目费调增，工程量减少的措施项目费调减。

8. 计日工费用调整

发包人通知承包人以计日工方式实施的零星工作，承包人应予执行。任一计日工项目实施结束后，发包人应按照确认的计日工现场签证报告核实该类项目的工程数量，并根据核实的工程数量和承包人已标价工程量清单中的计日工单价计算，提出应付价款；已标价工程量清单中没有该类计日工单价的，由发承包双方按规范规定的单价确定原则商定计日工单价计算。

9. 物价变化超出一定幅度的合同价款调整

(1) 承包人采购材料和工程设备的，应在合同中约定主要材料、工程设备价格变化的范围或幅度；如没有约定，且材料、工程设备单价变化超过 5%，超过部分的价格应予调整。

(2) 物价变化合同价款调整方法。合同履行期间，因人工、材料、工程设备、施工机械台班价格波动影响合同价款时，应根据合同约定调整合同价款。调整方法有价格指数调整价格差额法和造价信息调整价格差额法两种。

第一种，价格指数调整价格差额法。

1) 价格调整公式。因人工、材料和工程设备、施工机械台班等价格波动影响合同价格时，根据招标人提供的《承包人提供主要材料和工程设备一览表》，并由投标人在投标函附录中的价格指数和权重表约定的数据，应按下式计算差额并调整合同价款

$$\Delta P = P_0\left[A+\left(B_1\times\frac{F_{t1}}{F_{01}}+B_2\times\frac{F_{t2}}{F_{02}}+B_3\times\frac{F_{t3}}{F_{03}}+\cdots+B_n\times\frac{F_{tn}}{F_{0n}}\right)-1\right]$$

式中 ΔP——需调整的价格差额；

P_0——约定的付款证书中承包人应得到的已完成工程量的金额，此项金额应不包括价格调整、不计质量保证金的扣留和支付、预付款的支付和扣回，约定的变更及其他金额已按现行价格计价的，也不计在内；

A——定值权重（即可不调部分的权重）；

B_1、B_2、B_3、…、B_n——各可调因子的变值权重（即可调部分的权重），为各可调因子在投标函投标总报价中所占的比例；

F_{t1}、F_{t2}、F_{t3}、…、F_{tn}——各可调因子的现行价格指数，指约定的付款证书相关周期最后一天的前 42 天的各可调因子的价格指数；

F_{01}、F_{02}、F_{03}、…、F_{0n}——各可调因子的基本价格指数，指基准日期的各可调因子的价格指数。

以上价格调整公式中的各可调因子、定值和变值权重，以及基本价格指数及其来源在投标函附录价格指数和权重表中约定。价格指数应首先采用工程造价管理机构提供的价格指数，缺乏上述价格指数时，可采用工程造价管理机构提供的价格代替。

2) 暂时确定调整差额。在计算调整差额时得不到现行价格指数的，可暂用上一次价格指数计算，并在以后的付款中再按实际价格指数进行调整。

3) 权重的调整。约定的变更导致原定合同中的权重不合理时，由承包人和发包人协商后进行调整。

4) 承包人工期延误后的价格调整。由于承包人原因未在约定的工期内竣工的，对原约定竣工日期后继续施工的工程，在使用价格调整公式时，应采用原约定竣工日期与实际竣工日期的两个价格指数中较低的一个作为现行价格指数。

5) 若可调因子包括人工在内，则不适用于承包人的报价高于省级或行业建设主管部门发布的人工费调整额的情况。

第二种，造价信息调整价格差额法。

1) 施工期内，因人工、材料和工程设备、施工机械台班价格波动影响合同价格时，人工、机械使用费按照国家或省、自治区、直辖市建设行政管理部门、行业建设管理部门或其

授权的工程造价管理机构发布的人工成本信息、机械台班单价或机械使用费系数进行调整；需要进行价格调整的材料，其单价和采购数应由发包人复核，发包人确认需调整的材料单价及数量，作为调整合同价款差额的依据。

2）人工单价发生变化且承包人的报价不高于省级或行业建设主管部门发布的人工费调整额时，发承包双方应按省级或行业建设主管部门或其授权的工程造价管理机构发布的人工成本文件调整合同价款。

3）材料、工程设备价格变化按照发包人提供的《承包人提供主要材料和工程设备一览表》，由发承包双方约定的风险范围按下列规定调整合同价款：

a. 承包人投标报价中材料单价低于基准单价。施工期间材料单价涨幅以基准单价为基础超过合同约定的风险幅度值，或材料单价跌幅以投标报价为基础超过合同约定的风险幅度值时，其超过部分按实调整。

b. 承包人投标报价中材料单价高于基准单价。施工期间材料单价跌幅以基准单价为基础超过合同约定的风险幅度值，或材料单价涨幅以投标报价为基础超过合同约定的风险幅度值时，其超过部分按实调整。

c. 承包人投标报价中材料单价等于基准单价。施工期间材料单价涨、跌幅以基准单价为基础超过合同约定的风险幅度值时，其超过部分按实调整。

d. 承包人应在采购材料前将采购数量和新的材料单价报送发包人核对，确认用于本合同工程时，发包人应确认采购材料的数量和单价。发包人在收到承包人报送的确认资料后3个工作日不予答复的视为已经认可，作为调整合同价款的依据。如果承包人未报经发包人核对即自行采购材料，再报发包人确认调整合同价款的，如发包人不同意，则不作调整。

4）施工机械台班单价或施工机械使用费发生变化超过省级或行业建设主管部门或其授权的工程造价管理机构规定的范围时，按其规定调整合同价款。

（3）由于工期延误产生了计划进度日和实际进度日的材料差价，承包人原因导致工期延误取低价，非承包人原因导致工期延误取高价。发包人供应材料和工程设备的，应由发包人按照实际变化调整，列入工程造价内。

10. 暂估价调整

（1）发包人在招标工程量清单中给定暂估价的材料、工程设备属于依法必须招标的，应由发承包双方以招标的方式选择供应商，确定价格，并以此为依据取代暂估价，调整合同价款。

（2）发包人在招标工程量清单中给定暂估价的材料、工程设备不属于依法必须招标的，由承包人按照合同约定采购，经发包人确认单价后取代暂估价，调整合同价款。

（3）发包人在工程量清单中给定暂估价的专业工程不属于依法必须招标的，应按照工程变更规定的单价确定原则确定专业工程价款，并以此为依据取代暂估价，调整合同价款。

（4）发包人在招标工程量清单中给定暂估价的专业工程，依法必须招标的，应当由发承包双方依法组织招标选择专业分包人，并接受有管辖权的建设工程招标投标管理机构的监督，还应符合下列要求：

1）除合同另有约定外，承包人不参与投标的专业工程发包招标，应由承包人作为招标人，但拟定的招标文件、评标工作、评标结果应报送发包人批准。与组织招标工作有关的费用应当被认为已经包括在承包人的签约合同价（投标总报价）中。

2）承包人参加投标的专业工程发包招标，应由发包人作为招标人，与组织招标工作有关的费用由发包人承担。同等条件下，应优先选择承包人中标。

3）应以专业工程发包中标价为依据取代专业工程暂估价，调整合同价款。

11. 当不可抗力事件发生造成损失时，工程价款的调整原则

（1）工程本身的损害、因工程损害导致第三方人员伤亡和财产损失，以及运至施工场地用于施工的材料和待安装的设备的损害，由发包人承担。

（2）发包人、承包人人员伤亡由其所在单位负责，并承担相应费用。

（3）承包人的施工机械设备损坏及停工损失，由承包人承担。

（4）停工期间，承包人应发包人要求留在施工场地的必要的管理人员及保卫人员的费用，由发包人承担。

（5）工程所需清理、修复费用，由发包人承担。

12. 提前竣工（赶工补偿）费用调整

（1）招标人应依据相关工程的工期定额合理计算工期，压缩的工期天数不得超过定额工期的20%，超过者，应在招标文件中明示增加赶工费用。

（2）发包人要求合同工程提前竣工时，应征得承包人同意后与承包人商定采取加快工程进度的措施，并修订合同工程进度计划。发包人应承担承包人由此增加的提前竣工（赶工补偿）费用。

（3）发承包双方应在合同中约定提前竣工每日历天应补偿额度，此项费用应作为增加合同价款列入竣工结算文件中，与结算款一并支付。

13. 误期赔偿

（1）合同工程发生误期，承包人应赔偿发包人由此造成的损失，并应按照合同约定向发包人支付误期赔偿费。即使承包人支付误期赔偿费，也不能免除承包人按照合同约定应承担的任何责任和应履行的任何义务。

（2）发承包双方应在合同中约定误期赔偿费，并应明确每日历天应赔额度。误期赔偿费应列入竣工结算文件中，并应在结算款中扣除。

（3）在工程竣工之前，合同工程内的某单项（位）工程已通过了竣工验收，且该单项（位）工程接收证书中表明的竣工日期并未延误，而是合同工程的其他部分产生了工期延误时，误期赔偿费应按照已颁发工程接收证书的单项（位）工程造价占合同价款的比例幅度予以扣减。

14. 索赔及其费用调整

（1）索赔的三要素。合同一方向另一方提出索赔时，应有正当的索赔理由和有效证据，并应符合合同的相关约定。建设工程施工中的索赔是发承包双方行使正当权利的行为，承包人可向发包人索赔，发包人也可向承包人索赔。索赔的三要素：①正当的索赔理由；②有效的索赔证据；③在合同约定的时间内提出。

（2）索赔的证据。任何索赔事件的确立，其前提条件是必须有正当的索赔理由。对正当索赔理由的说明必须具有证据，因为进行索赔主要是靠证据说话。没有证据或证据不足，索赔是难以成功的。

1）对索赔证据的要求。

a. 真实性。索赔证据必须是在实施合同过程中确定存在和发生的，必须完全反映实际

情况，能经得住推敲。

b. 全面性。所提供的证据应能说明事件的全过程。索赔报告中涉及的索赔理由、事件过程、影响、索赔数额等都应有相应证据，不能零乱和支离破碎。

c. 关联性。索赔的证据应当能够互相说明，相互具有关联性，不能互相矛盾。

d. 及时性。索赔证据的取得及提出应当及时，符合合同约定。

e. 具有法律证明效力。一般要求证据必须是书面文件，有关记录、协议、纪要必须是双方签署的；工程中重大事件、特殊情况的记录、统计必须由合同约定的发包人现场代表或监理工程师签证认可。

2）索赔证据的种类。

a. 招标文件、工程合同、发包人认可的施工组织设计、工程图纸、技术规范等。

b. 工程各项有关的设计交底记录、变更图纸、变更施工指令等。

c. 工程各项经发包人或合同中约定的发包人现场代表或监理工程师签认的签证。

d. 工程各项往来信件、指令、信函、通知、答复等。

e. 工程各项会议纪要。

f. 施工计划及现场实施情况记录。

g. 施工日报及工长工作日志、备忘录。

h. 工程送电、送水、道路开通、封闭的日期及数量记录。

i. 工程停电、停水和干扰事件影响的日期及恢复施工的日期记录。

j. 工程预付款、进度款拨付的数额及日期记录。

k. 工程图纸、图纸变更、交底记录的送达份数及日期记录。

l. 工程有关施工部位的照片及录像等。

m. 工程现场气候记录，如有关天气的温度、风力、雨雪等。

n. 工程验收报告及各项技术鉴定报告等。

o. 工程材料采购、订货、运输、进场、验收、使用等方面的凭据。

p. 国家和省级或行业建设主管部门有关影响工程造价、工期的文件、规定等。

（3）索赔通知书。根据合同约定，承包人认为非承包人原因发生的事件造成了承包人的损失，应按下列程序向发包人提出索赔：

1）承包人应在知道或应当知道索赔事件发生后 28 天内，向发包人提交索赔意向通知书，说明发生索赔事件的事由。承包人过期未发出索赔意向通知书的，丧失索赔的权利。

2）承包人应在发出索赔意向通知书后 28 天内，向发包人正式提交索赔通知书。索赔通知书应详细说明索赔理由和要求，并应附必要的记录和证明材料。

3）索赔事件具有连续影响的，承包人应继续提交延续索赔通知，说明连续影响的实际情况和记录。

4）在索赔事件影响结束后的 28 天内，承包人应向发包人提交最终索赔通知书，说明最终索赔要求，并应附必要的记录和证明材料。

（4）索赔处理程序与要求。承包人索赔应按下列程序处理：

1）发包人收到承包人的索赔通知书后，应及时查验承包人的记录和证明材料。

2）发包人应在收到索赔通知书或有关索赔的进一步证明材料后的 28 天内，将索赔处理结果答复承包人，如果发包人过期未作出答复，视为承包人索赔要求已被发包人认可。

3）承包人接受索赔处理结果的，索赔款项应作为增加合同价款，在当期进度款中进行支付；承包人不接受索赔处理结果的，应按合同约定的争议解决方式办理。

（5）承包人要求的赔偿方式。承包人要求赔偿时，可以选择下列一项或几项方式获得赔偿：

1）延长工期。

2）要求发包人支付实际发生的额外费用。

3）要求发包人支付合理的预期利润。

4）要求发包人按合同的约定支付违约金。

（6）当承包人的费用索赔与工期索赔要求相关联，发包人在作出费用索赔的批准决定时，应结合工程延期，综合作出费用赔偿和工程延期的决定。

（7）发承包双方在按合同约定办理了竣工结算后，应被认为承包人已无权再提出竣工结算前所发生的任何索赔。承包人在提交的最终结清申请中，只限于提出竣工结算后的索赔，提出索赔的期限应自发承包双方最终结清时终止。

（8）反索赔。根据合同约定，发包人认为由于承包人的原因造成发包人的损失，宜按承包人索赔的程序进行索赔。

（9）发包人要求的赔偿方式。发包人要求赔偿时，可以选择下列一项或几项方式获得赔偿：

1）延长质量缺陷修复期限。

2）要求承包人支付实际发生的额外费用。

3）要求承包人按合同的约定支付违约金。

（10）承包人应付给发包人的索赔金额可从拟支付给承包人的合同价款中扣除，或由承包人以其他方式支付给发包人。

15. 现场签证

（1）承包人应发包人要求完成合同以外的零星项目、非承包人责任事件等工作的，发包人应及时以书面形式向承包人发出指令，并应提供所需的相关资料；承包人在收到指令后，应及时向发包人提出现场签证要求。

（2）承包人应在收到发包人指令后的7天内向发包人提交现场签证报告，发包人应在收到现场签证报告后的48h内对报告内容进行核实，予以确认或提出修改意见。发包人在收到承包人现场签证报告后的48h内未确认，也未提出修改意见的，应视为承包人提交的现场签证报告已被发包人认可。

如现场签证的工作有相应的计日工单价，应在现场签证报告中列明完成该类项目所需的人工、材料、工程设备和施工机械台班的数量。如现场签证的工作没有相应的计日工单价，应在现场签证报告中列明完成该签证工作所需的人工、材料、工程、设备和施工机械台班的数量及单价。

（3）合同工程发生现场签证事项，未经发包人签证确认，承包人便擅自施工的，除非征得发包人书面同意，否则发生的费用应由承包人承担。

（4）现场签证工作完成后的7天内，承包人应按照现场签证内容计算价款，报送发包人确认后，作为增加合同价款，与进度款同期支付。

（5）在施工过程中，当发现合同工程内容因场地条件、地质水文、发包人要求等不一致时，承包人应提供所需的相关资料，并提交发包人签证认可，作为合同价款调整的依据。

16. 暂列金额

（1）已签约合同价中的暂列金额应由发包人掌握使用。

（2）发包人按照“计价规范”规定支付调整合同价款后，暂列金额余额应归发包人所有。

四、竣工结算与支付

1. 办理竣工结算的要求

（1）工程完工后，发承包双方必须在合同约定时间内办理工程竣工结算。

（2）工程竣工结算应由承包人或受其委托具有相应资质的工程造价咨询人编制，并应由发包人或受其委托具有相应资质的工程造价咨询人核对。

（3）当发承包双方或一方对工程造价咨询人出具的竣工结算文件有异议时，可向工程造价管理机构投诉，申请对其进行执业质量鉴定。

（4）工程造价管理机构对投诉的竣工结算文件进行质量鉴定，宜按“计价规范”工程造价鉴定的相关规定进行。

（5）竣工结算办理完毕，发包人应将竣工结算文件报送工程所在地或有该工程管辖权的行业管理部门的工程造价管理机构备案，竣工结算文件应作为工程竣工验收备案、交付使用的必备文件。

2. 竣工结算编制与复核

（1）工程竣工结算应根据下列依据编制和复核：

1）计价规范。

2）工程合同。

3）发承包双方实施过程中已确认的工程量及其结算的合同价款。

4）发承包双方实施过程中已确认调整后追加（减）的合同价款。

5）建设工程设计文件及相关资料。

6）投标文件。

7）其他依据。

（2）分部分项工程和措施项目中的单价项目应依据发承包双方确认的工程量与已标价工程量清单的综合单价计算；发生调整的，应以发承包双方确认调整的综合单价计算。

（3）措施项目中的总价项目应依据已标价工程量清单的项目和金额计算；发生调整的，应以发承包双方确认调整的金额计算，其中安全文明施工费应按国家或省级、行业建设主管部门的规定计算。

（4）其他项目应按下列规定计价：

1）计日工应按发包人实际签证确认的事项计算。

2）暂估价应按招标价或发包人的确认价计算。

3）总承包服务费应依据已标价工程量清单金额计算；发生调整的，应以发承包双方确认调整的金额计算。

4）索赔费用应依据发承包双方确认的索赔事项和金额计算。

5）现场签证费用应依据发承包双方签证资料确认的金额计算。

6）暂列金额应减去合同价款调整（包括索赔、现场签证）金额计算，如有余额归发包人。

(5) 规费和税金应按国家或省级、行业建设主管部门的规定计算。规费中的工程排污费应按工程所在地环境保护部门规定的标准缴纳后按实列入。

(6) 发承包双方在合同工程实施过程中已经确认的工程计量结果和合同价款，在竣工结算办理中应直接进入结算。

3. 竣工结算款支付

(1) 合同工程完工后，承包人应在经发承包双方确认的合同工程期中价款结算的基础上汇总编制完成竣工结算文件，应在提交竣工验收申请的同时向发包人提交竣工结算文件。承包人应根据办理的竣工结算文件向发包人提交竣工结算款支付申请。

(2) 发包人应在收到承包人提交竣工结算款支付申请后7天内予以核实，向承包人签发竣工结算支付证书。发包人签发竣工结算支付证书后的14天内，应按照竣工结算支付证书列明的金额向承包人支付结算款。

(3) 质量保证金。发包人应按照合同约定的质量保证金比例从结算款中预留质量保证金。承包人未按照合同约定履行属于自身责任的工程缺陷修复义务的，发包人有权从质量保证金中扣除用于缺陷修复的各项支出。经查验，工程缺陷属于发包人原因造成的，应由发包人承担查验和缺陷修复的费用。在合同约定的缺陷责任期终止后，发包人应将剩余的质量保证金返还给承包人。

(4) 最终结清时，承包人被预留的质量保证金不足以抵减发包人工程缺陷修复费用的，承包人应承担不足部分的补偿责任。承包人对发包人支付的最终结清款有异议时，应按照合同约定的争议解决方式处理。

4. 合同解除的价款结算与支付

(1) 发承包双方协商一致解除合同的，按照达成的协议办理结算和支付工程款。

(2) 由于不可抗力解除合同的，发包人应向承包人支付合同解除之日前已完成工程，但尚未支付的工程款。此外，发包人还应支付下列金额：

1) 由发包人承担的增加的赶工费用。

2) 已实施或部分实施的措施项目应付款。

3) 承包人为合同工程合理订购且已交付的材料和工程设备货款。

4) 承包人撤离现场所需的合理费用，包括员工遣送费和临时工程拆除、施工设备运离现场的费用。

5) 承包人为完成合同工程而预期开支的任何合理费用，且该项费用未包括在本款其他各项支付之内。

发承包双方办理结算合同价款时，应扣除合同解除之日前发包人向承包人收回的任何价款。当发包人应扣除的金额超过了应支付的金额，承包人应在合同解除后的56天内将其差额退还给发包人。

(3) 因承包人违约解除合同的，发包人暂停向承包人支付任何价款。发包人应在合同解除后28天内核实合同解除时承包人已完成的全部合同价款，以及已运至现场的材料和工程设备货款，按合同约定核算承包人应支付的违约金及造成损失的索赔金额，并将结果通知承包人。发承包双方应在28天内予以确认或提出意见，并应办理结算合同价款。如果发包人应扣除的金额超过了应支付的金额，承包人应在合同解除后的56天内将其差额退还给发包人。发承包双方不能就解除合同后的结算达成一致时，应按照合同约定的争议解决方式处理。

(4) 因发包人违约解除合同的，发包人除应按照“计价规范”规定向承包人支付各项价款外，还应按合同约定核算发包人应支付的违约金，以及给承包人造成损失或损害的索赔金额费用。该笔费用应由承包人提出，发包人核实后与承包人协商确定后的7天内向承包人签发支付证书。协商不能达成一致时，应按照合同约定的争议解决方式处理。

五、合同价款争议的解决

1. 监理或造价工程师暂定

若发包人和承包人之间就工程质量、进度、价款支付与扣除、工期延期、索赔、价款调整等发生任何法律上、经济上或技术上的争议，首先应根据已签约合同的规定，提交合同约定职责范围内的总监理工程师或造价工程师解决，并应抄送另一方。

2. 管理机构的解释或认定

(1) 合同价款争议发生后，发承包双方可就工程计价依据的争议以书面形式提请工程造价管理机构对争议以书面文件进行解释或认定。

(2) 工程造价管理机构应在收到申请的10个工作日内就发承包双方提请的争议问题进行解释或认定。

(3) 发承包双方或一方在收到工程造价管理机构书面解释或认定后仍可按照合同约定的争议解决方式提请仲裁或诉讼。除工程造价管理机构的上级管理部门作出了不同的解释或认定，或在仲裁裁决或法院判决中不予采信的外，工程造价管理机构作出的书面解释或认定应为最终结果，并应对发承包双方均有约束力。

3. 协商和解

(1) 合同价款争议发生后，发承包双方任何时候都可以进行协商。协商达成一致时，双方应签订书面和解协议，和解协议对发承包双方均有约束力。

(2) 如果协商不能达成一致协议，发包人或承包人都可以按合同约定的其他方式解决争议。

4. 调解

(1) 发承包双方应在合同中约定或在合同签订后共同约定争议调解人，负责双方在合同履行过程中发生争议的调解。

(2) 合同履行期间，发承包双方可协议调换或终止任何调解人，但发包人或承包人都不能单独采取行动。除非双方另有协议，在最终结清支付证书生效后，调解人的任期应即终止。

5. 仲裁、诉讼

(1) 发承包双方的协商和解或调解均未达成一致意见，其中的一方已就此争议事项根据合同约定的仲裁协议申请仲裁，应同时通知另一方。

(2) 发包人、承包人在履行合同时发生争议，双方不愿和解、调解或者和解、调解不成，又没有达成仲裁协议时，可依法向人民法院提起诉讼。

6. 工程造价鉴定

(1) 在工程合同价款纠纷案件处理中，需作工程造价司法鉴定的，应委托具有相应资质的工程造价咨询人进行。

（2）工程造价咨询人接受委托时提供工程造价司法鉴定服务，应按仲裁、诉讼程序和要求进行，并应符合国家关于司法鉴定的规定。

（3）工程造价咨询人进行工程造价司法鉴定时，应指派专业对口、经验丰富的注册造价工程师承担鉴定工作。

（4）工程造价咨询人应在收到工程造价司法鉴定资料后 10 天内，根据自身专业能力和证据资料判断能否胜任该项委托，如不能，应辞去该项委托。工程造价咨询人不得在鉴定期满后以上述理由不作出鉴定结论，影响案件处理。

（5）接受工程造价司法鉴定委托的工程造价咨询人或造价工程师如是鉴定项目一方当事人的近亲属或代理人、咨询人，以及其他关系可能影响鉴定公正的，应当自行回避；未自行回避，鉴定项目委托人以该理由要求其回避的，必须回避。

（6）工程造价咨询人应当依法出庭接受鉴定项目当事人对工程造价司法鉴定意见书的质询，如确因特殊原因无法出庭的，经审理该鉴定项目的仲裁机关或人民法院准许，可以书面形式答复当事人的质询。

六、工程计价资料与档案

1. 计价资料

（1）发承包双方应当在合同中约定各自在合同工程中现场管理人员的职责范围，双方现场管理人员在职责范围内签字确认的书面文件是工程计价的有效凭证，但如有其他有效证据或经实证证明其是虚假的除外。

（2）发承包双方不论在何种场合对与工程计价有关的事项所给予的批准、证明、同意、指令、商定、确定、确认、通知和请求，或表示同意、否定、提出要求和意见等，均应采用书面形式，口头指令不得作为计价凭证。

（3）任何书面文件送达时，应由对方签收，通过邮寄应采用挂号、特快专递传送，或以发承包双方商定的电子传输方式发送，交付、传送或传输至指定的接收人的地址，如接收人通知了另外地址时，随后通信信息应按新地址发送。

（4）发承包双方分别向对方发出的任何书面文件，均应将其抄送现场管理人员，如系复印件应加盖合同工程管理机构印章，证明与原件相同。双方现场管理人员向对方所发任何书面文件，也应将其复印件发送给发承包双方，复印件应加盖合同工程管理机构印章，证明与原件相同。

（5）发承包双方均应当及时签收另一方送达其指定接收地点的来往信函，拒不签收的，送达信函的一方可以采用特快专递或者公证方式送达，由此造成的费用增加（包括被迫采用特殊送达方式所发生的费用）和延误的工期由拒绝签收一方承担。

（6）书面文件和通知不得扣压，一方能够提供证据证明另一方拒绝签收或已送达的，应视为对方已签收并应承担相应责任。

2. 计价档案

（1）发承包双方及工程造价咨询人对具有保存价值的各种载体的计价文件，均应收集齐全，整理立卷后归档。

（2）发承包双方和工程造价咨询人应建立完善的工程计价档案管理制度，并应符合国家和有关部门发布的档案管理相关规定。

（3）工程造价咨询人归档的计价文件，保存期不宜少于 5 年。

(4) 归档的工程计价成果文件应包括纸质原件和电子文件，其他归档文件及依据可为纸质原件、复印件或电子文件。

(5) 归档文件应经过分类整理，并应组成符合要求的案卷。

(6) 归档可以分阶段进行，也可以在项目竣工结算完成后进行。

(7) 向接受单位移交档案时，应编制移交清单，双方应签字、盖章后方可交接。

复习思考题

1. 工程量清单计价的作用是什么？
2. 简述“计价规范”包括的主要内容。
3. 《房屋建筑与装饰工程工程量计算规范》（GB 50584—2013）附录包括哪些内容？
4. 计价计算规范的特点有哪些？
5. 简述计价规范适用的计价活动范围。
6. “计价规范”所指的计价活动包括哪些内容？
7. 建设工程计价活动的基本原则是什么？
8. 什么是已标价工程量清单？
9. 单价合同和总价合同有什么区别？
10. 暂列金额与暂估价的作用有什么不同？
11. 何谓安全文明施工费？
12. 索赔和现场签证有什么不同之处？
13. 预付款和进度款有什么不同之处？
14. 工业建筑和民用建筑有什么区别？
15. 国有资金投资的工程建设项目包括哪些项目？
16. 哪些因素出现影响合同价款调整的应由发包人承担？
17. 工程量清单有哪些内容组成？
18. 分部分项工程项目清单五要件指什么？
19. 分部分项工程项目清单的项目编码各位数字的含义是什么？
20. 其他项目清单包括哪些内容？
21. 社会保险费包括哪些内容？
22. 税金项目清单包括哪些内容？
23. 招标控制价编制与复核的依据有哪些？
24. 投标报价编制与复核的依据有哪些？
25. 工程合同价款的约定原则是什么？
26. 支付安全文明施工费的规定有哪些？
27. 合同价款调整的内容有哪些？
28. 合同价款争议的解决办法有哪些？
29. 工程造价咨询人归档的计价文件的保存期是多少年？

第八章　定额与清单计价办法

在建设工程中，时时处处都离不开工程定额，不论是进行企业内部承发包，还是建设工程的定额计价或工程量清单计价，都要应用工程定额解决问题。目前，建设工程的计价方法主要有两种：一种是定额计价；另一种是清单计价。两种计价方法的依据、步骤、内容、形式、方法都不相同。

第一节　工程定额计价的依据和步骤

一、工程定额计价的依据

工程定额计价依据非常广泛，不同建设阶段的计价依据不完全相同，不同形式的承发包方式的计价依据也有差别。建筑工程定额计价依据主要有以下几个方面：

1. 经过批准和会审的全部施工图设计文件

在编制施工图预算或清单报价之前，施工图纸必须经过建设主管机关批准，同时还要经过图纸会审，并签署“图纸会审纪要”。审批和会审后的施工图纸及技术资料表明了工程的具体内容、各部分的做法、结构尺寸、技术特征等，它是计算工程量的主要依据。造价部门不仅要具备全部施工图设计文件和“图纸会审纪要”，而且要具备图纸所要求的全部标准图。

2. 经过批准的工程设计概算文件

设计单位编制的设计概算文件经过主管部门批准后，是国家控制工程投资最高限额和单位工程造价的主要依据。如果施工图预算所确定的投资总额超过设计概算，则应调整设计概算，并经原批准部门批准后，方可实施。施工企业编制的施工图预算或投标报价是由建设单位根据设计概算文件进行控制的。

3. 经过批准的项目管理实施规划或施工组织设计

项目管理实施规划或施工组织设计是确定单位工程的施工方法、施工进度计划、施工现场平面布置和主要技术措施等内容的文件；是对建筑安装工程规划、组织施工有关问题的设计说明。拟建工程项目管理实施规划或施工组织设计经有关部门批准后，就成为指导施工活动的重要技术经济文件，它所确定的施工方案和相应的技术组织措施就成为造价部门必须具备的依据之一；是计算分项工程量、选套工程单价和计取有关费用的重要依据。

4. 建筑工程消耗量定额或计价规范

国家和地方颁发的现行建筑安装工程消耗量定额及计价规范，都详细地规定了分项工程项目划分、分项工程内容、工程量计算规则和定额项目使用说明等内容。因此，它是编制施工图预算和标底或招标控制价的主要依据。

5. 单位估价表或价目表

单位估价表或价目表是确定分项工程费用的重要文件，是编制建筑安装工程招标标底或招标控制价的主要依据，是计取各项费用的基础和换算定额单价的主要依据。

6. 人工工资单价、材料价格、施工机械台班单价

这些资料是计算人工费、材料费和机械台班使用费的主要依据，是编制工程综合单价的基础，是计取各项目费用的重要依据，也是调整价差的依据。

7. 建筑工程费用定额

建筑工程费用定额规定了建筑安装工程费用中的间接费用、利润和税金的取费标准和取费方法，它是在建筑安装工程人工费、材料费和机械台班使用费计算完毕后，计算其他各种费用的主要依据。工程费用随地区不同取费标准也不同。按照国家规定，各地区均制定了建筑工程费用定额，它规定了各项费用取费标准；这些标准是确定工程造价的基础。

8. 造价工作手册

造价工作手册是工程造价人员必备的参考书。它主要包括：各种常用数据和计算公式、各种标准构件的工程量和材料量、金属材料规格和计量单位之间的换算，以及投资估算指标、概算指标、单位工程造价指标和工期定额等参考资料。它能为准确、快速编制施工图预算和清单报价提供方便。

9. 工程承发包合同文件

施工企业和建设单位间签订的工程承发包合同文件中的若干条款，如工程承包形式、材料设备供应方式、材料供应价格、工程款结算方式、费率系数或包干系数等，在编制施工图预算和清单报价时必须充分考虑，认真执行。

二、工程定额计价的内容

工程定额计价形式多种多样，使用的定额和考虑的内容也不相同，下面主要介绍单位工程施工图预算书编制内容。

建筑安装单位工程施工图预算书编制内容，按装订顺序主要包括：预算书封面、编制说明、取费程序表、单位工程预（结）算表、工程量计算表、工料分析及汇总表等。

1. 预算书封面

预算书封面有统一的表式，各建筑标准、表格商店均有出售，分为建筑、安装、装饰等不同种类（或用造价软件输出标准表）。每一单位工程预算用一张封面，在封面空格位置填写相应内容，如结构类型应填砖混结构、框架结构等。在编制人位置加盖造价师或造价员印章，在公章位置加盖单位公章，预算书即时产生法律效力。预算书封面内容如表 8 - 1 所示。

表 8 - 1　　建筑工程预（　）算书

工程名称：__________	工程地点：__________
建筑面积：__________	结构类型：__________
工程造价：__________元	单方造价：__________元/m^2
建设单位：__________	施工单位：__________
（公章）	（公章）
审批部门：__________	编制人：__________
（公章）	（印章）
	年　月　日

2. 编制说明

每份单位工程预算书中，都列有编制说明。编制说明的内容没有统一要求，一般包括如

下几点：

（1）编制依据。

1）所编预算的工程名称及概况；

2）采用的图纸名称和编号；

3）采用的消耗量定额和单位估价表或价目表；

4）采用的费用定额；

5）是按几类工程计取费用；

6）采用了项目管理实施规划或施工组织设计方案中的哪些措施。

（2）是否考虑了设计变更或图纸会审记录的内容。

（3）特殊项目的补充单价或补充定额的编制依据。

（4）遗留项目或暂估项目有哪些，并说明其原因。

（5）存在的问题及以后处理的办法。

（6）其他应说明的问题。

3. 取费程序表

按工料单价法或综合单价法计算工程费用，均需按取费程序计算各项费用。取费程序及计算方法详见建筑安装工程费用项目构成和计算方法的规定。应该注意：取费时，费用项目不能随意增减和颠倒。

4. 单位工程预（结）算表

单位工程预（结）算表也有标准表式，必须按要求认真填写。定额编号应按分部分项工程从小到大填写，以便于预算的审核；各个分部之间应留一定数量的空行，以便遗漏项目的增添；定额编号、项目名称、计量单位应和定额保持一致；工程量保留的位数应按定额要求保留。单位工程预（结）算表的填写，见表8-2。

表8-2　　单位工程预（结）算表

定额编号	项目名称	单位	工程量	省定额价		其中					
						人工费		材料费		机械费	
				基价	合价	单价	合价	单价	合价	单价	合价
1-4-1	人工场地平整	$10m^2$	40	13.86	554.40	13.86	554.40	—	—	—	—

5. 工程量计算表

工程量应采用表格形式进行计算，表格有横开、竖开两种，由于工程计算式子较大，横开表格比较好用。定额编号和工程项目名称要与定额一致，单位以个位单位填写；工程量应按宽、高（厚）、长、数量、系数列式；只有一个计算式子，其计算结果可直接填到工程量栏内即可，等号后面可不写结果。如果有多个分式出现，每个分式后面都应该有结果，工程量合计数填到工程量栏内。各个项目之间应留一定数量的空行，以便遗漏项目的增添或修改。工程量计算表的填写，见表8-3。

表 8-3　　工 程 量 计 算 表

定额编号	项目名称	计算公式	单位	工程量
1-4-1	人工场地平整	(36＋4)×(6＋4)＝	m^2	400.00

6. 工料分析及汇总表

工料分析表的前半部分项目栏的填写，与单位工程预（结）表基本相同，后半部分从上到下分别填写工料名称及规格、单位、定额单位用量及工料械数量，如果格子太小，数字放不下，可沿格子对角线方向斜着写。工料分析表见表 8-4。将每一列的工料数量合计数填到该列最下面的格子内，然后将各页工料合计数汇总到单位工程工料分析汇总表中，如表 8-5 所示。应该指出，以上所有表格都可以让造价软件完成，而且非常标准。

表 8-4　　工 料 分 析 表

定额编号	项目名称	单位	工程量	综合工日		机砖		灰浆搅拌机	
				工日		千块		台班	
				定额	数量	定额	数量	定额	数量
3-1-14	240 混水砖墙	$10m^3$	10.40	15.38	159.95	5.314	55.266	0.281	2.92

表 8-5　　单位工程工料分析汇总表

序号	工料名称	规格	单位	数量	备注
1	综合工日	—	工日	2000.25	不分工种
2	机砖	240mm×115mm×53mm	千块	256.12	
3	石子	20mm	m^3	89.23	
4	水泥	42.5MPa	t	56.45	

将以上内容按顺序装订成册，一个单位工程预算书则编制完成。

三、工程计价的步骤

工程计价方式多种多样，考虑的角度也不同，但不论如何都是以施工图纸为对象，以工程量为基础，对工程预先合理定价。因此，必须按一定步骤进行计算。

1. 收集计价的基础文件和资料

进行工程计价之前，首先应把所需的各种依据资料搜集齐全。工程计价的基础文件和资料主要包括：施工图设计文件、项目管理实施规划或施工组织设计文件、设计概算文件、建设工程计价规范、建筑工程消耗量定额、建筑工程费用定额、工程承包合同文件、材料价格及设备价目表、人工和机械台班单价，以及造价工作手册等文件和资料。用计算机进行工程计价还应该安装造价软件。

2. 熟悉施工图

施工图纸是建筑工程计价的基础。在工程报价之前，必须结合“图纸会审纪要”和相关标准图，对工程结构、建筑做法、材料品种及其规格质量、设计尺寸等进行充分熟悉和详细审查。如发现问题，工程造价人员有责任及时向设计部门和设计人员提出修改意见，其处理结果应取得设计签认，以便作为修改图纸、设计说明书和工程计价的依据。遇有设计图纸和说明书的规定与消耗量定额内容不符（如材料品种、规格或定额缺项等）情况时，要详细记录下来，以便工程报价时进行调整或补充。

对施工图纸和设计说明书的阅读和审核不仅可以发现和改正图纸中的问题，而且可以在造价人员头脑中形成一个完整、系统和清晰的工程实物形象，以免在选用定额子目和工程量计算上发生错误。同时，对于加快计价速度也十分有利。

熟悉图纸的步骤如下：

（1）首先熟悉图纸目录及总说明，了解工程性质、建筑面积、建设单位名称、设计单位名称、图纸张数等，做到对工程情况有一个初步了解。

（2）按图纸目录检查各类图纸是否齐全；建筑、结构、设备图纸是否配套；施工图纸与说明书是否一致；各单位工程施工图纸之间有无矛盾。

（3）熟悉建筑总平面，了解建筑物的地理位置、高程、朝向及有关建筑情况。掌握工程结构形式、特点和全貌；了解工程地质和水文地质资料。

（4）熟悉建筑平面图，了解房屋的长度、宽度、轴线尺寸、开间大小、平面布局，并核对分尺寸之和是否等于总尺寸。然后再看立面图和剖面图，了解建筑做法、标高等。同时要核对平、立、剖面之间有无矛盾。如发现错误，应及时与设计部门联系，以取得设计变更通知单，作为清单计价的依据。

（5）根据索引查看详图，如做法不明，应及时提出问题、解决问题，以便于施工。

（6）熟悉建筑构件、配件、标准图集及设计变更。根据施工图中注明的图集名称、编号及编制单位，查找选用图集。阅读图集时要注意了解图集的总说明，了解编制该图集的设计依据，使用范围，选用标准构件、配件的条件，施工要求及注意事项。同时，还要了解图集编号及表示方法。

3. 熟悉项目管理实施规划和施工现场情况

项目管理实施规划（或施工组织设计）是由施工单位根据工程特点、建筑工地的现场情况等各种有关条件编制的，它与工程造价有着密切关系。造价人员必须熟悉项目管理实施规划（或施工组织设计），对分部分项工程施工方案和施工方法、预制构件及加工方法、运输方式和运距、大型预制构件的安装方案和起重机械选择、脚手架形式和安装方法、生产设备订货和运输方式等与清单计价有关的问题均应了解清楚。

为编制出符合施工实际的单位工程造价，除了要全面掌握施工图设计文件和项目管理实施规划（或施工组织设计）文件外，还必须掌握施工现场的实际情况。例如：施工现场障碍物拆除状况；场地平整状况；土方开挖和基础施工状况；工程地质和水文地质状况；施工顺序和施工项目划分状况；主要建筑材料、构配件和制品的供应状况，以及其他施工条件、施工方法和技术组织措施的实施状况；大型机械进出场情况等。这些现场施工状况，对单位工程造价的准确性影响很大，必须随时观察和掌握，并做好记录以备应用。

4. 合理划分工程项目

工程项目的划分主要取决于施工图纸的要求、项目管理实施规划（或施工组织设计）所采用的方法、清单计价规范和消耗量定额规定的工程内容。因此，在熟悉清单计价规范、消耗量定额和有关项目管理实施规划（或施工组织设计）资料的基础上，根据设计要求，确定应该计算的工程项目。项目编码、项目名称、项目顺序均应与清单计价规范或消耗量定额保持一致。这样不仅能够避免重复和漏项，也有利于选套消耗量定额和确定工程项目单价。

5. 正确计算工程量

工程量是编制单位工程造价的原始数据，工程量的计算又是一项工作量大而又细致的工作，在整个计价工作中，约占编制工作 70%以上的时间，如果用造价软件编制，该部分工作占的比重就更大了。而且其计算的准确程度和快慢与否，将直接影响计价工作的质量和速度。因此，在工程计价时，不仅要求认真、细致和准确，而且要按照一定的计算顺序进行，计算式力求简单明了和按一定次序排列，从而防止重算和漏算等现象出现，做到“快、准、全”进行工程计价。工程量计算一般多采用表格形式逐项分析处理（用计算机计算优越性并不明显），即根据划分的工程项目，按照相应工程量计算规则的要求，逐个计算出各个工程项目的工程量；复核后，可按规范和消耗量定额规定的分部、分项工程顺序进行列表汇总。

6. 进行消耗量计算

人工、材料、机械消耗量计算是单位工程造价书的重要组成部分，也是施工企业内部经济核算和加强经营管理的重要指施；人工、材料、机械消耗量是建筑安装企业施工管理工作中必不可少的一项技术经济指标。其具体作用如下：

（1）它为单位工程及其分部分项工程提供了人工、材料、机械预算数量。

（2）它是生产计划部门编制施工计划、安排生产、统计完成工作量的依据。

（3）它是人力资源部门组织、调配劳动力、编制工资计划的依据。

（4）它是材料部门编制材料供应计划、储备材料、加工订货和组织材料进场的依据。

（5）它是财务部门进行各项经济活动分析的依据。

（6）它是施工企业进行“两算”（施工图预算与施工预算）对比的依据。

分部工程的人工、材料、机械消耗量计算，首先根据单位工程中的工程项目，逐项从消耗量定额中查出定额人工、材料和机械的含量并将其分别乘以相应分项工程量，得出该工程项目人工、材料、机械消耗量。计算公式如下

$$人工消耗量 = \sum 工程量 \times 某工程项目定额人工含量$$

$$材料消耗量 = \sum 工程量 \times 某工程项目定额材料含量$$

$$机械消耗量 = \sum 工程量 \times 某工程项目定额机械含量$$

对于砂浆和混凝土等半成品（中间）材料，还应根据消耗量定额中的砂浆及混凝土配合比表进行二次分析，计算出原材料数量，对于由工厂制作和现场安装的各种构件和制品，如预制钢筋混凝土构件、金属结构构件、门窗构件以及各种建筑制品等项目，它们的工料机数量，应按照制作和安装分别列表计算。

采用实物法计算工程费用时，所有人工、材料、机械消耗量都要进行计算，因此，必须使用造价软件，上机进行全面人工、材料、机械分析。如果采用单价法计算工程费用，只分析综合工日和主要材料即可，如土建主要分析钢材、木材、水泥、砖、瓦、砂、石、石灰、油毡、沥青、玻璃等材料。

7. 计算各项费用

(1) 计算人工费、材料费和机械费。人工费、材料费和机械费的计算方法有两种：第一种用实物法计算，即将分析的人工、材料、机械的数量，分别与人工、材料、机械单价相乘、累加，即得到单位工程人工费、材料费、机械费。第二种用单价法计算，即用各项目工程量分别乘以单位估价表或价目表中的人工费、材料费、机械费单价，分别合计，即得到单位工程人工费、材料费和机械费。

采用实物法计算时，人工、材料、机械单价应根据市场行情合理定价或参考造价管理部门提供的即时价格计算。

套单位估价表或价目表时，通常应按以下三种情况分别处理：

1) 当计算项目工程内容与消耗量定额规定工程内容一致时，可以直接选套单位估价表或价目表，并使项目工程量的名称、计量单位、定额编号，均应与单位估价表或价目表要求相符。套用以 10 位为扩大单位的价目表时，特别应注意将计量单位缩小 10 倍，否则会造成 10 倍的差错。

2) 当计算项目工程内容与消耗量定额规定工程内容不完全一致，而定额规定允许换算时，应进行工程单价换算；然后选套换算后的工程单价，并在定额编号的后面注明“换”字。

3) 当计算项目工程内容与消耗量定额规定工程内容完全不一致时，应按照编制补充消耗量定额或单位估价表的要求或参照相应定额，重新编制补充定额或单位估价表，并报请当地工程造价管理部门批准，作为一次性定额纳入造价文件。编制补充定额时，应在定额编号位置注明“补”字。

(2) 计算单位工程总造价及技术经济指标。工程造价的计算程序和公式，详见本书第六章取费程序和示例。

技术经济指标通常根据工程类别，分别以不同计量单位，确定相应技术经济指标，如每平方米建筑面积造价指标、每平方米建筑面积劳动量消耗指标、每平方米建筑面积主要材料消耗指标等。

8. 编制说明、填写封面

施工图预算书和工程清单计价文件一般应编写编制说明，主要用来叙述所编制的工程造价文件项目上所表达不了的，而又需要使审核或使用计价的单位知道的内容。

预算书或清单和清单报价的封面能起到装饰的作用，更重要的是一份内容提要，如工程名称、单位、编制人、编制时间等一目了然。在编制人位置加盖造价师或造价员印章，在公章位置加盖单位公章，预算书或清单和清单报价即成为一份具有法律效力的经济文件。

9. 复核、装订、审批

复核是指一个单位工程造价文件编制出来后，由本企业的有关人员对工程计价的主要内容及计算情况进行一次检查核对，以便发现可能出现的差错，及时改正，提高工程计价的准确性。审核无误后，一式多份，装订成册，报送建设单位、财政或审计部门，审核批准。

第二节　工程量清单计价办法

一、工程量清单编制

（一）一般规定

1. 工程量清单的编制要求

工程量清单应由具有编制招标文件能力的招标人，或受其委托具有相应资质的工程造价咨询单位根据工程量清单计价办法的规定进行编制。

工程量清单从广义上讲，是指按统一规定进行编制和计算的拟建工程分项工程名称等及相应工程量的明细清单，是招标文件的组成部分。“统一规定”是编制工程量清单的依据，“分项工程特征描述及其相应工程量的计算”是工程量清单应体现的核心内容，“是招标文件的组成部分”说明了清单的性质，它是招投标活动的主要依据，是对招标人、投标人均有约束力的文件，一经中标且签订合同，也是合同的组成部分，其准确性和完整性由招标人负责。

工程量清单是招标人编制招标控制价、投标人投标报价的依据，是投标人进行公正、公平、公开竞争报价的共同平台，是计算工程量、支付工程款、调整合同价款、办理竣工结算及工程索赔等的基础。

工程量清单的编制，专业性强，内容复杂，对编制人的业务技术水平要求比较高，能否编制出完整、严谨的工程量清单，直接影响着招标工作的质量，也是招标成败的关键。因此，工程量清单应由具有编制招标文件能力的招标人或具有相应资质的工程造价咨询单位进行编制。相应资质的工程造价咨询单位是指具有工程造价咨询单位资质并按规定的业务范围承担工程造价咨询业务的咨询单位。

2. 清单项目设置可作相应补充

编制工程量清单，出现“分部分项工程量清单项目设置及其消耗量定额”“措施项目清单项目设置及其消耗量定额（计价方法）”“其他项目清单项目设置及其计价方法”表未包括的项目，编制人可作相应补充，并应报省标准定额站备案。

（二）工程量清单格式及要求

工程量清单格式是招标人发出工程量清单文件的格式。工程量清单要求采用统一的格式，其内容包括招标工程量清单封面和扉页、工程计价总说明、分部分项工程和单价措施项目清单与计价表、总价措施项目清单与计价表、其他项目清单计价表和规费、税金项目计价表。它应反映拟建工程的全部工程内容及为实现这些工程内容而进行的其他工作项目。工程计价总说明应包括招标人的要求及影响投标人报价相关因素等内容；分部分项工程项目清单应表明拟建工程的全部分项“实体”工程名称和相应工程量，编制时应避免错项、漏项；措施项目清单表明了为完成分项“实体”工程而必须采取的一些措施性工作项目，编制时力求符合拟建工程的实际情况；其他项目清单主要体现了招标人提出的一些与拟建工程有关的特殊费用项目，编制时应力求准确、全面。

（三）招标工程量清单扉页的填写

招标工程量清单扉页应按《计价规范》附录 C.1 规定的内容填写、签字、盖章。招标工程量清单扉页的格式，见表 8-6。

表 8-6　招标工程量清单扉页

××中学教师住宅工程

工程量清单

招　标　人：	××中学 单位公章 （单位盖章）	工 程 造 价 咨　询　人：	××工程造价咨询企业 资质专用章 （单位资质专用章）
法定代表人 或其授权人：	××中学 法定代表人 （签字或盖章）	法定代表人 或其授权人：	××工程造价咨询企业 法定代表人 （签字或盖章）
编　制　人：	×××签字 盖造价工程师 或造价员专用章 （造价人员签字盖专用章）	复　核　人：	×××签字 盖造价工程师专用章 （造价工程师签字盖专用章）
编 制 时 间：	××××年×月×日	复 核 时 间：	××××年×月×日

注　1. 工程量清单由招标人编制时，封面的左面由招标人按规定内容填写，右面只填写复核人。

2. 工程量清单由招标人委托工程造价咨询单位编制时，扉页的全部内容均由受委托的咨询单位填写。

（四）工程计价总说明的编制

工程计价总说明一般应包括下列内容：

（1）工程概况：包括工程规模、工程特征、计划工期等。

（2）地质、水文、气象、交通、周边环境、工期等。

（3）工程招标和分包范围。

（4）工程量清单编制依据。

（5）工程质量、材料、施工等的特殊要求。

（6）招标人自行采购材料的名称、规格型号、数量及要求承包人提供的服务。

（7）投标报价文件提供的数量。

（8）其他需要说明的问题。

以某商业住宅楼为例（数据是假设的），说明总说明编写格式要求，见表 8-7。

表 8-7　工 程 计 价 总 说 明

工程名称：××商业住宅楼工程　　　　第 1 页　共 1 页

1. 报价人须知

（1）应按工程量清单报价格式规定的内容进行编制、填写、签字、盖章。

（2）工程量清单及其报价格式中的任何内容不得随意删除或修改。

（3）工程量清单报价格式中所有需要填报的单价和合价，投标人均应填报，未填报的单价和合价视为此项费用已包含在工程量清单的其他单价或合价中。

（4）金额（价格）均应以人民币表示。

2. 本工程土质均为粉质黏土，平均厚 12m，地下水位−6m。基础挖好后应钎探，深 2m。

该工程施工现场邻近城市道路，交通运输方便，现场 500m 内有医院和集贸市场，施工中要防噪声。商业住宅楼工程 3 月开工，工期要求在 10 个月以内完成。

3. 工程招标范围：建筑工程、装饰装修工程。

4. 清单编制依据：《建设工程工程量清单计价规则》、施工图纸及施工现场情况等。

5. 工程质量应达到合格标准。

6. 招标人自行采购钢塑门窗，安装前 10 天运到施工现场，由承包人保管。

续表

7. 投标人应按计价规则规定的统一格式，提供“分部分项工程量清单综合单价分析表”“措施项目费分析表”“主要材料价格表”。 8. 投标报价文件应提供一式五份。

（五）分部分项工程项目清单编制

分部分项工程项目清单中的项目编码、项目名称、项目特征、计量单位和工程量应根据“五个要件”的规定进行编制，不得因情况不同而变动。缺项时，编制人可作补充。

以某商业住宅楼为例（数据是假设的），工程项目清单见表 8-8。

表 8-8　　分部分项工程项目清单与计价表

工程名称：××商业住宅楼工程　　第 1 页　共 1 页

序号	项目编码	项目名称	项目特征描述	计量单位	工程量	金额（元）		
						综合单价	合价	其中：暂估价
1	010401001001	砖基础	M5.0 水泥砂浆砌筑标准 MU10.0 机制红砖的条形基础	m^3	24.80			
2	010501001001	基础垫层	现场搅拌 C15 混凝土	m^3	2.14			
3	010404001001	基础垫层	300mm 厚 3∶7 灰土	m^3	10.69			

（六）措施项目清单的编制

《计算规范》将措施项目划分为两类：一类是不能计算工程量的项目，如夜间施工、二次搬运等，就以“项”计价，称为“总价项目”；另一类是可以计算工程量的项目，如脚手架、降水等，就以“量”计价，更有利于措施费的确定和调整称为“单价项目”。

（1）总价措施项目。《房屋建筑与装饰工程工程量计算规范》（GB 50854—2013）附录表 S.7“安全文明施工及其他措施项目”中列出了总价措施项目的项目编码、项目名称和工作内容及包含范围，编制措施项目清单时，应结合拟建工程实际选用。出现表中未列的总价措施项目，工程量清单编制人可作补充。但分部分项工程量清单项目和单价的措施项目中已含的措施性内容，不得单独作为措施项目列项。补充项目应列在该清单项目最后，并在“序号”栏中以“补”字示之。

以某商业住宅楼为例（数据是假设的），说明总价措施项目清单编写格式要求，见表8-9。

表 8-9　　总价措施项目清单与计价表

工程名称：××商业住宅楼工程　　第 1 页　共 1 页

序号	项目编码	项目名称	计算基础	费率（%）	金额（元）	调整费率（%）	调整后金额（元）	备注
1	011707001	安全文明施工						
2	011707002	夜间施工						

续表

序号	项目编码	项目名称	计算基础	费率（%）	金额（元）	调整费率（%）	调整后金额（元）	备注
3	011707003	二次搬运						
4	011707004	冬雨期施工						
5	011707005	已完工程及设备保护						

（2）单价措施项目。《房屋建筑与装饰工程工程量计算规范》（GB 50854—2013）附录S措施项目中列出的单价措施项目清单，编制单价措施项目清单时，应根据拟建工程的具体情况选择列项。出现单价措施项目表中未列的措施项目，可根据工程的具体情况对单价措施项目清单作补充。

以某商业住宅楼为例（数据是假设的），说明单价措施项目清单编写格式要求，见表8-10。

表8-10　单价措施项目清单与计价表

工程名称：××商业住宅楼工程　第1页　共2页

序号	项目编码	项目名称	项目特征描述	计量单位	工程量	金额（元）	
						综合单价	合价
1	011702002001	矩形柱模板	柱断面450mm×450mm，支模高度4m	m^2	144.21		
2	011702006001	矩形梁模板	梁断面250mm×500mm，梁底支模高度3.5m	m^2	75.34		

（七）其他项目清单的编制

其他项目清单与计价汇总表中的项目只作列项参考。编制其他项目清单时，应结合拟建工程的实际选用，其不足部分，清单编制人可作补充，补充项目应列在该清单项目最后，并以“补”字在“序号”栏中示之。

以某商业住宅楼为例（数据是假设的），说明其他项目清单编写格式要求，见表8-11～表8-16。

表8-11　其他项目清单与计价汇总表

工程名称：××商业住宅楼工程　第1页　共1页

序号	项目名称	金额（元）	结算金额（元）	备注
1	暂列金额	250 000.00		明细详见《计价规范》表G.2（本书表8-12）
2	暂估价	380 000.00		
2.1	材料暂估价/结算价	—		明细详见《计价规范》表G.3（本书表8-13）
2.2	专业工程暂估价/结算价	380 000.00		明细详见《计价规范》表G.4（本书表8-14）

续表

序号	项目名称	金额（元）	结算金额（元）	备注
3	计日工			明细详见《计价规范》表G.5（本书表8-15）
4	总承包服务费			明细详见《计价规范》表G.6（本书表8-16）
5	索赔与现场签证			明细详见《计价规范》表G.7
合计		630 000.00		—

注 材料暂估单价进入清单项目综合单价，此处不汇总。

表8-12 **暂列金额明细表**

工程名称：××商业住宅楼工程 第1页 共1页

序号	项目名称	计量单位	暂定金额（元）	备注
1	工程量清单中工程量偏差和设计变更	项	100 000.00	
2	政策性调整和材料价格风险	项	100 000.00	
3	其他	项	150 000.00	
合计			250 000.00	—

注 此表由招标人填写，如不能详列，也可只列暂定金额总额，投标人应将上述暂列金额计入投标总价中。

表8-13 **材料（工程设备）暂估单价及调整表**

工程名称：××商业住宅楼工程 第1页 共1页

序号	材料名称、规格、型号	计量单位	数量		暂估（元）		确认（元）		差额±（元）		备注
			暂估	确认	单价	合价	单价	合价	单价	合价	
1	钢筋（规格、型号综合）	t			4800.00						用于现浇构件钢筋项目
2	53系列断热铝合金窗	m^2			750.00						用于金属窗项目
3	防火外墙保温板	m^2			18.00						用于保温隔热墙项目

续表

序号	材料名称、规格、型号	计量单位	数量		暂估（元）		确认（元）		差额±（元）		备注
			暂估	确认	单价	合价	单价	合价	单价	合价	
合计			—	—	—		—		—		—

注　此表由招标人填写“暂估单价”，并在备注栏说明暂估价材料、工程设备拟用在哪些清单项目上，投标人应将上述材料、工程设备暂估单价计入工程量清单综合单价报价中。

表 8 - 14　　**专业工程暂估价及结算价表**

工程名称：××商业住宅楼工程　　第 1 页　共 1 页

序号	工程名称	工程内容	暂估金额（元）	结算金额（元）	差额±（元）	备注
1	入户防盗门	制作、安装	40 000.00			
2	玻璃雨篷	制作、安装	340 000.00			
合计			380 000.00			—

注　此表“暂估金额”由招标人填写，投标人应将“暂估金额”计入投标总价中。结算量按合同约定结算金额填写。

表 8 - 15　　**计　日　工　表**

工程名称：××商业住宅楼工程　　第 1 页　共 1 页

编号	项目名称	单位	暂定数量	实际数量	综合单价（元）	合价（元）	
						暂定	实际
一	人工						
1	普工	工日	160.00				
2	技工（综合）	工日	80.00				
3							
人工小计							
二	材料						
1	钢筋（规格、型号综合）	t	8.000				
2	水泥 42.5	t	12.000				
3	中砂	m^3	20.00				
4	砾石（5～40mm）	m^3	52.00				
5	页岩砖（240mm×115mm×53mm）	千块	8.000				
6							

续表

编号	项目名称	单位	暂定数量	实际数量	综合单价（元）	合价（元）	
						暂定	实际
材料小计							
三	施工机械						
1	自升式塔式起重机（起重力矩 1250kN·m）	台班	8.00				
2	灰浆搅拌机（400L）	台班	5.00				
3							
施工机械小计							
四	企业管理费和利润						
总计							

注 此表项目名称、单位和暂定数量由招标人填写，编制招标控制价时，单价由招标人按有关计价规定确定；投标时，单价由投标人自主报价，按暂定数量计算合价计入投标总价中。结算时，按发承包双方确认的实际数量计算合价。

表 8-16　　总承包服务费计价表

工程名称：××商业住宅楼工程　　第 1 页　共 1 页

序号	项目名称	项目价值（元）	服务内容	计算基础	费率（%）	金额（元）
1	发包人发包专业工程		1. 按专业工程承包人的要求提供施工工作面并对施工现场进行统一管理，对竣工资料进行统一整理汇总 2. 为专业工程承包人提供垂直运输机械和焊接电源接入点，并承担垂直运输费和电费 3. 为防盗门、玻璃雨篷安装进行补缝和找平并承担相应费用			
2	发包人提供材料		对发包人供应的材料进行验收及保管和使用发放			
合计						

注 此表项目名称、服务内容由招标人填写，编制招标控制价时，费率及金额由招标人按有关计价规定确定；投标时，费率及金额由投标人自主报价，计入投标总价中。

（八）规费、税金项目清单

以某商业住宅楼为例，说明规费、税金项目清单编写格式要求，见表 8-17。

表 8-17　　规费、税金项目计价表

工程名称：××商业住宅楼工程　　第 1 页　共 1 页

序号	项目名称	计算基础	计算基数	费率（%）	金额（元）
1	规费	定额人工费			
1.1	社会保险费	定额人工费			
1.2	住房公积金	定额人工费			
1.3	工程排污费	按工程所在地环境保护部门收取标准，按实计入			
2	税金	分部分项工程费＋措施项目费＋其他项目费＋规费－按规定不计税的工程设备金额			
合计					

（九）分部分项工程量清单综合案例分析

背景：计算某建筑条形基础的工程量清单，如图 8-1 所示，图示尺寸为轴线尺寸，内外墙均为 240mm，轴线距中，M5.0 水泥砂浆砌筑，30mm 厚 1∶3 水泥砂浆防潮层。

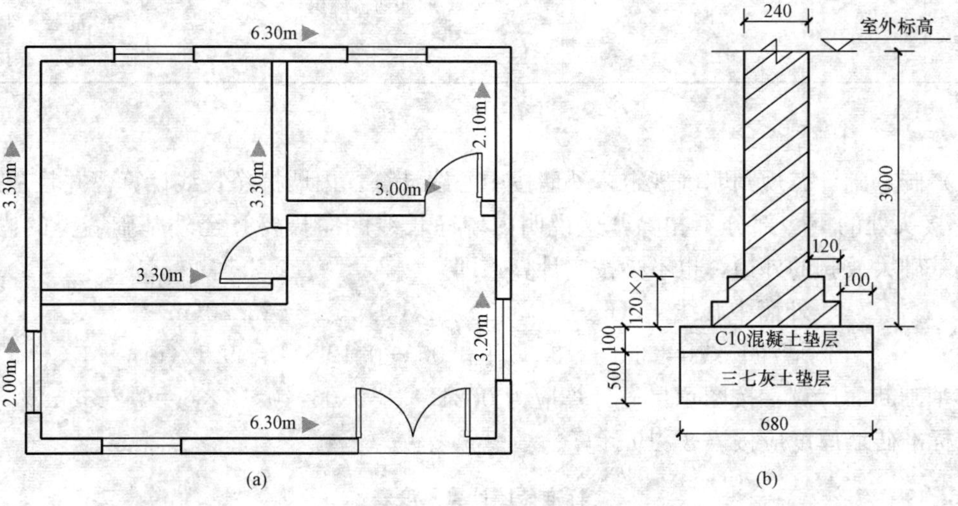

图 8-1　建筑平面图、基础断面图

综合案例分析：

1. 砖基础和垫层规范规定

根据《房屋建筑与装饰工程工程量计算规范》（GB 50584—2013）或计价办法，砖基础和垫层的计算规则见表 8-18。

表 8-18 砖基础和垫层工程

项目编码	项目名称	项目特征	计量单位	工程量计算规则	工程内容
010401001	砖基础	1. 砖品种、规格、强度等级 2. 基础类型 3. 砂浆强度等级 4. 防潮层材料种类	m^3	按设计图示尺寸以体积计算。包括附墙垛基础宽出部分体积，扣除地梁（圈梁）、构造柱所占体积，不扣除基础大放脚T形接头处的重叠部分及嵌入基础内的钢筋、铁件、管道、基础砂浆防潮层和单个面积 $0.3m^2$ 以内的孔洞所占体积，靠墙暖气沟的挑檐不增加。基础长度：外墙线按中心线，内墙按净长线计算	1. 砂浆制作、运输 2. 砌砖 3. 防潮层铺设 4. 材料运输
010404001	垫层	垫层材料种类、配合比、厚度	m^3	按设计图示尺寸以 m^3 计算	1. 垫层材料的拌制 2. 垫层铺设 3. 材料运输
010501001	垫层	1. 混凝土种类 2. 混凝土强度等级	m^3	按设计图示尺寸以体积计算。不扣除伸入承台基础的桩头所占体积	1. 模板及支撑制作、安装、拆除、堆放、运输及清理模内杂物、刷隔离剂等 2. 混凝土制作、运输、浇筑、振捣、养护

2. 工程量计算过程

（1）砖基础计算规则明确规定，外墙按中心线计算，内墙按净长线计算，并且基础大放脚T形接头处的重叠部分不扣除，这说明内墙净长线的净长要算至外基础墙身的内侧面，而不是基础大放脚的外边，也不是按实计算，即

$$外墙中心线 = (6.30 + 3.30 + 2.00) \times 2 = 23.20(m)$$

$$内墙净长线 = 3.30 + 3.30 + 3.00 - 0.12 \times 4 = 9.12(m)$$

砖基础断面计算：按图示尺寸计算应为 $0.24\times3+0.06\times0.12\times6=0.7632m^2$，但规范规定，标准砖墙厚度应按表 8-19 计算。

表 8-19 标准砖墙计算厚度表

砖数（厚度）	1/4	1/2	3/4	1	1.5	2	2.5	3
计算厚度（mm）	53	115	180	240	365	490	615	740

这说明砖墙不能按图上标注尺寸计算，而是要按模数计算，这样，大放脚宽不再是60mm，而实际是 $(365-240)/2=62.5$mm，大放脚高不再是120mm，而是 $53\times2+10$（灰缝）$\times2=126$mm。因此按规则计算断面为 $0.24\times3+0.0625\times0.126\times6=0.7673m^2$，两者相差 $(0.7673-0.7632)/0.7632=0.5\%$，特别是在计算砖墙体时，365砖墙在图上标注为370mm，为了保证工程量的准确度，墙厚必须按365mm计算。如果按370mm计算，工程

量相差在1%以上，这一点必须要引起大家注意，即

$$基础体积 = (23.20 + 9.12) \times 0.7673 = 24.80(m^3)$$

(2) 垫层工程量计算规则规定按设计图示尺寸以体积计算。垫层工程量计算如下：

$$外墙垫层长度 = (6.30 + 3.30 + 2.00) \times 2 = 23.20(m)$$

$$内墙垫层长度 = 3.30 + 3.30 + 3.00 - 0.34 \times 4 = 8.24(m)$$

$$C15混凝土垫层的体积 = (23.20 + 8.24) \times 0.68 \times 0.10 = 2.14(m^3)$$

$$三七灰土垫层体积 = (23.20 + 8.24) \times 0.68 \times 0.50 = 10.69(m^3)$$

3. 特征描述

(1) 砖基础的主要特征分别描述如下：

1) 砖的品种、规格及强度等级：就是要描述砖是标准砖还是非标砖，具体规格大小及强度等级要求等。此案例可以描述为：标准MU10.0机制红砖。

2) 基础类型：由于砖基础适合所有的砖基础，如砖条基础、砖独基础、砖设备基础、砖柱基础等。此案例可以描述为：砖条基础。

3) 砂浆强度等级：主要指砖基的砌筑砂浆等级，如M5.0水泥砂浆、M2.5混合砂浆等。此案例根据图示说明，应描述为：M5.0水泥砂浆。

4) 防潮层材料种类：要描述防潮层采用什么材料。可描述为：30mm厚1∶3水泥砂浆防潮层。

(2) 垫层项目特征描述如下：

1) 上层面垫层采用混凝土：特征要求描述混凝土种类、强度等级。垫层混凝土强度等级：按《混凝土结构设计规范》(GB 50010—2010)的规定，混凝土强度等级不得低于C15，因此，此案例可以描述为：100厚C15现浇混凝土。

2) 下层垫层采用三七灰土：特征要求描述垫层材料种类、配合比、厚度。此案例可以描述为：500厚三七灰土。

4. 分部分项工程项目清单与计价表

此案例分部分项工程项目清单与计价表见表8-20所示。

表8-20　分部分项工程项目清单与计价表

工程名称：××住宅工程　　第1页　共1页

序号	项目编码	项目名称	项目特征描述	计量单位	工程量	金额（元）		
						综合单价	合价	其中：暂估价
1	010401001001	砖基础	M5.0水泥砂浆砌筑标准MU10.0机制红砖的条形基础，30mm厚1∶3水泥砂浆防潮层	m^3	24.80			
2	010404001001	基础垫层	500厚的三七灰土	m^3	10.69			
3	010501001001	基础垫层	100厚C15现浇混凝土	m^3	2.14			

二、工程量清单报价

(一) 一般规定

(1) 工程量清单报价。工程量清单报价是指投标人根据招标人发出的工程量清单的报

价。应由投标人根据《建设工程工程量清单计价规则》进行编制。

工程量清单报价价款应包括按招标文件规定完成清单所列项目的全部费用。工程量清单报价应由分部分项工程费、措施项目费、其他项目费、规费和税金所组成。

工程造价应在政府宏观调控下，由市场竞争形成。在这一原则指导下，投标人的报价应在满足招标文件要求的前提下实行人工、材料、机械台班消耗量自定，价格费用自选、全面竞争、自主报价的方式。

投标企业应根据招标文件中提供的工程量清单，同时遵循招标人在招标文件中要求的报价方式和工程内容，填写投标报价单；也可以依据企业的定额和市场价格信息进行确定。

（2）综合单价。综合单价应包括为完成工程量清单项目，每计量单位工程量所需的人工费、材料费、施工机械使用费、管理费、利润，并考虑一定范围内的风险、招标人的特殊要求等全部费用。工程量清单中的分部分项工程费、措施项目费、其他项目费均应按综合单价报价。规费、税金按国家有关规定执行。

“全部费用”的含义，应从如下三方面理解。①考虑我国的现实情况，综合单价包括除规费、税金以外的全部费用。②综合单价不但适用于分部分项工程量清单，也适用于措施项目清单、其他项目清单。③完成每分项工程所含全部工程内容的费用；完成每项工程内容所需的全部费用；工程量清单项目中没有体现的，施工中又必然发生的工程内容所需的费用；因招标人的特殊要求而发生的费用；考虑一定范围内的风险因素而增加的费用。

由于“建设工程计价计算规范”不规定具体的人工、材料、机械费的价格，所以投标企业可以依据当时当地的市场价格信息，用企业定额计算得出的人工、材料、机械消耗量，乘以工程中需支付的人工、购买材料、使用机械和消耗能源等方面的市场单价得出工料综合单价，或根据《建设工程工程量清单计价规则》进行编制。同时，必须考虑工程本身的内容、范围、技术特点要求，以及招标文件的有关规定、工程现场情况、其他方面的因素，如工程进度、质量好坏、资源安排及风险等特殊性要求，灵活机动地进行调整，组成各分项工程的综合单价作为报价，该报价应尽可能地与企业内部成本数据相吻合，而且在投标中具有一定的竞争能力。

对于属于企业性质的施工方法、施工措施和人工、材料、机械的消耗水平、取费等，“建设工程计价计算规范”都没有具体规定，放给企业由企业自己根据自身和市场情况来确定。

综合单价按招标文件中分部分项工程量清单项目的特征描述确定计算。当施工图纸或设计变更与工程量清单的项目特征描述不一致时，按实际施工的项目特征，重新确定综合单价。招标文件中提供了暂估单价的材料，按材料暂估单价进入综合单价。

措施项目费报价的编制应考虑多种因素，除工程本身的因素外，还应考虑水文、地质、气象、环境、安全等和施工企业的实际情况。详细项目可参考《房屋与装饰工程工程量计算规范》（GB 50854—2013）附录S所列“措施项目”，如果出现附录S所列“措施项目”中未列的项目，编制人可在清单项目后补充。其综合单价的确定可参见企业定额或建设行政主管部门发布的系数计算。

综合单价的计算程序应按《建设工程工程量清单计价规则》的规定执行。

在综合单价确定后，投标单位便可以根据掌握的竞争对手的情况和制定的投标策略，填写工程量清单报价格式中所列明的所有需要填报的单价和合价及汇总表。如果有未填报的单价和合价，视为此项费用已包含在工程量清单的其他单价和合价中，结算时不得追加。

（二）工程量清单计价流程及报价格式

1. 工程量清单计价流程图

工程量清单项目比较多，计算过程也较复杂，根据实际承包的项目不同所填报的表格也不同，计价流程是一个完整的过程，编制时可根据实际情况选用。工程量清单计价流程图如图 8-2 所示。

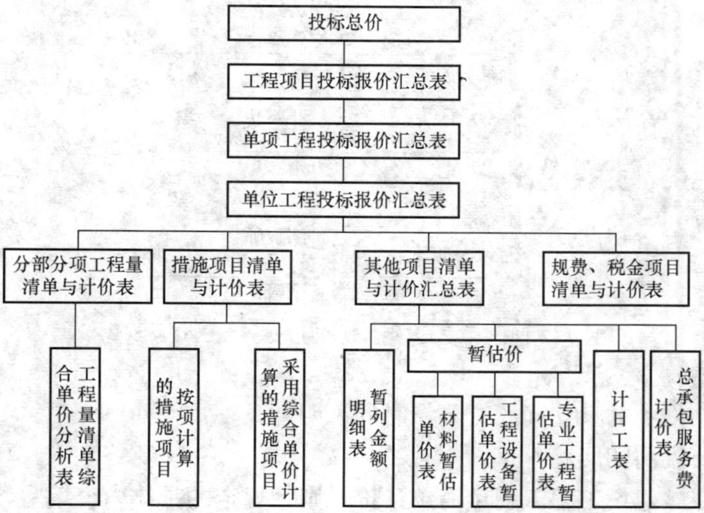

图 8-2　工程量清单计价流程图

2. 工程量清单报价格式

工程量清单报价格式是投标人进行工程量清单报价的格式表格，除封面和扉页外，包括工程计价总说明、建设项目投标报价汇总表、单项工程投标报价汇总表、单位工程投标报价汇总表、分部分项工程量清单与计价表、工程量清单综合单价分析表、单价措施项目清单与计价表和总价措施项目清单与计价表、其他项目清单与计价汇总表、暂列金额明细表、材料暂估单价及调整表、专业工程暂估价及结算价表、计日工表、总承包服务费计价表、规费、税金项目清单与计价表。工程量清单报价格式应与招标文件一起发至投标人。

（三）投标总价封面和扉页的填写

投标总价封面和扉页由投标人按规定内容填写、签字、盖章，其中“投标人”一栏应填写单位名称；“编制人”为造价工程师时也可填“注册证号”。封面的格式见表 8-21 所示。

（四）工程计价总说明的编制

工程计价总说明主要应包括两方面的内容。①对招标人提出的包括清单在内有关问题的说明。②有利于自身中标等问题的说明。工程计价总说明应包括下列具体内容：

（1）工程量清单报价文件包括的内容。

（2）工程量清单报价编制依据。

（3）工程质量、工期。

（4）优惠条件的说明。

（5）优越于招标文件中技术标准的备选方案的说明。

表 8-21

投 标 总 价 扉 页

投 标 总 价

招　　标　　人：××中学

工 程 名 称：××中学教师住宅工程

投标总价(小写)：7965428 元

(小写)：柒佰玖拾陆万伍仟肆佰贰拾捌元

投　　标　　人：××建筑公司 单位公章 (单位盖章)

法定代表人或其授权人：××建筑公司 法定代表人 (签字或盖章)

编　　制　　人：×××签字 盖造价工程师或造价员专用章 (造价人员签字盖专用章)

编 制 时 间：××××年×月×日

(6) 对招标文件中的某些问题有异议时的说明。

(7) 其他需要说明的问题。

总说明应按照《建设工程工程量清单计价规则》规定的具体内容填写，不足部分，投标人可以补充。

以某商业住宅楼为例，说明工程计价总说明编写格式要求，见表 8-22。

表 8-22

工 程 计 价

工程名称：××中学教师住宅工程　　　　第 1 页　共 1 页

1. 工程概况：本工程为砖混结构，混凝土灌注桩基，建筑层数为六层，建筑面积为 10 940m²，招标计划工期为 300 日历天，投标工期为 280 日历天。

2. 投标报价包括范围：为本次招标的住宅工程施工图范围内的建筑工程和安装工程。

3. 投标报价编制依据：

(1) 招标文件及其所提供的工程量清单和有关报价的要求，招标文件的补充通知和答疑纪要。

(2) 住宅楼施工图及投标施工组织设计。

(3) 有关的技术标准、规范和安全管理规定等。

(4) 省建设主管部门颁发的计价定额和计价管理办法及相关计价文件。

(5) 材料价格根据本公司掌握的价格情况并参照工程所在地工程造价管理机构××××年×月工程造价信息发布的价格。

(五) 建设项目投标报价汇总表的编制

(1) 表中单项工程名称应按单项工程投标报价汇总表的工程名称填写。

(2) 表中金额应按单项工程投标报价汇总表的合计金额填写。

建设项目投标报价汇总表的格式（数据是假设的），见表 8-23。

表 8-23　**建设项目投标报价汇总表**

工程名称：××中学教师住宅工程　　第 1 页　共 1 页

序号	单项工程名称	金额（元）	其中		
			暂估价（元）	安全文明施工费（元）	规费（元）
1	教师住宅楼工程	7 965 428	1 100 000	222 742	222 096
合计		7 965 428	1 100 000	222 742	222 096

注　本表适用于工程项目招标控制价或投标报价的汇总。

说明：本工程仅为一栋住宅楼，故单项工程即为工程项目。

（六）单项工程投标报价汇总表的编制

（1）表中单位工程名称应按单位工程投标报价汇总表的工程名称填写。

（2）表中金额应按单位工程投标报价汇总表的合计金额填写。

单项工程投标报价汇总表的格式（数据是假设的），见表 8-24。

表 8-24　**单项工程投标报价汇总表**

工程名称：××中学教师住宅工程　　第 1 页　共 1 页

序号	单位工程名称	金额（元）	其中		
			暂估价（元）	安全文明施工费（元）	规费（元）
1	教师住宅楼工程	7 965 428	1 100 000	222 742	222 096
合计		7 965 428	1 100 000	222 742	222 096

注　本表适用于单项工程招标控制价或投标报价的汇总。暂估价包括分部分项工程中的暂估价和专业工程暂估价。

（七）单位工程投标报价汇总表的编制

表中的金额应分别按分部分项工程和单价措施项目清单与计价表、总价措施项目清单与计价表、其他项目清单与计价汇总表和规费、税金项目清单表的合计金额，按序号进行填写。

单位工程投标报价汇总表的格式（数据是假设的），见表 8-25。

表 8 - 25 **单位工程投标报价汇总表**

工程名称：××商业住宅楼工程 第1页 共1页

序号	汇总内容	金额（元）	其中：暂估价（元）
1	分部分项工程	6 164 838.42	217 900.00
1.1	A. 土石方工程	199 757.23	
1.2	B. 地基处理与边坡支护	397 283.57	
1.3	D. 砌筑工程	929 518.12	
1.4	E. 混凝土及钢筋混凝土工程	3 532 419.25	171 100.00
1.5	F. 金属结构工程	770 794.94	
1.6	J. 屋面及防水工程	251 838.55	
1.7	K. 保温、隔热、防腐工程	83 226.76	46 800.00
2	措施项目	701 931.60	
2.1	其中：安全文明施工费	245 860.35	
3	其他项目	739 461.74	
3.1	其中：暂列金额	250 000.00	
3.2	其中：专业工程暂估价	380 000.00	
3.3	其中：计日工	92 061.74	
3.4	其中：总承包服务费	17 400.00	
4	规费	629 720.69	
5	税金	337 339.84	
投标报价合计=1+2+3+4+5		8 573 292.29	217 900.00

注 本表适用于单位工程招标控制价或投标报价的汇总，如无单位工程的划分，单项工程也使用本汇总表。

（八）分部分项工程量清单报价

分部分项工程量清单报价应注意两点：①分部分项工程量清单计价表的项目编码、项目名称、项目特征、计量单位、工程量必须按分部分项工程量清单的相应内容填写，不得增加或减少、不得修改。②分部分项工程量清单报价，其核心是综合单价的确定。

综合单价的计算一般应按下列顺序进行：

（1）确定工程内容。根据工程量清单项目和拟建工程的实际，或参照“分部分项工程量清单项目设置及其消耗量定额”表中的“工程内容”，确定该清单项目的主体及其相关工程内容，并选用相应定额。

（2）计算工程量。按现行《建筑工程工程量计价规则》的规定，分别计算工程量清单项目所包含的每项工程内容的工程量。

（3）计算单位含量。分别计算工程量清单项目每计量单位应包含的各项工程内容的工程量，即

计算单位含量=计算的各项工程内容的工程量÷相应清单项目的工程量

（4）选择定额。根据确定的工程内容，参照“分部分项工程量清单项目设置及其消耗量

定额”表中定额名称及其编号，分别选定定额，确定人工、材料、机械台班消耗量。

(5) 选择单价。应根据《建设工程工程量清单计价规则》规定的费用组成，参照其计算方法，或参照工程造价管理机构发布的人工、材料、机械台班信息价格，确定相应单价。

(6)“工程内容”的人工、材料、机械价款。计算清单项目每计量单位所含某项工程内容的人工、材料、机械台班价款，即

$$\text{工程内容的人工、材料、机械价款} = \sum[\text{人工、材料、机械消耗量} \times \text{人工、材料、机械单价}] \times \text{计算单位含量}$$

(7) 工程量清单项目人工、材料、机械价款。计算工程量清单项目每计量单位人工、材料、机械台班价款，即

工程量清单项目人工、材料、机械价款=工程内容的人工、材料、机械价款之和

(8) 选定费率。应根据《建设工程工程量清单计价规则》规定的费用项目组成，参照其计算方法，或参照工程造价主管部门发布的相关费率，结合本企业和市场的情况，确定管理费率、利润率。

(9) 计算综合单价，即

$$\text{建筑工程综合单价} = \text{工程量清单项目人工、材料、机械价款} \times (1 + \text{管理费率} + \text{利润率})$$

$$\text{合价} = \text{综合单价} \times \text{相应清单项目工程量}$$

以某商业住宅楼为例（数据是假设的），分部分项工程量清单与计价表见表 8-26。

表 8-26　分部分项工程量清单与计价表

工程名称：××商业住宅工程　　第 1 页　共 1 页

序号	项目编码	项目名称	项目特征描述	计量单位	工程量	金额（元）		
						综合单价	合价	其中：暂估价
1	010401001001	砖基础	M5.0 水泥砂浆砌筑标准 MU10.0 机制红砖的条形基础	m^3	24.80	155.80	3863.84	
2	010501001001	基础垫层	现场搅拌 C15 混凝土	m^3	2.14	425.12	909.76	
3	010404001001	基础垫层	300mm 厚 3∶7 灰土	m^3	10.69	126.33	1350.47	

（九）措施项目清单报价

措施项目清单与计价表中的序号、项目编码、项目名称、项目特征、计量单位和工程量应按措施项目清单的相应内容填写，不得减少或修改。

措施项目清单与计价表中的金额，《建设工程工程量清单计价规则》提供了两种计算方法。

(1) 当以分部分项工程量清单的方式采用综合单价计价时，一般应按下列顺序进行：

1) 应根据措施项目清单和拟建工程的施工组织设计，确定措施项目。

2) 确定该措施项目所包含的工程内容。

3) 以现行的《建筑工程工程量计价规则》，分别计算该措施项目所含每项工程内容的工程量。

4) 根据确定的工程内容，参照“措施项目设置及其消耗量定额（计价方法）”表中的消

耗量定额，确定人工、材料、机械台班消耗量。

5）应根据《建设工程工程量清单计价规则》规定的费用组成，参照其计算方法，根据市场价格信息（考虑一定的风险费）或参照工程造价主管部门发布的信息价格，确定相应单价。

6）计算措施项目所含某项工程内容的人工、材料、机械台班的价款，即

措施项目所含工程内容人工、材料、机械价款 = ∑[人工、材料、机械消耗量 × 人工、材料、机械单价] × 措施项目所含每项工程内容的工程量

7）措施项目人工、材料、机械台班价款，即

措施项目人工、材料、机械价款 = ∑ 措施项目所含某项工程内容的人工、材料、机械台班的价款

8）应根据《建设工程工程量清单计价规则》规定的费用项目组成，参照其计算方法，或参照工程造价主管部门发布的相关费率，结合本企业和市场的情况，确定管理费率、利润率。

9）措施项目费（包括人工、材料、机械台班和管理费、利润）计算如下

建筑工程金额 = 措施项目人工、材料、机械价款 ×（1 + 管理费率 + 利润率）

单价措施项目清单计价表的格式（数据是假设的），见表 8-27。

表 8-27　　单价措施项目清单与计价表

工程名称：××商业住宅楼工程　　　　第 1 页　共 2 页

序号	项目编码	项目名称	项目特征描述	计量单位	工程量	金额（元）		
						综合单价	合价	其中：暂估价
1	011702002001	矩形柱模板	柱断面 450mm × 450mm，支模高度 4m	m^2	144.21	18.37	2649.14	
2	011702006001	矩形梁模板	梁断面 250mm × 500mm，梁底支模高度 3.5m	m^2	75.34	23.97	1805.90	
			（其他略）					
本页小计							4455.04	
合计							245 860.35	

注　为计取规费等使用，可在表中增设其中：“定额人工费”。

（2）当以工程造价管理机构发布的费率计算时，措施项目费（包括人工、材料、机械台班和管理费、利润）计算如下

总价措施项目费＝分部分项工程定额人工费×相应措施项目费率

或 总价措施项目费＝分部分项工程（人工费＋机械台班费）×相应措施项目费率

总价措施项目清单与计价表的格式（数据是假设的），见表 8-28。

表 8-28　　总价措施项目清单与计价表

工程名称：××商业住宅楼工程　　第 1 页　共 1 页

序号	项目编码	项目名称	计算基础	费率（%）	金额（元）	调整费率（%）	调整后金额（元）	备注
1	011707001	安全文明施工	定额人工费	3.12	49 639.69			
2	011707002	夜间施工	定额人工费	0.7	11 137.11			
3	011707003	二次搬运	定额人工费	0.6	9546.09			
4	011707004	冬雨期施工	定额人工费	0.8	12 728.13			
5	011707005	已完工程及设备保护	定额人工费	0.15	2386.52			
合计					85 437.54			

注　“计算基础”中的安全文明施工费可以为“定额基价”“定额人工费”或“定额人工费＋定额机械费”，其他项目可为“定额人工费”或“定额人工费＋定额机械费”。按施工方案计算的措施费，若无“计算基础”和“费率”的数值，也可只填“金额”数值，但应在备注栏说明施工方案出处或计算方法。

（十）其他项目清单报价

其他项目清单与计价汇总表中的序号、项目名称、计量单位、金额应按招标人编制的其他项目清单与计价汇总表中的相应内容填写，不得增加或减少、不得修改。计日工和总包服务费的金额一栏按明细表中的合计金额填写。

其他项目清单与计价汇总表的格式（数据是假设的），见表 8-29。

表 8-29　　其他项目清单与计价汇总表

工程名称：××商业住宅楼工程　　第 1 页　共 1 页

序号	项目名称	金额（元）	结算金额（元）	备注
1	暂列金额	250 000.00		明细详见《计价规范》表 G.2（本书表 8-30）
2	暂估价	380 000.00		
2.1	材料暂估价/结算价	—		明细详见《计价规范》表 G.3（本书表 8-31）
2.2	专业工程暂估价/结算价	380 000.00		明细详见《计价规范》表 G.4（本书表 8-32）
3	计日工	92 061.74		明细详见《计价规范》表 G.5（本书表 8-33）
4	总承包服务费	17 400.00		明细详见《计价规范》表 G.6（本书表 8-34）
5	索赔与现场签证			明细详见《计价规范》表 G.7
合计		739461.74		—

注　材料暂估单价进入清单项目综合单价，此处不汇总。

其他项目清单报价是比较简单的，应按“其他项目清单项目设置及其计价方法”表的要求报价。

（1）暂列金额明细表由招标人填写，投标人应将暂列金额的合计额计入投标总价中。暂列金额明细表的格式（数据是假设的），见表 8-30。

表 8-30　　暂列金额明细表

工程名称：××商业住宅楼工程　　第 1 页　共 1 页

序号	项目名称	计量单位	暂定金额（元）	备注
1	工程量清单中工程量偏差和设计变更	项	100 000.00	
2	政策性调整和材料价格风险	项	100 000.00	
3	其他	项	150 000.00	
合计			350 000.00	—

注　此表由招标人填写，如不能详列，也可只列暂定金额总额，投标人应将上述暂列金额计入投标总价中。

（2）材料暂估单价表和专业工程暂估价表均由招标人填写。投标人应将材料暂估单价计入工程量清单综合单价报价中，将专业工程暂估价计入投标总价中。

材料暂估单价表的格式（数据是假设的），见表 8-31。

表 8-31　　材料（工程设备）暂估单价及调整表

工程名称：××商业住宅楼工程　　第 1 页　共 1 页

序号	材料名称、规格、型号	计量单位	数量		暂估（元）		确认（元）		差额±（元）		备注
			暂估	确认	单价	合价	单价	合价	单价	合价	
1	钢筋（规格、型号综合）	t			4800.00						用于现浇构件钢筋项目
2	53 系列断热铝合金窗	m^2			750.00						用于金属窗项目
3	防火外墙保温板	m^2			18.00						用于保温隔热墙项目
合计			—	—	—		—		—		—

注　此表由招标人填写“暂估单价”，并在备注栏说明暂估价材料、工程设备拟用在哪些清单项目上，投标人应将上述材料、工程设备暂估单价计入工程量清单综合单价报价中。

专业工程暂估价及结算价表的格式（数据是假设的），见表 8-32。

表 8-32　专业工程暂估价及结算价表

工程名称：××商业住宅楼工程　　第 1 页　共 1 页

序号	工程名称	工程内容	暂估金额（元）	结算金额（元）	差额±（元）	备注
1	入户防盗门	制作、安装	40 000.00			
2	玻璃雨篷	制作、安装	340 000.00			
合计			380 000.00			—

注　此表“暂估金额”由招标人填写，投标人应将“暂估金额”计入投标总价中。结算量按合同约定结算金额填写。

(3) 计日工表中的序号、名称、计量单位、数量应按计日工表的相应内容填写，不得增加或减少、不得修改。

计日工表的综合单价，投标人应在招标人预测名称及预估相应数量的基础上，考虑零星工作特点进行确定，并计入投标总价中。工程竣工时，按实进行结算。

计日工表的格式（数据是假设的），见表 8-33。

表 8-33　计　日　工　表

工程名称：××商业住宅楼工程　　第 1 页　共 1 页

编号	项目名称	单位	暂定数量	实际数量	综合单价（元）	合价（元）	
						暂定	实际
一	人工						
1	普工	工日	160.00		100.00	16 000.00	
2	技工（综合）	工日	80.00		160.00	12 800.00	
3							
人工小计						28 800.00	
二	材料						
1	钢筋（规格、型号综合）	t	8.000		5500.00	44 000.00	
2	水泥 42.5	t	12.000		610.00	7320.00	
3	中砂	m^3	20.00		86.00	1720.00	
4	砾石（5～40mm）	m^3	52.00		48.00	2496.00	
5	页岩砖（240mm×115mm×53mm）	千块	8.000		360.00	2880.00	
6						58 416.00	
材料小计							

续表

编号	项目名称	单位	暂定数量	实际数量	综合单价（元）	合价（元）	
						暂定	实际
三	施工机械						
1	自升式塔式起重机（起重力矩 1250kN·m）	台班	8.00		590.00	4721.84	
2	灰浆搅拌机（400L）	台班	5.00		24.78	123.90	
3							
施工机械小计						4845.74	
四	企业管理费和利润						
总计						92 061.74	

注 此表项目名称、单位和暂定数量由招标人填写，编制招标控制价时，单价由招标人按有关计价规定确定；投标时，单价由投标人自主报价，按暂定数量计算合价计入投标总价中。结算时，按发承包双方确认的实际数量计算合价。

（4）总承包服务费计价表，由投标人根据提供的服务所需的费用填写（包括除规费、税金以外的全部费用）。

总承包服务费计价表的格式（数据是假设的），见表 8-34。

表 8-34　　总承包服务费计价表

工程名称：××商业住宅楼工程　　第 1 页　共 1 页

序号	项目名称	项目价值（元）	服务内容	计算基础	费率（%）	金额（元）
1	发包人发包专业工程	380 000.00	1. 按专业工程承包人的要求提供施工工作面并对施工现场进行统一管理，对竣工资料进行统一整理汇总 2. 为专业工程承包人提供垂直运输机械和焊接电源接入点，并承担垂直运输费和电费 3. 为防盗门、玻璃雨篷安装进行补缝和找平并承担相应费用	专业工程费	3	11 400.00
2	发包人提供材料	1 200 000.00	对发包人供应的材料进行验收及保管和使用发放	材料费	0.5	6000.00
合计						17 400.00

注 此表项目名称、服务内容由招标人填写，编制招标控制价时，费率及金额由招标人按有关计价规定确定；投标时，费率及金额由投标人自主报价，计入投标总价中。

（十一）规费和税金投标报价

规费、税金项目计价表中的序号、项目名称和计算基础由招标人填写。投标人在投标报价时必须按照国家或省级、行业建设主管部门的有关规定计算规费和税金。

规费、税金项目计价表的格式（数据是假设的），见表8-35。

表8-35 规费、税金项目计价表

工程名称：××商业住宅楼工程 第1页 共1页

序号	项目名称	计算基础	计算基数	费率（%）	金额（元）
1	规费	定额人工费	1.1+1.2+1.3		323 058.25
1.1	社会保险费	定额人工费	9 063 952.69	2.6	235 662.77
1.2	住房公积金	定额人工费			54 632.27
1.3	工程排污费	按工程所在地环境保护部门收取标准，按实计入			32 763.21
2	税金	分部分项工程费+措施项目费+其他项目费+规费－按规定不计税的工程设备金额	9 693 673.56	3.48	337 339.84
合计					660 398.09

注 根据住房和城乡建设部、财政部发布的《建筑安装工程费用项目组成》（建标〔2013〕44号）的规定，规费的“计算基础”为“定额人工费”，税金的“计算基础”为“税前造价”。

（十二）投标报价计价程序

建设工程的投标报价反映的是单位工程费用，各单位工程费用是由分部分项工程费、措施项目费、其他项目费、规费和税金组成。建设单位工程投标报价计价程序表见表8-36。

表8-36 建设单位工程投标报价计价程序表

工程名称： 标段： 第 页 共 页

序号	汇总内容	计算方法	金额（元）
1	分部分项工程	自主报价	
1.1			
1.2			
2	措施项目	自主报价	
2.1	其中：安全文明施工费	按规定标准计算	
3	其他项目		

续表

序号	汇总内容	计算方法	金额（元）
3.1	其中：暂列金额	按招标文件提供金额计列	
3.2	其中：专业工程暂估价	按招标文件提供金额计列	
3.3	其中：计日工	自主报价	
3.4	其中：总承包服务费	自主报价	
4	规费	按规定标准计算	
5	税金（扣除不列入计税范围的工程设备金额）	（1+2+3+4）×规定税率	
	投标报价合计=1+2+3+4+5		

注 本表适用于单位工程投标报价计算，如无单位工程划分，单项工程也使用本表。

（十三）工程量清单综合单价分析表

分部分项工程费、措施项目费、其他项目费的报价单填写完成后，还应按照招标人要求填写工程量清单综合单价分析表，目的是在评标时便于评委对投标单位的最终总报价及分项工程的综合单价的合理性进行分析、评分，剔除不合理的低价，消除恶意竞争的后果，有利于业主在保证工程建设质量的同时，选择一个合理的、报价较低的中标单位。

工程量清单综合单价分析表的格式（数据是假设的），见表 8-37。

表 8-37　　工程量清单综合单价分析表

工程名称：××中学教师住宅工程　　标段：　　第 1 页　共 5 页

项目编码	010201003001	项目名称	混凝土灌注桩	计量单位	m

清单综合单价组成明细											
定额编号	定额名称	定额单位	数量	单价				合价			
				人工费	材料费	机械费	管理费和利润	人工费	材料费	机械费	管理费和利润
AB0291	挖孔桩芯混凝土 C25	$10m^3$	0.0575	878.85	2813.67	83.50	263.46	50.53	161.79	4.80	15.15
AB0284	挖孔桩护壁混凝土 C20	$10m^3$	0.022 55	893.96	2732.48	86.32	268.54	20.16	61.62	1.95	6.06
人工单价		小　　计						70.69	223.41	6.75	21.21
80 元/工日		未计价材料费									

续表

项目编码	010201003001	项目名称	混凝土灌注桩	计量单位		m	
清单项目综合单价				322.06			
材料费明细	主要材料名称、规格、型号	单位	数量	单价（元）	合价（元）	暂估单价（元）	暂估合价（元）
	混凝土 C25	m^3	0.584	268.09	156.56		
	混凝土 C20	m^3	0.248	243.45	60.38		
	水泥 42.5	kg	(276.189)	0.556	(153.56)		
	中砂	m^3	(0.384)	79.00	(30.34)		
	砾石 5～40mm	m^3	(0.732)	45.00	(32.94)		
	其他材料费			—	6.47	—	
	材料费小计			—	223.41	—	

注　1. 如不使用省级或行业建设主管部门发布的计价依据，可不填定额项目、编号等。

2. 招标文件提供了暂估单价的材料，按暂估的单价填入表内“暂估单价”栏及“暂估合价”栏。

三、工程量清单综合单价的计算方式

工程量清单综合单价的计算方式，主要有以下三种：

（1）以消耗量定额为依据，结合竞争需要的政府定额定价（清单计价规则）。

（2）以企业定额为依据，结合竞争需要的企业成本定价（编制企业定额）。

（3）以分包商报价为依据，结合竞争需要的实际成本定价（按市场定价）。

（一）工程量清单计价案例分析一

[例 8-1]　背景：某工程基础断面如图 8-3 所示，基础长度为 100.00m。根据招标人提供的地质资料为三类土壤，无需支挡土板。查看现场无地面积水，地面已平整，并达到设计地面标高。基槽挖土槽边就地堆放，不考虑场外运输。

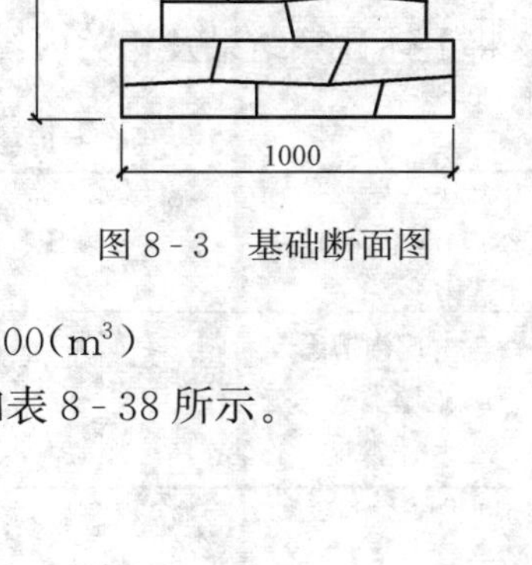

图 8-3　基础断面图

1.“挖沟槽土方”分部分项工程量清单的编制

根据“A.1 土方工程”：项目编码：010101003001；项目名称：挖沟槽土方。项目特征描述：土壤类别：三类土；挖土深度：1.00m。计量单位：m^3。工程量计算规则：房屋建筑按设计图示尺寸以基础垫层底面积乘以挖土深度计算。

工程内容：①排地表水；②土方开挖；③围护（挡土板）、支撑；④基底钎探；⑤运输。

$$工程量=1.00\times1.00\times100.00=100.00(m^3)$$

将上述结果及相关内容填入“分部分项工程量清单”，如表 8-38 所示。

表 8-38 分部分项工程量清单与计价表

工程名称：某工程 第1页 共1页

序号	项目编号	项目名称	项目特征描述	计量单位	工程量	金额（元）		
						综合单价	合价	其中：暂估价
1	010101003001	挖沟槽土方	1. 土壤类别：三类土 2. 挖土深度：1.00m	m^3	100.00			

2. 分部分项工程量清单计价表的编制

(1) 该项目发生的工程内容为：挖沟槽土方、基底钎探。

(2) 根据现行的计量规则，计算工程量。

$$挖沟槽土方 = (1.00 + 0.15 \times 2) \times 1.00 \times 100.00 = 130.00(m^3)$$

基底钎探：按规范要求，该段基底需打200个钎眼。

(3) 分别计算清单项目每计量单位应包含的各项工程内容的工程量。

$$挖土方 = 130 \div 100 = 1.30(m^3)$$

$$基底钎探 = 200 \div 100 = 2(眼)$$

注意：计算每计量单位应包含的各项工程内容的工程量，从而计算其费用，即为单位报价；也可以先计算分项工程费用，而后除以工程量，求出单位报价。

(4) 根据“5.1.1 土方工程”选定额，确定人工、材料、机械消耗量。

挖沟槽土方：1-2-12

基底钎探：1-4-4

(5) 人工、材料、机械单价选用省信息价或市场价。

(6) 计算清单项目每计量单位所含各项工程内容人工、材料、机械价款（按省价目表计算）。

挖沟槽土方

$$人工费 = 17.78 \times 1.30 = 23.11(元)$$

$$机械费 = 0.05 \times 1.30 = 0.07(元)$$

$$小计 = 23.11 + 0.07 = 23.18(元)$$

$$钎探人工费 = 3.19 \times 2 = 6.38(元)$$

(7) 清单项目每计量单位人工、材料、机械价款为

$$23.18 + 6.38 = 29.56(元)$$

将上述计算结果及相关内容填入表 8-39。

表 8-39 工程量清单项目人工、材料、机械费用分析表

清单项目名称	工程内容	定额编号	计量单位	数量	费用组成其中：			
					人工费	材料费	机械费	小计
挖沟槽土方 1. 土壤类别：三类土 2. 挖土深度：1.00m	挖沟槽土方	1-2-12	m^3	1.30	23.11	—	0.07	23.18
	基底钎探	1-4-4	眼	2	6.38	—	—	6.38

续表

清单项目名称	工程内容	定额编号	计量单位	数量	费用组成其中：			
					人工费	材料费	机械费	小计
合计					23.23	—	0.05	29.56

(8) 根据企业情况确定管理费率为5.1%，利润率为3.2%。

(9) 综合单价为

$$29.56\times(1+5.1\%+3.2\%)=32.01(\text{元}/\text{m}^3)$$

(10) 合价为

$$32.01\times100.00=3201.00(\text{元})$$

根据清单计价办法的要求，将上述计算结果及相关内容填入“分部分项工程量清单计价表”中，见表8-40。

表8-40　　挖沟槽土方工程量清单与计价表

工程名称：某工程　　第1页　共1页

序号	项目编号	项目名称	项目特征描述	计量单位	工程量	金额（元）		
						综合单价	合价	其中：暂估价
1	010101003001	挖沟槽土方	1. 土壤类别：三类土 2. 挖土深度：1.00m	m^3	100.00	32.01	3201.00	

（二）工程量清单计价案例分析二

［例8-2］　背景：某工程的实腹钢窗的工程量清单见表8-41。

表8-41　　实腹钢窗工程量清单

序号	项目编号	项目名称	项目特征描述	计量单位	工程量	金额（元）		
						综合单价	合价	其中：暂估价
1	010807001001	金属平开窗	实腹带亮双扇开启窗，尺寸：宽3.3m，高2m。扇为双开扇，尺寸宽为0.95m，高为1.5m。平开带纱双玻3mm厚淡蓝色玻璃。在开启扇上设纱窗，纱窗能开启。油漆采用除锈后，刷红丹防锈漆一遍	樘	10			

根据企业的实际情况，此工程钢窗在投标前采用网上预招标，通过多家报价，最后确定一家供应商送货到现场，包括玻璃及纱窗扇供应单价为120元/m^2。该企业钢窗安装一直采用分包的形式，分包内容：钢窗安装（包括纱扇）、钢窗油漆及五金件，承包形式采用按樘包干。劳务作业分包报价明细见表8-42。

表 8-42 劳务作业分包报价明细

分包项目	实腹钢窗带玻璃油漆安装（每樘造价）
人工费	120 元
材料费	47.22 元（依据除钢窗以外材料实物量统计表）
机械费	20.67 元（依据所用机械实物量统计表）
直接费	187.89 元
间接费	187.89×10%=18.79 元
报价	187.89+18.79=206.68 元

综合单价计算：

通过对上述方案分析，此案例每樘综合单价除了上述费用外，企业还得考虑一部分管理费和利润。公司管理费按实分包费用的5%计取，利润按直接费的3%计取，由于组价比较实际，不再考虑风险因素，即

$$综合单价 = (3.30 \times 2.00 \times 120.00 + 206.68) \times (1 + 5\% + 3\%) = 1078.57(元)$$

$$合价 = 1078.57 \times 10 = 10785.70(元)$$

该工程的实腹钢窗工程量清单与计价见表 8-43。

表 8-43 实腹钢窗工程量清单与计价表

序号	项目编号	项目名称	项目特征描述	计量单位	工程量	金额（元）		
						综合单价	合价	其中：暂估价
1	010807001001	金属平开窗	实腹带亮双扇开启窗，尺寸：宽 3.3m，高 2m。扇为双开扇，尺寸宽为 0.95m，高为 1.5m。平开带纱双玻 3mm 厚淡蓝色玻璃。在开启扇上设纱窗，纱窗能开启。油漆采用除锈后，刷红丹防锈漆一遍	樘	10	1078.57	10 785.70	

第三节 施工劳务作业发包与承包计价办法

建设工程施工劳务作业发包与承包，是指工程施工总承包企业或专业承包企业，将其承包工程中的劳务作业发包给劳务作业承包企业完成的活动。

建设工程施工劳务作业发包与承包，是在市场经济条件下产生的，并随市场经济的深化和发展而逐步走向完善。《建设工程施工劳务作业发包与承包计价办法》主要从劳务价格及涉及劳务价格的一些问题作出规定，以规范劳务作业发包与承包计价行为。该办法共分 8 章 60 条，涉及了工程施工劳务作业发包与承包计价活动中的所有主要问题，内容丰富，实用

性、可操作性强。

一、总则

第一章　总　　则

总则内容包括该办法制定的依据、目的，适用范围，管理职责，什么是劳务作业发包与承包，劳务作业承包人应具备的条件和劳务作业发包与承包活动中有关规定，共8条。

第一条　为规范建设工程施工劳务作业发包与承包计价活动，维护建筑市场秩序，保障劳务作业发包人与承包人的合法权益，解决拖欠劳务报酬，根据《房屋建筑和市政基础设施工程施工分包管理办法》(建设部令第124号)，结合实际情况，制定本办法。

随着市场经济的发展，建筑安装施工企业的用工制度发生了很大变化，劳务作业分包已被建筑安装企业普遍采纳。但目前建设工程施工劳务作业发包与承包还存在着很多问题，已严重影响建筑市场秩序、工程质量、劳务企业的健康发展。具体表现在：

(1) 劳务作业发包与承包活动中，无相应资质进行承包的比较普遍。

(2) 劳务作业发包与承包通过“关系，一对一的面议”比较普遍。

(3) 劳务报酬计算不规范的比较普遍。

(4) 劳务报酬不能按时支付的比较普遍。

第二条　本办法适用于建设工程施工劳务作业发包与承包计价活动。

第三条　省建设行政主管部门，主管全省建设工程施工劳务作业发包与承包计价的监督管理工作；具体工作由省工程建设标准定额管理机构负责。

设区的市建设行政主管部门，主管本行政区域内建设工程施工劳务作业发包与承包计价的监督管理工作；具体工作由其所属的工程建设标准定额管理机构负责。

第四条　本办法所称劳务作业发包与承包，是指施工总承包企业或专业承包企业（以下简称“劳务发包人”），将其承包工程中的劳务作业发包给劳务作业承包企业（以下简称“劳务承包人”）完成的活动。

第五条　劳务承包人从事劳务作业分包活动，必须具有相应资质，并在其资质等级许可的范围内承揽业务。

劳务发包人不得将劳务作业发包给没有相应资质的劳务承包人。劳务作业分包企业的资质，是指按中华人民共和国住房和城乡建设部第22号令《建筑业企业资质管理规定》的标准，经主管部门评审确认，准予进行劳务作业承包的资质，包括木工作业、砌筑作业、抹灰作业、石制作业、油漆作业、钢筋作业、混凝土作业、脚手架作业、模板作业、焊接作业、水暖电安装作业、钣金作业、架线作业共13种劳务作业分包资质。

第六条　建设工程施工劳务作业发包与承包计价活动，可进入有形建筑市场交易，但下列工程项目的劳务作业发包与承包应进行公开招标投标：

(1) 国有施工企业承包的工程项目，再进行劳务作业发包。

(2) 全部或部分使用国有资金投资的工程项目，中标人再进行劳务作业发包。

(3) 按《中华人民共和国招标投标法》规定，必须进行招标的工程项目，中标人再进行劳务作业发包。

第七条　建设工程施工劳务作业发包与承包，发包人与承包人应依法签订书面劳务分包合同。

第八条 建设工程施工劳务作业发包与承包计价活动，应遵循公开、公正、公平和诚实信用的原则。

二、职责

劳务作业发包人与承包人之间的关系，不同于建筑安装工程项目发包与承包人之间的那种简单关系，而是存在着比较密切、相互依赖的关系，这种劳务承包人对劳务发包人工作方面的依赖关系，贯穿工程建设施工的全过程。为了保证施工安全和工程质量，保证工程的正常施工，劳务发包人与劳务承包人应各尽其职，正确处理好相互依赖关系。本章仅从涉及计价的一个侧面，规定了劳务发包人和劳务承包人双方的职责。

第二章 职 责

职责内容包括劳务发包人职责和劳务承包人职责，共两节11条。

第一节 劳务发包人职责

第九条 劳务发包人在提供劳务作业发包文件的同时，应提供合理的、符合拟建工程实际情况的施工组织设计。

提供合理的、符合拟建工程实际情况的施工组织设计，满足劳务承包人编制“施工计划”和报价的需要。同时对发包人提出编制施工组织设计的质量要求。

第十条 劳务作业开工前，劳务发包人应提供具备开工条件的施工场地和能满足劳务作业需要的水、电等施工用管线及施工道路。

提供具备施工条件的施工现场，满足劳务作业需要，且属于三通（施工用临时水、电、施工道路接通至施工现场的干管、干线、干路）一平（场地平整程度符合施工要求）和临时设施的水、电等施工管线及施工道路。

第十一条 劳务发包人应提供与劳务作业人数相适应的，满足劳务作业需要的有关临时设施，包括职工宿舍、办公室（包括收发室）、食堂、诊疗室、文娱活动室、浴室、茶炉房、厕所、现场仓库、加工作业棚等。

属于生产方面的临时设施，如仓库、加工作业棚等，劳务发包人一般都能提供。但属于生活方面的临时设施，如职工宿舍、办公室（包括收发室）、食堂、诊疗室、文娱活动室、浴室、茶炉房、厕所等，而且还要提供与劳务作业人数相适应的，满足劳务作业人员需要的数量和质量，一般很难满足，标准也不好定，应在合同中明确。

第十二条 劳务发包人应提供能确保劳务作业人员施工安全的安全设施。包括：

(1) 用电线路、用电设备作业中的安全设施。

(2) 高空作业、防止坠落物伤害人身的安全设施。

(3) 施工现场的消防安全设施。

(4) 在有碍身体健康的气体、粉尘等环境作业的安全设施。

(5) 对施工现场坑、沟、井、穴、坎设置围栏、覆盖物、施工标志等安全设施，以及施工现场符合安全要求的夜间、危险、潮湿场所的照明设施。

(6) 施工现场的安全保卫工作。

(7) 按有关规定必须设置的其他安全设施。

第十三条 劳务发包人应按劳务承包人提交的“施工计划”，及时供应工程材料、设备，所提供的施工机械、周转性材料等应保证正常施工的需要。

第十四条　向劳务承包人支付劳务报酬。

第十五条　为劳务作业人员交纳危险作业意外伤害保险费。

劳务发包人上述7条职责，可以概括成以下四方面内容：

（1）提供满足工作需要的工作条件。

（2）提供能满足生活需要的有关生活设施。

（3）提供能确保劳务作业人员施工安全的安全设施。

（4）支付劳务报酬并为劳务作业人员交纳危险作业意外伤害保险费。

第二节　劳务承包人职责

第十六条　劳务承包人应按劳务发包人提供的拟建工程施工组织设计，编制月度或阶段性的“施工计划”，详细安排与上述时段相适应的劳动力、工程材料、设备计划和施工用机械、周转性材料计划等，经劳务发包人批准后实施。

劳务承包人应按劳务发包人提出的施工要求，编制好“施工计划”和“资源计划”，为劳务发包人及时提供工程材料、设备和施工机械、周转性材料创造条件。

第十七条　劳务承包人应按施工图设计组织施工，确保工程质量，保证施工安全，承担由于自身原因造成的工程质量事故所需返工、修补和安全事故的经济损失。

第十八条　由劳务承包人搭（支）拆并使用的混凝土或钢筋混凝土模板及其支撑、脚手架等所需的周转性材料，劳务承包人应合理使用，妥善保管，劳务作业结束后，经整理、修补，可重复使用的退库数量，应不低于“一次使用量减去相应的摊销量”。

摊销量是指现行消耗量定额中规定的相应摊销数量。

摊销量是指多次使用一次摊销在工程上的数量，它与损耗量的概念不同。新模板的损耗率低，而旧模板的损耗率高，特别是木模板，应在承包时注意。

第十九条　劳务承包人应自备除“施工机械台班费定额”规定以外，且不属于固定资产的生产工具用具。

劳务承包人应自备生产工具用具，所谓自备生产工具用具是指不属机械台班费定额规定以内，且构不成固定资产的，劳务承包人应携带的生产工具用具。例如：砌筑工人用的瓦刀、灰斗等；木作工人用的手锯、刨子等；电气焊工人用的焊枪等；安装工人用的扳子、钳子等；油漆工人用的油桶、刷子等；现场运输水泥、砂石用独轮人力推车；现场运输构件的简易杠杆双轮人力推车、高空作业安全带等。

三、劳务作业报酬费用项目组成

劳务作业报酬费用项目组成是根据劳务作业发包与承包的特点和现实情况，并参照《建设工程工程量清单计价规则》相关内容确定的。

第三章　劳务作业报酬费用项目组成

第二十条　劳务作业报酬由人工费、管理费、规费、利润、税金等费用项目组成。

第二十一条　人工费，是指直接从事劳务作业施工的生产工人开支的各项费用。

第二十二条　管理费，是指劳务作业承包企业组织施工生产和经营管理所需的费用。

第二十三条　规费，是指劳务承包企业按规定必须交纳的费用。

第二十四条 利润，是指劳务承包企业完成所承包的劳务作业项目所获得的盈利。

第二十五条 税金，是指劳务承包企业进行经营活动，应按规定标准向税务部门交纳的税金。

本章规定的上述费用项目，是劳务作业发包与承包一般应发生的费用项目，当劳务发包人有特殊要求或发生对外交纳的费用项目时，可做如下处理：

（1）劳务作业发包与承包中的人工费，应包括完成分项“实体”工程项目的人工费和完成脚手架、混凝土或钢筋混凝土模板、支撑搭（支）拆所需人工费；当劳务发包人要求劳务承包人为措施项目（不包括脚手架、混凝土或钢筋混凝土）提供劳务时，其劳务费用应单独计算。

（2）劳务作业发包与承包不应包括工程材料费，但当劳务发包人要求劳务承包人自带某些低值易耗材料时，其材料费应单独计算。

（3）劳务作业发包与承包不应包括机械台班费，但当劳务发包人要求劳务承包人自带某些小型施工机械时，机械台班费应单独计算。

（4）劳务作业发包与承包中的下列费用，应由劳务发包人交纳：

1）工程排污费。

2）社会保险费。

3）住房公积金。

（5）劳务作业发包与承包中，其税金应由劳务承包人交纳。劳务承包人提供完税证明给劳务发包人，发包人不再重复交纳该项税金。

四、劳务作业发包

第四章 劳务作业发包

劳务作业发包内容包括劳务作业发包的一般规定、具体发包方式、发包文件的格式及如何编制劳务作业发包文件，共四节10条。

第一节 一般规定

第二十六条 劳务作业发包文件，应由劳务发包人或委托工程造价咨询单位，根据本办法的规定进行编制。

第二十七条 劳务作业发包，一般包括拟建工程分项“实体”项目的发包和脚手架、混凝土或钢筋混凝土模板及支撑的发包。

一般来说，劳务承包人是在劳务发包人提供工程材料、设备、施工机械基础上，并无偿使用劳务发包人提供的措施项目的情况下，由劳务承包人完成工程分项“实体”项目的施工。但考虑脚手架、混凝土或钢筋混凝土模板及支撑：①国家对其专设了“脚手架作业分包企业资质等级标准”“模板作业分包资质等级标准”；②与“实体”关系的直接性、密切相依性；③工程建设中发生的必然性；④劳务发包与承包格式的分类、统一性。本办法规定，将其与“实体”工程项目一起列入“分项工程项目劳务作业发包一览表”（按分项工程项目进行发包时）或“报价表”（按建筑工程进行发包时）中。

第二十八条 劳务发包人，如需劳务承包人为措施项目（不含脚手架、混凝土或钢筋混凝土模板及支撑，下同）提供劳务，或需劳务承包人自带某些低值易耗材料、小型施工机械，劳务发包人应根据不同的发包方式，编制“措施项目劳务作业发包一览表”“承包人自带材料、机械一览表”，由劳务报价人单独报价，或现场签证，按实结算。

当劳务发包人不能提供措施项目（脚手架、模板及支撑除外）供劳务承包人无偿使用，而需劳务承包人提供劳务才能完成所需的措施项目时，劳务发包人应根据发包方式的不同编制“措施项目劳务作业发包一览表”（按分项工程项目进行劳务作业发包时），或现场签证（按建筑面积劳务作业发包时）。

劳务发包人需劳务承包人在施工中提供某些低值易耗材料或小型施工机械时，劳务发包人应编制“承包人自带材料、机械一览表”（按分项工程项目进行劳务作业发包时），或现场签证（按建筑面积进行劳务作业发包时）。

第二节　劳务作业发包方式

第二十九条　劳务作业一般采用按分项工程项目进行发包。

第三十条　当定额工期在12个月以内时，砖混结构、室内外一般装饰装修的建筑工程，其劳务作业可按建筑面积进行发包。

从上面两条可以看出，劳务作业发包有两种方式，一般采用按分项工程项目进行发包；当工程的施工工期较短、结构比较简单时，室内外一般装饰装修的建筑工程，也可采用按建筑面积进行发包。

分项工程项目劳务作业发包，按其发包文件编制的依据不同，又可分为按《建设工程工程量清单计价规则》和按现行消耗量定额编制两种形式。

无论是按分项工程项目进行劳务作业发包，还是按建筑面积进行劳务作业发包，均可采用全部专业工种（即拟建工程涉及的全部工种）一次发包给一个劳务承包人，也可将一个或几个专业工种分别发包给不同的劳务承包人。

所谓按分项工程项目进行劳务作业发包，是指劳务作业发包人以《建设工程工程量清单计价规则》中的分部分项工程量清单项目设置及其消耗量定额或现行消耗量定额相关规定为依据，结合拟建工程实际情况，编制劳务作业项目发包一览表，进行劳务作业发包的活动。

所谓按建筑面积进行劳务作业发包，是指劳务作业发包人以全国统一的建筑面积计算规则为依据，结合拟建工程的实际情况，计算建筑面积，进行劳务作业发包的活动。

第三节　按分项工程项目进行劳务作业发包

第三十一条　本办法所称按分项工程项目进行劳务作业发包，是指劳务发包人以省建设工程工程量清单计价办法或省现行消耗量定额相关规定为依据，结合拟建工程的实际情况，编制劳务作业项目发包一览表，进行劳务作业发包的活动。

第三十二条　劳务作业发包文件包括下列内容：

（1）封面。

（2）总说明。

（3）分项工程项目劳务作业发包一览表。

（4）措施项目劳务作业发包一览表。

（5）承包人自带材料、机械一览表。

按分项工程项目进行劳务作业发包，因发包文件编制依据不同，其格式也不完全相同。

其中，封面、总说明、分项工程项目劳务作业发包一览表，是按分项工程项目进行劳务作业发包必然发生的。措施项目劳务作业发包一览表，承包人自带材料、机械一览表，视劳务发包人的需要，有时发生，有时不发生。

第三十三条 劳务作业发包文件的编制。

编制劳务作业发包文件，必须遵照“劳务发包人自身的需要为前提、拟建工程实际情况为基础、工程量清单计价办法或消耗量定额为依据”的要求。

按分项工程项目进行劳务作业发包，其发包文件编制依据有两种，①按“建设工程工程量清单计价规则”；②按现行消耗量定额。发包人可任选一种。因发包文件编制依据不同，其格式也不完全相同。

1. 封面的填写

按封面中规定的内容填写、签字、盖章。封面格式见表8-44。

表8-44 **封 面**

________________________工程

劳务作业发包文件

发 包 人：____________________（单位签字盖章）

法定代表人：____________________（签字盖章）

编 制 人：____________________（签字盖执业或从业专用章）

编制时间：____________________

2. 总说明的编制

总说明一般应包括三方面的内容：①劳务发包人自身的某些要求。②除一览表规定内容以外，影响报价的有关因素。③报价人应注意的事项。

总说明一般应包括下列几方面具体内容：

（1）工程特征、施工现场实际情况及交通、气象、水文、地质等情况。

（2）编制依据。

（3）发包范围。

（4）施工计划工期。

（5）工程质量要求。

（6）报价人注意事项。

1）发包文件和报价文件中的内容，报价人不得任意增加、减少或修改。

2）报价文件中所需填报的单价、合价、金额，报价人均需填价，未填报，视为该项费用已含在其他项目中。

（7）其他需说明的问题。

总说明的内容除上述几个方面以外，其不足部分，劳务发包人可视实际情况补充。总说明格式见表8-45。

表 8-45　**总　说　明**

工程名称：某住宅楼工程　　　　第1页　共1页

1. 工程特征、施工现场实际情况及交通、气象、水文、地质等情况：本工程为五层砖混结构，坡屋顶，地下储藏室。三通一平已完成，现场道路与城市道路相通，地下水位为－5m，土质均为粉质黏土。

2. 编制依据：省建设工程工程量清单计价办法、施工图纸、施工组织设计及现场情况等。

3. 发包范围：全部专业工种一次发包。

4. 施工计划工期：2018年3月25日开工至2018年8月25日结束。

5. 工程质量要求：工程质量均需达到施工验收规范标准要求。

6. 报价人注意事项：

(1) 发包文件和报价文件中的内容，报价人不得任意增加、减少或修改。

(2) 报价文件中所需填报的单价、合价、金额，报价人均需填价，未填报，视为该项费用已含在其他项目中。

以下略。

3. 分项工程项目劳务作业发包一览表的编制

(1) 当以《建设工程工程量清单计价规则》为依据编制“分项工程项目劳务作业发包一览表”时，其表中项目名称、计量单位、工程量的计算方法，应按《建设工程工程量清单计价规则》相应规定确定。分项工程项目劳务作业发包一览表格式见表8-46。

表 8-46　**分项工程项目劳务作业发包一览表**

工程名称：某住宅楼工程　　　　第1页　共3页

序号	项目名称	计量单位	工程量	工程内容
1	现浇水磨石楼地面	m^2	2860.78	水泥砂浆找平层，不嵌条水磨石地面15mm厚
2	石材楼梯面层	m^2	126.96	20mm水泥砂浆找平层，水泥砂浆粘贴花岗石板
3	以下略			

分项工程项目劳务作业发包一览表中的工程内容，是指某分项工程劳务作业项目所包含的工程内容，应根据劳务发包人自身的需要，结合拟建工程的实际情况，参照《建设工程工程量清单计价规则》中分部分项工程量清单项目设置及其消耗量定额”中的相应工程内容确定。

按《建设工程工程量清单计价规则》规定，该项目一般包括多项工程内容，且部分工程内容有可能是跨工种的，所以劳务发包人应依据自身的需要，将该项目要求劳务承包人完成的工程内容，在一览表的“工程内容”栏中，描述清楚。例如，现浇水磨石楼地面内容包括垫层、找平层和面层三部分，不需做的垫层，则不要描述，找平层和面层则应按《建设工程工程量清单计价规则》中规定的内容描述清楚。

(2) 当以现行消耗量定额为依据，编制“分项工程项目劳务作业发包一览表”时，其表中项目名称应按现行消耗量定额中的相应项目名称确定，计量单位为“工日”。定额人工数量应以与现行消耗量定额相配套的工程量计算规则，计算工程量，然后乘以相应每计量单位工程量的人工含量。

例如：某工程为240混水砖墙，采用与现行消耗量定额配套的工程量计算规则，计算的工程量为$100m^3$，查现行消耗量定额，完成每$10m^3$砖砌体，需综合工日为15.38工日，该项目的定额人工数量为 10×15.38=153.80 工日。

将上述相关内容填入分项工程项目劳务作业发包一览表中，见表 8-47。

表 8-47　　分项工程项目劳务作业发包一览表

工程名称：某住宅楼工程　　　　第1页　共3页

序号	项目名称	计量单位	定额人工数量（每定额计量单位人工数量×相应工程量）
1	240 混水砖墙体	工日	153.80
2	现浇水磨石楼地面	工日	13 474.27
3	以下略		

发包文件以现行消耗量定额为依据进行编制，是一种“包定额工日”的发包方式，即由发包人按现行消耗量定额及其配套的工程量计算规则，确定人工数量，由劳务报价人自主报价。

按分项工程项目进行劳务作业发包，除包括工程“实体”项目外，还包括脚手架、混凝土或钢筋混凝土模板及支撑，上述措施项目的项目名称、计量单位，工程量的计算方法按现行消耗量定额相应规定确定。

4. 措施项目劳务作业发包一览表的编制。

措施项目劳务作业发包一览表中的项目名称，可参照《建设工程工程量清单计价规则》中的措施项目清单项目设置及消耗量定额中规定的项目名称（脚手架、混凝土和钢筋混凝土模板及支撑除外）确定。劳务发包人要求劳务承包人完成的工程内容，务必在表中相应位置描述清楚。措施项目劳务作业发包一览表格式，见表 8-48。

表 8-48　　措施项目劳务作业发包一览表

工程名称：某住宅楼工程　　　　第1页　共1页

序　号	项 目 名 称	工 程 内 容
1	施工排水、降水	施工中应及时排除地表水
2	临时设施	工人食堂要求承包人自行解决
3	以下略	

措施项目劳务作业发包一览表中的项目名称，应根据劳务发包人自身的需要，结合拟建工程的实际情况，参照《建设工程工程量清单计价规则》的“措施项目清单项目设置及其消耗量定额”中的项目名称确定。

措施项目劳务作业发包一览表中的工程内容，是指某措施项目所包含的工程内容，应根据发包人自身的需要，结合拟建工程的实际情况确定。

5. 承包人自带材料、机械一览表的编制

编制承包人自带材料、机械一览表时，表中名称、规格、型号由劳务发包人根据自身和拟建工程的需要确定。承包人自带材料、机械一览表格式，见表 8-49。

表 8-49　　**承包人自带材料、机械一览表**

工程名称：某住宅楼工程　　第1页　共1页

序　号	材料或机械名称、规格、型号	计量单位	数　量
1	金刚石	块	944
2	平面磨石机 3kV	台班	309
3	以下略		

承包人自带材料、机械一览表所称材料，仅指拟建工程所用的低值易耗材料，由劳务发包人根据自身需要确定，其数量为估算用量。施工中应现场签证，以实际用量为结算依据。

承包人自带材料、机械一览表所称机械，仅指施工中所用的小型施工机械，由劳务发包人根据自身需要确定，其数量为估算用量。施工中应现场签证，以实际用量为结算依据。

小型施工机械是指机械台班定额中的小型机械。

第四节　按建筑面积进行劳务作业发包

第三十四条　本办法所称按建筑面积进行劳务作业发包，是指劳务发包人以全国统一建筑面积计算规则为依据，结合拟建工程的实际情况，计算建筑面积，进行劳务作业发包的活动。

第三十五条　劳务作业发包文件包括下列内容：

(1) 封面。

(2) 总说明。

(3) 劳务作业发包工程概况一览表。

按建筑面积进行劳务作业发包，其发包文件格式由本办法附件一中的封面、总说明、劳务作业发包工程概况一览表组成。凡按建筑面积进行劳务作业发包，均应按规定编制上述三表。

第三十六条　劳务作业发包文件的编制。

(1) 封面的填写。按封面中规定的内容填写、签字、盖章。格式见表 8-29。

(2) 总说明编制。总说明一般包括下列内容：

1) 施工现场实际情况及交通、气象、水文、地质等情况。

2) 发包范围。

3) 施工计划工期。

4) 工程质量要求。

5) 土石方如外运，其外运地点、运距，混凝土是否为商品混凝土、泵送等及类似问题的说明。

6) 其他需要说明的问题。

按建筑面积进行劳务作业发包，是一项风险比较大的发包与承包计价方式，为使价格确定的合理，劳务发包人应把自身的要求、影响报价的有关因素，在“总说明”中详细地描述清楚。格式见表 8-30。

(3) 劳务作业发包工程概况一览表的编制。本一览表中规定的建筑面积，应按《建筑工程建筑面积计算规范》(GB/T 50353—2013) 计算，表中的其他内容，根据拟建工程的实际情况填写。

第三十七条 当发生下列事项时，其用量应现场签证。

(1) 劳务发包人需劳务承包人为措施项目提供劳务。其用工数量，应现场签证。

(2) 劳务发包人需劳务承包人自带某些低值易耗材料、小型施工机械，其材料、机械台班用量，应现场签证。

五、劳务作业报价

本章所称劳务作业报价，是指劳务作业报价人依据劳务发包人提出的劳务作业发包文件的自主报价，分为按分项工程项目进行劳务作业报价和按建筑面积进行劳务作业报价两种方式。

第五章 劳务作业报价

劳务作业报价内容包括劳务作业报价的一般规定、报价方式、报价文件的格式及如何编制劳务作业报价文件，共三节9条。

第一节 一般规定

第三十八条 劳务作业报价文件，应由报价人根据本办法的规定进行编制。

第三十九条 劳务作业报价，按全费单价报价。全费单价包括人工费、管理费、规费、利润、税金。

全费单价除了包括人工费、管理费、规费、利润、税金外，还应考虑劳务发包人的一些特殊要求和风险因素而增加的费用。

第四十条 劳务作业报价格式，应与发包文件一起发至报价人。

第二节 按分项工程项目进行劳务作业报价

第四十一条 本办法所称按分项工程项目进行劳务作业报价，是指劳务作业报价人根据劳务发包人提供的“按分项工程项目进行劳务作业发包”文件的报价。

第四十二条 劳务作业报价文件包括下列内容：

(1) 封面。

(2) 总说明。

(3) 报价总额。

(4) 分项工程项目劳务作业报价表。

(5) 措施项目劳务作业报价表。

(6) 承包人自带材料、机械报价表。

按分项工程项目进行劳务作业报价，因劳务发包人提供的发包文件编制依据不同，因而报价格式也不完全相同。

其中，封面、总说明、报价总额、分项工程项目劳务作业报价表，是按分项工程项目进行劳务作业报价必然发生的。措施项目劳务作业报价表，承包人自带材料、机械报价表，视劳务发包人的需要，有时发生，有时不发生。

第四十三条 劳务作业报价文件的编制。

1. 封面的填写

按封面中规定的内容填写、签字、盖章。封面格式，见表 8-50。

表 8-50　　　　封　　面

________________工程

劳务作业报价文件

报　价　人：________________（单位签字盖章）

法定代表人：________________（签字盖章）

编　制　人：________________（签字盖执业或从业专用章）

编 制 时 间：________________

2. 总说明的编制

总说明一般包括下列内容：

（1）劳务作业报价文件包括的内容。

（2）劳务作业报价范围。

（3）劳务作业报价依据。

（4）劳务作业施工工期。

（5）工程质量。

（6）对劳务作业发包文件中有关问题的说明。

（7）其他需说明的问题。

总说明格式，见表 8-51。

表 8-51　　　　总　说　明

工程名称：某住宅楼工程　　　　第 1 页　共 1 页

1. 报价文件包括的内容：按招标人要求包括建筑工程、装饰工程。 2. 报价范围：该工程所需全部专业工种。 3. 报价依据：省建设工程工程量清单计价办法、施工图纸、施工组织设计及施工现场情况等。 4. 施工工期：施工工期满足发包人的要求。 5. 工程质量：所承担的分项工程质量均满足施工质量验收规范规定。 以下略。

3. 报价总额的编制

（1）该表中的分项工程项目劳务作业报价款、措施项目劳务作业报价款、承包人自带材料、机械报价款的金额，应分别按“分项工程项目劳务作业报价表”“措施项目劳务作业报价表”和“承包人自带材料、机械报价表”中的合计金额填写。

（2）该表中的“其中”，应按专业工程（或分部工程）报价金额填写。报价总额表的格式，见表 8-52。

表 8-52 **报 价 总 额**

工程名称：某住宅楼工程 第1页 共1页

序 号	项 目 名 称	金 额
1	分项工程项目劳务作业报价款 其中：砌筑工程 装饰工程	84 350.36 7763.82 76 586.54
2	措施项目劳务作业报价款	7311.31
3	承包人自带材料、机械报价款	14 503.28
	合计	106 164.95

4. 分项工程项目劳务作业报价表的编制

(1) 该表中的序号、项目名称、计量单位、工程量或定额人工数量，应按劳务发包人提供的“分项工程项目劳务作业发包一览表”中的相应内容填写。

(2) 全费单价。

1) 当以《建设工程工程量清单计价规则》为依据编制时的全费单价，应按本办法规定的全费单价费用项目组成，根据劳务发包人确定的该项目所含工程内容及其特征，参照现行消耗量定额中的人工数量、工程造价管理部门发布的人工费单价及有关费用确定，即

全费单价 = 人工费 ×（1 + 管理费率 + 利润率）×（1 + 规费率）×（1 + 税金率）

其中 人工费=人工费单价×完成每分项每计量单位工程所需人工数量

合价=全费单价×工程量

[例 8-3] 某工程现浇水磨石楼地面，发包人提供的分项工程项目劳务作业发包一览表工程量为 2860.78m^2，参照现行消耗量定额中的人工数量 4.71 工日/10m^2，工程造价管理部门发布的人工费单价为 92 元/工日，假设管理费率为 51%；利润率为 30%；规费率为 1%；税金率为 5%，则

$$人工费 = 92 \times 4.71 \div 10 = 43.33(元/m^2)$$

$$全费单价 = 43.33 \times (1 + 51\% + 30\%) \times (1 + 1\%) \times (1 + 5\%) = 83.17(元/m^2)$$

$$合价 = 83.17 \times 2860.78 = 237\,931.07(元)$$

将上述相关内容填入分项二程项目劳务作业报表中，见表 8-53。

表 8-53 **分项工程项目劳务作业报价表**

工程名称：某住宅楼工程 第1页 共3页

序号	项目名称	计量单位	工程量	全费单价（元）	合价（元）
1	现浇水磨石楼地面	m^2	2860.78	83.17	237 931.07
2	石材楼梯面层	m^2	126.96	82.70	10 499.59
3	以下略				
	合计				248 430.66

2) 当以现行消耗量定额为依据编制时的全费单价，应按本办法规定的全费单价费用项

目组成，参照工程造价管理部门发布的人工费单价及有关费用确定。其中：人工费单价可以按综合工日确定，也可按不同的专业工种确定，即

$$全费单价 = 人工费单价 \times (1 + 管理费率 + 利润率) \times (1 + 规费率) \times (1 + 税金率)$$

$$合价 = 全费单价 \times 定额人工数量$$

［**例 8-4**］　某工程为 240 混水砖墙，按现行消耗量定额计算，该项目的定额人工数量为 153.80 工日，工程造价管理部门发布的人工费单价为 80 元/工日，假设管理费率为 50%；利润率为 20%；规费率为 1%；税金率为 5%，则

$$全费单价 = 80 \times (1 + 50\% + 20\%) \times (1 + 1\%) \times (1 + 5\%) = 144.23(元 / 工日)$$

$$合价 = 144.23 \times 153.80 = 22\,182.57(元)$$

将上述相关内容填入分项工程项目劳务作业报表中，见表 8-54。

表 8-54　　分项工程项目劳务作业报表

工程名称：某住宅楼工程　　　　第 1 页　共 5 页

序号	项目名称	计量单位	定额人工数量	全费单价（元）	合价（元）
1	240 混水砖墙体	工日	153.80	144.23	22 182.57
2	现浇水磨石楼地面	工日	3474.27	83.17	288 955.04
3	以下略				
	合计				311 137.61

5. 措施项目劳务作业报价表的编制

（1）该表中的序号、项目名称，应按劳务发包人提供的“措施项目劳务作业发包一览表”中的相应内容填写。

（2）该表中的金额，应按本办法规定的费用项目组成，根据发包人提供的“措施项目劳务作业发包一览表”中要求完成的工程内容，参照工程造价管理部门发布的人工费单价及有关费用确定，即

$$金额 = 人工费 \times (1 + 管理费率 + 利润率) \times (1 + 规费率) \times (1 + 税金率)$$

其中　$$人工费 = 人工费单价 \times 完成某措施项目所需人工数量$$

（3）“措施项目劳务作业报价表”，其计量单位为“项”，数量为“1”。

措施项目劳务作业报价一览表格式（数据为假设），见表 8-55。

表 8-55　　措施项目劳务作业报价一览表

工程名称：某住宅楼工程　　　　第 1 页　共 1 页

序　号	项　目　名　称	金　额
1	施工排水、降水	783.82
2	临时设施	6527.49
	合计	7311.31

6. 承包人自带材料、机械报价表的编制

（1）该表中的序号，材料或机械的名称、规格、型号，计量单位，数量，应按劳务发包

人提供的“承包人自带材料、机械一览表”中的相应内容填写。

(2)“承包人自带材料、机械报价表”中的数量为劳务发包人的估算数量，劳务承包人应注意现场签证，作为工程结算的依据。

(3) 该表中的全费单价，包括材料或机械台班费、管理费、规费、利润和税金，可参照工程造价管理部门发布的相应单价、费率确定，即

$$全费单价=材料费（或机械台班费）单价\times（1+管理费率+利润率）\times（1+规费率）\times（1+税金率）$$

$$合价=全费单价\times数量$$

承包人自带材料、机械报价表格式（数据为假设），见表 8-56。

表 8-56　承包人自带材料、机械报价表

工程名称：某住宅楼工程　第1页　共1页

序号	材料或机械名称、规格、型号	计量单位	数量	全费单价（元）	合价（元）
1	金刚石	块	944	5.02	4738.88
	小计				4738.88
2	平面磨石机 3kV	台班	309	31.60	9764.40
	小计				9764.40
	合计				14 503.28

编制报价文件应注意以下几点：

(1) 对劳务发包人提供的发包文件，劳务作业报价人，对其内容不得增加、不得减少、不得修改。

(2) 对报价表中的单价、合价（或金额），劳务作业报价人均应填报，否则，视为该项费用已含在其他项目中。

(3)“分项工程项目劳务作业报价表”中的全费单价，应根据发包文件编制依据的不同，分别确定。

(4) 劳务作业报价人员按“分项工程项目劳务作业报价表”和“措施项目劳务作业报价表”报价时，应十分注意劳务发包人提供的发包一览表中的“工程内容”。

第三节　按建筑面积进行劳务作业报价

第四十四条　本办法所称按建筑面积进行劳务作业报价，是指劳务作业报价人根据劳务发包人提供的“按建筑面积进行劳务作业发包”文件的报价。

第四十五条　劳务作业报价文件包括封面、总说明、报价表。

第四十六条　劳务作业报价文件的编制。

1. 封面的填写

按封面中规定的内容填写、签字、盖章。封面格式，见表 8-46。

2. 总说明的编制

总说明一般包括下列内容：

(1) 劳务作业报价文件包括的内容。

(2) 劳务作业报价范围。

(3) 劳务作业报价依据。

(4) 劳务作业施工工期。

(5) 工程质量。

(6) 对劳务作业发包文件中有关问题的说明。

(7) 其他需要说明的问题。

总说明格式，见表8-36。

3. 报价表的编制

(1) 该表中的建筑面积，应按发包人提供的“劳务作业发包工程概况一览表”中的数量填写。

(2) 该表中的全费单价，应按本办法规定的费用项目组成，根据发包人提出的发包范围及其有关说明，参照现行消耗量定额中的人工数量，工程造价管理部门发布的人工费单价及有关费用确定，即

$$全费单价 = 人工费 \times (1 + 管理费率 + 利润率) \times (1 + 规费率) \times (1 + 税金率)$$

其中

$$人工费 = 人工费单价 \times 完成每平方米建筑面积工程所需人工数量$$

$$合计 = 全费单价 \times 建筑面积$$

报价表的格式，见表8-57。

表8-57　　报　价　表

工程名称：某住宅楼工程　　　　第1页　共1页

序　号	项目名称	单　位	数　量
1	建筑面积	m^2	3800.00
2	全费单价	元/m^2	860.59
	合计	元	3 270 242.00

应当注意，当采用全部专业工种一次发包时，其劳务价款，不但包括完成该工程各分项“实体”项目所需人工价款，还应包括完成脚手架、混凝土或钢筋混凝土模板及支撑搭(支)、拆所需人工价款。

完成每平方米建筑面积工程所需的人工数量，应按劳务发包人提出的发包范围进行确定。

六、劳务作业索赔

索赔是指工程承包合同履行中，当事人一方因不履行或不完全履行规定的义务、发生错误或应由对方承担责任的其他事项而遭受损失时，要求对方进行补偿的活动。

索赔是建设工程劳务作业发包与承包中经常发生并随处可见的正常现象。由于合同文件的模糊和错误、设计图纸错误引起的工程变更、增减工程量、地质条件变化、施工中人为障碍、工期延长、加速施工、暂停施工、终止合同、发包人拖延支付报酬、价格调整和货币贬值、不可抗力的自然事件等均可引起索赔，本章对劳务作业中最常见的索赔事项做了规定，务必在承包合同中明示。

劳务作业索赔是一项比较复杂、最易引起争议的一项工作，索赔双方对事件能否构成实

际的索赔，索赔费用的组成、计算等，要遵循“实事求是、补偿”的原则，详细分析，协商确定。

第六章 劳务作业索赔

劳务作业索赔内容包括劳务作业在一般情况下，可能发生的索赔事件，索赔事件发生后的索赔程序和索赔报告包含的内容等，共4条。

第四十七条 当一方向另一方提出索赔时，必须有正当的索赔理由，并出具索赔事件发生时的有效证据。

第四十八条 当发生下列事件时，劳务承包人可向劳务发包人提出费用和（或）工期索赔。

（1）劳务发包人不能按规定履行自己的义务，包括不能按规定时间提供施工设计图纸、不能提供符合规定的施工条件、不能及时提供工程材料、设备和施工机械、周转性材料，未按规定的时间和数额支付劳务报酬等。

（2）施工过程中由于劳务发包人的原因发生工程量的变化、建设标准的变化、追加或取消某些工程内容等。

（3）劳务发包人现场指挥错误，要求加速施工、不正当的终止施工等。

（4）不可抗力的自然事件。

（5）由劳务发包人承担责任的其他索赔事件。

第四十九条 当索赔事件发生后，应按下列程序以书面形式提出索赔。

1. 索赔意向通知

索赔事件发生后的7天内，劳务承包人应向劳务发包人发出索赔通知，声明将对此事件提出索赔。

2. 索赔报告

索赔意向通知发出后的7天内，劳务承包人应向劳务发包人提出正式索赔报告。索赔报告一般包括以下内容：

（1）索赔事件发生的原因。

（2）对其权益影响的证据资料。

（3）索赔的依据。

（4）索赔要求补偿的款额和工期展延天数的详细计算材料。

3. 索赔报告的审核与答复

劳务发包人在收到劳务承包人提出的索赔报告和有关资料的7天内，应及时审核并给予答复，或要求劳务承包人进一步补充索赔理由和证据，未予答复或未对劳务承包人提出进一步要求，视为该项索赔已经认可。

4. 索赔事件持续发生的处理

当某项索赔事件持续进行，劳务承包人应阶段性地向劳务发包人发出索赔意向通知，在索赔事件终止后的7天内，向劳务发包人送交最终索赔报告和相关资料。索赔答复程序与“索赔报告的审核与答复”的规定相同。

第五十条 劳务承包人未履行自己的义务或发生错误，给劳务发包人造成的经济损失，劳务发包人可按上述程序和时限，向劳务承包人以书面形式提出索赔。

七、劳务作业报酬支付

第七章　劳务作业报酬支付

劳务作业报酬支付内容包括劳务作业工程量的调整及其全费单价的确定，劳务作业报酬支付方式及其程序，劳务作业报酬结算款组成，共三节8条。

第一节　工程量的调整及其全费单价的确定

第五十一条　由于发包文件有误，或施工中设计变更，需调整工程量及确定全费单价时，除合同另有约定外，应按本办法规定办理。

第五十二条　当按分项工程项目进行劳务作业发包与承包时。

(1)“分项工程项目劳务作业发包一览表”中工程量或定额人工数量（以下简称“数量”）有误，或由于设计变更引起数量的变化，其数量可由劳务承包人按本办法规定的计算办法计算，经劳务发包人确认后，作为劳务作业报酬支付的依据。

调增或调减的数量全费单价，按报价时相应的全费单价确定。

(2)“分项工程项目劳务作业发包一览表”中工程内容有误，或由于设计变更引起工程内容的变化，可由劳务承包人提出，经劳务发包人确认后，作为劳务作业报酬支付的依据。

工程内容发生变化的分项工程劳务作业项目，其新的全费单价由劳务承包人提出，经劳务发承包双方协商确定。

(3)“分项工程项目劳务作业发包一览表”有漏项、多余项目或由于设计变更引起分项工程项目的增加、减少，可由劳务承包人提出，经劳务发包人确认后，作为劳务报酬支付的依据。

漏项或新增加项目的工程量或定额人工数量、全费单价，由劳务承包人提出，经劳务发承包双方协商确定。

多余项目或减少项目的全费单价，按报价时的全费单价确定。

(4)“措施项目劳务作业发包一览表”中某项目所含工程内容发生变化，可由劳务承包人提出，经劳务发包人确认后，作为劳务作业报酬支付的依据。

工程内容发生变化的措施劳务作业项目，其新的金额，由劳务承包人提出，经劳务发承包双方协商确定。

(5)“承包人自带材料、机械一览表”中数量发生变化，可由劳务承包人提出，经劳务发包人确认后，作为支付价款的依据。

低值易耗材料、小型施工机械台班数量增加或减少部分的全费单价，按报价时相应的全费单价确定。

第五十三条　当按建筑面积进行劳务作业发包与承包时。

(1)“劳务作业发包工程概况一览表”中的建筑面积有误，或由于设计变更引起建筑面积的变化，可由劳务承包人按全国统一建筑面积计算规则计算，经劳务发包人确认后，作为劳务作业报酬支付依据。

增加或减少的建筑面积，其全费单价按报价时的全费单价确定。

(2) 劳务承包人应将现场签证的措施项目用工、低值易耗材料、小型施工机械台班数量汇总，经劳务发包人确认后，作为支付价款的依据。

现场签证的措施项目用工、低值易耗材料、小型施工机械台班全费单价，可由劳务承包人提出，经劳务发承包双方协商确定。

第五十四条 施工过程中，由于劳务发包人的原因，发生第五十二条、第五十三条规定内容以外的项目或数量变化，应现场签证，按实结算。

以上四条关于工程价款应调整（合同有约定，从其约定）要点如下：

(1) 数量的变化。包括劳务发包人提供的发包文件有误，或由于设计变更引起数量的变化。例如，“分项工程项目劳务作业发包一览表”中工程量或定额人工数量的变化，“劳务作业发包工程概况一览表”中建筑面积的变化，“承包人自带材料、机械一览表”中的数量变化等。

(2) 分项工程项目中工程内容的变化。包括劳务发包人提供的发包文件有误，或由于设计变更引起的变化。例如，“分项工程项目劳务作业发包一览表”和“措施项目劳务作业发包一览表”中工程内容的变化。

(3) 分项工程项目数量的变化。包括劳务发包人提供的发包文件有误，或由于设计变更引起的变化。例如，“分项工程项目劳务作业发包一览表”项目的增加或减少。

(4) 现场临时签证。包括用工、低值易耗材料、小型施工机械。

(5) 发生的索赔事项。

第二节 劳务作业报酬支付

第五十五条 劳务作业报酬一般采用按月支付，最终清算的方式。

第五十六条 劳务作业报酬支付，按下列程序进行（合同有约定时，从其约定）：

(1) 劳务承包人应在下月7日前，向劳务发包人提交上月已完工程量及其价款报告，劳务发包人在收到报告的7天内应完成审核并确认，确认后的7天内，应向劳务承包人支付已完工作量90%的劳务报酬。

(2) 劳务发包人在收到劳务承包人的已完工程量及其价款报告后7天内，未完成审查工作或未对劳务承包人提出进一步要求，从第8天起，劳务承包人的已完工程量及其价款报告视为被确认，应作为支付劳务报酬的依据。

(3) 劳务作业承包项目全部完成。经检查合格后的7天内，劳务承包人应向劳务发包人提交完整的劳务报酬结算资料，经劳务发包人审查确认后的7天内，支付劳务报酬尾款。

(4) 劳务发包人不能按本条（1）或（3）的要求支付劳务报酬，劳务承包人应及时向劳务发包人提出要求支付劳务报酬的通知，劳务发包人收到劳务承包人通知后，仍不能按要求支付劳务报酬，可与劳务承包人协商签订延期支付劳务报酬协议，经劳务承包人同意后可延期支付，协议应明确规定延期支付时间和应付利息数额。

第三节 劳务报酬结算款组成

第五十七条 当按分项工程项目进行劳务作业发包与承包时，其劳务报酬结算款组成如下：

(1) 分项工程项目劳务作业报价款。

(2) 措施项目劳务作业报价款。

(3) 承包人自带材料、机械报价款。

(4) 分项工程项目劳务作业调整价款。

1)“分项工程项目劳务作业发包一览表”中数量有误，或由于设计变更而引起数量增加(减少)，其调整价款为

$$调增(减)价款=\sum[某分项工程项目调增(减)的数量\times原全费单价]$$

2)“分项工程项目劳务作业发包一览表”中工程内容有误，或由于设计变更引起工程内容的增加（减少)，其调整价款为

$$调增价款=\sum[调增工程内容的某分项工程项目的工程量\times(新全费单价-原全费单价)]$$

$$调减价款=\sum[调减工程内容的某分项工程项目的工程量\times(原全费单价-新全费单价)]$$

3)“分项工程项目劳务作业发包一览表”有误而发生漏项、多余项目，或设计变更增加(减少) 了分项工程项目，其调整价款为

$$调增价款=\sum(某漏项、新增项目的工程量或定额人工数量\times双方协商确认的全费单价)$$

$$调减价款=\sum[某多余项目和(或)减少项目的原有价款]$$

(5) 措施项目劳务作业调整价款。“措施项目劳务作业发包一览表”中工程内容有误而增加（减少）了工程内容，其调整价款为

$$调增价款=\sum(调增了工程内容的某措施劳务作业项目新金额-原金额)$$

$$调减价款=\sum(调减了工程内容的某措施劳务作业项目原金额-新金额)$$

(6) 承包人自带材料、机械调整价款。“承包人自带材料、机械一览表”中的数量与现场签证的实际用量不同，其调整价款为

$$调增(减)的材料价款=\sum[(现场签证某材料的实际用量-相应材料的原估算数量)\times原全费单价]$$

$$调增(减)的机械价款=\sum[(现场签证某机械台班实际用量-相应机械原估算台班数量)\times原全费单价]$$

(7) 劳务作业索赔费。

第五十八条 当按建筑面积进行劳务作业发包与承包时，其劳务报酬结算款组成如下：

(1) 报价款。

(2) 由于“劳务作业发包工程概况一览表”中的建筑面积有误而调整的价款为

$$调增价款=调增的建筑面积\times原全费单价$$

$$调减价款=调减的建筑面积\times原全费单价$$

(3) 现场签证发生的价款。

$$措施项目用工价款=现场签证实际用工数量\times双方协商确认的全费单价$$

$$低值易耗材料价款=\sum(现场签证的某材料的实际用量\times双方协商确认的全费单价)$$

$$小型施工机械价款=\sum(现场签证的某机械台班实际用量\times双方协商确认的全费单价)$$

(4) 劳务作业索赔费。

劳务报酬结算款项目较多，现将劳务报酬结算程序进行整理。其中，按分项工程项目进行劳务作业发包与承包计价程序，见表 8-58。按建筑面积进行劳务作业发包与承包计价程序，见表 8-59。

表 8-58　　按分项工程项目进行劳务作业发包与承包计价程序

序号		费用项目名称	计 算 方 法
一		分项工程项目劳务作业报酬款	1+2+3+4
	其中	1. 分项工程项目劳务作业报价款	“分项工程项目劳务作业报价表”合计金额
		2. 因分项工程量变化，而增（减）的价款	$\sum$(某分项增加的工程量×原全费单价)－$\sum$[某分项减少的工程量×原全费单价]
		3. 因分项工程内容变化，而增（减）的价款	$\sum$[增加工程内容的某分项工程量×(新全费单价－原全费单价)]－$\sum$[减少工程内容的某分项工程量×(原全费单价－新全费单价)]
		4. 因项目数量变化，而增（减）的价数	$\sum$(某漏项、新增项目的工程量×双方确认的全费单价)－$\sum$(某多余、减少项目的原有价款)
二		措施项目劳务作业报酬款	1+2
	其中	1. 措施项目劳务作业报价款	“措施项目劳务作业报价表”合计金额
		2. 因措施项目中工程内容变化，而增（减）的价款	$\sum$ 增加工程内容的某项目(新金额－原金额)－$\sum$ 减少工程内容的某项目(原金额－新金额)
三		承包人自带材料、机械款	1+2
	其中	1. 承包人自带材料、机械报价款	“承包人自带材料、机械报价表”合计金额
		2. 因材料、机械台班数量变化，而增（减）的价款	$\sum$[(某材料或机械台班的实际用量－原数量)×原全费单价]
四		索赔款	按实际索赔的费用计算
五		其他费用	上述费用以外，以现场签证为依据，计算的费用
		合　计	一+二+三+四+五

注　表中所称原全费单价、原金额、原数量系指报价时相应的全费单价、金额、数量。

表 8-59　　按建筑面积进行劳务作业发包与承包计价程序

序号		费用项目名称	计 算 方 法
一		按建筑面积计算的劳务作业报酬款	1+2
	其中	1. 报价款	“报价表”合计金额
		2. 因建筑面积变化，而增（减）的价款	增（减）的建筑面积×原全费单价
二		现场签证价款	1+2+3
	其中	1. 措施项目劳务作业报酬费	实际用工量×双方确认的全费用单价
		2. 材料价款	$\sum$(材料实际用量×双方确认的全费用单价)
		3. 机械价款	$\sum$(机械台班实际用量×双方确认的全费用单价)
三		索赔款	按实际索赔的费用计算
		合　计	一+二+三

注　1. 表中所称原全费单价，是指报价时的全费单价。

2.“措施项目劳务作业报酬费”中，不含脚手架、混凝土或钢筋混凝土模板及支撑的劳务作业价款，该项费用包括在“报价款”中。

复习思考题

1. 简述建筑工程计价的依据。
2. 施工图预算书包括哪些内容？
3. 简述建筑工程计价的步骤。
4. 施工图预算书包括哪些内容？
5. 计算工程量前，为何必须先熟悉施工图纸？
6. 进行消耗量计算的意义是什么？
7. 工程量清单由哪些表格组成？
8. 工程计价总说明一般应包括哪些内容？
9. 工程量清单的五个要件是什么？
10. “计算规范”将措施项目划分为哪两类？
11. 实行清单计价还需要定额吗？为什么？
12. 综合单价应包括哪些项目内容？
13. 工程量清单计价表都有哪些？
14. 工程计价总说明应包括哪些具体内容？
15. 土建单位工程包括哪些分部工程？
16. 综合单价的计算一般应按哪些顺序进行？
17. 工程量清单综合单价分析表的目的是什么？
18. 工程量清单综合单价的计算方式有哪三种？
19. 从事劳务作业分包活动的劳务承包人，必须具有相应资质吗？
20. 建设工程施工劳务作业发包与承包计价活动，应遵循什么原则？
21. 劳务作业开工前，劳务发包人应提供哪些施工条件？
22. 劳务作业一般采用什么形式进行发包？
23. 当发生哪些事件时，劳分承包人可向劳务发包人提出费用和（或）工期索赔？
24. 当索赔事件发生后，应按什么程序以书面形式提出索赔？
25. 漏项、多项或新增项目的工程量或定额人工数量、全费单价怎么样进行处理？
26. 劳务作业报酬支付，应按什么程序进行？

第九章　建筑面积计算规范

第一节　建筑面积概述

一、建筑面积的概念

建筑面积是建筑物各层面积的总和。它包括使用面积、辅助面积和结构面积三部分。其中，使用面积与辅助面积之和称有效面积。建筑面积计算公式为

$$建筑面积=有效面积+结构面积=使用面积+辅助面积+结构面积$$

1. 使用面积

使用面积是指建筑物各层平面中直接为生产或生活使用的净面积之和。例如，住宅建筑中的居室、客厅、书房等。

2. 辅助面积

辅助面积是指建筑物各层平面中为辅助生产或辅助生活所占净面积之和。例如，住宅建筑中的楼梯、走道、卫生间、厨房等。

3. 结构面积

结构面积是指建筑各层平面中的墙、柱等结构所占面积之和。

二、建筑面积的作用

建筑面积的计算是工程计量计价的基础性工作，它在工程建设中起着非常重要的尺度作用。首先，在工程建设的众多技术经济指标中，大多数以建筑面积为基数，它是核定估算、概算、预算工程造价的一个重要基础数据，是计算和确定工程造价，并分析工程造价和工程设计合理性的一个基础指标；其次，建筑面积是国家进行建设工程数据统计、固定资产宏观调控的重要指标；再次，建筑面积还是房地产交易、工程承发包交易、建筑工程有关运营费用的核定等的一个关键指标。因此，建筑面积的计算不仅是工程计价的需要，也在加强建设工程科学管理、促进社会和谐等方面起着非常重要的作用。

1. 建筑面积是控制基本建设投资规模的主要指标

建筑面积是建设投资、建设项目可行性研究、建设项目勘察设计、建设项目评估、建设项目招标投标、建筑工程施工和竣工验收、建设工程造价管理、建筑工程造价控制等一系列工作的重要计算指标，如估算指标、概算指标、预算指标等。在一定时期内完成建筑面积的多少也标志着一个国家的工程建设发展状况、人民生活居住条件改善和文化生活福利设施发展的程度。

2. 建筑面积是重要的技术指标

建筑设计在进行方案比选时，常常依据一定的建筑技术评价指标，如容积率、建筑密度、建筑平面系数等；建设单位和施工单位在办理报审手续时，经常用到开工面积、竣工面积、优良工程率、建筑规模等技术指标。这些重要的技术指标都要用到建筑面积。其中

$$容积率=\frac{建筑总面积}{建筑占地面积}\times 100\%$$

$$建筑密度=\frac{建筑物底层面积}{建筑占地总面积}\times 100\%$$

$$房屋平面系数=\frac{房屋使用面积}{房屋建筑面积}\times 100\%$$

3. 建筑面积是重要的经济指标

建筑面积是评价国民经济建设和人民物质生活的重要经济指标，也是施工单位计算单位工程或单项工程的单位面积工程造价、人工消耗量、材料消耗量和机械台班消耗量的重要经济指标。各种经济指标的计算公式如下

$$每平方米工程造价=\frac{工程造价}{建筑面积}(元/m^2)$$

$$每平方米人工消耗量=\frac{单位工程造价用工量}{建筑面积}(工日/m^2)$$

$$每平方米材料消耗量=\frac{单位工程某种材料用量}{建筑面积}(kg/m^2;m^3/m^2\ 等)$$

$$每平方米机械台班消耗量=\frac{单位工程某机械台班用量}{建筑面积}(台班/m^2\ 等)$$

建筑面积的计算对于建筑施工企业实行内部经济承包责任制、投标报价、编制施工组织设计、配备施工力量、成本核算及物资供应等，都具有重要的意义。

4. 建筑面积是计算工程量的基础

建筑面积是计算有关工程量的重要依据。例如，垂直运输机械的工程量即是以建筑面积为工程量等。建筑面积也是计算各分部分项工程量和工程量消耗指标的基础。例如，计算出建筑面积之后，利用这个基数，就可以计算出地面抹灰、室内填土、地面垫层、平整场地、天棚抹灰和屋面防水等项目的工程量。工程量消耗指标也是投标报价的重要参考。

$$每平方米工程量=\frac{单位工程某工程量}{建筑面积}\ (m^2/m^2;\ m/m^2\ 等)$$

综上所述，建筑面积是一项重要的技术经济指标，是计算建筑工程工程量的基础工作，是计算单位工程每平方米工程造价的主要依据，是统计部门汇总并发布房屋建筑面积完成情况的基础，在全面控制建筑工程造价，衡量和评价建设规模、投资效益、工程成本等方面起着重要尺度的作用。但是，建筑面积指标也存在着一些不足，主要不能反映其高度因素。例如，计取暖气费用以建筑面积为单位就不尽合理。

三、商品房建筑面积计算

1. 住宅商品房建筑面积的计算方法

住宅商品房建筑面积的计算非常重要，关系到开发商和业主双方的经济利益，弄不好还会引起法律纠纷。住宅商品房建筑面积的计算，特别是公摊面积计算，目前还没有一项统一的严格法律文件规定，各地的计算方法也不完全相同，主要靠购销合同进行约定。现在住宅商品房都以《房产测量规范》(GB/T 17986—2000) 进行计算，主要的计算公式和方法如下

住宅套型建筑面积＝套内建筑面积＋公摊面积

套内建筑面积＝套内使用面积＋套内墙体面积＋阳台建筑面积

套内墙体面积是指室内墙体面积加外墙墙体（包括两户之间隔墙）水平面积的一半，即

公摊面积＝楼电梯面积＋走廊过道面积＋大堂门厅面积＋
设备功能用房面积＋外墙墙体水平投影面积的一半＋其他面积

2. 住宅商品房公用面积的分摊方法

商品房公用面积的分摊以幢为单位，与本幢楼房不相连的公用建筑面积不得分摊给本幢楼房的住户。

（1）可分摊的公共部分为本幢楼的大堂、公用门厅、走廊、过道、公用厕所、电（楼）梯前厅、楼梯间、电梯井、电梯机房、垃圾道、管道井、消防控制室、水泵房、水箱间、冷冻机房、消防通道、变配电室、煤气调压室、卫星电视接收机房、空调机房、热水锅炉房、电梯工休息室、值班警卫室、物业管理用房等，以及其他功能上为该建筑服务的专用设备用房，套与公用建筑空间之间的分隔墙及外墙（包括山墙、墙体水平投影面积的一半。）

（2）不应计入的公用建筑空间有：仓库、机动车库、非机动车库、车道、供暖锅炉房、作为人防工程地下室、单独具备使用功能的独立使用空间，售房单位自营、自用的房屋，为多幢房屋服务的警卫室、管理（包括物业管理）等用房。

（3）不应分摊的共有建筑面积：包括从属于人防工程的地下室、半地下室；供出租或出售的固定车位或专用车库；幢外的用做公共休憩的设施或架空层。

（4）公用建筑面积的分摊方法：多层住宅需要先求出整幢房屋和共有建筑面积分摊系数，再按幢内的各套内建筑面积比例分摊。多功能综合楼须先求出整幢房屋和幢内不同功能区的共有建筑面积分摊系数，再按幢内各功能区内建筑面积比例分摊。

公摊面积没有明确规定，目前房地产市场普通多层住宅楼，在没有地下设备用房、没有底层商铺、底层架空的情况下，公摊系数在10%～15%之间；带电梯的小高层住宅，公摊系数在17%～20%之间；高层住宅相对更高一些。

第二节 术语与定义

《建筑工程建筑面积计算规范》（GB 50353—2013）适用于新建、扩建、改建的工业与民用建筑工程建设全过程的建筑面积计算，在建设规划、设计和施工阶段均使用，它的主要内容包括总则、术语、计算建筑面积的规定。为便于准确理解和应用本规范，对建筑面积计算规范的用词说明和有关条文进行了说明。

（1）建筑面积是指建筑物（包括墙体）所形成的楼地面面积。面积是所占平面图形的大小，建筑面积是墙体围合的楼地面面积（包括墙体的面积），因此计算建筑面积时，首先以外墙结构外围水平面积计算。建筑面积还包括附属于建筑物的室外阳台、雨篷、檐廊、室外走廊、室外楼梯等的面积，如图9-1所示。

（2）自然层是指按楼地面结构分层的楼层。自然层按结构分层，如图9-2所示。

住宅楼的层数。《住宅设计规范》（GB 50096—2011）规定，住宅楼的层数计算应符合下列规定：当住宅楼的所有楼层的层高不大于3.00m时，层数应按自然层数计；层高小于2.20m的架空层和设备层不计入自然层数；高出室外设计地面小于2.20m的半地下室不计入地上自然层数。

（3）结构层高是指楼面或地面结构层上表面至上部结构层上表面之间的垂直距离。结构层高，如图9-3所示。

1）上下均为楼面时，结构层高是相邻两层楼板结构层上表面之间的垂直距离。

2）建筑物最底层，从“混凝土构造”的上表面，算至上层楼板结构层上表面。分两种情况：①有混凝土底板的，从底板上表面算起（如底板上有上反梁，则应从上反梁上表面算起）；②无混凝土底板、有地面构造的，以地面构造中最上一层混凝土垫层或混凝土找平层上表面算起。

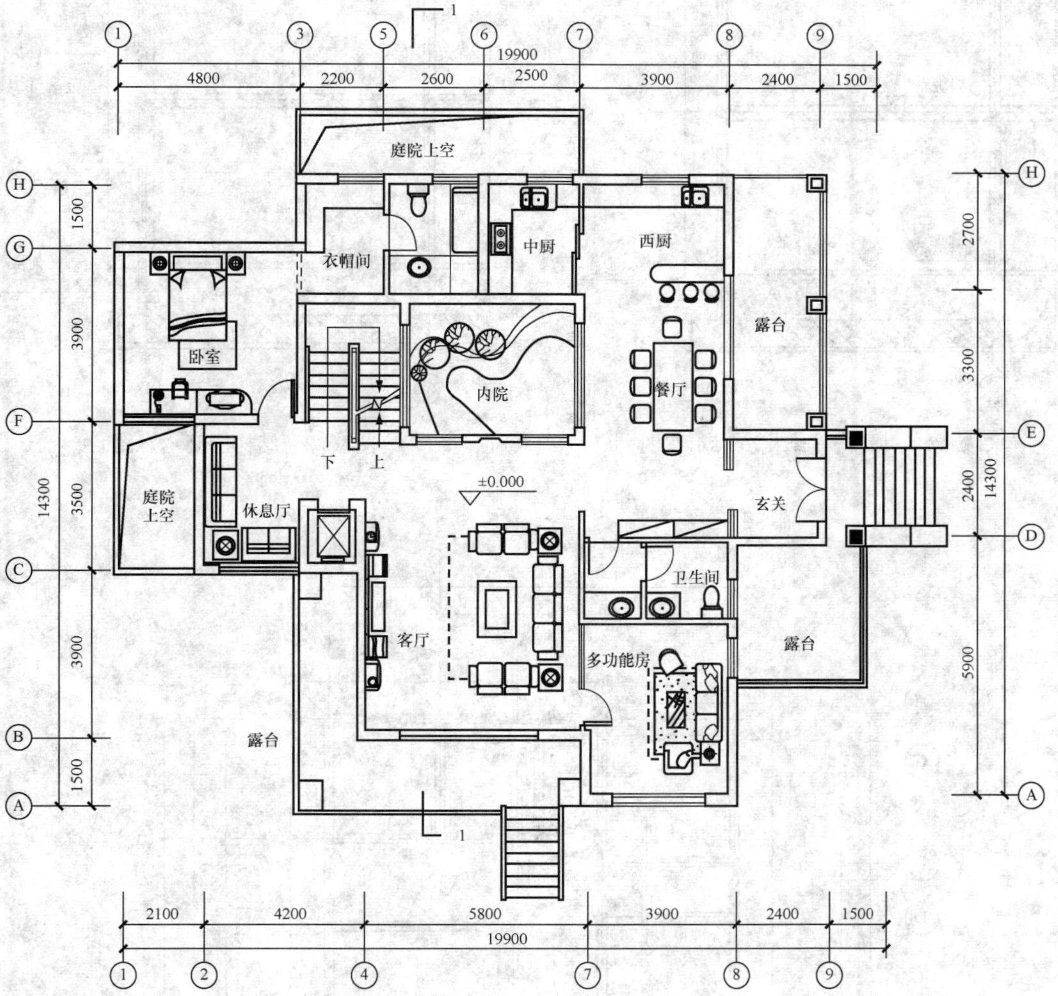

一层平面图

本层建筑面积:171.86m^2

图 9-1　楼地面面积示意图

3）建筑物顶层，从楼板结构层上表面算至屋面板结构层上表面。

(4) 围护结构是指围合建筑空间的墙体、门、窗。规范明确了围护结构仅包括三种部件。墙体、门、窗不区分材质，见图 9-4。

(5) 建筑空间是指以建筑界面限定的、供人们生活和活动的场所。建筑大厅建筑空间，如图 9-5 所示。凡是具备可出入、可利用条件（设计中可能标明了使用用途，也可能没有标明使用用途或使用用途不明确）的围合空间，均属于建筑空间，均应计算建筑面积。可出

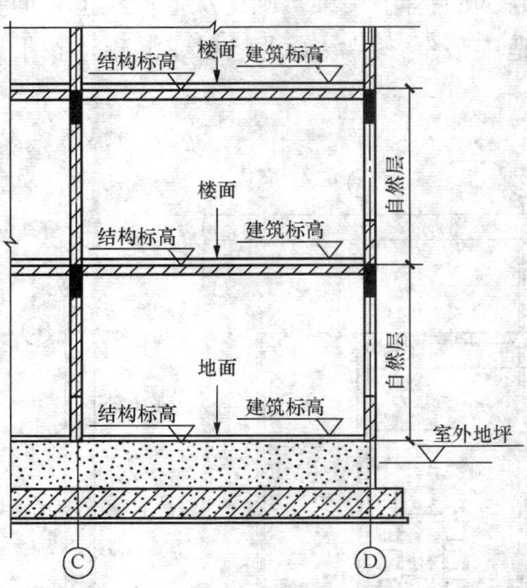

图 9-2　自然层按结构分层示意图

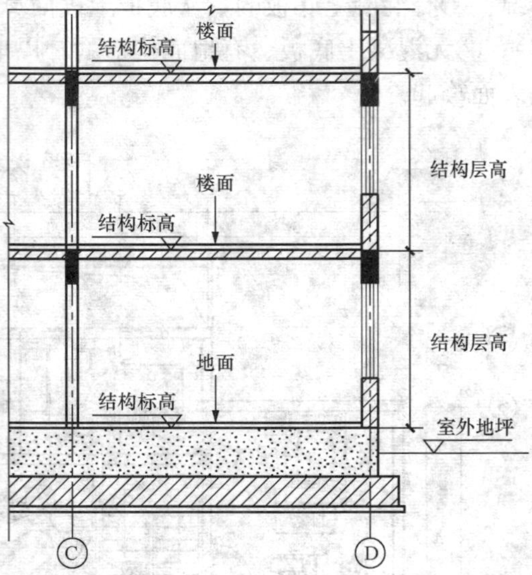

图 9-3　结构层高示意图

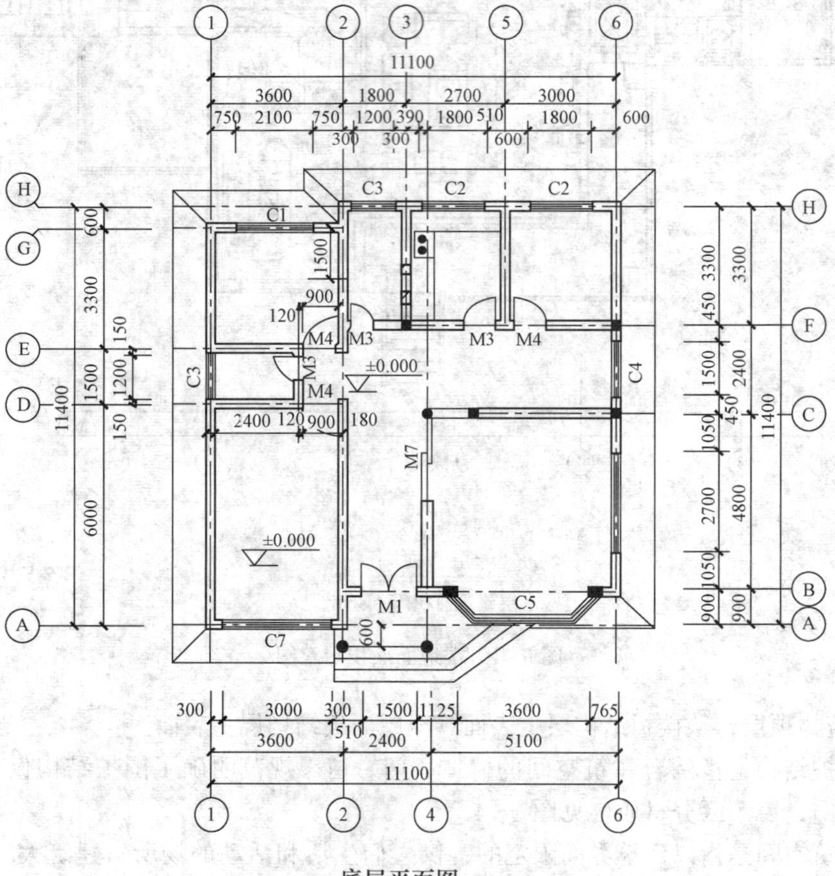

图 9-4　围护结构示意图

入是指人能够正常出入，即通过门、门洞或楼梯等进出；而必须通过窗、栏杆、人孔、检修孔等出入的不属于可出入。

（6）结构净高是指楼面或地面结构层上表面至上部结构层下表面之间的垂直距离，见图 9-6。

1）上下均为楼面时，结构净高是相邻两层楼板结构层上下表面之间的垂直距离。

2）建筑物最底层，从“混凝土构造”的上表面，算至上层楼板结构层下表面。分两种情况：①有混凝土底板的，从底板上表面算起（如底板上有上反梁，则应从上反梁上表面算起）；②无混凝土底板、有地面构造的，以地面构造中最上一层混凝土垫层或混凝土找平层上表面算起。

图 9-5　建筑大厅空间示意图

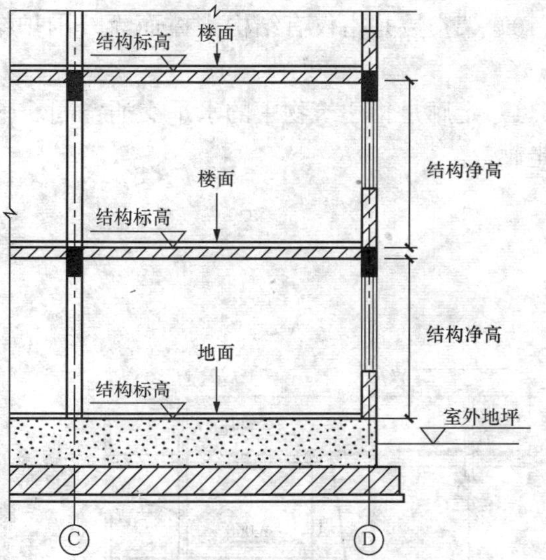

图 9-6　结构净高示意图

3）建筑物顶层，从楼板结构层上表面算至屋面板结构层下表面。

（7）围护设施是指为保障安全而设置的栏杆、栏板等围挡，见图 9-7。明确了栏杆、栏板等不属于围护结构。围护设施的设置应符合有关安全标准的规定。

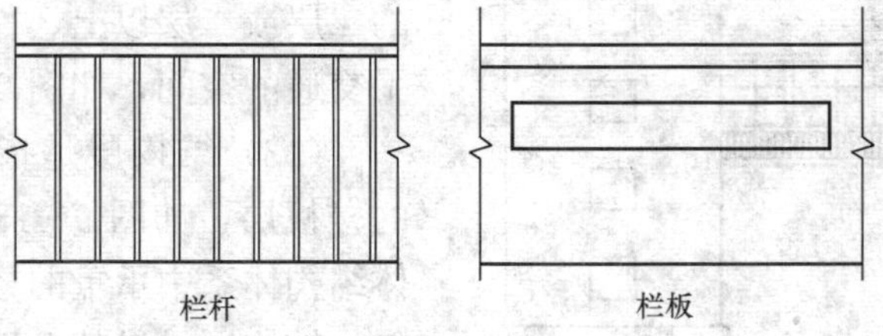

图 9-7　围护设施示意图

（8）地下室是指室内地坪面低于室外地坪面的高度超过室内净高的 1/2 的房间，如图 9-8所示。

（9）半地下室是指室内地坪面低于室外地坪面的高度超过室内净高的 1/3，且不超过 1/2的房间，如图 9-9 所示。

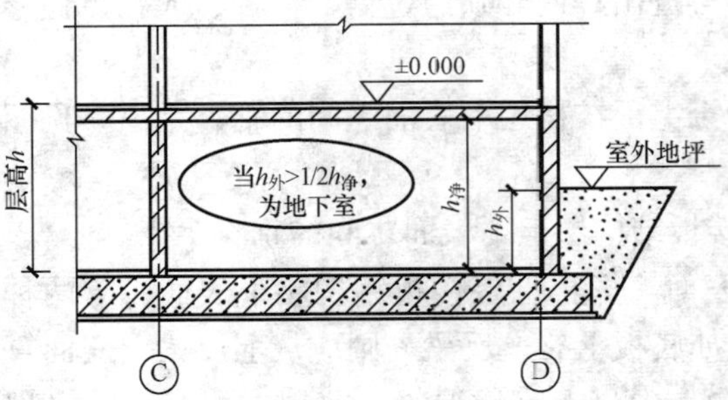

图 9-8　地下室剖面图

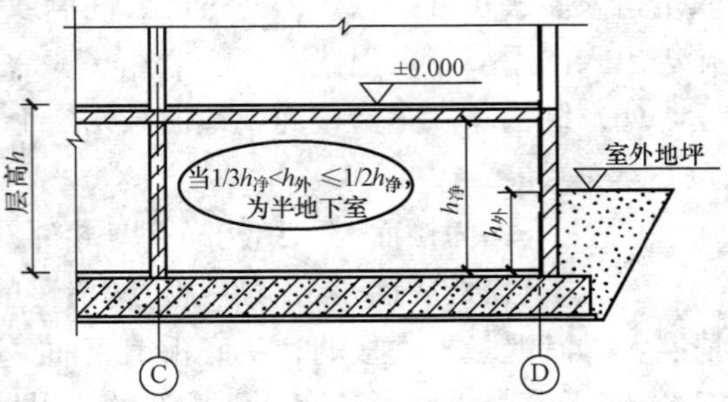

图 9-9　半地下室剖面图

（10）架空层是指仅有结构支撑而无外围护结构的开敞空间层，吊脚架空层如图 9-10 所示。

（11）走廊是指建筑物中的水平交通空间。图 9-11 中一至四层的水平交通空间均属于室外走廊。

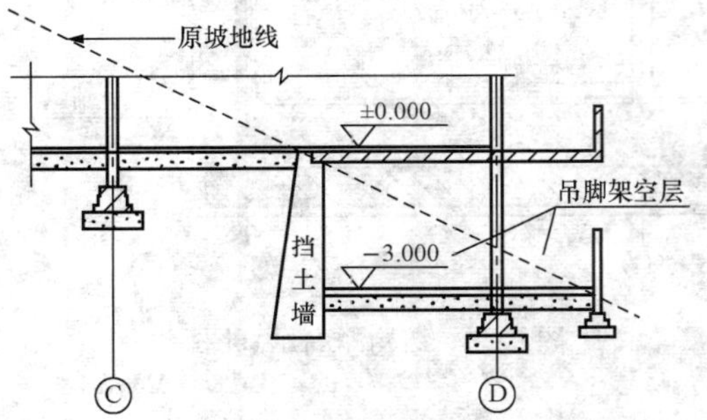

图 9-10　吊脚架空层示意图

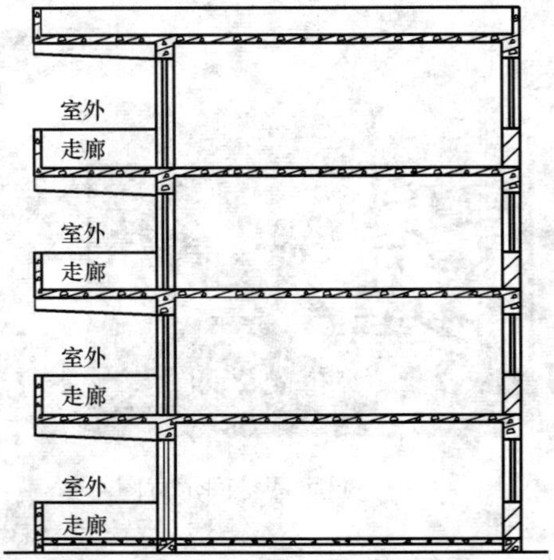

图 9-11　室外走廊（挑廊）

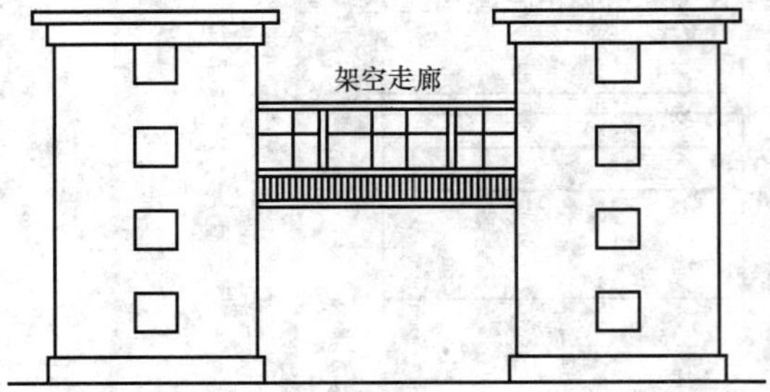

图 9-12　架空走廊示意图

（12）架空走廊是指专门设置在建筑物的二层或二层以上，作为不同建筑物之间水平交通的空间，如图 9-12 所示。

（13）结构层是指整体结构体系中承重的楼板层，如图 9-13 所示。结构层特指整体结构体系中承重的楼层，包括板、梁等构件。结构层承受整个楼层的全部荷载，并对楼层的隔声、防火等起主要作用。

（14）落地橱窗是指突出外墙面且根基落地的橱窗。落地橱窗是指在商业建筑临街面设置的下槛落地、可落在室外地坪也可落在室内首层地板，用来展览各种样品的玻璃窗，如图 9-14 所示。

（15）凸窗（飘窗）是指凸出建筑物外墙面的窗户。凸窗（飘窗）既作为窗，就有别于

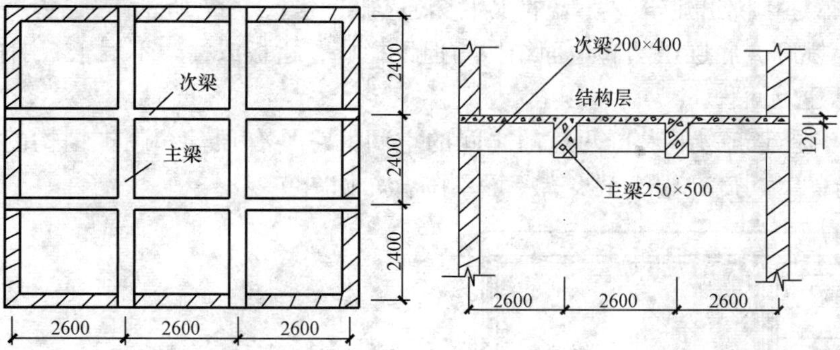

图 9-13　结构层示意图

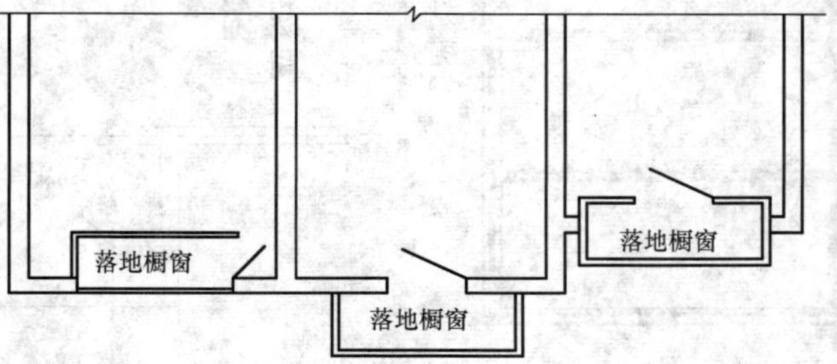

图 9-14　落地橱窗示意图

楼（地）板的延伸，也就是不能把楼（地）板延伸出去的窗称为凸窗（飘窗），凸窗（飘窗）的窗台应只是墙面的一部分且距（楼）地面应有一定的高度，凸窗的底板需临空，建筑外立面上下两个凸（飘）窗间不应用实体封闭，与凸阳台不同，具体如图 1-15 所示。

（16）檐廊是指建筑物檐下的水平交通空间。檐廊是附属于建筑物底层外墙有屋檐作为顶盖，其下部一般有柱或栏杆、栏板等的水平交通空间。图 9-16 所示的室外水平交通空间为檐廊。

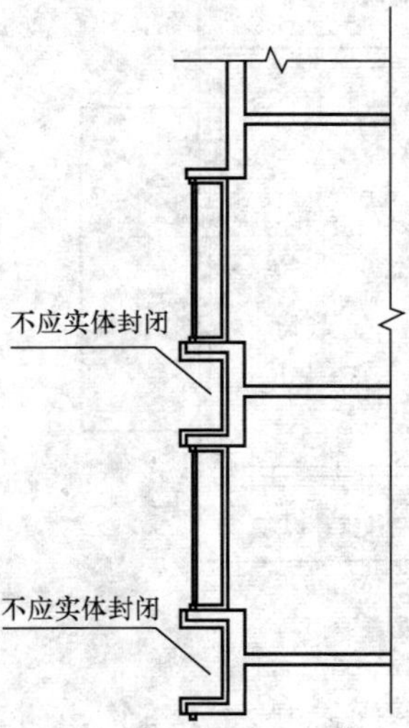

图 9-15　凸窗（飘窗）示意图

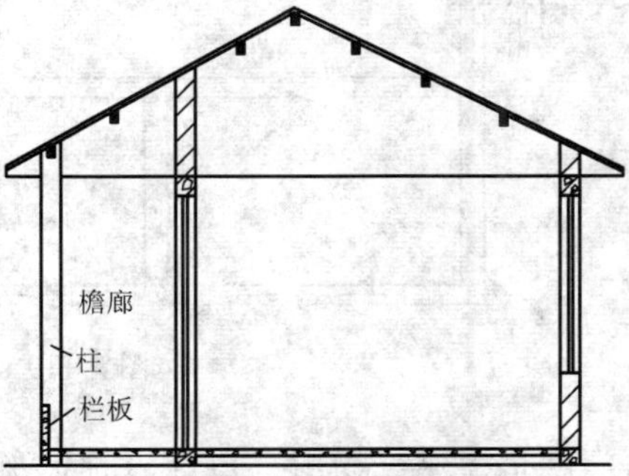

图 9-16　檐廊

（17）挑廊是指挑出建筑物外墙的水平交通空间。图 9-17 所示二、三、四层的室外水平交通空间为挑廊。底层虽然有地面结构，但无栏杆、栏板或柱，不属于有围护设施的室外走廊，不计算建筑面积。

（18）门斗是建筑物出入口两道门之间的空间，它是有顶盖和围护结构的全围合空间。门斗是全围合的，门廊、雨篷至少有一面不围合，见图 9-18。

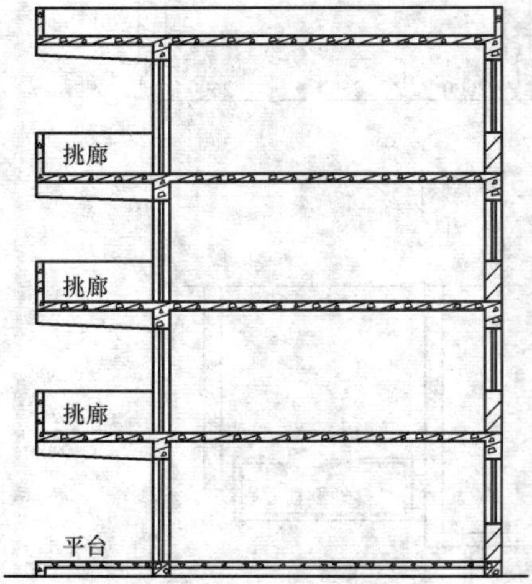

图 9-17　挑廊（室外走廊）

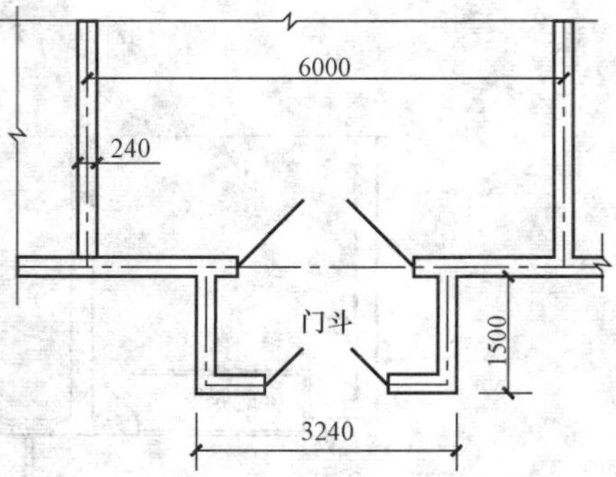

图 9-18　门斗示意图

（19）雨篷是指在建筑物出入口上方、凸出墙面，为遮挡雨水而单独设立的建筑部件。雨篷划分为有柱雨篷（包括独立柱雨篷、多柱雨篷、墙柱支撑雨篷、墙支撑雨篷）和无柱雨篷（悬挑雨篷），见图 9-19。如凸出建筑物，且不单独设立顶盖，利用上层结构板（如楼板、阳台底板）进行遮挡，则不视为雨篷，不计算建筑面积。对于无柱雨篷，如顶盖高度达到或超过两个楼层时，也不视为雨篷，不计算建筑面积。

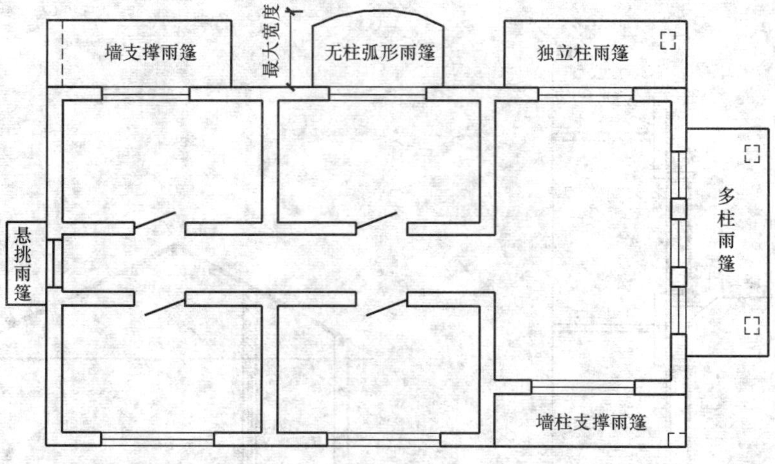

图 9-19　雨篷示意图

（20）门廊是指建筑物出入口前有顶棚的半围合空间。门廊是在建筑物出入口，无门，三面或两面有墙，上部有板（或借用上部楼板）围护的部位。门廊划分为全凸式、全凹式、半凸半凹式，见图 9-20。

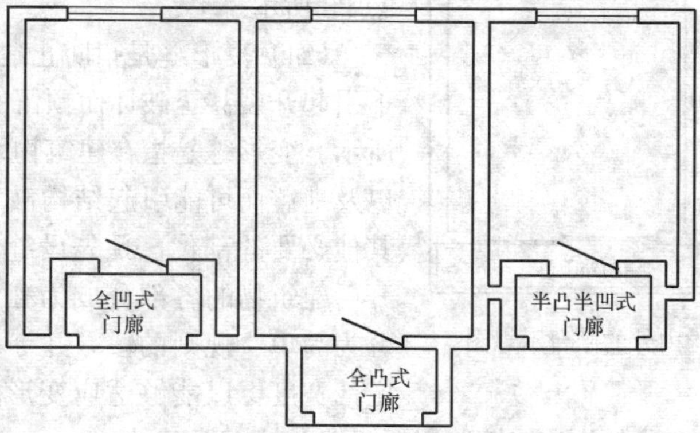

图 9-20　门廊示意图

(21) 楼梯是指由连续行走的梯级、休息平台和维护安全的栏杆（或栏板）扶手，以及相应的支托结构组成的作为楼层之间垂直交通使用的建筑部件，见图 9-21。

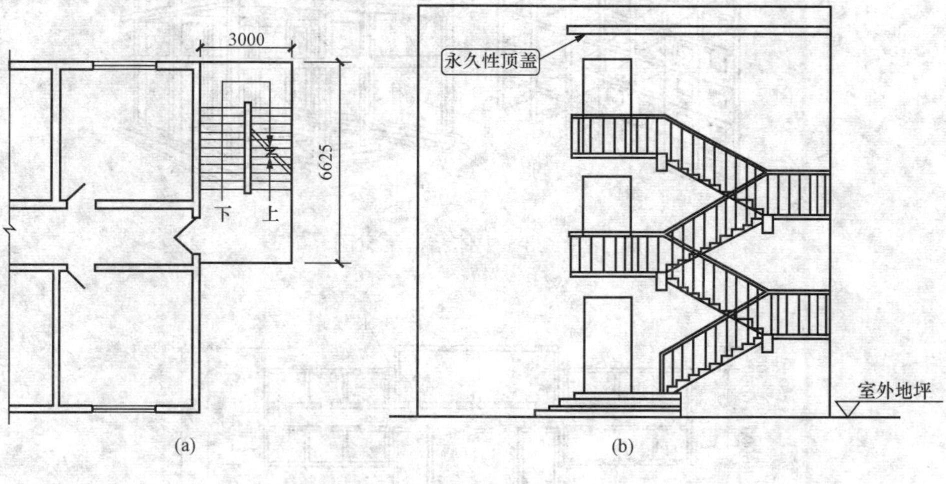

图 9-21　室外楼梯示意图
(a) 平面图；(b) 立面图

(22) 阳台是指附设于建筑物外墙，设有栏杆或栏板，可供人活动的室外空间。

阳台主要有三个属性：①阳台是附设于建筑物外墙的建筑部件；②阳台应有栏杆、栏板等围护设施或窗；③阳台是可供人活动的室外空间。

阳台有两种情况：一种是在外墙和主体结构外，属于主体结构外的阳台；另一种是在外墙外、主体结构内，属于主体结构内的阳台。有时，设计将外墙内、主体结构内的部分也标注为阳台，但根据定义，阳台是外墙外的附属设施，外墙内的阳台实际上不应称呼为阳台。为了能够表述清楚不同情况的规则，避免混乱，故对此种情况归为主体结构内的阳台，如图 9-22 所示。

(23) 主体结构是指接受、承担和传递建筑工程所有上部荷载，维持上部结构整体性、稳定性和安全性的有机联系的构造。主体结构即俗称的承重结构或受力体系，是承受“所有

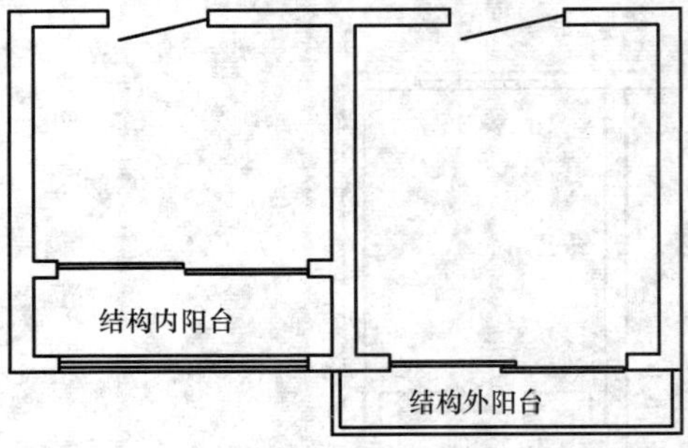

图 9-22　主体结构内外的阳台示意图

上部荷载”的柱、梁、板、墙等结构体系，如图 9-23 所示。

（24）变形缝是指防止建筑物在某些因素作用下引起开裂甚至破坏而预留的构造缝，如图 9-24 所示。变形缝是指在建筑物因温差、不均匀沉降，以及地震而可能引起结构破坏变形的敏感部位或其他必要的部位，预先设缝将建筑物断开，令断开后建筑物的各部分成为独立的单元，或者是划分为简单、规则的段，并令各段之间的缝达到一定的宽度，以能够适应变形的需要。根据外界破坏因素的不同，变形缝一般分为伸缩缝、沉降缝，抗震缝三种。

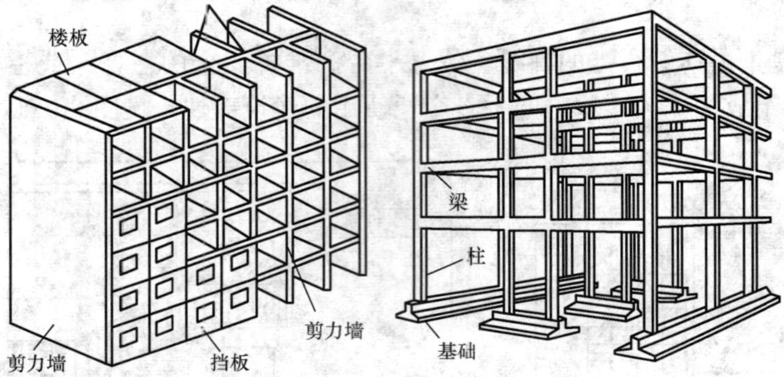

图 9-23　主体结构示意图

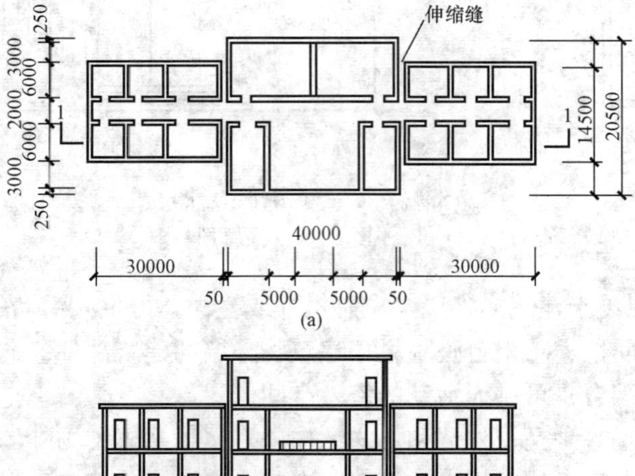

图 9-24　变形缝示意图

（a）平面图；（b）1—1 剖面图

（25）骑楼是指建筑底层沿街面后退且留出公共人行空间的建筑物。骑楼是指沿街二层以上用承重柱支撑（或悬挑）骑跨在公共人行空间之上，其底层沿街面后退的建筑物，如图9-25所示。

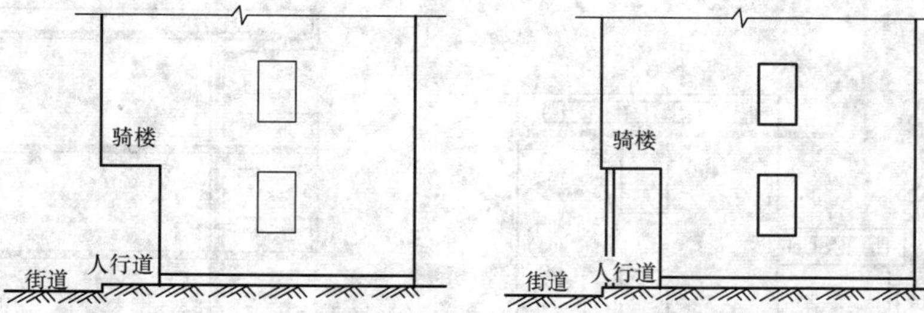

图9-25 骑楼示意图

1）图9-25中标示为人行道的部分是指公共人行道，而非建筑物的组成部分（外走廊）。

2）骑楼凸出部分一般是沿建筑物整体凸出，而不是局部凸出。

（26）过街楼是指跨越道路上空并与两边建筑相连接的建筑物。过街楼是指当有道路在建筑群穿过时为保证建筑物之间的功能联系，设置跨越道路上空使两边建筑相连接的建筑物，如图9-26所示。

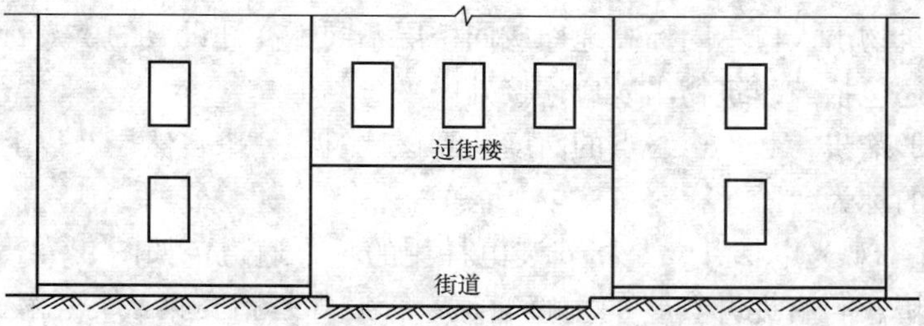

图9-26 过街楼示意图

（27）建筑物通道是指为穿过建筑物而设置的空间；穿过建筑物楼内通道如图9-27所示。

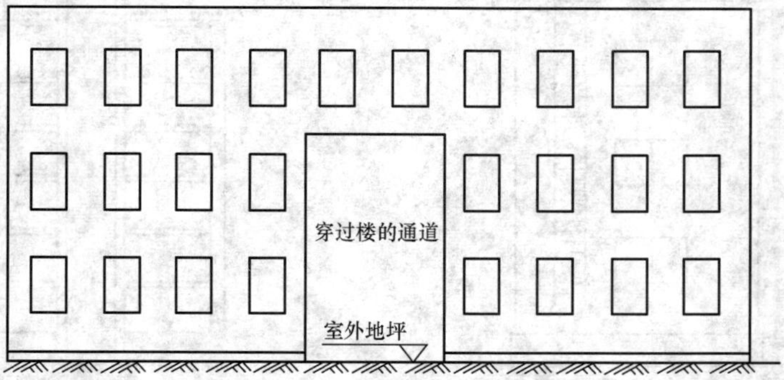

图9-27 穿过建筑物楼内通道示意图

（28）露台是指设置在屋面、首层地面或雨篷上的供人室外活动的有围护设施的平台，如图9-28所示。露台应满足四个条件：①位置，设置在屋面、地面或雨篷顶；②可出入；③有围护设施；④无盖。这四个条件须同时满足。如果设置在首层并有围护设施的平台，且其上层为同体量阳台，则该平台应视为敞开式阳台，如图 9-29 所示，按阳台的规则计算建筑面积。

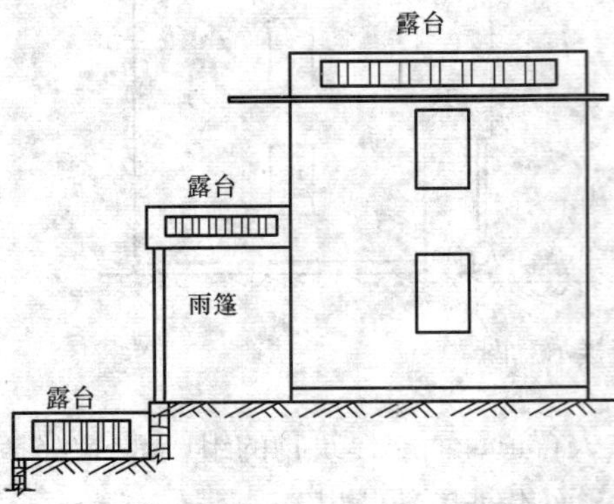

图 9-28 露台示意图

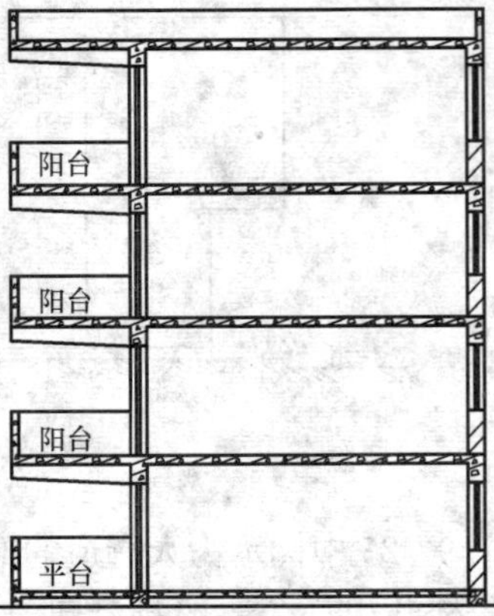

图 9-29 敞开式阳台

（29）勒脚是指在房屋外墙接近地面部位设置的饰面保护构造，如图 9-30 所示。

（30）台阶是指联系室内外地坪或同楼层不同标高而设置的阶梯形踏步，如图 9-30 所示。台阶是在建筑物出入口不同标高地面或同楼层不同标高处设置的供人行走的阶梯式连接构件，室外台阶还包括与建筑物出入口连接处的平台。

架空的阶梯形踏步，起点至终点的高度达到该建筑物一个自然层及以上的称为楼梯，在一个自然层以内的称为台阶。

（31）电梯井（观光电梯井）是指安装电梯用的垂直通道，如图 9-31 所示；提物井是指图书馆提升书籍、酒店提升食物的垂直通道；管道井是指宾馆或写字楼内集中安装给排水、采暖、消防、电线管道用的垂直通道。有顶盖的采光井包括建筑物中的采光井和地下室的采光井。

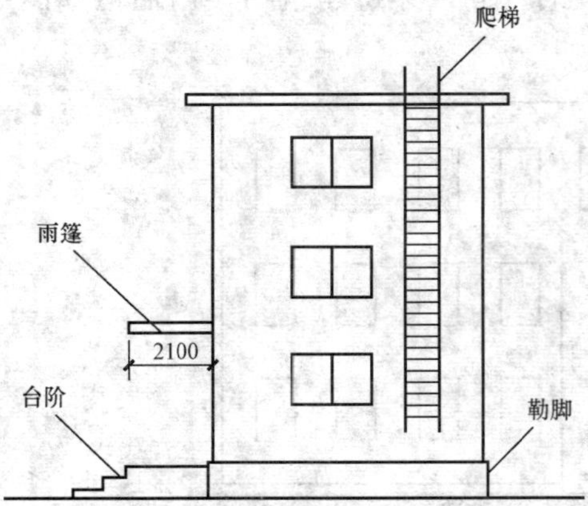

图 9-30 勒脚示意图

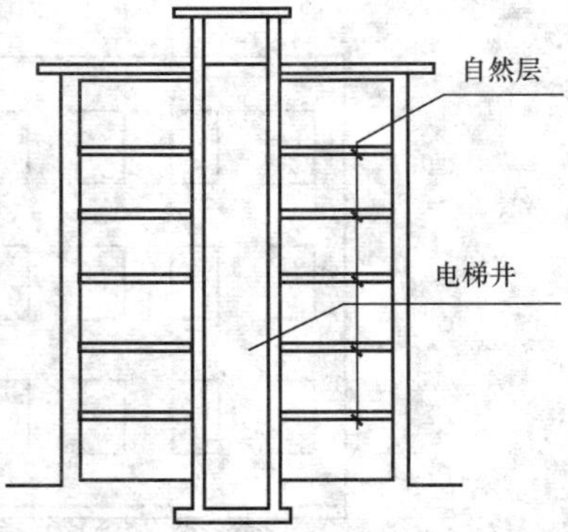

图 9-31 室内电梯井示意图

第三节　建筑面积计算规范解释

一、计算建筑面积的规定

（1）建筑物的建筑面积应按自然层外墙结构外围水平面积之和计算。结构层高在 2.20m 及以上的，应计算全面积；结构层高在 2.20m 以下的，应计算 1/2 面积，如图 9－32 所示。2.20m 是取标准层高 3.30m 的 2/3 高度。

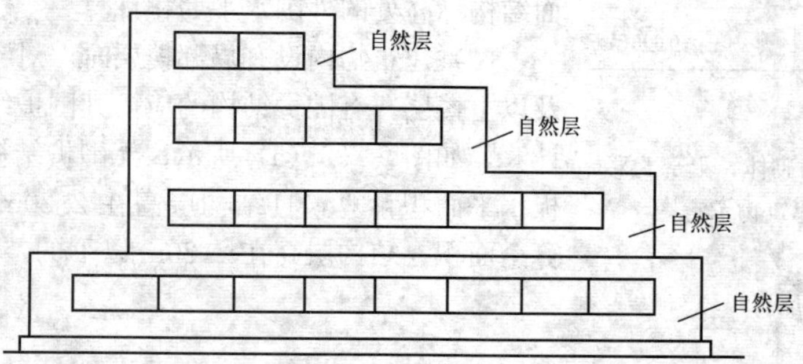

图 9－32　建筑物自然层结构外围水平面积示意图

1）规范不再区分单层建筑与多层建筑。指建筑物可以是单层，也可以是多层；可以是民用建筑、公共建筑，也可以是工业厂房，对建筑面积计算规则进行了统一。应按其外墙结构外围水平面积之和计算，单层之和就是本层的面积。主体结构外的室外阳台、雨篷、檐廊、室外走廊、室外楼梯单独计算面积；当外墙结构本身在一个层高范围内不等厚时，以楼地面结构标高处的外围水平面积计算。另外还强调，建筑面积只包括外墙的结构面积，不包括外墙抹灰厚度、装饰材料厚度（保温层除外）所占的面积。

2）建筑物应按不同的结构层高确定面积的计算，结构层高是指楼面或地面结构层（不是±0.000）上表面至上部结构层上表面之间的垂直距离。遇有以屋面板找坡的平屋顶建筑物，应按坡屋顶的有关规定计算面积，如图 9－33 所示。

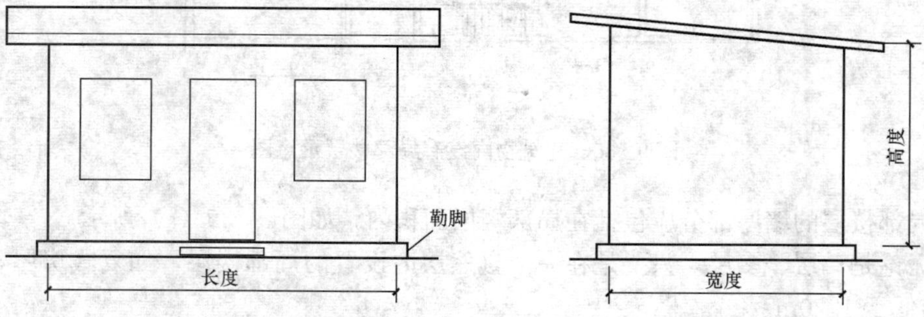

图 9－33　屋面板找坡的平屋顶建筑物示意图

3）勒脚是指建筑物外墙与室外地面或散水接触部分墙体的加厚部分，其高度一般为室内地坪与室外地面的高差，也有的将勒脚高度提高到底层窗台。因为勒脚是墙根很矮的一部分墙体加厚，不能代表整个外墙结构，故计算建筑面积时不考虑勒脚。

4）下部为砌体，上部为彩钢板围护的建筑物（见图 9－34，俗称轻钢厂房），其建筑面

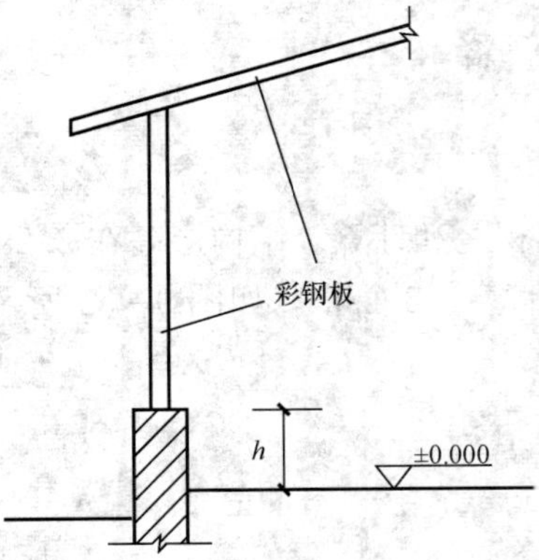

图 9-34　下部为砌体，上部为彩钢板围护的建筑物示意图

积的计算：

当 $h<0.45$m 时，建筑面积按彩钢板外围水平面积计算；

当 $h\geqslant0.45$m 时，建筑面积按下部砌体外围水平面积计算。

5）当外墙结构本身在一个层高范围内不等厚时（不包括勒脚，外墙结构在该层高范围内材质不变），以楼地面结构标高处的外围水平面积计算。

（2）建筑物内设有局部楼层时，对于局部楼层的二层及以上楼层，有围护结构的应按其围护结构外围水平面积计算，如图 9-35（a）所示；无围护结构的应按其结构底板水平面积计算，且结构层高在 2.20m 及以上的，应计算全面积；结构层高在 2.20m 以下的，应计算 1/2 面积，如图 9-35（b）所示。

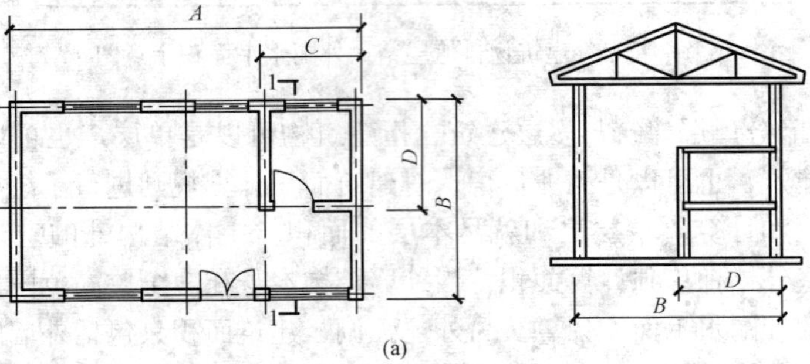

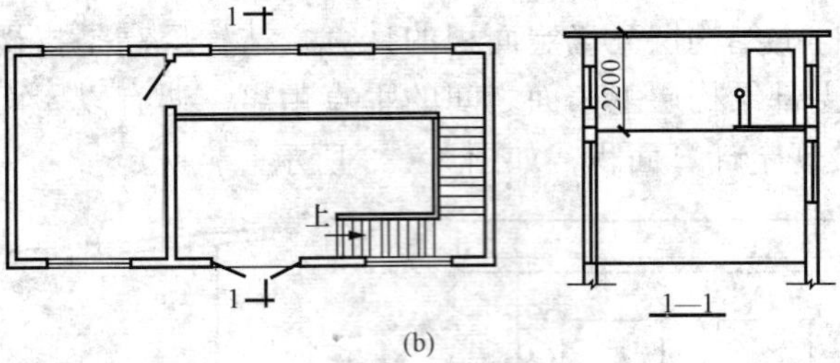

图 9-35　建筑物内设有局部楼层示意图

1）局部楼层的墙厚部分应包括在局部楼层面积内，如图 9-35（a）所示。

2）无论是单层、多层，只要是在一个自然层内设置的局部楼层，如复式房屋，其层高一般不会低于 1.20m。

3）建筑物内设有局部楼层，其首层面积已包括在原建筑物中，不能重复计算。因此，应从二层以上开始计算局部楼层的建筑面积。

4）围护结构是指“围合建筑空间的墙体、门、窗”。“栏杆、栏板”按照规范的定义，属于围护设施。

5）局部楼层分两种：一种是有围护结构；另一种是无围护结构。但需要注意，无围护结构的情况下，必须要有围护设施。如果既无围护结构也无围护设施，则不属于楼层，不计算建筑面积，如图 9 - 35（a）所示。

（3）形成建筑空间的坡屋顶，结构净高在 2.10m 及以上的部位应计算全面积；结构净高在 1.20m 及以上至 2.10m 以下的部位应计算 1/2 面积；结构净高在 1.20m 以下的部位不应计算建筑面积，如图 9 - 36、图 9 - 37 所示。

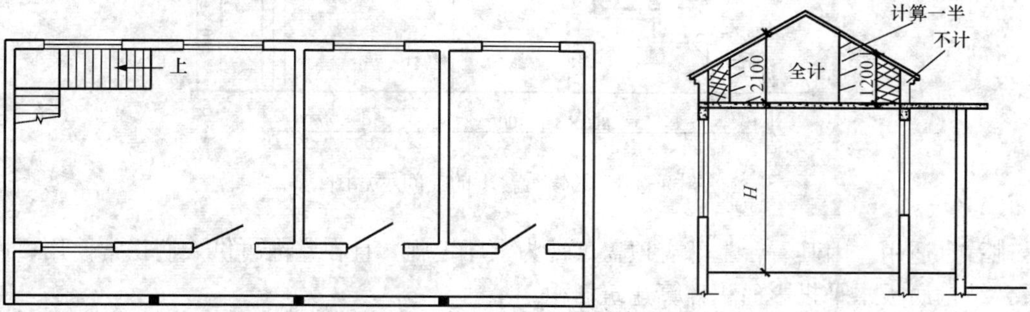

图 9 - 36　单层坡屋顶内空间示意图

建筑空间是“具备可出入、可利用条件（设计中可能标明了使用用途，也可能没有标明使用用途或使用用途不明确）的围合空间”。只要具备建筑空间的两个基本要素（围合空间，可出入、可利用），即使设计中未体现某个房间的具体用途，仍然应计算建筑面积。可出入是指人能够正常出入，即通过门、门洞或楼梯等进出；而必须通过窗、栏杆、人孔、检修孔等出入的不算可出入。

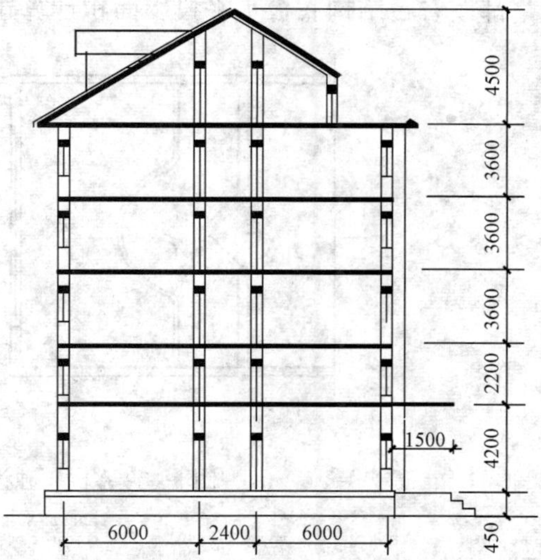

图 9 - 37　多层建筑坡屋顶示意图

（4）场馆看台下的建筑空间，结构净高在 2.10m 及以上的部位应计算全面积；结构净高在 1.20m 及以上至 2.10m 以下的部位应计算 1/2 面积；结构净高在 1.20m 以下的部位不应计算面积，如图 9 - 38 所示。室内单独设置的有无围护设施的悬挑看台，应按看台结构底板水平投影面积计算建筑面积。有顶盖无围护结构的场馆看台应按其顶盖水平投影面积的 1/2 计算面积。

1）凡是具备可出入、可利用条件（设计中可能标明了使用用途，也可能没有标明使用用途或使用用途不明确）的围合空间，均属于建筑空间，均应计算建筑面积。

2）只要设计有顶盖（不包括楼空顶盖），无论是已有详细设计还是标注为需二次设计，无论是什么材质，都视为有顶盖。

3）看台可分三类，都是针对场馆的，但各类的适用范围有一定区别：

a. 看台下的建筑空间，对“场”（顶盖不闭合）和“馆”（顶盖闭合）都适用。场馆看台下的空间应视为坡屋顶内的空间，应按其结构净高确定其面积的计算。

b. 室内单独设置的有围护设施的悬挑看台，仅对“馆、堂、所、厅”等室内单独设置

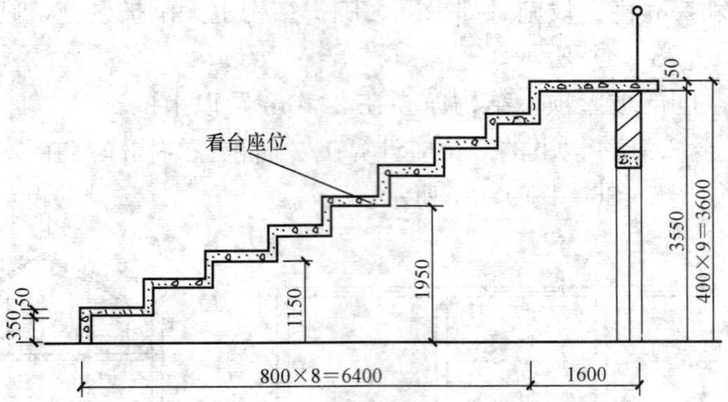

图 9-38 场馆看台下的空间示意图

的悬挑看台适用。因其看台上部有顶盖（视为大厅走廊）且在室内可供人们正常使用，所以按看台结构底板水平投影面积计算建筑面积。

“馆（堂）”是有永久性顶盖和围护结构的，其本身应按单层或多层建筑面积计算规定计算。室内单独设置的有围护设施的悬挑看台如图 9-39 所示，无论是单层还是多层悬挑看台，都按看台结构底板水平投影面积计算建筑面积。

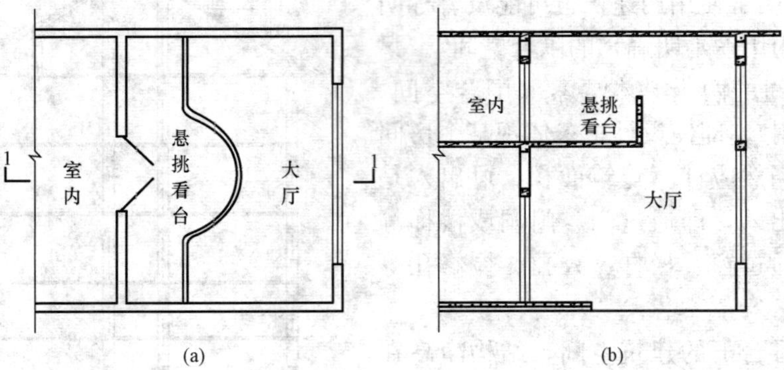

图 9-39 室内单独设置有围护设施的悬挑看台

(a) 平面图；(b) 剖面图

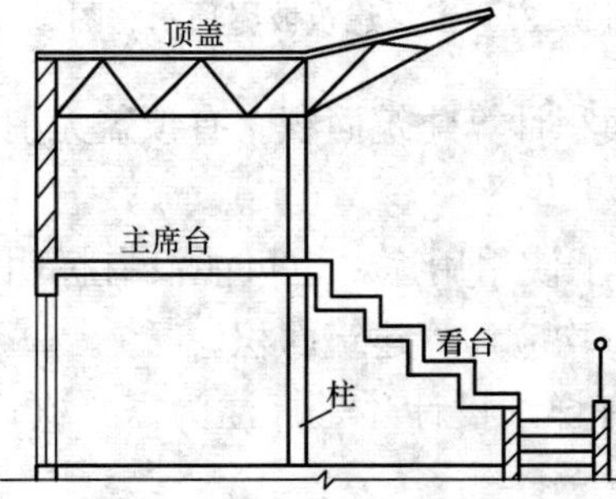

图 9-40 有顶盖无围护结构的场馆看台

c. 有顶盖无围护结构的看台，仅对“场”适用。这里的场馆主要是指体育场等场所，如体育场主席台部分的看台，一般是有永久性顶盖而无围护结构，按其顶盖水平投影面积的 1/2 计算。计算建筑面积的范围应是看台与顶盖重叠部分的水平投影面积。有双层看台时，各层分别计算建筑面积，顶盖及上层看台均视为下层看台的盖。无顶盖的看台，不计算建筑面积。看台下的建筑空间按第一类计算建筑面积。有顶盖无围护结构的场馆看台，如图 9-40 所示。

（5）地下室、半地下室应按其结构外围水平面积计算。结构层高在 2.20m 及以上的，应计算全面积；结构层高在 2.20m 以下的，应计算 1/2 面积，如图 9-41 所示。

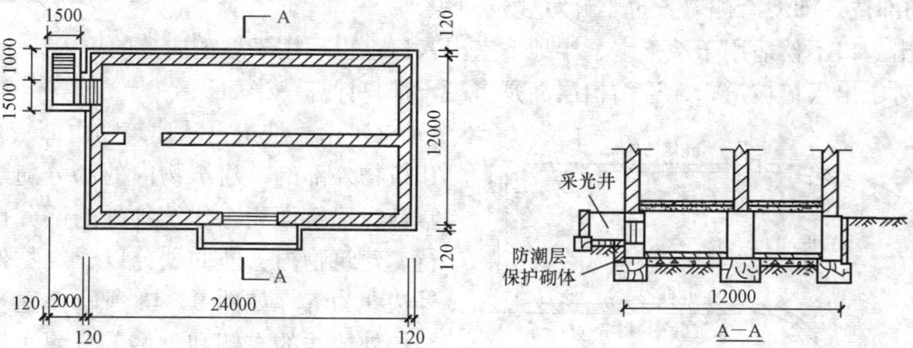

图 9-41　地下室、半地下室示意图

1）由于地下室、半地下室与正常楼层的计算原则相一致，故实际在计算建筑面积时，无须对地下室、半地下室进行严格意义的划分。

2）地下室、半地下室按“结构外围水平面积”计算，不再按“外墙上口”取定。当外墙为变截面时，按地下室、半地下室楼地面结构标高处的外围水平面积计算。

3）地下室的外墙结构不包括找平层、防水（潮）层、保护墙等。

4）地下空间未形成建筑空间的，不属于地下室或半地下室，不计算建筑面积。

5）地下室作为设备管道层的按设备管道层的相关规定计算。

6）地下室各种竖井按竖井的相关规定计算。

7）地下室的围护结构不垂直于水平面的按不垂直斜墙的相关规定计算。

（6）出入口外墙外侧坡道有顶盖的部位，应按其外墙结构外围水平面积的 1/2 计算面积。坡道包括自行车坡道、车库坡道等。

出入口坡道分为有顶盖出入口坡道和无顶盖出入口坡道，出入口坡道的挑出长度，为顶盖结构外边线至外墙结构外边线的长度；顶盖以设计图纸为准，对后增加及建设单位自行增加的顶盖等不计算建筑面积。顶盖不分材料种类（如钢筋混凝土顶盖、彩钢板顶盖、阳光板和玻璃顶盖等）。地下室出入口如图 9-42 所示。

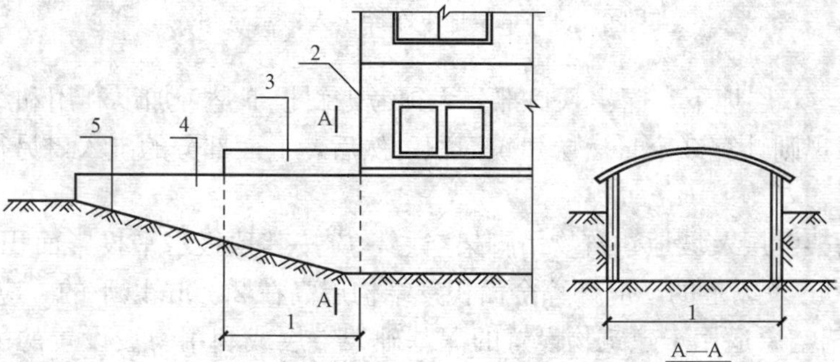

图 9-42　地下室出入口示意图

1—计算 1/2 投影面积；2—主体建筑；3—玻璃钢顶盖；4—出入口侧墙；5—出入口坡道

1）出入口坡道计算建筑面积应满足两个条件：①有顶盖；②有侧墙（外墙结构，但侧墙不一定全封闭）。计算建筑面积时，有顶盖的部位按外墙（侧墙）结构外围水平面积计算；无顶盖的部位，即便有侧墙，也不计算建筑面积。

2）出入口不仅适用于地下室、半地下室出入口，也适用于坡道向上的出入口。

3）对于出入口坡道，无论结构层高是多高，都只计算一半面积。

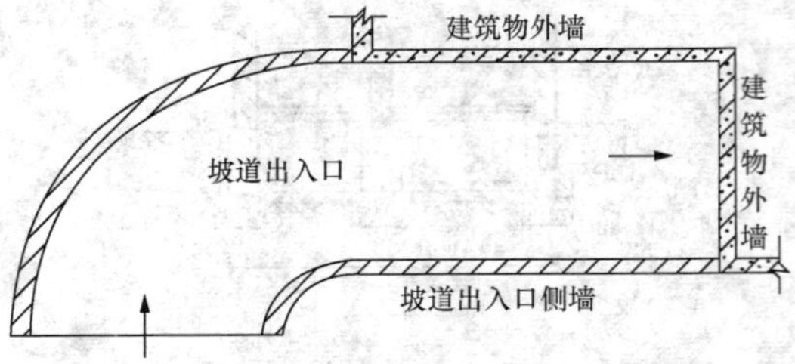

图 9-43　坡道建筑面积计算范围示意图

4）由于坡道是从建筑物内部一直延伸到建筑物外部的，建筑物内的部分随建筑物正常计算建筑面积，建筑物外的部分按规定执行。建筑物内、外的划分以建筑物外墙结构外边线为界，如图 9-43 所示。建筑物外墙结构外边线的左侧和下侧部分属于坡道出入口，按出入口规定执行。

在计算图 9-43 建筑面积时应注意：坡道直线段部分，只有一侧有侧墙，坡道左侧的墙是建筑物的外墙，已随主体建筑计算了建筑面积，不能再重复计算坡道面积，故直线段部分坡道应从建筑物外墙结构外边线算起，算至坡道右侧的侧墙外边线；圆弧段坡道，两侧都有侧墙，则两侧的侧墙都计入建筑面积。

5）地下车库工程（包括出入口）建筑面积计算原则：对于地下车库工程，无论出入口坡道如何设置，无论坡道下方是否加以利用，地下车库均应按地下室面积计算规定，按设计的自然层计算建筑面积。出入口坡道按出入口规定另行计算后，并入该工程建筑面积。

图 9-44 中，单层地下车库出入口部分，均无须考虑斜板下是否加以利用和结构净高，首先按地下室计算规则计算 1 个自然层建筑面积，然后，上面部分的出入口另行计算，并入建筑面积。

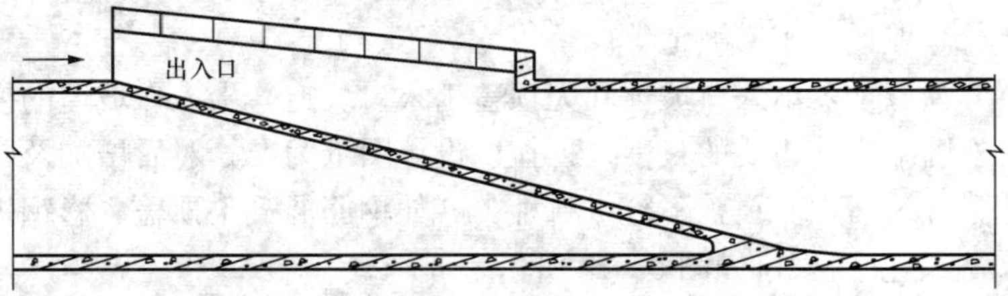

图 9-44　单层地下车库出入口示意图

图 9-45 中，双层地下车库出入口部分无须考虑斜板下是否加以利用和结构净层高，首先按地下室计算规则计算 2 个自然层建筑面积，然后，上面部分的出入口另行计算，并入建筑面积。

（7）建筑物架空层及坡地建筑物吊脚架空层，应按其顶板水平投影面积计算建筑面积。结构层高在 2.20m 及以上的，应计算全面积；结构层高在 2.20m 以下的，应计算 1/2 面积。

1）建筑物架空层适用于建筑物设置的深基础架空层或利用斜坡设置的吊脚架空层，建筑物底层架空层（常见的是学校教学楼、住宅等工程），有的建筑物在二层或以上某个，甚至多个楼层设置架空层，作为公共活动、停车、绿化等空间的建筑面积计算，建筑物底层架空层如图 9-46 所示。架空层中有围护结构的建筑空间按相关规定计算。

2）架空层无围护结构，且无论是否“设计加以利用”，只要具备可利用状态，均计算建

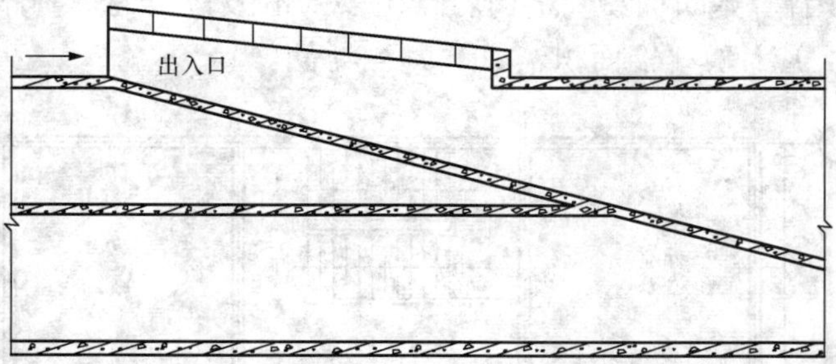

图 9-45 双层地下车库出入口示意图

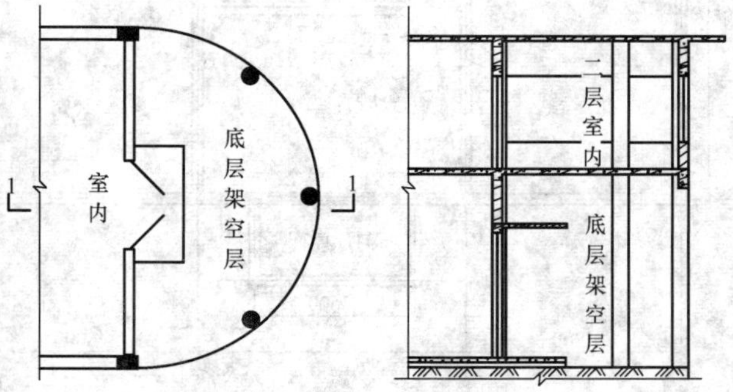

图 9-46 建筑物底层架空层

筑面积。建筑物吊脚架空层是指仅有结构支撑而无外围护结构的开敞空间层，如图 9-47、图 9-48 所示。

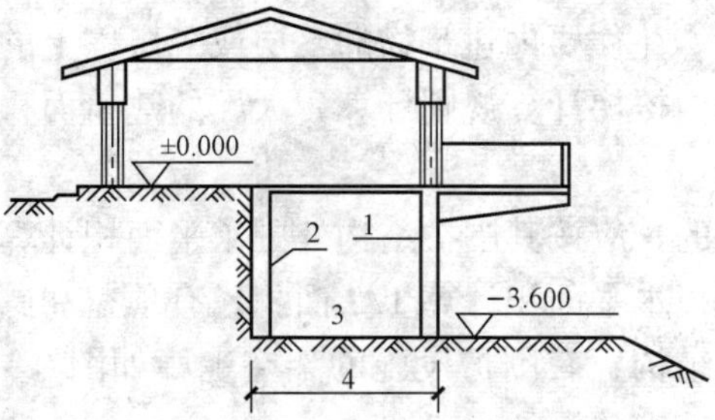

图 9-47 建筑物吊脚架空层示意图

1—柱；2—墙；3—吊脚架空层；4—计算建筑面积部位

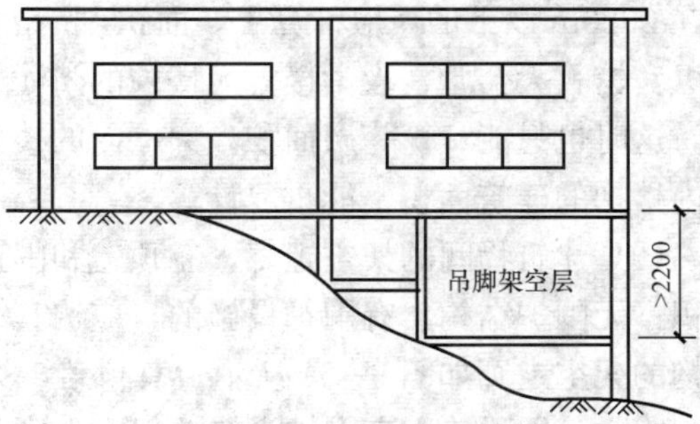

图 9-48 建筑物坡地吊脚架空层示意图

3）架空层不仅适用于坡地建筑物吊脚架空层、深基础架空层，同时适用于建筑物架空层，解决了近年来大量出现的学校教学楼、住宅底层设置架空层的建筑面积计算问题。规划设计时应注意，以往均按架空景观层概念，不计建筑面积（容积率）。建筑物架空层及坡地建筑物吊脚架空层建筑面积按顶板水平投影计算。

4）顶板水平投影面积是指架空层结构顶板的水平投影面积，不包括架空层主体结构外的阳台、空调板、通长水平挑板等外挑部分。

（8）建筑物的门厅、大厅应按一层计算建筑面积，门厅、大厅内设置的走廊应按走廊结构底板水平投影面积计算建筑面积。结构层高在 2.20m 及以上的，应计算全面积；结构层高在 2.20m 以下的，应计算 1/2 面积，如图 9-49 所示。

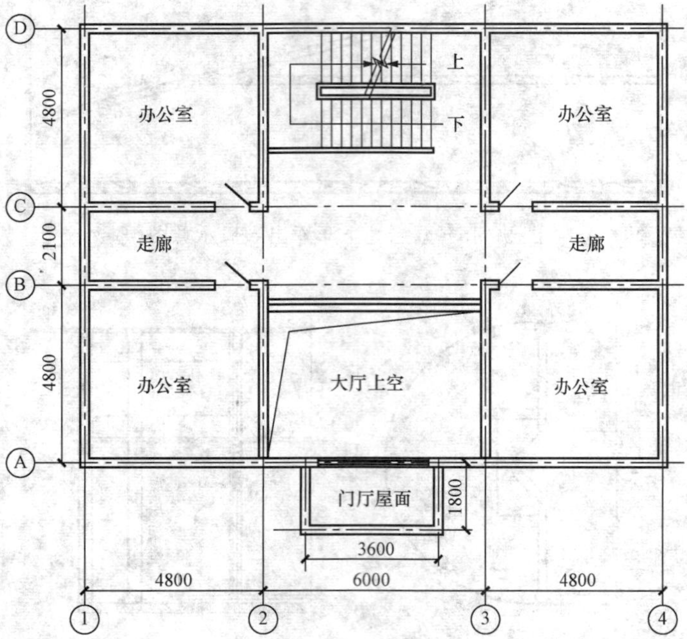

图 9-49 建筑物大厅示意图

门厅、大厅内设置的走廊（回廊）是指建筑物大厅、门厅的上部（一般该大厅、门厅占两个或两个以上建筑物层高）四周向大厅、门厅中间挑出的走廊称为走廊（回廊）。结构层高在 2.20m 以下的，应计算 1/2 面积，是指走廊（回廊）结构层高可能出现的情况。

宾馆、大会堂、教学楼等大楼内的门厅或大厅，往往要占建筑物的二层或二层以上的层高，这时也只能计算一层面积。大厅内的楼梯按室内楼梯计算规则计算，大厅的建筑面积与室内楼梯的建筑面积不能重复计算。

（9）建筑物间的架空走廊，有顶盖和围护结构的，应按其围护结构外围水平面积计算全面积；无围护结构、有围护设施的，应按其结构底板水平面积计算 1/2 面积。有顶盖和围护结构的架空走廊如图 9-50 所示；有顶盖、无围护结构、有围护设施的架空走廊如图 9-51（a）所示；无顶盖、有围护设施的架空走廊如图 9-51（b）所示。

图 9-50 有顶盖和围护结构的架空走廊示意图

1）有顶盖和围护结构的架空走廊计算全面积，有围护结构的一般都有顶盖。

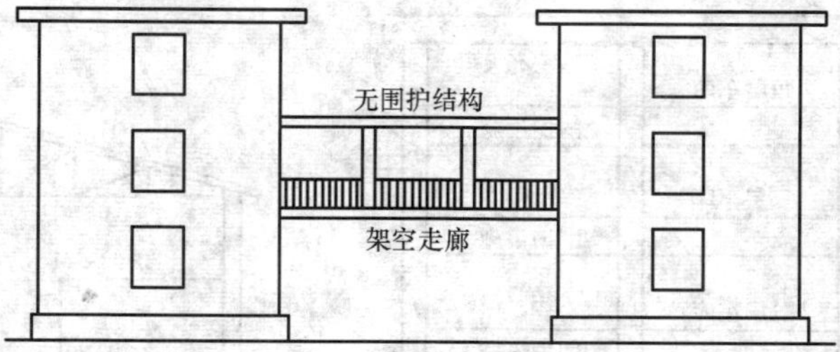

(a)

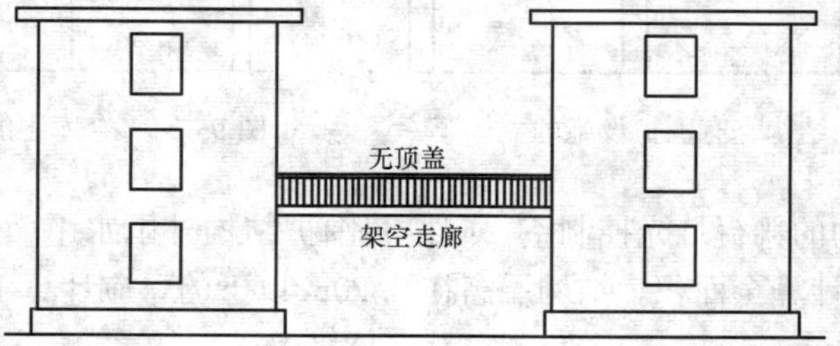

(b)

图 9-51　无围护结构有围护设施的架空走廊示意图

2）架空走廊建筑面积计算分为两种情况：①有围护结构且有顶盖，计算全面积；②无围护结构、有围护设施，无论是否有顶盖，均计算 1/2 面积。有围护结构的，按围护结构计算面积；无围护结构的，按底板计算面积。

3）由于架空走廊存在无盖的情况，有时无法计算结构层高，故不考虑层高的因素。

（10）立体书库、立体仓库、立体车库，有围护结构的，应按其围护结构外围水平面积计算建筑面积；无围护结构、有围护设施的，应按其结构底板水平投影面积计算建筑面积。无结构层的应按一层计算，有结构层的应按其结构层面积分别计算。结构层高在 2.20m 及以上的，应计算全面积；结构层高在 2.20m 以下的，应计算 1/2 面积，如图 9-52 所示。

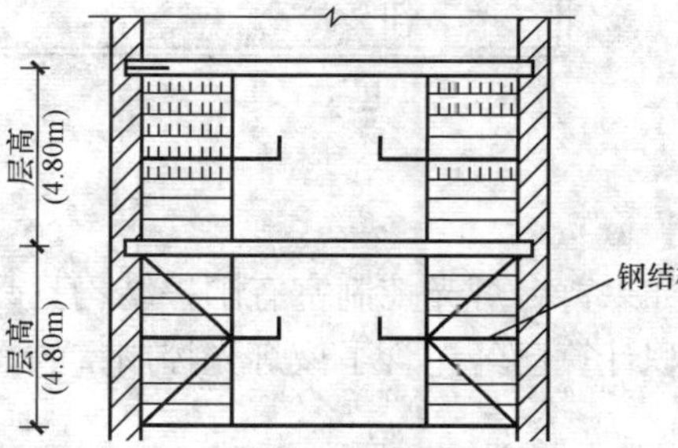

图 9-52　立体书库示意图

1）无围护结构、有围护设施的立体书库、立体仓库、立体车库，如图 9-53 所示。

2）有围护结构的，按围护结构计算面积；无围护结构的，按底板（包括墙体部分）计算面积。

3）立体车库、立体仓库、立体书库有围护结构和有围护设施的，均按结构层计算面积，应区分不同的结构层高，确定建筑面积计算的范围。结构层是指“整体结构体系中承重的楼板层”，特指整体结构体系中承重的楼层，包括板、梁等构件，而非局部结构起承重作用的分隔层。结构层承受整个楼层的全部荷载，并对楼层的隔声、防火等起主要作用。

4）起局部分隔、存储等作用的书库中的立体书架、仓库中的立体货架或可升降的立体钢结构停车层（立体车库中的升降设备）均不属于结构层，故该部分分层不计算建筑面积，仓库中的立体货架如图 9-54 所示。

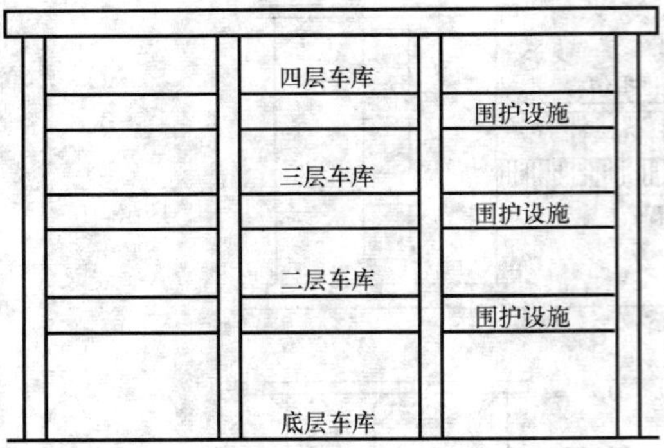

图 9-53　无围护结构、有围护设施的立体车库

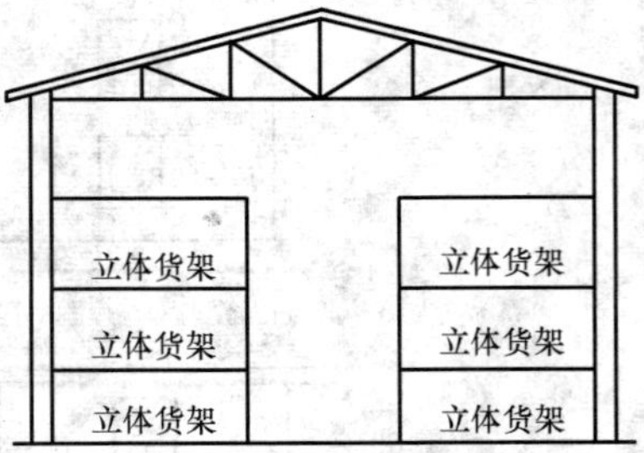

图 9-54　仓库中的立体货架示意图

（11）有围护结构的舞台灯光控制室，应按其围护结构外围水平面积计算，结构层高在 2.20m 及以上的，应计算全面积；结构层高在 2.20m 以下的，应计算 1/2 面积，如图 9-55 所示。

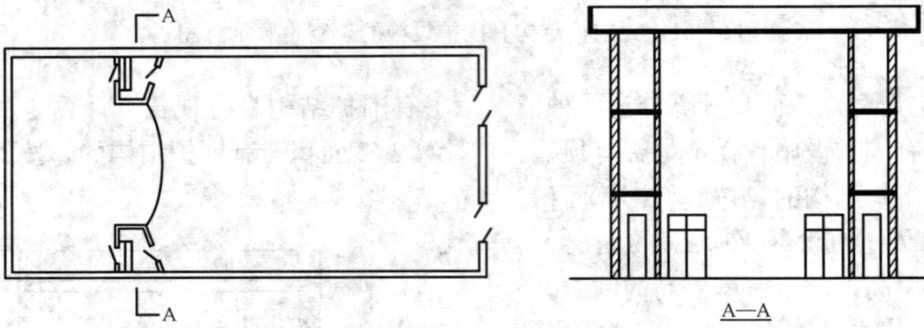

图 9-55　舞台灯光控制室示意图

如果舞台灯光控制室有围护结构且只有一层，那么就不能另外计算面积。因为整个舞台的面积计算已经包含了该灯光控制室的面积。计算舞台灯光控制室面积时，应包括墙体部分面积。

（12）附属在建筑物外墙的落地橱窗，应按其围护结构外围水平面积计算，结构层高在 2.20m 及以上的，应计算全面积；结构层高在 2.20m 以下的，应计算 1/2 面积。

1）规范对于落地橱窗的界定有所调整，由原规范中“建筑物外有围护结构的落地橱窗”调整为“附属在建筑物外墙的落地橱窗”。

橱窗有在建筑物主体结构内的，有在主体结构外的，如图 9-56 所示。在建筑物主体结构内的橱窗，其建筑面积随自然层一起计算，不执行落地橱窗条款。在建筑物主体结构外的橱窗，属于建筑物的附属结构，“附属在建筑物外墙”明确体现了这个含义。“落地”是指该

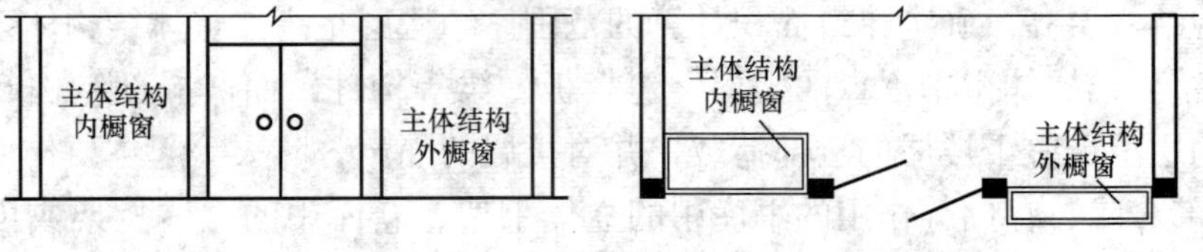

图 9-56　主体结构内外橱窗示意图

橱窗下设置有基础。由于“附属在建筑物外墙的落地橱窗”的顶板、底板标高不一定与自然层的划分相一致。故此条单列，未随自然层一起规定。

2）橱窗仅适用于“落地橱窗”。如橱窗无基础，为悬挑式时，按凸（飘）窗的规定计算建筑面积。

（13）窗台与室内楼地面高差在 0.45m 以下且结构净高在 2.10m 及以上的凸（飘）窗，应按其围护结构外围水平面积计算 1/2 面积。

1）凸（飘）窗与《住宅设计规范》（GB 50096—2001）统一，利用假凸窗赠送面积被进一步限制。目前俗称的凸窗或飘窗，从外立面上看主要有两类：间断式、连续式，如图 9-57所示。

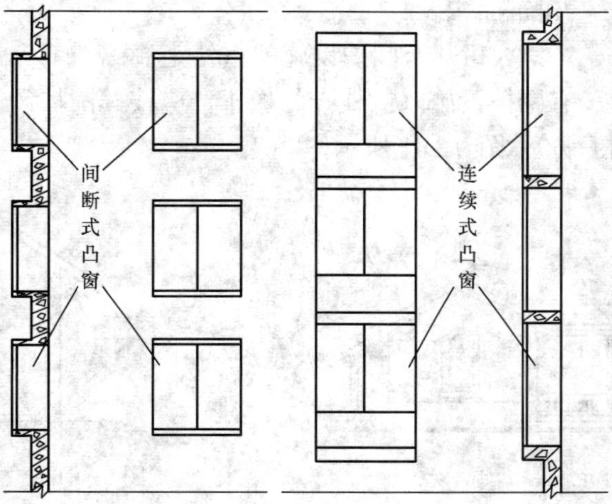

图 9-57　凸（飘）窗外立面

从室内看，也分两类（见图 9-58）：一类是凸（飘）窗地面与室内地面同标高，如图 9-58（a)所示；另一类是凸（飘）窗与室内地面有高差，如图 9-58（b)、（c）所示。有高差时，高差可能在 0.45m 以上，也可能在 0.45m 以下。

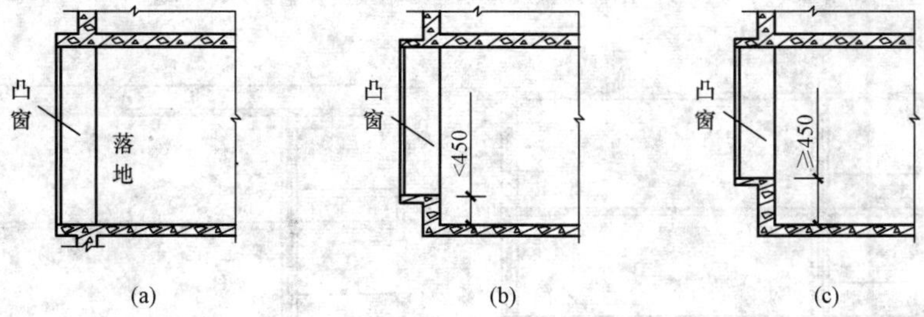

图 9-58　凸（飘）窗室内示意图

（a）无高差；（b）高差 0.45m 以下；（c）高差 0.45m 以上

2）飘窗一般是指为采光和美化造型而设置的凸出外墙的窗，是指高差在 0.45m 及以上的情形，规范规定不计算建筑面积。

3）但无高差或高差在 0.45m 以下的，凸（飘）窗实际上具备了一定的使用功能，规范规定计算 1/2 建筑面积。

4）规范规定的高差是指结构高差。结构高差取 0.45m，是基于设计规范的原则取定。

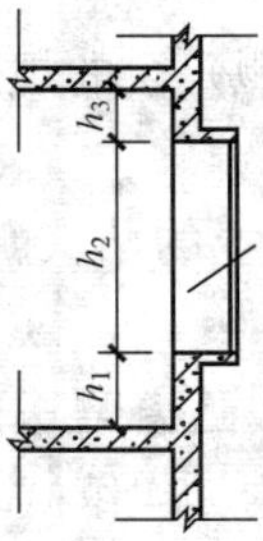

图 9-59 凸（飘）窗示意图

5）凸（飘）窗须同时满足两个条件方能计算建筑面积：①窗台与室内楼地面结构高差 h_1 在 0.45m 以下；②结构净高 h_2 在 2.10m 及以上，如图 9-59 所示。

当 $h_1>0.45m$，$h_2<2.1m$ 时，两个条件均不满足，该凸（飘）窗不计算建筑面积；当 $h_1>0.45m$，$h_2\geqslant2.1m$，一个条件不满足，该凸（飘）窗不计算建筑面积；当 $h_1<0.45m$，$h_2<2.1m$ 时，一个条件不满足，该凸（飘）窗不计算建筑面积；当 $h_1<0.45m$，$h_2\geqslant2.1m$ 时，两个条件均满足，该凸（飘）窗计算建筑面积。

（14）有围护设施的室外走廊（挑廊），应按其结构底板水平投影面积计算 1/2 面积；有围护设施（或柱）的檐廊，应按其围护设施（或柱）外围水平面积计算 1/2 面积，如图9-60、图 9-61 所示。

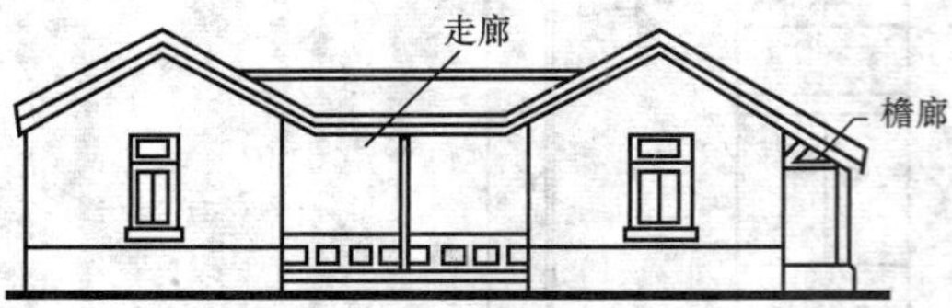

图 9-60 外走廊、檐廊示意图

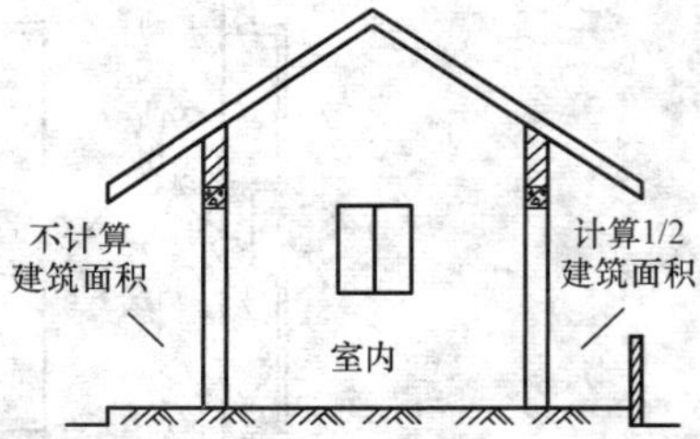

图 9-61 檐廊面积计算示意图

1）底层无围护设施，但有柱的室外走廊可参照檐廊的规则计算建筑面积。无论室外走廊（包括挑廊）、檐廊，除了必须有地面结构外，还必须有栏杆、栏板等围护设施或柱，这两个条件缺一不可，缺少任何一个条件都不计算建筑面积。

图 9-62（a）中一层部分虽无栏杆、栏板等围护设施，但有柱、有地面结构，按檐廊的规则计算建筑面积。图 9-62（b）所示一层部分无栏杆、栏板，也无柱，不属于室外走廊，不计算建筑面积。

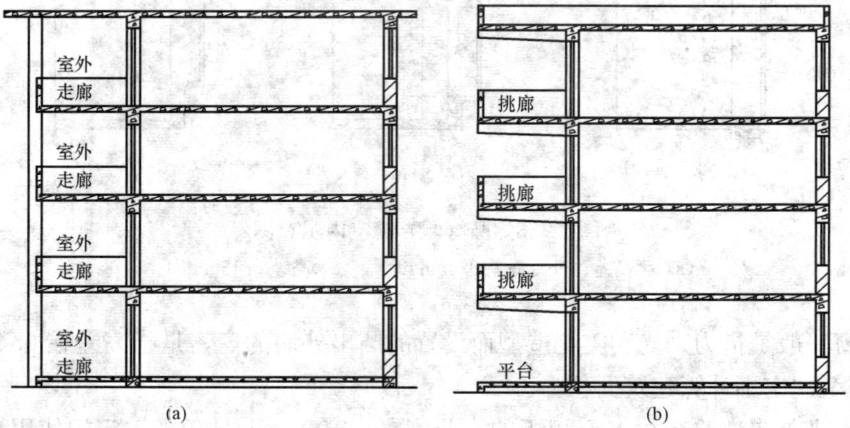

图 9-62 室外走廊（挑廊）

2）室外走廊（挑廊）、檐廊虽然都算 1/2 面积，但取定的计算部位不同：室外走廊（挑廊）按结构底板计算；檐廊由尺寸不定的屋檐或挑檐作为顶盖，按围护设施（或柱）外围计算。

（15）门斗应按其围护结构外围水平面积计算建筑面积，结构层高在 2.20m 及以上的，应计算全面积；结构层高在 2.20m 以下的，应计算 1/2 面积，如图 9 - 63 所示。

（16）门廊应按其顶板的水平投影面积的 1/2 计算建筑面积；有柱雨篷应按其结构板水平投影面积的 1/2 计算建筑面积；无柱雨篷的结构外边线至外墙结构外边线的宽度在 2.10m 及以上的，应按雨篷结构板的水平投影面积的 1/2 计算，如图 9 - 64 所示。

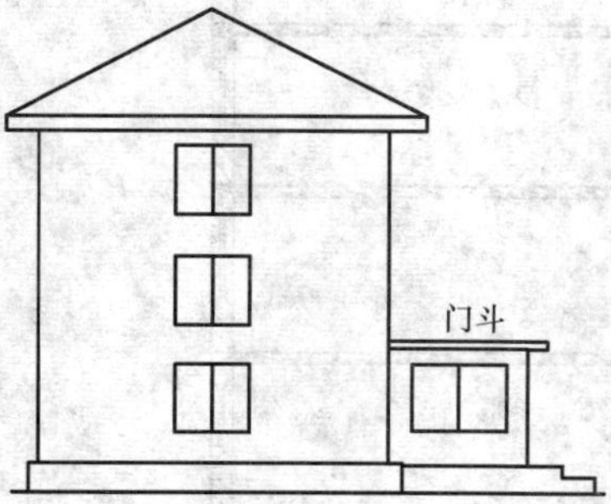

图 9 - 63 外门斗示意图

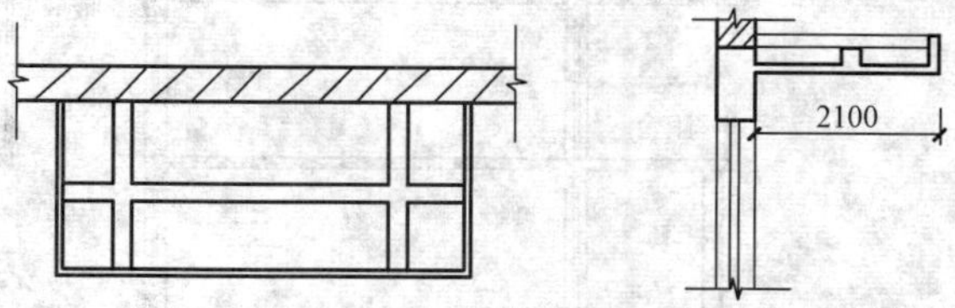

图 9 - 64 雨篷示意图

1）有柱雨篷和无柱雨篷计算规则不同。雨篷分为有柱雨篷和无柱雨篷，有柱雨篷，没有出挑宽度的限制，也不受跨越层数的限制，均计算面积。无柱雨篷，其结构不能跨层，并受出挑宽度的限制，设计出挑宽度大于或等于 2.10m 时才计算建筑面积。出挑宽度，是指雨篷结构外边线至外墙结构外边线的宽度在 2.10m 及以上的宽度，弧形或异形时，取最大宽度（见图 9 - 19 中最大宽度尺寸）。

有柱雨篷不受跨越层数的限制，均可计算建筑面积，如图 9 - 65 所示，有柱雨篷顶板跨层达到二层顶板标高处，仍可计算建筑面积。

无柱雨篷，其结构顶板不能跨层。如顶板跨层，则不计算建筑面积，如图 9 - 66 所示。

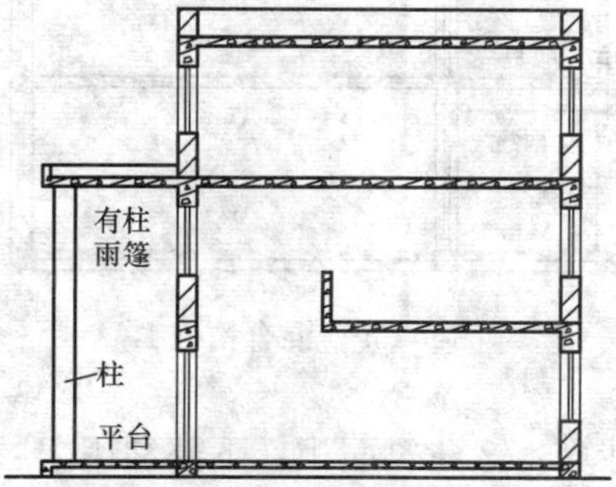

图 9 - 65 有柱雨篷顶板跨层

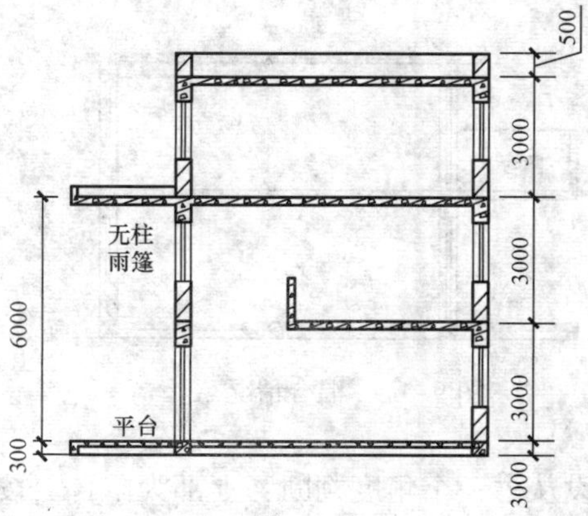

图 9 - 66 无柱雨篷顶板跨层

2）不单独设立顶盖，利用上层结构板（如楼板、阳台底板）进行遮挡，不视为雨篷，不计算建筑面积，如图 9－67 所示。

3）混合情况的判断：

判断原则 A：根据不重算的原则，当一个附属的建筑部件具备两个或两个以上功能，且计算的建筑面积不同时，只计算一次建筑面积，且取较大的面积。

判断原则 B：当附属的建筑部件按不同方法判断所计算的建筑面积不同时，按计算结果较大的方法进行判断。

a. 见图 9－68，正确判断方法：二层部位为阳台，按底板计算 1/2 建筑面积；一层出入口部位，利用上层阳台底板进行遮挡，不视为雨篷，不计算建筑面积。

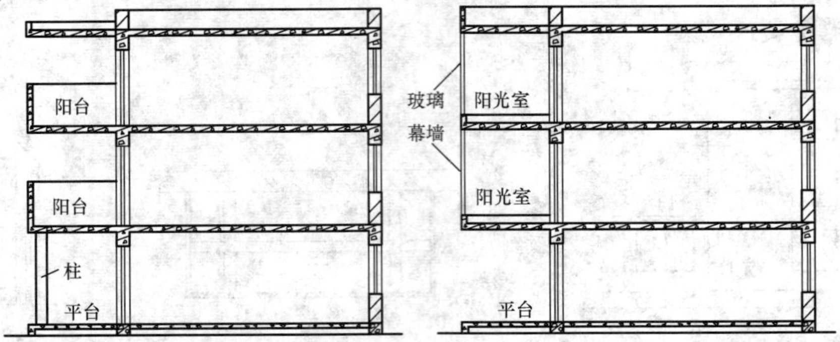

图 9－67 利用上层结构板进行遮挡示意图

假设从另一个角度判断：一层出入口部位为雨篷，当出挑宽度在 2.10m 及以上时，按顶盖计算 1/2 建筑面积；当出挑宽度在 2.10m 以下时，不计算建筑面积；二层部位属于雨篷上的露台不计算建筑面积。故此判断方法可能计算 1/2 建筑面积或不计算面积。

两种判断方法，如出挑宽度在 2.10m 及以上时，均计算 1/2 建筑面积，结果一致，如出挑宽度在 2.10m 以下时，正确的判断方法计算 1/2 建筑面积，另一个判断方法不计算面积，根据判断原则 B，仍应选定正确的判断方法计算 1/2 建筑面积。

b. 见图 9－69，正确判断方法：下部为有柱雨篷，按顶盖计算 1/2 建筑面积，上部为雨篷上设置的露台，露台不计算建筑面积。

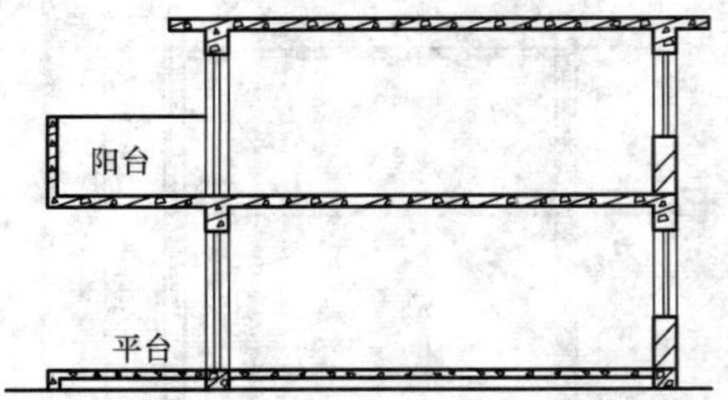

图 9－68 混合情况 A

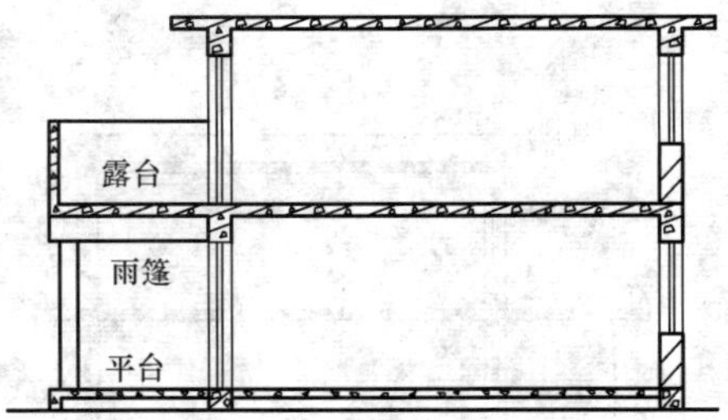

图 9－69 混合情况 B

假设从另一个角度判断：上部为阳台，按底板计算 1/2 建筑面积，下部利用上层阳台底板进行遮挡，不视为雨篷，不计算建筑面积。

两种判断方法结果一致，按结构板计算 1/2 建筑面积即可。

c. 见图 9－70，首先第三层里侧部分为屋面上的露台，外侧阳台正上方部分，是屋面的延伸，也应属于屋面上的露台，两部分均不计算建筑面积。

然后看下面两层，正确判断方法：第二层处为主体结构内的阳台，按结构外围计算全面积，底层利用上层阳台底板进行遮挡，不视为雨篷，不计算建筑面积，故应按第二层结构外围计算全面积。

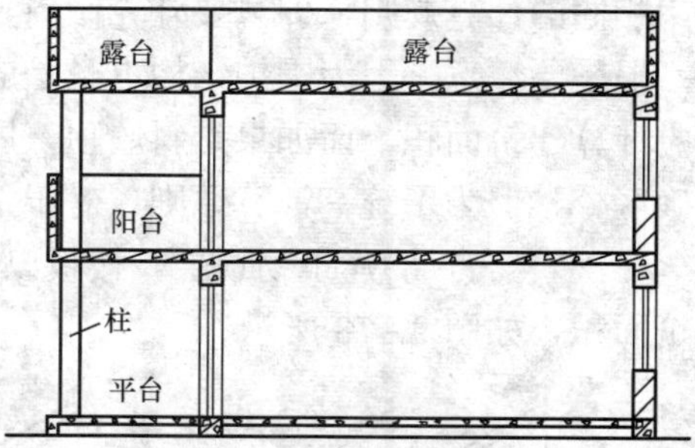

图 9-70 混合情况 C

假设从另一个角度判断：底层为有柱雨篷，按顶盖计算 1/2 建筑面积；第二层处为主体结构内的阳台，按结构外围计算全面积，根据判断原则 A，一个建筑部件只计算一次面积，并取大者，故应按第二层结构外围计算全面积。

两种判断方法结果一致，按第二层结构外围计算全面积。

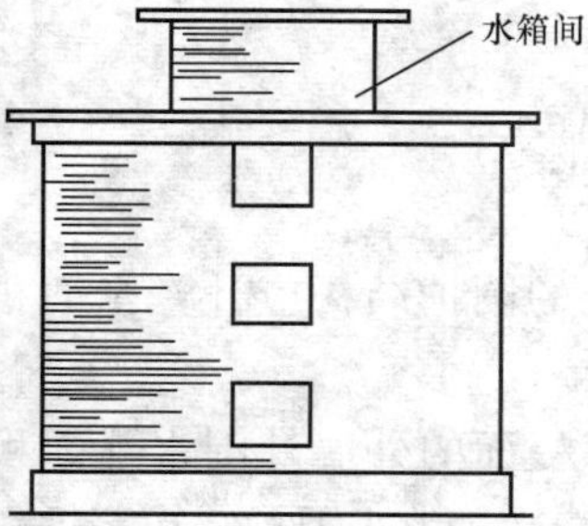

图 9-71 屋顶水箱间示意图

(17) 设在建筑物顶部的、有围护结构的楼梯间、水箱间、电梯机房等，结构层高在 2.20m 及以上的应计算全面积；结构层高在 2.20m 以下的，应计算 1/2 面积，如图 9-71 所示。

如遇建筑物屋顶的楼梯间是坡屋顶时，应按坡屋顶的相关规定计算面积。单独放在建筑物屋顶上没有围护结构的混凝土水箱或钢板水箱，不计算面积。

目前建筑物屋顶上的装饰性结构构件（即屋顶造型），各种材质均有，且形式各异。除了楼梯间、水箱间、电梯机房外，屋顶上的建筑部件属于建筑空间的可以计算建筑面积，不属于建筑空间的则归为屋顶造型，不计算建筑面积。

(18) 围护结构不垂直于水平面的楼层，应按其底板面的外墙外围水平面积计算。结构净高在 2.10m 及以上的部位，应计算全面积；结构净高在 1.20m 及以上至 2.10m 以下的部位，应计算 1/2 面积；结构净高在 1.20m 以下的部位，不应计算面积。

1) 围护结构不垂直于水平面的，向外、向内倾斜的都适用于上述规定。如图 9-72 (a)、(b) 所示。在划分高度上，此处的“净高”与其他正常平楼层按层高划分不同，但与斜屋面的划分原则相一致。由于目前很多建筑设计追求新、奇、特，造型越来越复杂，很多

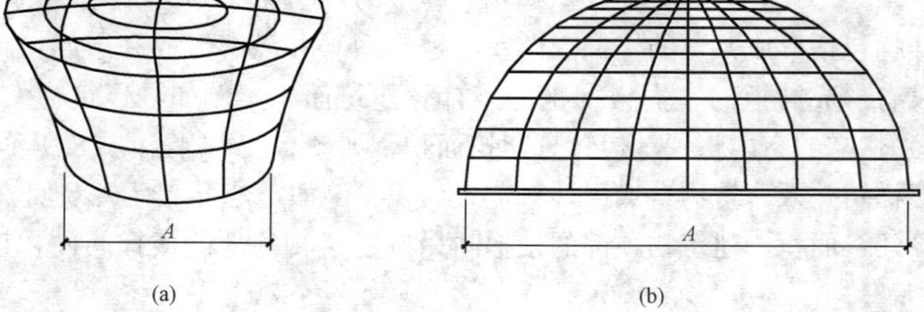

图 9-72 围护结构不垂直建筑物示意图

(a) 超出地板外沿外倾斜的围护结构；(b) 不超出地板外沿内倾斜的围护结构

时候根本无法明确区分什么是围护结构、什么是屋顶，因此规范中对于斜围护结构与斜屋顶采用相同的计算规则，即只要外壳倾斜，就按净高划段，分别计算建筑面积。

但是要注意，因为围护结构本身是应计算建筑面积的，如果是斜围护结构，围护结构本身应计算建筑面积，而如果是斜屋顶，屋面结构不计算建筑面积。因此虽然有时很难对两者明确区分，但为了统一计算原则，对于围护结构向内倾斜的情况做如下划分：

a. 多（高）层建筑物顶层，楼板以上部位的外侧均视为屋顶，按坡屋顶计算规则计算建筑面积，如图 9-73 所示。

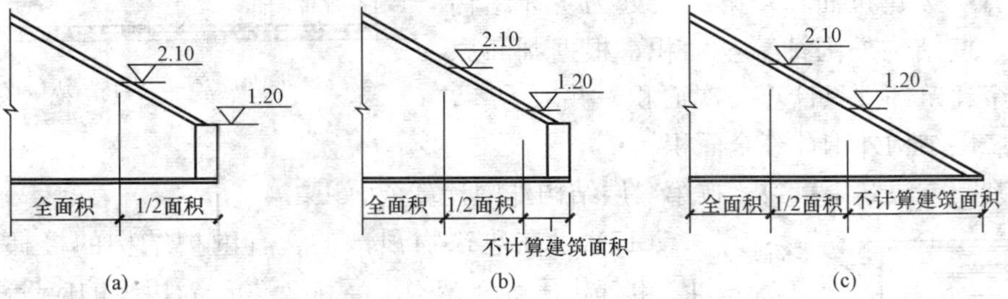

图 9-73 多（高）层建筑物顶层斜屋面示意图

b. 建筑物其他层，倾斜部位均视为斜围护结构，底板面处的围护结构应计算全面积，如图 9-74 所示。

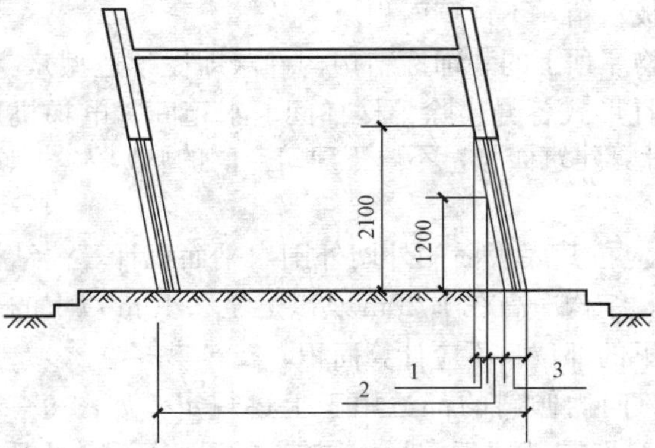

图 9-74 单层建筑物斜围护结构示意图
1—计算 1/2 面积；2—不计算建筑面积；3—计算建筑面积

2）按“底板面的外墙外围水平面积”计算建筑面积，这是由于围护结构不垂直；可能向内倾斜，也可能向外倾斜，各个标高处的外墙外围水平面积可能是不同的，因此，规范取定为结构底板处的外墙外围水平面积。

（19）建筑物内的室内楼梯、电梯井、提物井、管道井、通风排气竖井、烟道，应并入建筑物的自然层计算建筑面积，如图 9-75 所示。有顶盖的采光井应按一层计算建筑面积，结构净高在 2.10m 及以上的，应计算全面积；结构净高在 2.10m 以下的，应计算 1/2 面积，如图 9-76 所示。

1）室内楼梯包括形成井道的楼梯（即室内楼梯间）和没有形成井道的楼梯（即室内楼梯），明确了没有形成井道的室内楼梯也应该计算建筑面积。例如，建筑物大堂内的楼梯、跃层（或复式）住宅的室内楼梯等应计算建筑面积，如图 9-77、图 9-78 所示。

2）室内楼梯间并入建筑物自然层计算建筑面积。例如，地上 23 层、地下 2 层，故楼梯间按 25 层计算建筑面积。建筑物顶部的楼梯间另按建筑物顶部的楼梯间面积计算规定计算建筑面积。

3）未形成楼梯间的室内楼梯按楼梯水平投影面积计算建筑面积。

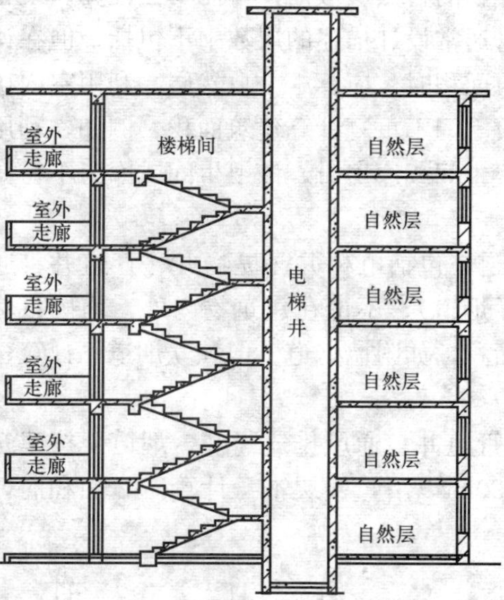

图 9-75 室内楼梯间电梯井示意图

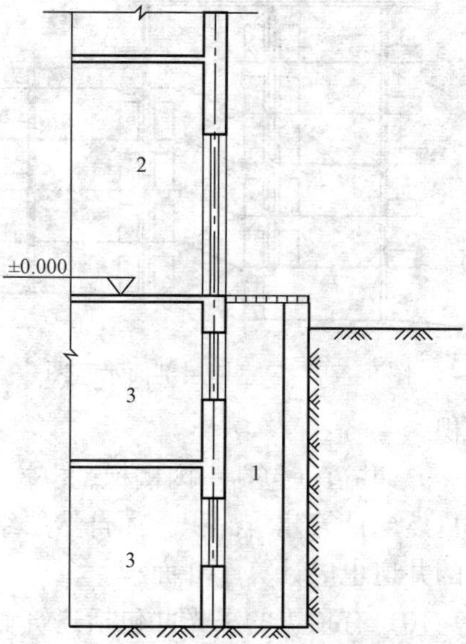

图 9-76 有顶盖的采光井示意图
1—采光井；2—室内；3—地下室

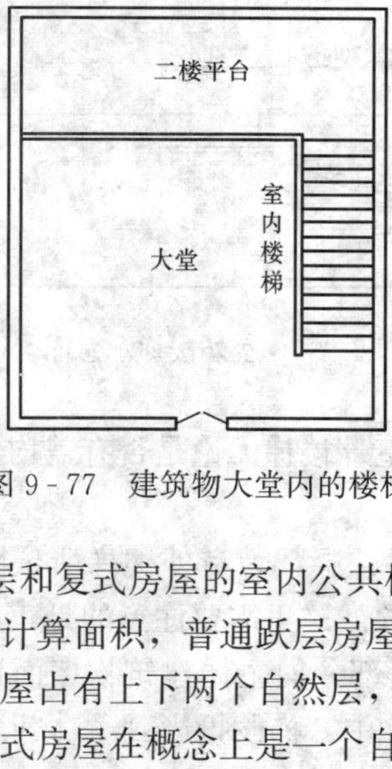

图 9-77 建筑物大堂内的楼梯

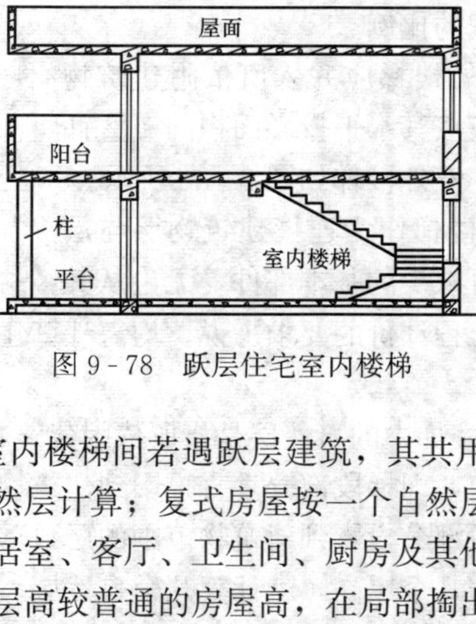

图 9-78 跃层住宅室内楼梯

4）跃层和复式房屋的室内公共楼梯间：室内楼梯间若遇跃层建筑，其共用的室内楼梯应按自然层计算面积，普通跃层房屋按两个自然层计算；复式房屋按一个自然层计算。跃层房屋是指房屋占有上下两个自然层，卧室、起居室、客厅、卫生间、厨房及其他辅助用房分层布置。复式房屋在概念上是一个自然层，但层高较普通的房屋高，在局部掏出夹层，安排卧室或书房等内容。

5）室内楼梯应计算建筑面积。应注意：如图纸中画出了楼梯，无论是否用户自理，均按楼梯水平投影面积计算建筑面积；如图纸中未画出楼梯，仅以洞口符号表示，则计算建筑面积时不扣除该洞口面积。

6）当室内公共楼梯间两侧自然层数不同时，上下错层户室共用的室内楼梯，应选上一层的自然层计算面积，以楼层多的层数计算，如图 9-79 所示，楼梯间应计算 6 个自然层建筑面积。

7）建筑物的楼梯间层数按建筑物的层数计算，一般情况下，上述室内楼梯间等面积包

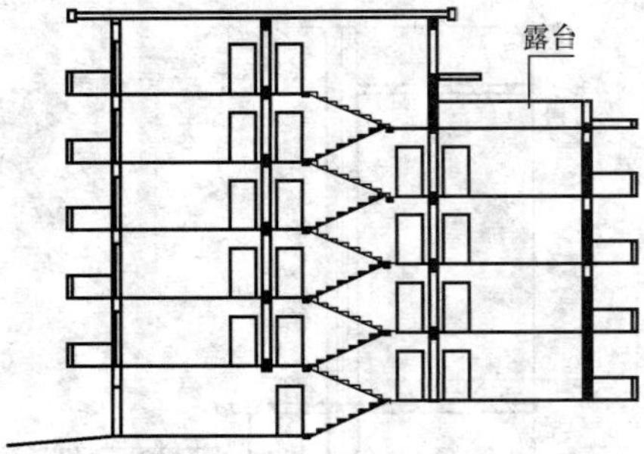

图 9-79　户室错层剖面示意图

括在各建筑物的自然层数内，不需单独计算。设备管道层，尽管通常设计描述的层数中不包括，但在计算楼梯间建筑面积时，应算 1 个自然层。利用室内楼梯下部的建筑空间不重复计算建筑面积。例如，利用梯段下方做卫生间或库房时，该卫生间或库房不另计算建筑面积。

8）井道（包括电梯井、提物井、管道井、通风排气竖井、烟道），不论在建筑物内外，均按自然层计算建筑面积，如附墙烟道。但独立烟道不计算建筑面积。

9）井道（包括室内楼梯、电梯井、提物井、管道井、通风排气竖井、烟道）按建筑物的自然层计算建筑面积。如自然层结构层高在 2.20m 以下，楼层本身计算 1/2 面积时，相应的井道也应计算 1/2 面积。

10）有顶盖的采光井包括建筑物中的采光井和地下室采光井，不论多深、采光多少层，均只计算一层建筑面积。无顶盖的采光井不计算建筑面积。

地下室采光井、通风井，以往均不计建筑面积。规划阶段地下室面积应适当考虑此部分面积的比例。

（20）室外楼梯应并入所依附建筑物自然层，并应按其水平投影面积的 1/2 计算建筑面积。室外楼梯如图 9-80 所示。

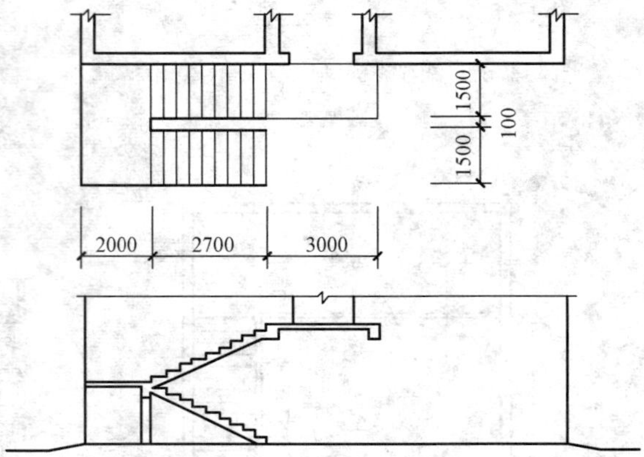

图 9-80　室外楼梯示意图

1）室外楼梯作为连接建筑物层与层之间交通不可缺少的基本部件，无论从其功能，还是工程计价的要求来说，均需计算建筑面积。室外楼梯无论是否有盖均应计算建筑面积。

2）室外楼梯中的自然层是指所依附建筑物的自然层，层数为室外楼梯所依附的主体建筑物的楼层数，即梯段部分垂直投影到建筑物范围的层数。这里需要注意的是，层数的判断方法为“梯段部分投影到建筑物范围的层数”，即将梯段部分向主体建筑物墙面进行垂直投影，投影覆盖几个层高，就计算几个自然层。如图 9-80 中，梯段投影到主体建筑物只覆盖了 1 个层高（顶盖不考虑），因此室外楼梯所依附的建筑物自然层数为 1 层，不应理解为“上到 2 层，依附 2 层”。

3）利用室外楼梯下部的建筑空间不得重复计算建筑面积；利用地势砌筑的为室外踏步，不计算建筑面积。

（21）在主体结构内的阳台，应按其结构外围水平面积计算全面积；在主体结构外的阳台，应按其结构底板水平投影面积计算 1/2 面积。

1）阳台划分为主体结构内的阳台和主体结构外的阳台两类，其建筑面积计算不同：主体结构内的阳台计算全面积。将房间改为假阳台“偷面积”的办法行不通。主体结构外的阳台计算 1/2 面积。主体结构内（凹）外（挑）阳台如图 9－81 所示。

2）建筑物的阳台，不论其形式如何，均以建筑物主体结构为界分别计算建筑面积。主体结构是指接受、承担和传递建筑工程所有上部荷载的承重墙和柱，维持上部结构整体性、稳定性和安全性的有机联系的构造柱等。有柱（墙）阳台按柱外围计算全面积；独立柱阳台面积按 1/2 计算。主体结构内外阳台如图 9－82 所示。

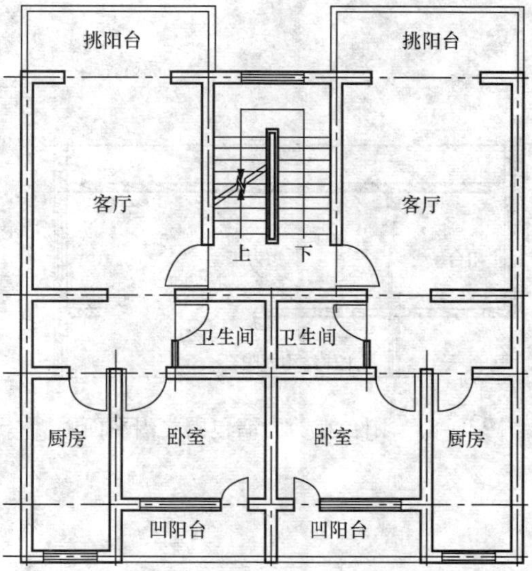

图 9－81　主体结构内外阳台示意图

以往判断建筑面积时，基本都是依据建筑平、立、剖面图，但为了判断主体结构，有时也要结合结构图纸一起判断。主体结构按如下原则进行判断：

a. 砖混结构：通常以外墙（即围护结构，包括墙、门、窗）来判断，外墙以内为主体结构内，外墙以外为主体结构外，如图 9－81 所示。

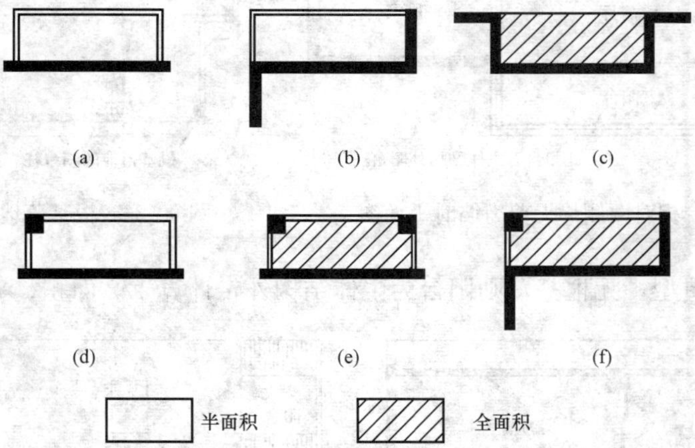

图 9－82　主体结构内外阳台示意图

b. 框架结构：柱梁体系之内为主体结构内，柱梁体系之外为主体结构外。

c. 剪力墙结构：要根据具体情况确定。

（a）如阳台在剪力墙包围之内，则属于主体结构内，应计算全面积，见图 9－83。

（b）如相对两侧均为剪力墙，也属于主体结构内，应计算全面积，见图 9－84。

（c）如相对两侧仅一侧为剪力墙，属于主体结构外，计算一半面积，见图 9－82（b）。

（d）如相对两侧均无剪力墙，属于主体结构外，计算半面积，见图 9－85。

3）阳台处剪力墙与框架混合时，分两种情况：

a. 角柱为受力结构，根基落地，则阳台为主体结构内，计算全面积，见图 9－86。

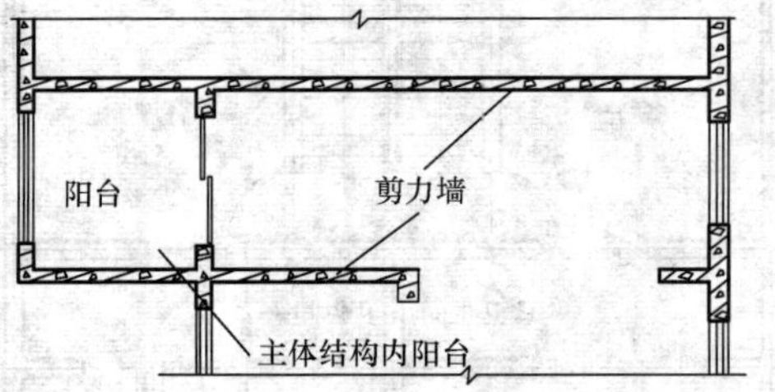

图 9－83　阳台在剪力墙包围之内平面图

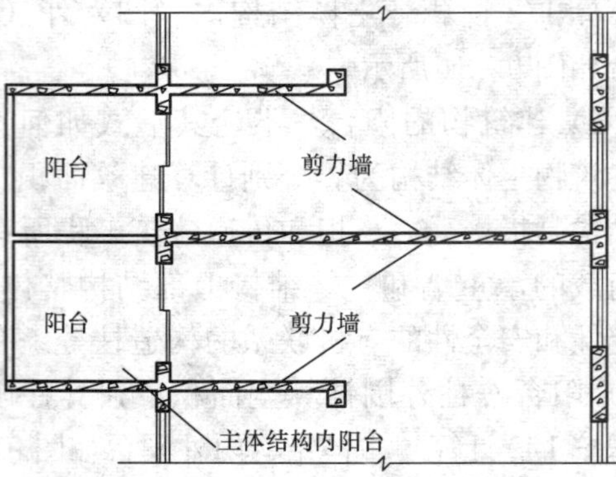

图 9－84　阳台相对两侧均为剪力墙时平面图

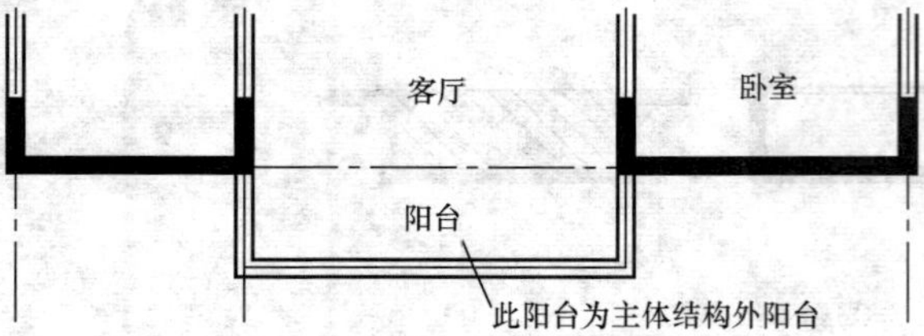

图 9－85　阳台相对两侧均无剪力墙时平面图

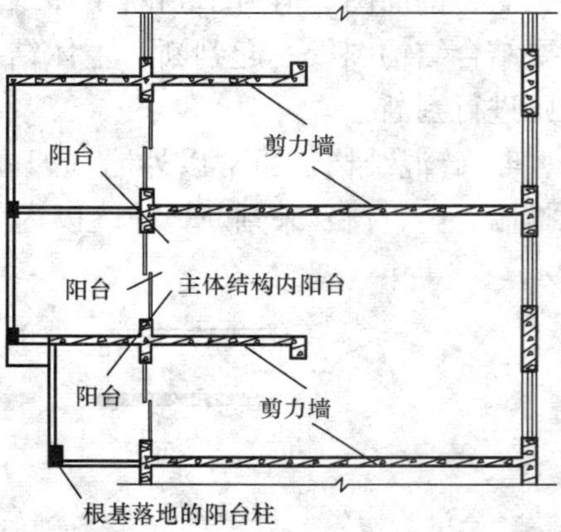

图 9－86　根基落地的阳台柱平面图

b. 角柱仅为造型，无根基，则阳台为主体结构外，计算 1/2 面积，见图 9－87。

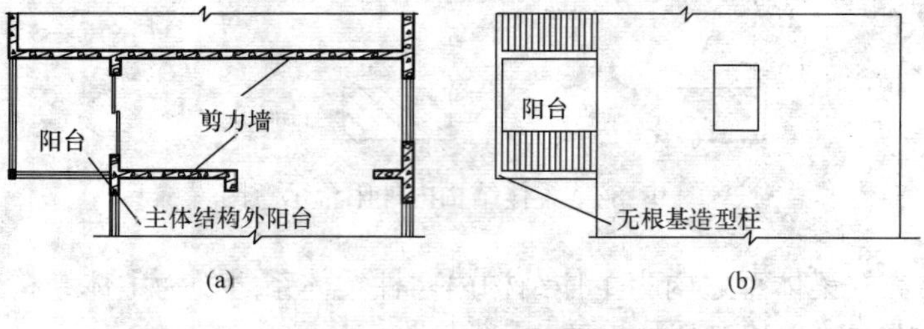

图 9－87 无根基装饰造型的阳台柱平面图

(a) 平面图；(b) 立面图

4）顶盖不再是判断阳台的必备条件，即无论有盖无盖，只要满足阳台的三个主要属性：①附设于建筑物外墙的建筑部件；②应有栏杆、栏板等围护设施或窗；③可供人活动的室外空间，都应归为阳台，见图 9－88。

5）无论上下层之间是否对齐，只要满足阳台的三个主要属性，也应归为阳台，见图9－89。

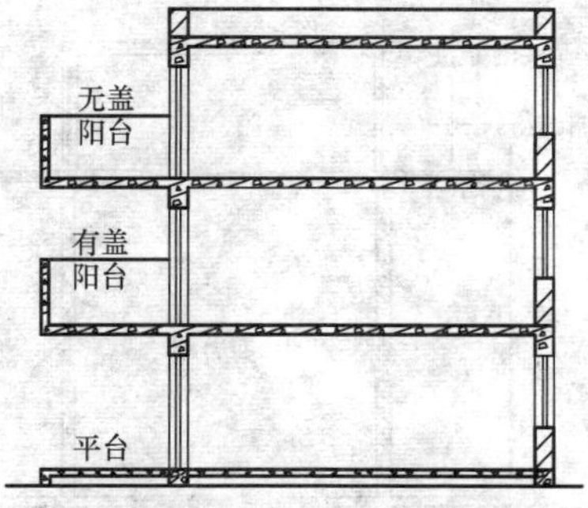

图 9-88 有盖与无盖的阳台

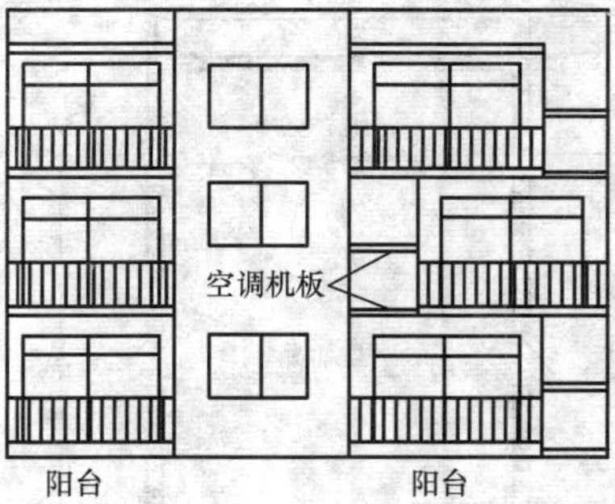

图 9-89 上下层不对齐的阳台

6）阳台的其他几种典型情况：

a. 图 9-90 中两个阳台都应视为由剪力墙包围的阳台，属于主体结构内阳台，计算全面积。

b. 图 9-91 中阳台一部分在主体结构内，一部分在主体结构外，应分别计算建筑面积。以柱外侧为界，里面部分属于主体结构内，计算全面积，外面部分属于主体结构外，计算 l/2面积。

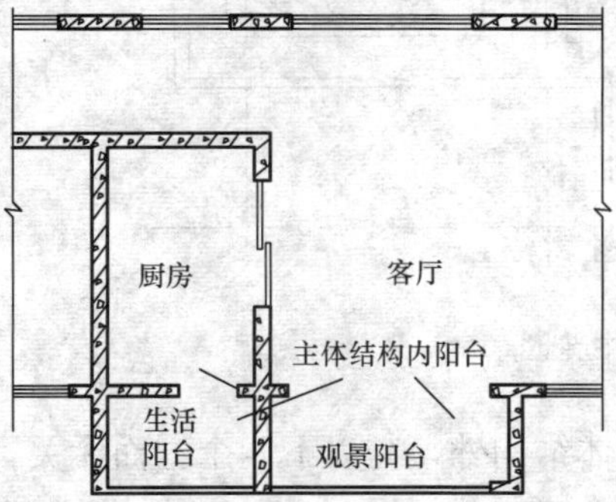

图 9-90 属于主体结构内阳台

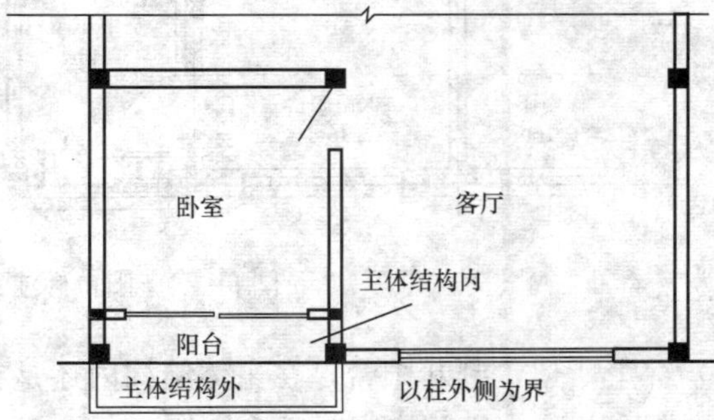

图 9-91 主体结构内外阳台

c. 图 9-92 中阳台为剪力墙包围的情况，属于主体结构内，应计算全面积。外面部分虽然设计为花槽，但与阳台间有推拉门，该花槽与室内相连通，具备使用功能，且满足阳台的三个主要属性，故应视为阳台，计算 1/2 面积（如花槽与阳台不相连通，则不应计算建筑面积）。

d. 图 9-93 中结构底板上有两个用途，栏杆围护起来的部分为阳台，栏杆外部（图左侧）为设备平台。按规定，阳台应计算 1/2 面积，但设备平台不与阳台相连通，不计算建筑面积。

计算阳台建筑面积时，前端按结构底板外边线取定，左侧以栏杆外边线为界。栏杆左侧的设备平台不计算建筑面积。

e. 图 9-94 中标注为“空中花园”的部分，根据阳台的判断原则，属于主体结构内，无论是否封闭，均应计算全面积。其他工程中，如发生类似入户花园等的情况，也按阳台的原则进行判断。

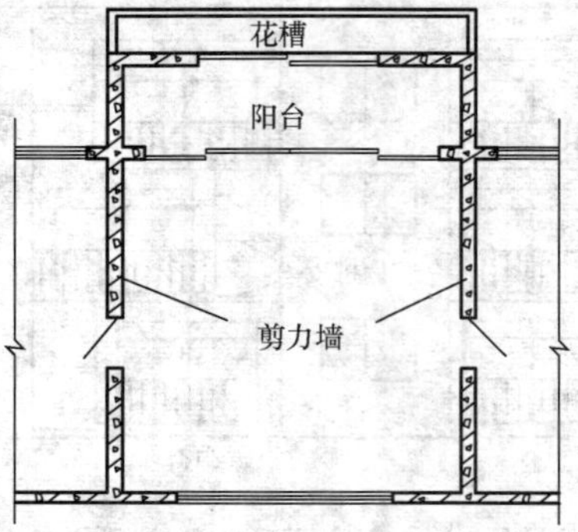

图 9-92 带花槽阳台

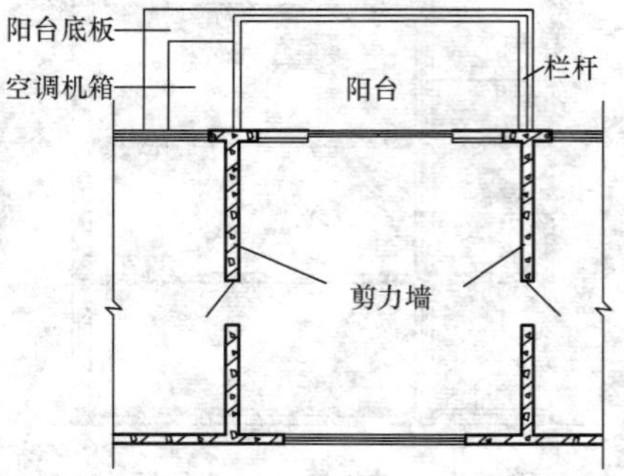

图 9-93 阳台结构底板上有两个用途

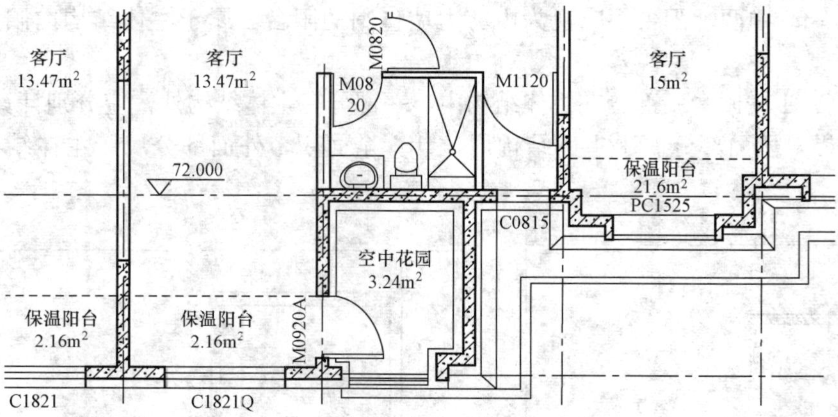

图 9-94 阳台标注为空中花园

7）综上所述，判断阳台是在主体结构内还是在主体结构外，与以下四个方面无关：

a. 阳台与室内空间之间是否有隔断；

b. 阳台是否封闭；

c. 阳台是否采暖；

d. 保温层做在哪里。

8）阳台在主体结构外时，按结构底板计算建筑面积，此时无论围护设施是否垂直于水平面，都按结构底板计算建筑面积，同时应包括底板处突出的檐。如图 9-95 所示。

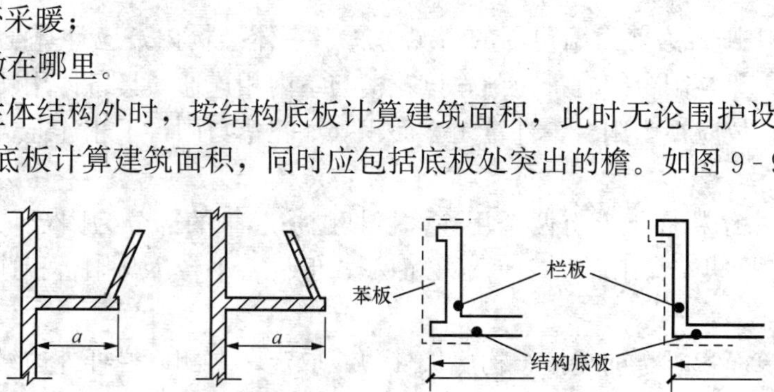

图 9-95 阳台结构底板计算尺寸示意图

9）如自然层结构层高在 2.20m 以下，主体结构内的阳台随楼层一样，均计算 1/2 面积；但主体结构外的阳台，仍计算 1/2 面积，不应出现 1/4 面积。

（22）有顶盖无围护结构的车棚、货棚、站台、加油站、收费站等，应按其顶盖水平投影面积的 1/2 计算建筑面积，如图 9-96 所示。

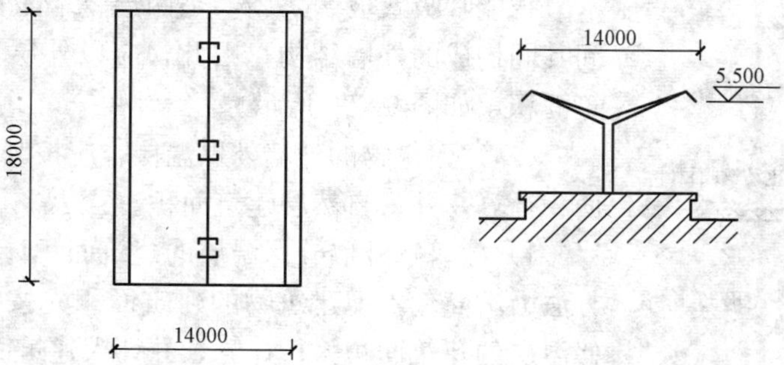

图 9-96 单排柱站台示意图

1）只要设计有顶盖（不包括楼空顶盖），无论是已有详细设计还是标注为需二次设计，无论是什么材质，都视为有顶盖。

2）不分单、双排柱，不分矩形柱、异形柱，均按顶盖水平投影面积的 1/2 计算建筑面积。

3）顶盖下有其他能计算建筑面积的建筑物时，仍按顶盖水平投影面积计算 1/2 面积。在车棚、货棚、站台、加油站、收费站内设有带围护结构的管理房间、休息室等，应另按有关规定计算面积。

图 9-97 所示加油站下方有建筑物，其面积仍按长×宽的 1/2 计算，建筑物另行计算建筑面积。

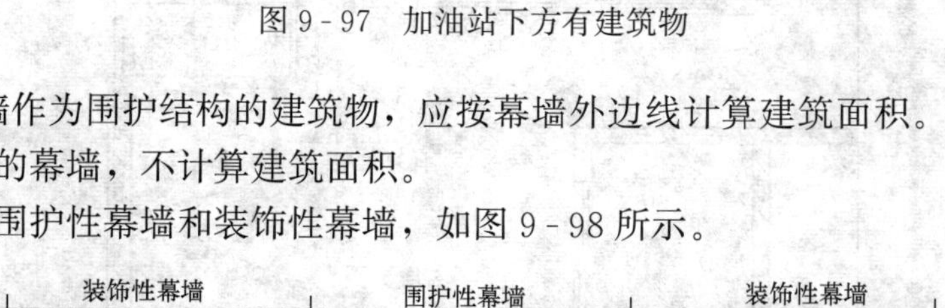

图 9-97 加油站下方有建筑物

（23）以幕墙作为围护结构的建筑物，应按幕墙外边线计算建筑面积。设置在建筑物墙体外起装饰作用的幕墙，不计算建筑面积。

墙可以分为围护性幕墙和装饰性幕墙，如图 9-98 所示。

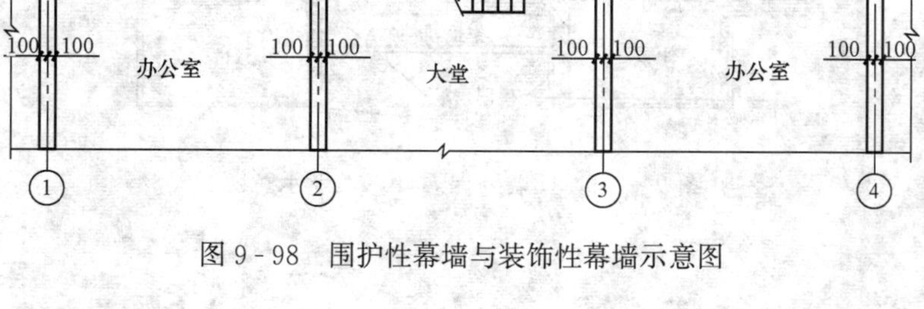

图 9-98 围护性幕墙与装饰性幕墙示意图

围护性幕墙是直接作为外墙起围护作用的幕墙。装饰性幕墙是设置在建筑物墙体外起装饰作用的幕墙。

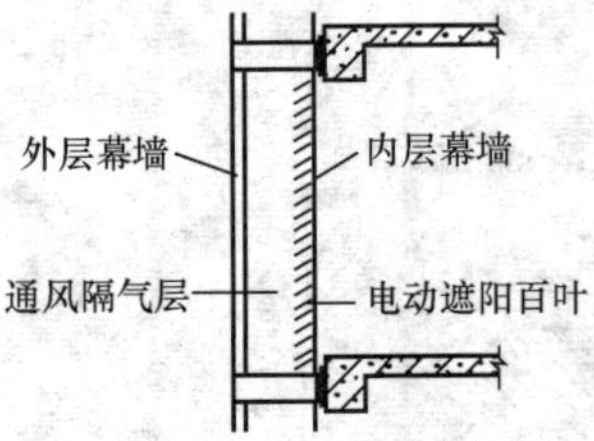

图 9-99 智能呼吸式玻璃幕墙

智能呼吸式玻璃幕墙，是两层幕墙及两层幕墙之间的空间其同构成的外墙结构，因此，应以外层幕墙外边线计算建筑面积，如图 9-99 所示。

（24）建筑物的外墙外保温层，应按其保温材料的水平截面积计算，并入自然层建筑面积。

1）建筑物外墙外保温层的建筑面积计算复杂，规范计算方法力求简化，即建筑物的建筑面积先按外墙结构计算，外保温层的建筑面积另行计算，并计入建筑面积。

2）保温隔热层的建筑面积是以保温隔热材料的厚度来计算的，仅计算保温材料本身（例如，外贴苯板时，仅苯板本身算保温材料），不包含抹灰层、防潮层、保护层（墙）的厚度。抹灰层、防水（潮）层、黏结层（空气层）及保护层（墙）等均不计入建筑面积，如图 9-100 所示。

3）计算方法上，不再按“保温隔热层外边线”计算，改为按“保温材料的净厚度乘以外墙结构外边线长度”单独计算。

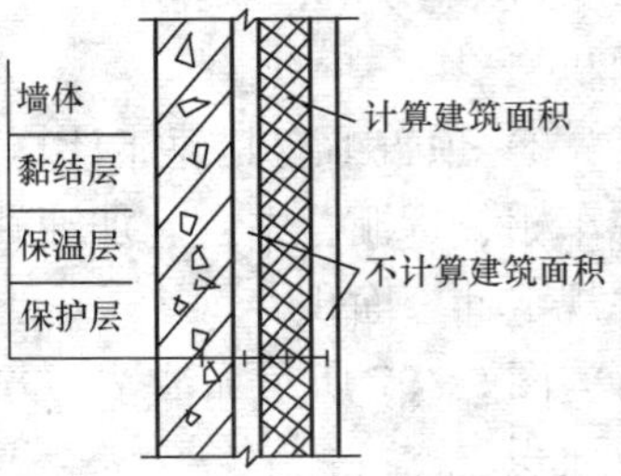

图 9-100 墙外保温层计算厚度示意图

建筑物外墙外侧有保温隔热层的，保温隔热层以保温材料的净厚度乘以外墙结构外边线长度按建筑物的自然层计算建筑面积，其外墙外边线长度不扣除门窗和建筑物外已计算建筑面积的构件（如阳台、室外走廊、门斗、落地橱窗等部件）所占长度。当建筑物外已计算建筑面积的构件（如阳台、室外走廊、门斗、落地橱窗等部件）有保温隔热层时，其保温隔热层也不再计算建筑面积。图 9-101 中标出了外墙结构外边线（即保温层的计算长度）。外墙是斜面者，按楼面楼板处的外墙外边线长度乘以保温材料净厚度计算。

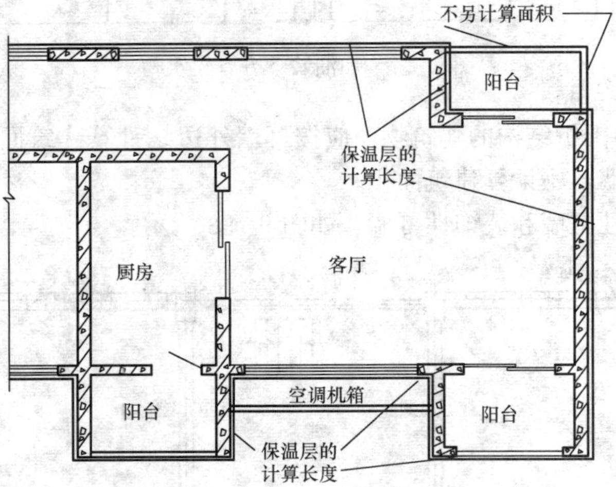

图 9-101 外墙外保温计算长度示意图

4）“保温材料的水平截面积”是针对保温材料垂直放置的状态而言的，是按照保温材料本身厚度计算的。当围护结构不垂直于水平面时，仍应按保温材料本身厚度计算，而不是斜厚度，见图9-102。

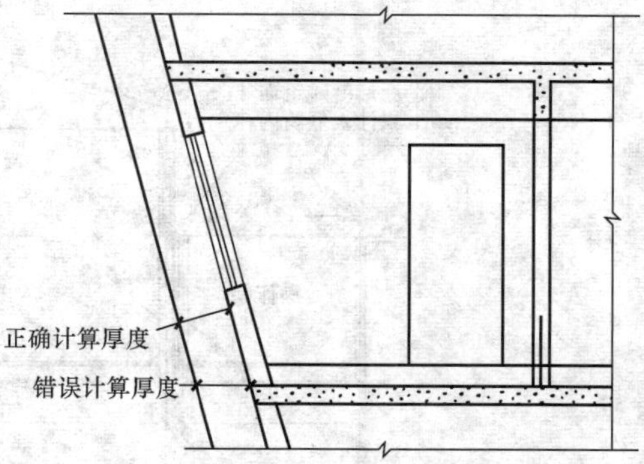

图9-102　围护结构不垂直于水平面时外墙外保温计算厚度示意图

5）外保温层计算建筑面积是以沿高度方向满铺为准，某外墙外保温铺设高度未达到全部高度时（不包括阳台、室外走廊、门斗、落地橱窗、雨篷、飘窗等），不计算建筑面积。如地下室等外保温层铺设高度未达到楼层全部高度时，保温层不计算建筑面积。

6）复合墙体不属于外墙外保温层，见图9-103，整体视为外墙结构，按建筑结构外围计算建筑面积。

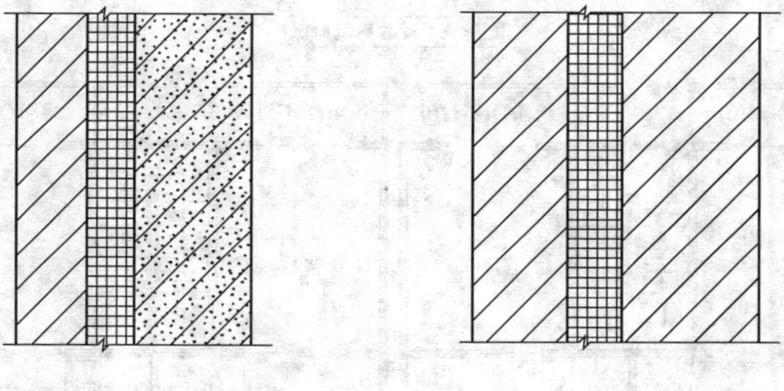

图9-103　复合墙体示意图

（a）砌体与混凝土墙夹保温板；（b）两侧砌体夹保温板

（25）与室内相通的变形缝，应按其自然层合并在建筑物建筑面积内计算，如图9-104所示。与建筑物相通的变形缝，是指即暴露在建筑物内，在建筑物内可以看得见的变形缝。对于高低联跨的建筑物，当高低跨内部连通时，其变形缝应计算在低跨面积内，如图9-105所示。

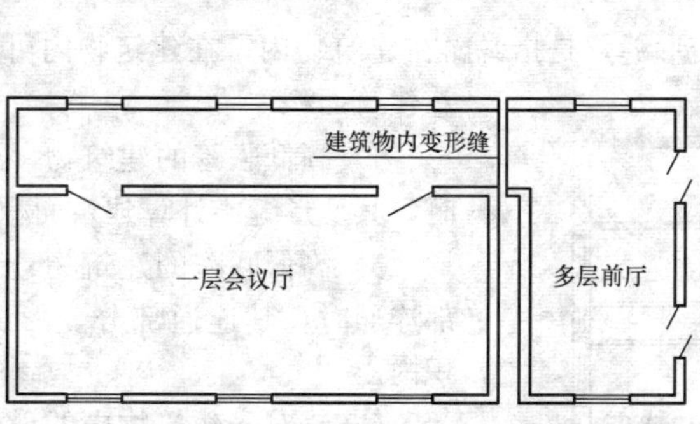

图9-104　与室内相通的变形缝示意图

1）变形缝是指防止建筑物在某些因素作用下引起开裂甚至破坏而预留的构造缝，是伸

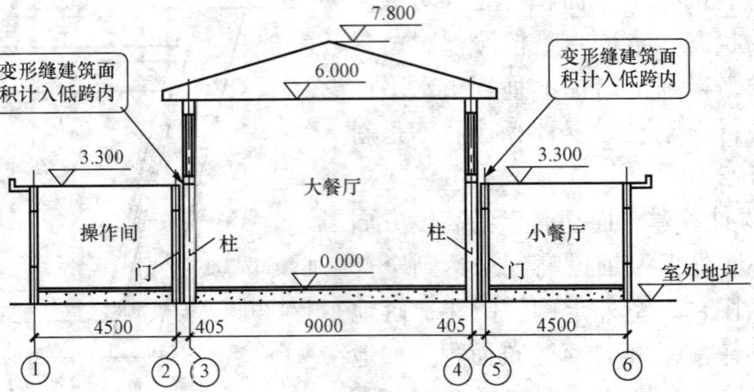

图 9-105　高低联跨的建筑物示意图

缩缝（温度缝）、沉降缝和抗震缝的总称。

2）与室内不相通的变形缝不计算建筑面积，如图 9-106 所示。

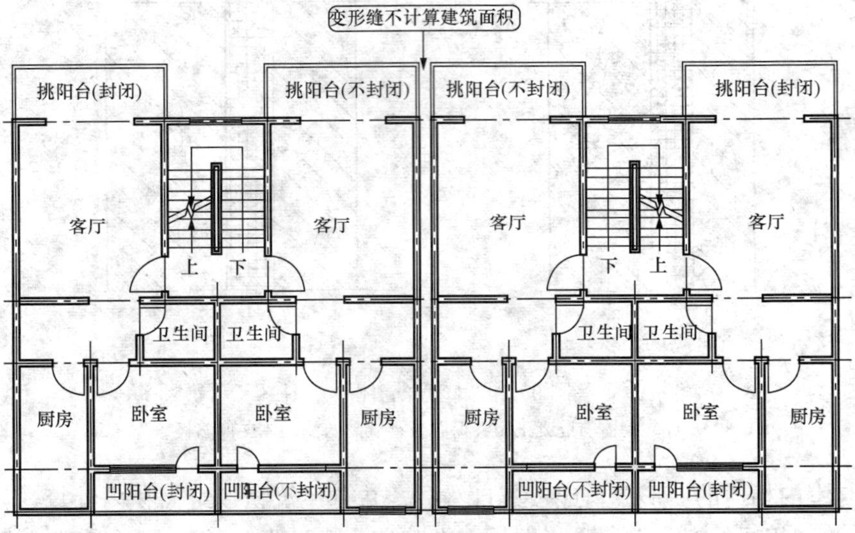

图 9-106　与室内不相通的变形缝示意图

3）与室内相通的变形缝，是指暴露在建筑物内，在建筑物内可以看见的变形缝，应计算建筑面积。

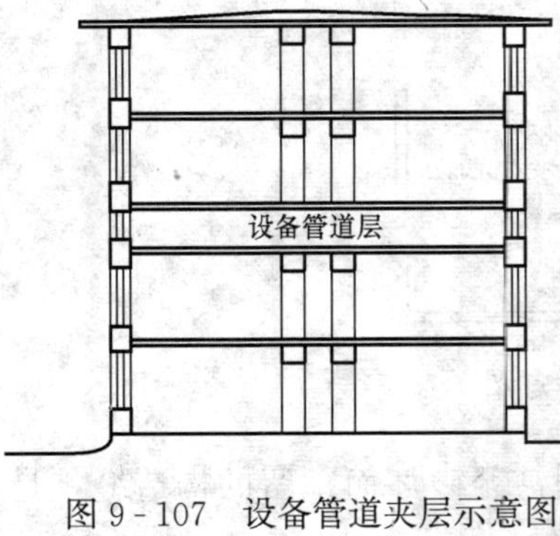

图 9-107　设备管道夹层示意图

4）高低联跨的建筑物，当高低跨内部不相连通时，其变形缝不计算建筑面积。

5）高低联跨的建筑物，当高低跨内部连通或局部连通时，其连通部分变形缝的面积计算在低跨面积内。

(26) 对于建筑物内的设备层、管道层、避难层等有结构层的楼层，结构层高在 2.20m 及以上的，应计算全面积；结构层高在 2.20m 以下的，应计算 1/2 面积。建筑物内的设备管道夹层，如图 9-107

所示。

1）高层建筑的宾馆、写字楼等，通常在建筑物高度的中间部分设置设备及管道的夹层，主要用于集中放置水、暖、电、通风管道及设备。这一设备管道层应计算建筑面积。设备层、管道层虽然具体功能与普通楼层不同，但在结构上及施工消耗上并无本质区别，且规范定义自然层为“按楼地面结构分层的楼层”，因此设备层、管道层也归为自然层，其计算规则与普通楼层相同。

2）在吊顶空间内设置管道及检修马道的，吊顶空间部分不能被视为设备层、管道层，不计算建筑面积，如图 9-108 所示。

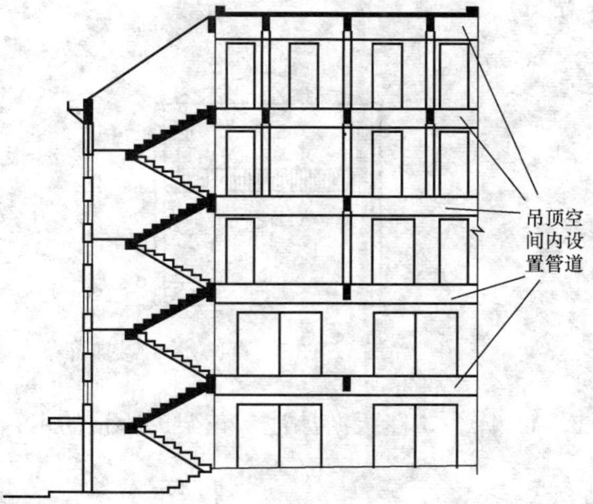

图 9-108　吊顶空间内设置管道夹层示意图

二、不计算建筑面积的范围

下列项目不应计算面积：

（1）与建筑物内不相连通的建筑部件。是指依附于建筑物外墙外不与户室开门连通，起装饰作用的敞开式挑台（廊）、平台，以及不与阳台相通的空调室外机搁板（箱）等设备平台部件。

1）规范将“装饰性阳台、挑廊”扩大为“建筑部件”，范围更为宽泛。

2）“与建筑物内不相连通”是指没有正常的出入口，即通过门进出的，视为“连通”，通过窗或栏杆等翻出去的，视为“不连通”。如图 9-109 所示，凸出的建筑部件与建筑物之间没有门，只有窗，因此属于“不连通”，不计算建筑面积。图 9-92 中的花槽能计算建筑面积，是由于该花槽与建筑物内相连通。花槽与室内相连通，具备使用功能，且满足阳台的三个主要属性，故应视为阳台，计算 1/2 面积。

（2）骑楼、过街楼底层的开放公共空间和建筑物通道，如图 9-110 所示。

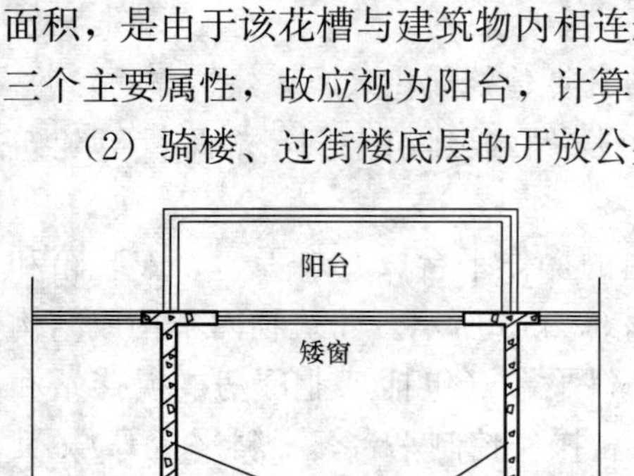

图 9-109　与建筑物内不相连通的阳台

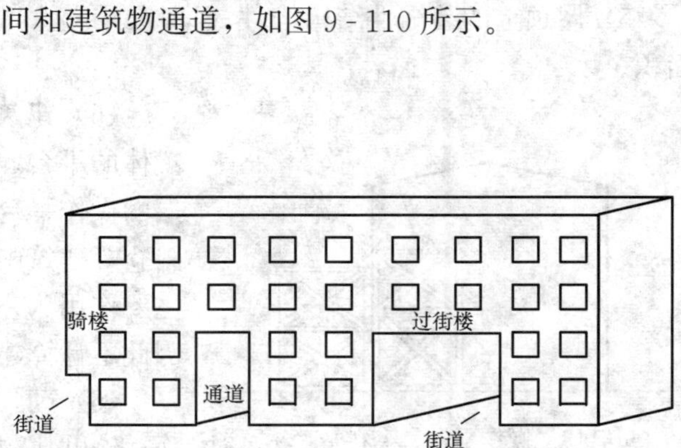

图 9-110　骑楼、过街楼、建筑物通道示意图

（3）舞台及后台悬挂幕布和布景的天桥、挑台等，如图 9-111 所示。是指影剧院的舞

台及为舞台服务的可供上人维修、悬挂幕布、布置灯光及布景等搭设的天桥和挑台等构件设施。

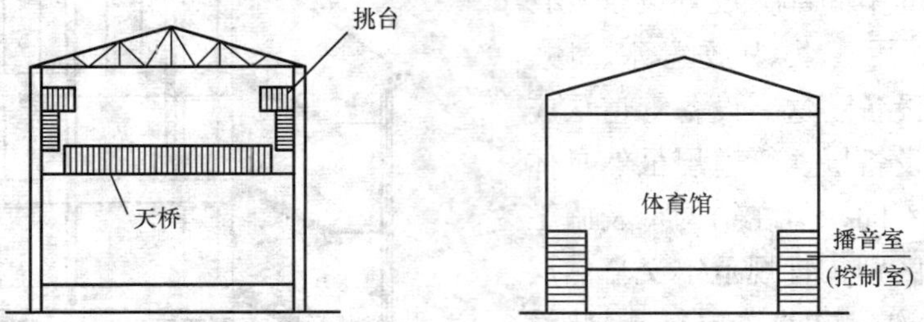

图 9 - 111　后台悬挂幕布和布景的天桥、挑台示意图

（4）露台、露天游泳池、花架、屋顶的水箱及装饰性结构构件，如图 9 - 112 所示。

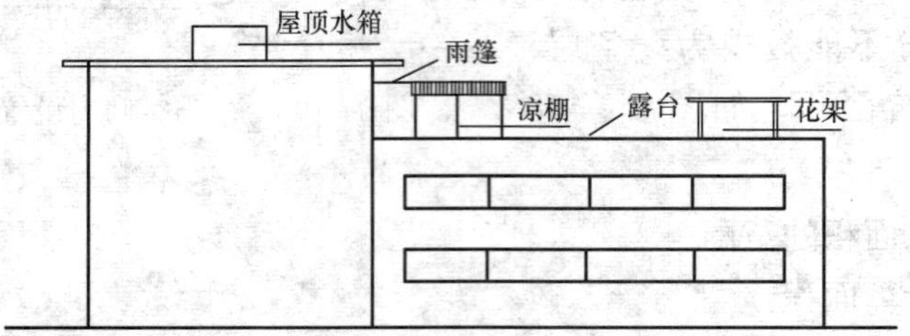

图 9 - 112　露台、花架、屋顶水箱、凉棚示意图

1）露台须同时满足四个条件：①位置，设置在屋面、地面或雨篷顶；②可出入；③有围护设施；④无盖，如图 9 - 28 所示。

2）露天游泳池分为室外游泳池和建筑物屋顶上游泳池，由于没有形成建筑空间，故不计算建筑面积。

3）花架不分材料和设置位置，如室外室内、房前屋后，还是屋顶，属于漏空支架，均不计算建筑面积。

4）屋顶的水箱不计算建筑面积，但屋顶的水箱间应计算建筑面积（属于建筑空间）。

5）屋顶上的装饰性结构构件（即屋顶造型）由于没有形成建筑空间，故不计算建筑面积。

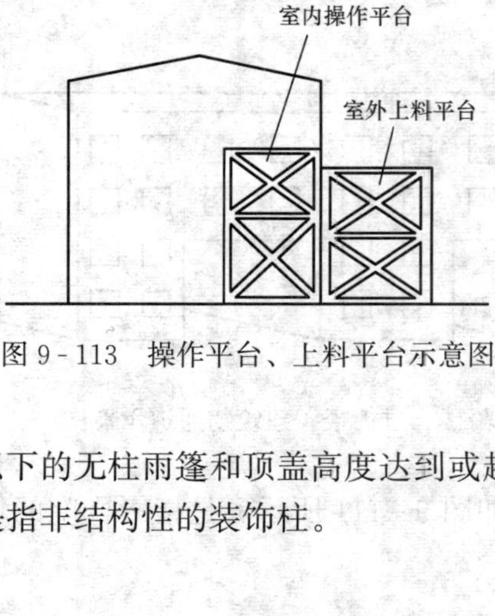

图 9 - 113　操作平台、上料平台示意图

（5）建筑物内的操作平台、上料平台、安装箱和罐体的平台，如图 9 - 113 所示。建筑物内不构成结构层的操作平台、上料平台（包括工业厂房、搅拌站和料仓等建筑中的设备操作控制平台、上料平台等），其主要作用为室内构筑物或设备服务的独立上人设施，因此不计算建筑面积。

（6）勒脚、附墙柱、垛、台阶、墙面抹灰、装饰面、镶贴块料面层、装饰性幕墙，主体结构外的空调室外机搁板（箱）、构件、配件，出挑宽度在 2.10m 以下的无柱雨篷和顶盖高度达到或超过两个楼层的无柱雨篷等，如图 9 - 114 所示。附墙柱是指非结构性的装饰柱。

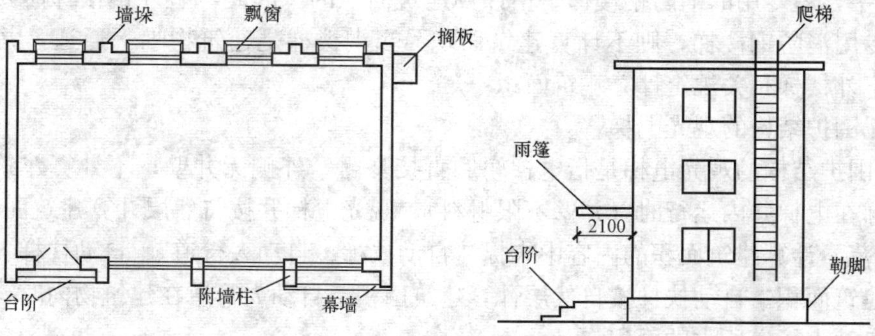

图 9-114　附墙柱、垛、台阶、幕墙、搁板、飘窗、勒脚、雨篷、爬梯示意图

1）结构柱应计算建筑面积。不计算建筑面积的“附墙柱”是指非结构性装饰柱。

2）台阶是联系室内外地坪或同楼层不同标高而设置的阶梯形踏步，室外台阶还包括与建筑物出入口连接处的平台，如图 9-114 所示。

a. 台阶可利用地势砌筑，如图 9-115 所示。

b. 台阶可利用下层能计算建筑面积的建筑物屋顶砌筑（但下层建筑物按规范相应规定计算建筑面积），如图 9-116 所示。

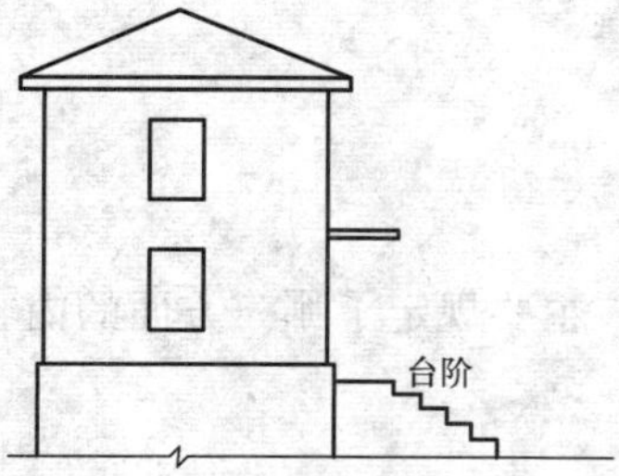

图 9-115　利用地势砌筑的台阶

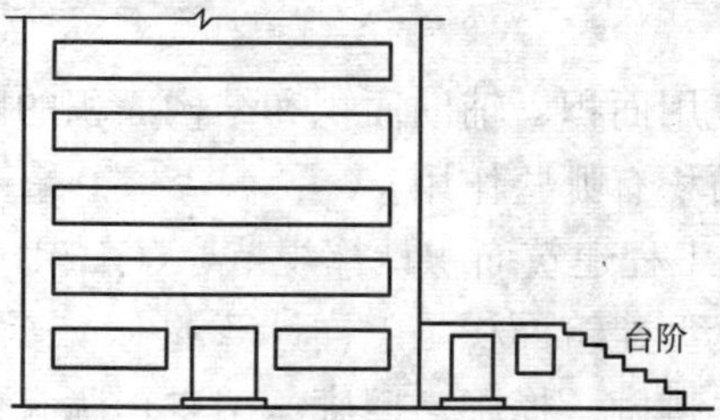

图 9-116　利用下层能计算建筑面积的建筑物屋顶砌筑的台阶

c. 台阶也可能架空，如图 9-117（起点至终点的高度在一个自然层以内）所示。

3）由于楼梯是“楼层之间垂直交通”的建筑部件，故由起点至终点的高度达到该建筑物一个自然层及以上的称为楼梯。如图 9-118 所示，阶梯形踏步下部架空，起点至终点的高度达到一个自然层高，故应归为室外楼梯。

图 9-117　架空式台阶

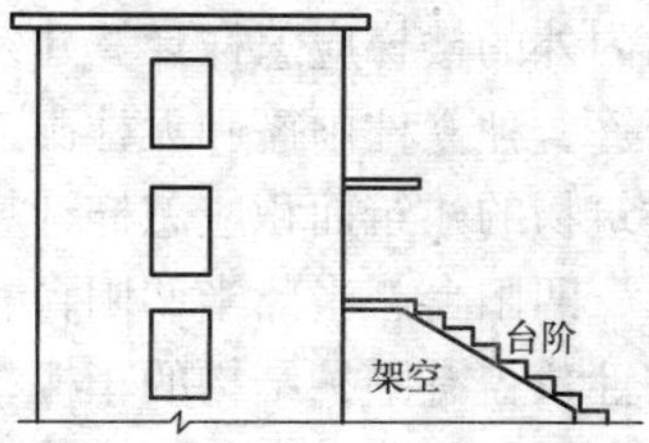

图 9-118　架空达到一个自然层高度属于室外楼梯

（7）窗台与室内楼地面高差在 0.45m 以下且结构净高在 2.10m 以下的凸（飘）窗，窗台与室内楼地面高差在 0.45m 及以上的凸（飘）窗。

（8）室外爬梯、室外专用消防钢楼梯，如图 9-114 所示。规范将“用于”两字调整为

“专用”两字，即专用的消防钢楼梯是不计算建筑面积的。因此，室外钢楼梯需要区分具体用途，如专用消防钢楼梯，则不计算建筑面积；当钢楼梯是建筑物唯一通道，并兼用于消防，则按室外楼梯相关规定计算建筑面积。

（9）无围护结构的观光电梯。

1）无围护结构的观光电梯是指电梯轿厢直接暴露，外侧无井壁，不计算建筑面积。如果观光电梯在电梯井内运行时（井壁不限材料），观光电梯井按自然层计算建筑面积。

2）规范不计算建筑面积的内容中未提“自动扶梯、自动人行道”。自动扶梯、自动人行道应计算建筑面积。自动扶梯按自然层计算建筑面积。自动人行道在建筑物内时，建筑面积不应扣除自动人行道所占的面积。

（10）建筑物以外的地下人防通道，独立的烟囱、烟道、地沟、油（水）罐、气柜、水塔、贮油（水）池、贮仓、栈桥等构筑物。

1）“地下人防通道”无论是独立的还是与建筑物相连通的，都不计算建筑面积。

2）地铁隧道属于市政工程，不能计算建筑面积。

3）独立烟道属于构筑物，不计算建筑面积；但附墙烟道应按自然层计算建筑面积。

4）独立贮油（水）池属于构筑物，不计算建筑面积。

复习思考题

1. 简述使用面积、辅助面积和结构面积的区别。
2. 建筑面积有哪些作用？
3. 《建筑工程建筑面积计算规范》（GB/T 50353—2013）主要规定了哪三方面的内容？
4. 住宅套型建筑面积是怎样计算的？
5. 走廊、挑廊、檐廊、回廊、架空走廊有何区别？
6. 挑阳台、眺望间、飘窗有何区别？
7. 台阶与楼梯有何区别？
8. 地下室与半地下室有何区别？
9. 骑楼和过街楼有什么不同？
10. 有局部楼隔层的单层建筑物的建筑面积应怎样计算？
11. 建筑物吊脚架空层、深基础架空层和地下室的建筑面积计算规则相同吗？
12. 建筑物内外的楼梯应怎样计算建筑面积？
13. 有柱雨篷、独立柱雨篷和无柱雨篷建筑面积应怎样计算？
14. 多层建筑物的建筑面积应怎样计算？
15. 挑阳台、凹阳台、半凸半凹阳台、封闭阳台、敞开阳台的建筑面积应怎样计算？
16. 有永久性顶盖有围护结构的车棚、货棚、站台的建筑面积应怎样计算？
17. 宿舍楼下面的储藏室，上面的阁楼怎样计算建筑面积？
18. 变形缝的面积怎样计算？
19. 计算某小学教学办公楼的建筑面积。平面图、剖面图如图 9-119 所示。

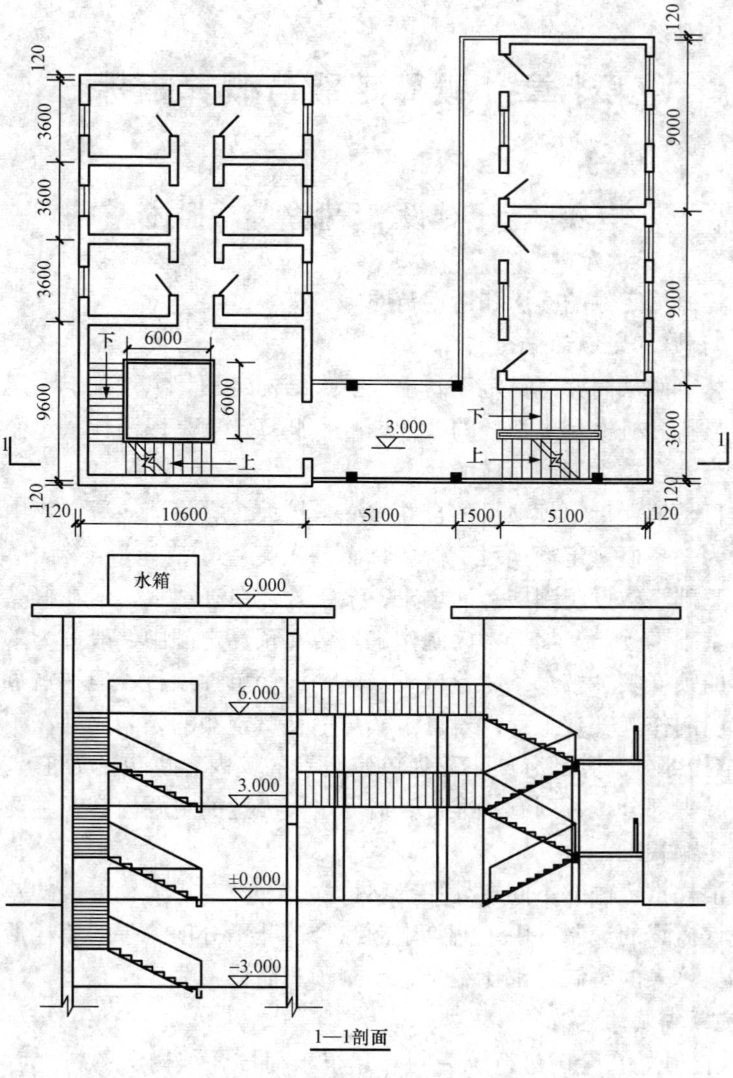

图 9-119　某小学教学办公楼平面、剖面示意图

第十章　概算定额与概算指标

第一节　建设工程概算定额概述

一、建设工程概算定额的概念和适用范围

（一）建设工程概算定额的概念

建设工程概算定额（简称概算定额）也称扩大结构定额，它是确定一定计量单位扩大分项工程的人工、材料和机械台班消耗的数量标准。概算定额是以消耗量定额或综合预算定额为基础，经过适当综合扩大编制而成的。

概算定额项目是消耗量定额项目的合并与综合扩大。它将消耗量定额中有联系的若干分项工程项目综合为一个概算定额项目。例如，砖基础工程在消耗量定额中一般分为挖地槽、基础垫层、砌筑基础、敷设防潮层、回填土、余土外运单独项目，但在概算定额中，则综合为一个整体的砖基础工程。又如，木门制作、安装在预算定额中一般分为木门框扇制作、安装、五金配件、门锁安装、披水条、盖口条、门油漆等单独项目，但在概算定额中，则综合为一个整体的木门制作、安装工程。概算定额与消耗量定额的相同之处在于，它们都是以建（构）筑物各个结构部分和分部分项工程为单位表示的，内容也包括人工、材料和机械台班使用量定额三个基本部分，并列有基准价。概算定额表达的主要内容、主要方式及基本使用方法都与消耗量定额相近。

概算定额与消耗量定额的不同之处在于项目划分和综合扩大程度上的差异，同时，概算定额主要用于设计概算的编制。由于概算定额综合了若干分项工程的消耗量定额，因此使概算工程量计算和概算表的编制，都比编制施工图预算简化一些。

（二）概算定额编制的意义

从 1957 年我国开始在全国试行统一的《建筑工程扩大结构定额》之后，各省、市、自治区根据本地区的特点，相继编制了本地区的概算定额。为了适应建筑业的改革，原国家计委、建设银行总行在计标〔1985〕352 号文件中指出，概算定额和概算指标由省、市、自治区在消耗量定额基础上组织编写，分别由主管部门审批，报国家计划委员会备案。

为合理确定和有效控制建设项目投资，加强政府宏观调控，维护建筑市场经济秩序，完善工程计价依据体系，山东省工程造价主管部门组织编制了《建设工程概算定额》（简称概算定额），于 2010 年 3 月 1 日起施行，为建设工程概算填补了技术依据的空白。

合理确定和有效控制基本建设投资，是始终贯穿于项目建设全过程的一项重要工作，而建设项目设计阶段，则是控制工程造价的最为关键的阶段。分析众多项目的建设规律，相当于建设工程全寿命费用 1%左右的设计成本，却对建设项目投资影响约为 75%。为使建设项目达到设计要求，努力做到技术与经济的统一，满足建设项目使用功能或生产能力的要求，最大限度地发挥投资效益，必须抓好设计这个重要过程，方可取得事半功倍的效果。

《建设工程概算定额》的发布实施，对规范工程建设项目概算的编制和管理，合理使用建设资金，有效控制工程造价，将会起到积极作用。

因此，做好概算定额工作，对于提高设计概算的质量，加强建设项目和建筑工程经济管理，有效使用建设资金，降低建设成本，充分发挥投资效果，都有重大的意义。

（三）概算定额的适用范围

1. 概算定额的编制范围及其专业内容

《建设工程概算定额》有四个分册共五本，分别是：

(1)《建设工程概算费用编制规定》。

(2)《建筑工程概算定额》。

(3)《安装工程概算定额》。

(4)《市政工程概算定额》上、下册。

2. 概算定额的适用范围

(1)《建设工程概算定额》适用于一般工业与民用的新建、扩建、改建的建筑工程、安装工程、市政工程。

(2)《建设工程概算定额》是规定工程建设项目，从筹建到竣工验收交付使用或正式生产所需的全部费用进行计算的文件，包括建设项目建筑安装工程费、设备购置费、工程建设其他费用、预备费、建设期贷款利息、固定资产投资方向调节税和经营性铺底流动资金七部分费用。

二、概算定额的作用和编制原则

（一）概算定额的作用

概算定额是确定建筑、安装、市政工程概算费用的标准。其具体作用有：

(1) 是编制和审查工程初步设计概算，技术设计阶段编制修正概算的主要依据。

(2) 是对设计方案进行技术经济比较、优化设计的依据，也是衡量建设项目设计方案技术经济合理性和考核建设项目投资效果的依据。

(3) 是编制主要材料计划、概算指标和估算指标的基础。

(4) 是投资管理部门决策、审批、调整建设项目投资的依据。

(5) 是有关单位制定筹集、划拨建设资金计划、实行建设项目投资包干的依据。

(6) 可作为工程总承包或施工图阶段通过合同约定按照概算定额计价时，进行工程预、结算的依据。

（二）概算定额的编制原则

概算定额应该贯彻社会平均水平和简明适用的原则。由于概算定额和消耗量定额都是工程计价的依据，所以应符合价值规律和反映现阶段大多数企业的设计、生产及施工管理水平。但在概算定额和消耗量定额水平之间应保留一定的幅度差。概算定额项目的划分，应在保证具有一定的准确性的前提下，做到简明易懂、项目齐全、计算简单、准确可靠、方便适用。概算定额的内容和深度是以消耗量定额为基础的综合和扩大。在合并中不得遗漏或增加项目，以保证其严密性和正确性，本着不留活口或少留活口的原则进行。

在概算定额的编制过程中，除要坚持符合国家、省市的法律、法规、规章，以及现行的技术经济政策外，还遵守以下原则：

(1) 概算定额的范围要满足编制设计概算的需要，达到技术设计阶段合理确定和有效控制工程造价的目的。

(2) 概算定额的项目设置深度要与《建筑工程设计文件编制深度规定》《市政公用工程

设计文件编制深度规定》相吻合。

(3) 坚持以主（主要工程实体项目）带次，最大限度地合理综合相关内容。尽量做到概算项目设置少而不漏，相关内容综合全而不重。

(4) 概算定额的水平坚持社会平均水平原则，概算定额的水平幅度差控制在《建筑、安装、市政工程消耗量定额》规定的5%以内。

(5) 概算定额要突出实用性，力求结构完整、内容齐全、简明扼要、应用方便。

三、概算定额的编制

(一) 概算定额的编制依据

由于概算定额的使用范围不同，其编制依据也略有不同。为保证概算定额的编制质量，使其定额水平更加符合工程的实际，满足编制建设项目概算的需要，建筑安装工程概算定额在编制过程中的主要依据有：

(1) 国家部委专业管理部门颁发的概算编制办法。

(2) 建筑安装工程费用项目组成文件。

(3) 建筑安装工程消耗量定额。

(4) 建筑安装工程工程量清单计价办法。

(5) 其他省、市颁发的概算定额。

(6) 建设项目设计概算编审规程。

(7) 建设工程设计规范及行业、地方设计标准及其相关标准图集。

(8) 具有代表性的典型工程技术经济资料。

(9) 建设工程人工、材料、施工机械台班市场价格。

(10) 建设工程施工机械台班费用计算规则。

(11) 国家及省对工程概算有关的政策规定。

(二) 概算定额的编制要求

概算定额的编制，政策性强、影响面广，必须做到合法合理、有根有据、科学严谨。针对概算定额编制工作具有需用数据繁多、工作程序复杂、工作量大、专业技术水平要求高的特点，按照统一工作要求（原则、依据、形式）、统一组织进度、统一程序步骤，坚持集中编制和分别整理相结合，人工计量和微机计算相结合的方式，积极有效地开展编制工作，力求概算定额达到合理准确、简明适用。

四、概算定额的编制步骤

概算定额的编制一般分三阶段进行，即准备阶段、编制初稿阶段和审查定稿阶段。

1. 准备阶段

该阶段主要是确定编制机构和人员组成，进行调查研究，了解现行概算定额执行情况和存在的问题，明确编制的目的，制定概算定额的编制方案和确定概算定额的项目。

2. 编制初稿阶段

该阶段是根据已经确定的编制方案和概算定额项目，收集和整理各种编制依据，对各种资料进行深入细致的测算和分析，确定人工、材料和机械台班的消耗量指标，最后编制概算定额初稿。

3. 审查定稿阶段

该阶段的主要工作是测算概算定额水平，即测算新编制概算定额与原概算定额及现行消耗量定额之间的水平。测算的方法既要分项进行测算，又要通过编制单位工程概算以单位工程为对象进行综合测算。概算定额水平与消耗量定额水平之间应有一定的幅度差，幅度差一般在5%以内。

概算定额经测算比较后，可报送国家授权机关审批。

五、概算定额手册结构形式及说明

（一）定额的结构形式

1. 建筑、安装、市政工程概算定额

建筑、安装、市政专业工程概算定额的结构，由总说明、目录、册或章节说明、概算定额表和附录组成。

总说明主要阐述概算定额的编制依据、使用范围、包括的内容及作用、应遵守的规则等。章节说明主要阐述本分部工程包括的综合工作内容及分部分项工程的工程量计算规则等。附注说明主要说明本节定额项目的调整、换算的有关事项。

概算定额表是概算定额的核心内容。概算定额表中包括：分部分项工程名称、工作内容、计量单位；定额编号、定额子项名称、概算定额基价、人工费、材料费、机械费；人工、材料、施工机械名称规格型号及消耗量等。具体表现形式见表10-1。

表10-1　顶棚面抹灰

工作内容：清理基层、分层抹灰找平、罩面压光等全部工作内容。　计量单位：$10m^2$

定额编号				GJ-7-43	GJ-7-44
项目				水泥砂浆	混合砂浆
基价（元）				136.96	80.23
其中	人工费（元）			98.12	64.68
	材料费（元）			36.66	15.40
	机械费（元）			2.18	0.15
名称		单位	单价	数量	
人工	综合工日	工日	44.00	2.230	1.470
材料	水泥砂浆1∶2	m^3	208.74	0.067	—
	水泥砂浆1∶2.5	m^3	198.85	0.094	—
	素水泥浆	m^3	376.78	0.009	—
	水	m^3	4.27	0.018	0.018
	混合砂浆1∶1∶6	m^3	145.95	—	0.105
	其他材料费	元	1.00	0.510	—
机械	机械费	元	1.00	2.180	0.150

概算定额表中的定额编号由三组字母或数字表示，如GA1-8-4。第一组中字母表示为专业概算定额，GJ为建筑工程，GA为安装工程，GS为市政工程，数字表示册或章序，1表示为第一册，在建筑概算定额中没有分册，故没有该数字，如GJ-7-43；第二组中数字为章序，8表示为第八章；第三组数字为概算定额子目顺序号，4为该章中的第四项定额子目。

2. 建设工程概算费用编制规定

建设工程概算费用编制规定是由文字和表格组成，主要包括费用组成、计算程序、概算编制方法及其表格。

3. 概算定额应用规则

（1）符合概算定额规定的应用范围。

（2）工程内容、计量单位及综合程度应与概算定额一致。

（3）必要的调整和换算应严格按定额的文字说明和附录进行。

（4）避免重复计算和漏项。

（5）参考消耗量定额的应用规则。

（二）关于人工、材料和施工机械消耗量及其价格

1. 关于人工

（1）定额中所列工日不分工种和技术等级，均以综合工日表示。人工消耗量内容，与消耗量定额工日相同，包括基本用工、超运距用工和人工幅度差。

（2）定额中工日单价是按照目前市场价格水平进行取定的，每综合工日单价为 44 元。

2. 关于材料

（1）定额中的材料费，均包括直接消耗在工程中主要材料、辅助材料和零星材料的使用量和周转性材料摊销量的费用，以及规定的损耗量的费用。

（2）定额中凡材料单价栏中列有单价者，该材料的费用已计入定额的材料费中；凡单价栏中列有“—”者，该材料的费用未计入定额的材料费中，其单价可按工程所在地有关部门发布的市场价格进行计算。其他材料费全省将统一调整执行。

（3）概算定额表与消耗量定额表相比不同的地方是：概算定额表仅表示出部分主要材料量和其他材料费。其他材料费包括除主要材料以外的所有材料计价合并后，以元表示。其目的是在以后的使用管理更方便些。

（4）定额中的材料单价是以 2009 年底全省统一发布的材料价格为基础综合取定计入的。

3. 关于施工机械和仪器仪表

（1）定额中的机械费包括施工机械费用和施工仪器仪表费用。其费用是按正常合理的机械配备和大多数施工企业的机械化程度、现场校验仪器仪表配备情况综合取定消耗量，包括施工机械和施工仪器仪表台班使用量及其机械幅度差；单价是以现行的建设工程施工机械台班费用计算规则和动力、燃料等材料价格，以及有关部门对车船使用费、牌照、年检费等规定计算的。

（2）定额中仅列出施工机械费，没有列出施工机械的种类和数量。此举出于对概算阶段还难以确定具体施工方案，列与不列意义不大的考虑。施工机械费全省将统一调整执行。

（3）定额中施工机械费未含大型施工机械的进出场及安拆费，发生时，可按有关规定另行计算。

（三）设备费的计算

专业概算定额中不包括工程所安装的设备费用，设备费应按《建设工程概算费用编制规定》中“设备购置费”的计算规定计入。

（四）费用计算

概算费用是指建设项目从筹建到竣工验收交付使用或正式生产所需全部费用，包括建设

项目建筑安装工程费、设备购置费、工程建设其他费用、预备费、建设期贷款利息、固定资产投资方向调节税和经营性铺底流动资金七部分费用。

建筑安装工程费的组成及计算方法是依据住房和城乡建设部、财政部发布的建标〔2013〕44号文《建筑安装工程费用项目组成》，结合工程实际情况进行确定的。除建筑安装工程费以外的费用，均按国家和省现行的有关法律法规及政策的规定进行确定。

第二节　概算费用项目的构成及计算程序

为合理确定和有效控制建设项目投资，规范工程建设项目概算费用的编制和管理，根据国家、省有关法律、法规和规定，结合实际，制定《建设工程概算费用编制规定》。国家、省对专业建设项目概算费用的编制与确定，另有规定的从其规定。

《建设工程概算费用编制规定》适用于新建、改建、扩建的工程建设项目概算费用的编制与确定。它是国有资金投资或国有资金投资为主的建设项目编制初步设计概算的依据；可作为政府投资管理部门决策、审批、调整建设项目投资的依据；是有关单位制定固定资产投资计划、实行建设项目投资包干的依据；是衡量建设项目设计方案技术经济合理性和考核建设项目投资效果的依据；是编制概算指标和估算指标的基础。

《建设工程概算费用编制规定》主要包括总则、概算费用项目构成、概算费用的内容及计算方法、概算费用计算程序和概算编制方法五部分内容。

一、概算费用项目构成

概算费用项目构成一般应包括建筑安装工程费用、设备购置费用、工程建设其他费用、预备费、建设期贷款利息、固定资产投资方向调节税和经营性铺底流动资金等费用。

概算费用项目的构成，见表10-2。

表10-2　概算费用项目的构成

<table>
<tr><th colspan="3">费用项目类别</th><th>费用项目构成</th><th>费用内容</th></tr>
<tr><td rowspan="10">建设项目概算总费用</td><td rowspan="10">建设投资</td><td rowspan="7">第一部分
工程费用</td><td rowspan="4">1. 建筑工程费
2. 安装工程费</td><td>(1) 直接费</td></tr>
<tr><td>(2) 间接费</td></tr>
<tr><td>(3) 利润</td></tr>
<tr><td>(4) 税金</td></tr>
<tr><td rowspan="3">3. 设备购置费</td><td>(1) 设备购置费</td></tr>
<tr><td>(2) 工器具、生产家具购置费</td></tr>
<tr><td>(3) 备品备件购置费</td></tr>
<tr><td rowspan="3">第二部分
工程建设
其他费用</td><td>1. 建设用地费用</td><td>土地使用权出让金、土地使用补偿费、拆除迁建费等</td></tr>
<tr><td>2. 技术咨询费</td><td>项目论证费、环境评价费、节能评估审查费、劳动安全卫生评价费、研究试验费、勘察设计费、专利和专有技术使用费、引进技术设备费等</td></tr>
<tr><td>3. 项目配套费</td><td></td></tr>
</table>

续表

	费用项目类别		费用项目构成	费用内容
建设项目概算总费用	建设投资	第二部分 工程建设其他费用	4. 项目建设管理费	建设单位管理费、设计图纸审查费工程招标费、监理费、造价咨询服务费、工程保险费、场地准备及临时设施费、特种设备检验检测费等
			5. 与未来生产经营有关的其他费用	生产准备费及开办费、联合试运转费等
		第三部分 预备费	1. 基本预备费	
			2. 价差预备费	
	建设期利息	第四部分	建设期贷款利息	
	[注]	第五部分	固定资产投资方向调节税	
	流动资金	第六部分	经营性铺底流动资金	

注 固定资产投资方向调节税按规定不再计取。

二、概算费用计算程序

（一）建设项目概算费用计算程序

建设项目概算费用计算程序见表 10-3。

表 10-3 建设项目概算费用计算程序

序号	概算费用项目组成	费用名称	计算方法或依据
（一）	建筑安装工程费用	1. 直接费	按建筑安装工程费用计算程序的规定计算
		2. 间接费	
		3. 利润	
		4. 税金	
（二）	设备购置费用	1. 设备购置费	购置费 $=\sum$(设备及工器具购置数量×单价＋运杂费)×(1＋采购保管费率)
		2. 工器具、生产家具购置费	
		3. 备品备件购置费	
（三）	工程建设其他费用	1. 建设用地费用 (1) 土地使用权出让金 (2) 土地使用补偿费 (3) 拆除迁建费等	按照国家《中华人民共和国土地法》《城镇国有土地使用税暂行条例》《城镇国有土地使用权出让和转让暂行条例》及省、市有关规定计算
		2. 技术咨询费 (1) 项目论证费用 (2) 环境影响评价费 (3) 节能评审费 (4) 劳动安全卫生评价费 (5) 研究试验费	 计价格〔1999〕1283 号 计价格〔2002〕125 号 按有关规定计算 按编制规定计算 按编制规定计算

续表

序号	概算费用项目组成	费用名称	计算方法或依据
（三）	工程建设其他费用	（6）专利及专有技术使用费 （7）工程勘察设计费 （8）引进技术和引进设备其他费 （9）特种设备检验检测费 （10）其他技术咨询费	按有关规定计算 计价格〔2002〕10 号、计办价格〔2002〕1153 号、鲁价费发〔2002〕87 号 按有关规定计算 发改价格〔2009〕3212 号 按有关规定计算
		3. 项目配套建设费	按照国家、省、市有关规定计算
		4. 项目建设管理费 （1）建设单位管理费 （2）项目建设管理代理费 （3）施工图审查费 （4）招标代理费 （5）工程造价咨询服务费 （6）建设工程监理费 （7）工程保险费 （8）场地准备及临时设施费	 财建〔2002〕394 号 按有关规定计算 鲁价费发〔2002〕45 号、〔2003〕257 号 计价格〔2002〕1980 号、鲁价费发〔2002〕243 号 鲁价费发〔1999〕73 号、[2004] 239 号、鲁价费发〔2007〕205 号 发改价格〔2007〕670 号、鲁价费发〔2007〕218 号 按编制规定计算 按编制规定计算
		5. 与生产经营相关其他费用 （1）生产准备及开办费 （2）联合试运转费 （3）其他费用	 按有关规定计算 按实际估算 按有关规定计算
（四）	预备费	1. 基本预备费	按编制规定计算
		2. 价差预备费	按编制规定计算
（五）	建设期贷款利息		按编制规定计算
（六）	固定资产投资方向调节税		财税字〔1999〕299 号
（七）	经营性铺底流动资金		按需要总额的 30%计
（八）	建设工程概算总费用		（一）＋（二）＋（三）＋（四）＋（五）＋（六）＋（七）＋（八）

（二）建筑安装工程费用计算程序

建筑安装工程费用计算程序见表 10 - 4。

表 10 - 4　　建筑安装工程费用计算程序

序号	费用项目	费用计算公式	费用金额（元）
（一）	直接费	直接工程费＋措施费	

续表

序号	费用项目	费用计算公式	费用金额（元）
	1. 直接工程费	人工费＋材料费＋机械费	
	1.1 人工费	$\sum$(工日消耗量×工日单价)	
	1.2 材料费	$\sum$(材料消耗量×材料单价)	
	1.3 机械费	$\sum$(施工机械台班消耗量×台班单价)	
	2. 措施费	总价措施费＋单价措施费	
	2.1 总价措施费	按概算费用计算规定计算	
	2.2 单价措施费	按可能实施方案计或按定额计或估算	
(二)	企业管理费	直接工程费×企业管理费费率	
(三)	利润	直接工程费×利润率	
(四)	规费	按国家、省政府有关部门规定计	
(五)	税金	[(一)＋(二)＋(三)＋(四)]×税率	
(六)	建筑安装工程费	(一)＋(二)＋(三)＋(四)＋(五)	

1. 建筑安装工程费用相关费率标准

建筑工程（包括装饰工程）费用有关费率标准见表10-5。

表10-5 建筑工程费用有关费率标准

费用名称		计算基础	费率（%）
总价措施费	1. 环境保护费	直接工程费	0.15
	2. 文明施工费		0.4
	3. 临时设施费		1.0
	4. 夜间施工增加费		0.7
	5. 二次搬运费		0.6
	6. 冬雨期施工增加费		0.8
	7. 已完工程及设备保护费		0.15
	8. 施工因素增加费		0.5
	小　计		4.3
企业管理费		直接费	8.4
利　润			6.6
规费	1. 安全施工费	（一）＋（二）＋（三）	2.0
	2. 社会保障费		2.6
	3. 住房公积金	按照工程所在市规定	
	4. 工程排污费		
税金	1. 市　区	税前费用	3.48
	2. 县城、镇		3.41
	3. 市、县城、镇外		3.28

2. 说明

(1) 表10-5中"(一)、(二)、(三)"是指"建筑安装工程费用计算程序"中的序号。

(2) 在概算费用中，总承包服务费应属企业管理费。发生工程总分包时，总承包服务费应根据分包工程量和服务内容的多少进行计算，该部分另行计入企业管理费内。建筑工程按分包工程的直接工程费乘以0.3%。

(3) 费用标准表内规费中列出的社会保障费费率2.6%，是根据山东省人民政府办公厅鲁政办发〔1995〕77号《转发省建委等部门〈关于改革山东省建筑企业劳动保险费用提取办法的报告〉的通知》和省财政厅、省建设厅鲁财综字〔2003〕25号《关于进一步加强建筑企业养老保障金管理的通知》等文件确定的，其中包括基本养老保险费、失业保险费、基本医疗保险费、工伤保险和生育保险等。

(4) 规费中安全施工费费率是根据财政部、国家安全生产监督管理总局财企〔2006〕478号《高危行业企业安全生产费用财务管理暂行办法》确定的。建筑工程（包括附属的装饰装修、水、电、暖、通、智能等）为2.0%，其他工程为1.0%。

第三节　概　算　指　标

一、概算指标的概念

概算指标是比概算定额综合性更强的一种指标。它是对各类建筑物或构筑物以100m²建筑面积、1000m³体积或成套设备装置的"台"或"组"作为计量单位所确定的人工、材料、机械台班的消耗量标准和造价指标。

概算指标的研究对象是成品，即整个建筑物或构筑物，它们都是可以使用的最终产品；而概算定额和消耗量定额的研究对象都只是半成品，不能供最终使用。

概算定额与概算指标都是在初步设计阶段用来编制设计概算的基础资料，两者的区别可以从以下几方面来理解：

1. 编制对象不同

概算定额是以定额计量单位的扩大分项工程或扩大结构构件为对象编制的，概算指标是以扩大计量单位（面积或体积）的单位工程为对象编制的。

2. 综合程度不同

概算定额比预算定额综合性强，概算指标比概算定额综合性强。概算指标比概算定额更加综合与扩大。

3. 编制依据不同

概算定额以预算定额为基础，通过计算后才综合确定出各种消耗量指标；而概算指标中各种消耗量指标的确定，则主要来自各种预算或结算资料。

4. 适用条件不同

概算定额适用于设计深度较深，已经达到能计算扩大分项工程工程量的程度，概算指标适用于设计深度较浅，只要达到已经明确结构特征的程度。

5. 使用方法不同

使用概算定额编制概算书时需要先计算扩大分项工程的工程量，再与概算单价相乘来计算概算直接费；使用概算指标编制概算书时只需要计算拟建工程的建筑面积（或体积），再与单位面积（或体积）的概算指标值相乘来计算概算直接费。

二、概算指标的作用

概算指标与概算定额、消耗量定额一样，都是与各个建设阶段相适应的多次性计价的产物，它主要用于可行性研究和初步设计阶段的投资估算，其作用如下：

（1）概算指标可以作为编制投资估算的参考。

（2）概算指标是初步设计阶段编制概算书，确定工程概算造价的依据。

（3）概算指标是编制固定资产投资计划，确定投资额和主要材料计划的依据。

（4）概算指标中的主要材料指标可以作为匡算主要材料用量的依据。

（5）是设计单位对设计方案进行技术经济分析，衡量设计水平，考核工程建设投资效果的重要标准之一。

三、概算指标的分类及表现形式

1. 概算指标的分类

概算指标可分为两类，一类是建筑工程概算指标；另一类是安装工程概算指标，具体如图 10－1 所示。

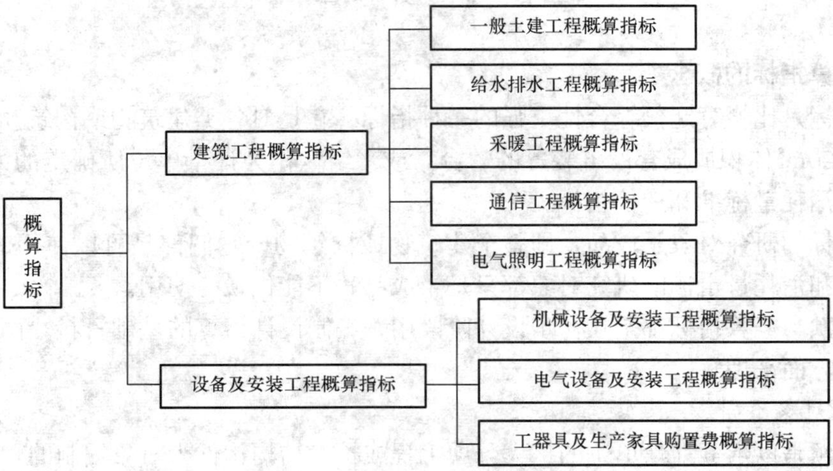

图 10－1　概算指标的分类

2. 概算指标的表现形式

概算指标在具体内容的表示方法上，分综合指标和单项指标两种形式。

（1）综合概算指标。综合概算指标是按照工业或民用建筑及其结构类型而制定的概算指标。综合概算指标的概括性较大，其准确性、针对性均不如单项指标。

（2）单项概算指标。单项概算指标是指为某种建筑物或构筑物而编制的概算指标。单项概算指标的针对性较强，故指标中对工程结构形式要作介绍。只要工程项目的结构形式及工程内容与单项指标中的工程概况相吻合，编制出的设计概算就比较准确。

四、概算指标的编制原则

概算指标应符合价值规律的要求，其水平也应是社会必要消耗量的平均水平，概算指标与概算定额水平之间应保留一定的幅度差。概算指标项目的划分，应在保证具有一定准确性的前提下，做到简明易懂、项目齐全、计算简单、准确可靠，本着不留活口或少留活口的原则进行。

综上所述，编制概算指标应贯彻平均水平和简明适用的原则。

五、概算指标的编制依据

（1）现行的设计标准、各种类型的典型工程设计和具有代表性的标准设计图纸。

（2）国家颁发的建筑标准、设计规范、施工及验收规范和有关规定。

（3）现行的概算定额、消耗量定额及补充定额。

（4）地区工资标准、材料价格、机械台班价格以及取费标准。

（5）典型工程结算资料和有代表性的概、预算资料。

（6）现行的工程建设政策、法令和规章等。

六、概算指标的组成内容

概算指标的组成内容一般包括文字说明和列表两部分，以及必要的附录。

1. 总说明和分册说明

总说明和分册说明内容一般包括概算指标的编制范围、编制依据、分册情况、指标包括的内容、指标未包括的内容、指标的使用方法、指标允许调整的范围及调整方法等。

2. 列表部分

列表部分内容又包括建筑工程列表和安装工程列表两种，第一种是建筑工程列表。房屋建筑物、构筑物一般是以建筑面积、建筑体积、“座”“个”等为计量单位，附以必要的示意图（示意图是建筑物的轮廓示意或单线平面图），列出综合指标：元/m^2或元/m^3、自然条件（如地耐力、地震烈度等）、建筑物的类型、结构形式及各部位中结构主要特点、主要工程量。第二种是安装工程列表。设备以“座”或“台”为计算单位，或者以设备购置费或设备原价的百分比（%）表示；工艺管道一般以“m”为计算单位；通信电话站安装以“站”为计算单位。列出指标编号、项目名称、规格、综合指标（元/计算单位）之后一般还要列出其中的人工费，必要时还要列出主要材料费、辅材费。

建筑工程列表中一般包括示意图、结构特征、经济指标、构造内容、工程量指标、人工及主要材料消耗量指标六个部分：

（1）示意图。说明工程的结构形式，工业建筑还表示出吊车起重能力等。

（2）结构特征。进一步说明工程的结构形式，层高、层数和建筑面积等。例如，某砖混结构六层住宅的结构特征为：结构类型—砖混结构，层数－6 层，层高－2.9m，檐高－18.3m，建筑面积－4 206m^2。

（3）经济指标。经济指标可分为分部分项工程指标、措施项目指标和其他项目指标等。说明该工程每 100m^2造价及其中建筑工程、装饰工程和安装工程等单位工程的相应造价。

（4）构造内容。说明该工程项目的构造内容。

（5）工程量指标。列出每 100m^2建筑面积的扩大分项工程量指标。

（6）人工及主要材料消耗量指标。列出相应计算单位的人工及主要材料消耗量指标。

建筑工程概算指标列表可以是多种形式，只要能准确描述概算指标的组成内容即可。以北京市某单层工业厂房概算指标和西安某教学楼工程概算指标为例，了解其组成的内容，见表 10－6 和表 10－7。该表包括工程概况、单位工程指标、工程造价构成、工程量指标和人材机指标等。

表 10 - 6　　北京市某单层工业厂房概算指标

<table>
<tr><td colspan="6">一、工程概况</td></tr>
<tr><td>建设地点</td><td colspan="2">北京市</td><td>檐高</td><td colspan="2">5m</td></tr>
<tr><td>中标时间</td><td colspan="2">2006.9</td><td>建筑面积</td><td colspan="2">25 525m²</td></tr>
<tr><td rowspan="2">工程等级</td><td colspan="2" rowspan="2">厂房</td><td rowspan="2">层数</td><td rowspan="2">1</td><td>地上　1</td></tr>
<tr><td>地下　0</td></tr>
<tr><td>地震烈度</td><td colspan="2">8 度</td><td>资金类别</td><td colspan="2">自筹</td></tr>
<tr><td>结构类型</td><td colspan="2">框架结构</td><td>其他</td><td colspan="2"></td></tr>
<tr><td rowspan="9">建筑工程</td><td>基础</td><td colspan="4">带形基础</td></tr>
<tr><td rowspan="3">结构</td><td colspan="4">墙体：实心砖墙：370 厚 MU10 页岩砖，M10 混合砂浆砌筑，240 厚 MU10 页岩砖；填充墙：300 厚 MU5 陶粒混凝土砌块 M5 混合砂浆；200 厚 MU5 陶粒混凝土砌块；250 厚 MU5 陶粒混凝土砌块非防火墙</td></tr>
<tr><td colspan="4">板：平板，板厚度：100、110、120、140、160 厚，混凝土强度等级：C25，混凝土拌和料要求：现浇混凝土</td></tr>
<tr><td colspan="4">屋面：保温隔热屋面，40 厚 C20 细石混凝土＋70 厚聚苯板保温层，最薄处 30 厚 1∶0.2∶3.5 水泥粉煤灰页岩陶粒找 2%坡，20 厚 1∶3 水泥砂浆找平层</td></tr>
<tr><td rowspan="5">装饰</td><td colspan="4">楼地面：细石混凝土楼地面，地砖楼地面</td></tr>
<tr><td colspan="4">门窗：塑钢窗，中空塑钢推拉窗、单玻塑钢推拉窗；夹板装饰门，夹板带百叶木门（成品包括油漆），实木拼板门</td></tr>
<tr><td colspan="4">天棚：天棚抹灰，刷喷涂料顶棚，金特方板天棚吊顶</td></tr>
<tr><td colspan="4">内墙：刷喷涂料内墙，喷（刷）白色耐擦洗涂料，釉面砖墙面</td></tr>
<tr><td colspan="4">外墙：刷喷涂料外墙，喷（刷）灰色涂料面层</td></tr>
<tr><td rowspan="8">安装工程</td><td rowspan="4">电气</td><td colspan="4">照明：焊接钢管、线缆敷设、配电箱（柜）、普通灯具</td></tr>
<tr><td colspan="4">动力：焊接钢管、线缆敷设、配电箱（柜）</td></tr>
<tr><td colspan="4">防雷接地：卫生间等电位连接，避雷网敷设，利用底板钢筋及母线作接地极</td></tr>
<tr><td colspan="4">弱电：焊接钢管、线缆敷设</td></tr>
<tr><td>给排水</td><td colspan="4">衬塑钢管、UPVC 管材、洁具</td></tr>
<tr><td>采暖</td><td colspan="4">低压焊接钢管、岩棉保温、铸铁散热器、无缝钢管</td></tr>
<tr><td>通风空调</td><td colspan="4">风管采用镀锌钢板风管</td></tr>
<tr><td>消防</td><td colspan="4">消火栓系统：焊接钢管
消防报警：焊接钢管、线缆敷设、感烟、感温探测器、报警联动器、报警器、消防广播控制器</td></tr>
</table>

续表

二、单位工程指标

项目	总价（元）	平方米造价	百分比（%）
建筑工程	4 712 617	184.63	27.26
装饰工程	4 548 170	178.18	26.31
安装工程	5 305 457	207.85	30.69
措施项目	1 278 114	50.07	7.39
其他项目	70 000	2.74	0.40
规费	803 418	31.48	4.65
税金	568 403	22.27	3.29
合计	17 286 179	677.23	100

三、工程造价构成（各单项工程平方米造价）

建筑工程	土方	砌筑	混凝土	钢筋	防水	金属结构	保温其他
184.63	9.79	58.43	34.04	52.22	9.87	0.22	20.06
100.00%	5.30%	31.65%	18.44%	28.28%	5.35%	0.12%	10.86%
装饰工程	楼地面	楼梯、台阶	墙柱面	天棚	门窗	涂料	浴厕
178.18	64.35	1.05	10.73	60.84	14.74	26.40	0.07
100.00%	36.12%	0.59%	6.02%	34.15%	8.27%	14.82%	0.04%
安装工程	照明动力	弱电	给排水	采暖	通风空调	消火栓	消防报警
207.85	127.95	3.71	6.09	15.05	29.79	9.05	16.21
100.00%	61.56%	1.78%	2.93%	7.24%	14.33%	4.35%	7.81%

四、钢筋、混凝土、人工费平方米含量及主材价格

指标名称	百平方米工程量	指标名称	百平方米工程量
挖土方量（m^3）	28.16	回填土量（m^3）	19.78
砖基础量（m^3）	2.52	砖砌筑量（m^3）	14.73
混凝土量（m^3）	9.40	钢筋（t）	8.90
楼地面整体面层面积（m^2）	89.32	楼地面块料面层面积（m^2）	7.43
外墙面装饰面积（m^2）	26.11	内墙面装饰面积（m^2）	75.68
天棚抹灰、涂料面积（m^2）	44.65	天棚吊顶面积（m^2）	51.62

五、人材机消耗指标

指标名称	百平方米数量	指标名称	百平方米数量
钢筋（t）	9.21	水泥（t）	11.05
砂子（t）	16.15	石子（t）	18.13
防水卷材（m^2）	16.49	防水涂料（t）	4.83
地面砖（m^2）	7.59	墙面砖（m^2）	3.68
塑钢窗（m^2）	1.80	木门（m^2）	1.41

注　以上内容由造价时空网提供，详情请登录 zj. bitaec. com。

表 10-7　　西安某教学楼工程概算指标

一、工程概况

<table>
<tr><td>建设地点</td><td colspan="2">西安市</td><td>檐高</td><td colspan="3">18.5m</td></tr>
<tr><td>中标时间</td><td colspan="2">2006.9</td><td>建筑面积</td><td colspan="3">10 340m²</td></tr>
<tr><td rowspan="2">工程等级</td><td colspan="2" rowspan="2">教学楼</td><td rowspan="2">层数</td><td rowspan="2">5</td><td>地上</td><td>5</td></tr>
<tr><td>地下</td><td>0</td></tr>
<tr><td>地震烈度</td><td colspan="2">8 度</td><td>资金类别</td><td colspan="3">自筹</td></tr>
<tr><td>结构类型</td><td colspan="2">框架结构</td><td>其他</td><td colspan="3"></td></tr>
<tr><td rowspan="9">建筑工程</td><td>基础</td><td colspan="5">带形基础</td></tr>
<tr><td rowspan="3">结构</td><td colspan="5">墙体：240、120 非承重空心砖外墙</td></tr>
<tr><td colspan="5">板：100 厚、120 厚的有梁板、平板、栏板、现浇空心板</td></tr>
<tr><td colspan="5">屋面：细石混凝土屋面，50mm 厚挤塑泡沫板保温层，2×3mm 改性沥青聚乙烯胎防水卷材二道</td></tr>
<tr><td rowspan="5">装饰</td><td colspan="5">楼地面：现浇水磨石楼地面、花岗岩、块料、一般石材</td></tr>
<tr><td colspan="5">门窗：室内夹板门，窗工程不在此次报价范围内</td></tr>
<tr><td colspan="5">天棚：天棚抹灰，局部铝合金条板吊顶</td></tr>
<tr><td colspan="5">内墙：刷喷涂料内墙，卫生间贴瓷砖墙面</td></tr>
<tr><td colspan="5">外墙：贴面砖</td></tr>
<tr><td rowspan="9">安装工程</td><td rowspan="4">电气</td><td colspan="5">照明：焊接钢管、线缆敷设、配电箱、普通灯具</td></tr>
<tr><td colspan="5">动力：焊接钢管、线缆敷设、配电箱（柜）</td></tr>
<tr><td colspan="5">防雷接地：卫生间等电位连接，避雷网敷设，利用底板钢筋及母线作接地极</td></tr>
<tr><td colspan="5">弱电：焊接钢管、线缆敷设</td></tr>
<tr><td>给排水</td><td colspan="5">钢塑复合管内衬 PE、隔声空壁 UPVC 塑料排水管</td></tr>
<tr><td>采暖</td><td colspan="5">无缝钢管、焊接钢管、钢制翅片散热器、各种阀门</td></tr>
<tr><td>通风空调</td><td colspan="5">风管采用镀锌钢板风管</td></tr>
<tr><td rowspan="2">消防</td><td colspan="5">消火栓系统：焊接钢管、阀门、管内穿线</td></tr>
<tr><td colspan="5">消防报警：焊接钢管、线缆敷设、感烟、感温探测器、报警联动器、报警器、消防广播控制器</td></tr>
</table>

二、单位工程指标

项目	总价（元）	平方米造价	百分比（%）
建筑装饰工程	7 342 192	710.08	73.56
安装工程	1 242 836	120.20	12.45
措施项目	957 934	92.64	9.60
其他项目	27 730	2.68	0.28
规费	87 093	8.42	0.87
税金	323 535	31.29	3.24
合计	9 981 320	965.31	100

续表

三、工程造价构成（各单项工程平方米造价）

建筑装饰工程	土方	砌筑	现浇混凝土	预制混凝土	钢筋	防水	隔热、保温
710.08	11.65	37.13	144.20	0.40	244.96	52.17	83.31
	1.64%	5.23%	20.31%	0.06%	34.50%	7.35%	11.73%
100.00%	楼地面	楼梯、台阶	墙柱面	零星装饰	天棚	门窗	浴厕
	46.92	17.47	47.19	1.12	20.46	2.44	0.66
	6.61%	2.46%	6.65%	0.16%	2.88%	0.34%	0.09%
安装工程	照明动力	弱电	给排水	采暖	消防		
120.2	57.35	5.08	19.45	28.06	10.26		
100.00%	47.71%	4.23%	16.18%	23.34%	8.54%		

四、钢筋、混凝土、人工费平方米含量及主材价格

指标名称	百平方米工程量	指标名称	百平方米工程量
砖基础量（m^3）	2.74	回填土量（m^3）	55.78
混凝土量（m^3）	47.68	砖砌筑量（m^3）	20.04
楼地面整体面层面积（m^2）	68.29	钢筋（t）	7.79
外墙面装饰面积（m^2）	59.70	楼地面块料面层面积（m^2）	27.45
天棚抹灰、涂料面积（m^2）	99.53	内墙面装饰面积（m^2）	167.86
天棚吊顶面积（m^2）	7.05		

五、人材机消耗指标

指标名称	百平方米数量	指标名称	百平方米数量
钢筋（t）	8.17	水泥（t）	23.83
砂子（t）	31.96	石子（t）	36.55
多孔砖（块）	2208	防水涂料（t）	9.44
地面砖（m^2）	15.24	防水卷材（m^2）	101.27

注　以上内容由造价时空网提供，详情请登录 zj. bitaec. com。

七、概算指标的编制步骤

以房屋建筑工程为例，概算指标可按以下步骤进行编制：

（1）首先成立编制小组，拟订工作方案，明确编制原则和方法，确定指标的内容及表现形式，确定基价所依据的人工工资单价、材料预算价格、机械台班单价。

（2）收集整理编制指标所必需的标准设计、典型设计及有代表性的工程设计图，设计预算等资料，充分利用有使用价值的已经积累的工程造价资料。

（3）编制阶段。主要是选定设计图，并根据设计图资料计算工程量和编制单位工程预算书，以及按编制方案确定的指标项目对照人工及主要材料消耗指标，填写概算指标的表格。

（4）最后经过核对审核、平衡分析、水平测算、审查定稿。

八、概算指标的编制方法

以房屋建筑工程为例，对概算指标编制方法作一简要阐述：

（1）编制概算指标。首先应根据选择好的设计图纸，计算出每一结构构件或分部工程的工程数量。计算工程数量要以 1000m^3 建筑体积为计量单位，换算出某种类型建筑物所含的

各结构构件和分部工程量指标。另外，还需要计算出人工、材料、机械的消耗量指标，计算出工程的单位造价。

（2）在计算工程量指标的基础上，确定人工、材料和机械消耗量。确定方法是按照所选择的设计图纸、相应的概算定额和消耗量定额、各类价格资料，编制单位工程概预算，并将各种人工、材料、机械的消耗量汇总，计算出人工、材料和机械的总用量。

（3）最后计算出每平方米建筑面积或每立方米建筑物体积的单位造价，计算出该计量单位所需要的主要人工、材料和机械的实物消耗量指标，次要人工、材料和机械的消耗量综合为其他人工、其他机械、其他材料，用“元”表示。

对于上述编制方法确定和计算得到的概算指标，要经过比较平衡、调整和水平测算对比，以及试算修订才能最后定稿报批。

[例 10-1] 某砖混结构的建筑物体积是 900m^3，毛石带形基础的工程量为 67.5m^3。若每 1m^3毛石基础需要用砌石工 0.8 个工日，假定在该项单位工程中没有其他工程需要砌筑施工，则 1000m^3建筑物需用多少工日的砌石工？

解 1000m^3建筑物中毛石带形基础的工程量＝67.5×1000÷900＝75（m^3）

1000m^3建筑物需用砌石工＝75×0.8＝60（工日）

九、概算指标的应用

概算指标的应用较之概算定额具有更大的针对性。由于概算指标的综合性极强，很难与拟建工程的建筑标准、结构特征、自然条件、施工条件等完全一致，因此，在选用指标时要非常慎重，注意使选用的指标与设计对象在各个方面尽量一致或者接近，以提高计算的准确性。如果设计对象的结构特征与概算指标的规定有局部差异，需要对其进行调整和换算，用换算和调整后的指标进行计算。

复习思考题

1. 何谓概算定额？
2. 《建设工程概算定额》适用于哪些工程项目？
3. 概算定额的主要作用有哪些？
4. 概算定额的编制应遵守哪些原则？
5. 概算定额的编制依据有哪些？
6. 概算定额的编制一般分几个阶段进行？
7. 概算定额手册由哪几部分组成？
8. GA1-8-4 的含义是什么？
9. 简述概算定额应用规则。
10. 概算定额表与消耗量定额表相比不同的地方是什么？
11. 概算费用项目一般应包括哪些内容？
12. 何谓概算指标？
13. 概算定额与概算指标有哪些区别？
14. 概算指标具有哪些作用？
15. 概算指标的编制依据有哪些？

第十一章　投资估算指标与工期定额

第一节　投资估算指标的概念及作用

一、投资估算指标的概念

投资估算指标是在编制项目建议书、可行性研究报告和编制设计任务书阶段进行投资估算、计算投资需要量时使用的一种定额。它是确定和控制建设项目全过程各项投资支出的技术经济指标，是一种比概算指标更为扩大的单位工程指标或单项工程指标。它是以概算定额和概算指标为基础，结合现行工程造价资料，确定结构部分或建筑平方米造价投资费用的标准。

投资估算指标一般是以独立的单项工程或完整的工程项目为对象进行计算，具有较强的综合性和概括性，它的概略程度与可行性研究阶段相适应。其范围涉及建设前期、建设实施期和竣工验收交付使用期等各个阶段的费用支出，内容因行业不同而各异。

在初步设计与施工图设计阶段均有一套较为完整的材料价格、定额资料、费用标准等，可按一定的程序与编制方法来编制概预算，但在工程建设前期进行可行性研究编制投资估算时，则缺少指导性的依据资料，因而投资估算的精确度在很大程度上取决于编制人员的业务水平和经验。过去有关主管部门对概预算、费用标准抓得比较紧，而对投资估算的定额或指标考虑较少，为有效控制工程造价，就要有一套合理确定工程造价的基础资料。近年来，随着经济体制的改革，各地区、各主管部门结合其工程建设的特点及不同情况，已开展估算指标的编制工作。

估算指标的编制方法是采用有代表性的单位或单项工程的实际资料，采用现行的概预算定额编制概预算，或收集有关工程的施工图预算或结算资料，经过修正、调整反复综合平衡，以单项工程（装置、车间）或工段（区域、单位工程）为扩大单位，以量和价相结合的形式，用货币来反映活化劳动与物化劳动。指标的单位可以根据工艺流程的需要而分区切块，按需要而变动。指标的量和价受扩大指标单位规定的内容和范围影响而变化。在规定的范围内，量是不变的，而价是受单价波动的，必须进行必要的调整。估算指标应是以定量为主，故在估算指标中应有人工数量、主要设备规格表、主要材料数量、主要实物工程量、各专业工程的投资等。对单项工程，应作简洁介绍，必要时还要附工艺流程图、物料平衡表及消耗量指标。这样就为动态计算和经济分析创造条件。

估算指标的制订是工程建设管理的一项重要的基础工作，是编制项目建议书和可行性研究报告投资估算的依据，也可作为编制固定资产长远规划投资额的参考。估算指标的主要材料消耗也是扩大材料消耗定额，可作为计算建设项目主要材料消耗量的基础。科学、合理地制订估算指标，对于保证投资估算的准确性和项目决策的科学化，都具有重要意义。

二、投资估算指标的作用

（1）工程建设投资估算指标是编制建设项目建议书、可行性研究报告等前期工作阶段的投资估算的依据，也可以作为编制固定资产长远规划投资额的参考资料。

(2) 投资估算指标在固定资产的形成过程中起着投资预测、投资决策、投资控制、投资效益分析的作用，是合理确定项目投资的基础。

(3) 投资估算指标中的主要材料消耗量也是一种扩大材料消耗量的指标，可以作为计算建设项目主要材料消耗量的基础。

可见，估算指标的正确制定对于提高投资估算的准确度、对建设项目的合理评估、正确决策具有重要意义。

三、投资估算指标的编制原则

由于投资估算指标属于项目建设前期进行估算投资的技术经济指标，不但要反映实施阶段的静态投资，还必须反映项目建设前期和交付使用期内发生的动态投资，包含项目建设的全部投资额。这就要求投资估算指标比其他各种计价定额具有更大的综合性和概括性。因此投资估算指标的编制工作，除了遵循一般定额的编制原则外，还必须坚持下述原则：

(1) 投资估算指标编制的内容、范围和深度，应与规定的建设项目建议书和可行性研究报告编制的内容、范围和深度相适应，应能满足以后一定时期编制投资估算的需要。估算指标的编制资料应选择符合行业发展政策，有代表性、有重复使用价值的资料。

(2) 投资估算指标的分类要结合各专业工程特点，项目划分要反映建设项目总造价、单项工程造价确切构成和分项的比例；要简明列出工作项目、工作内容、表现形式，要便于使用，应有与项目建议书、可行性研究报告深度适应的各项指标的量化值。

(3) 投资估算指标的制订要遵循国家有关工程建设的方针政策，符合近期技术发展方向和技术政策，反映正常情况下的造价水平，并适当留有余地。

(4) 投资估算指标要有粗、有细、有量、有价，附有必要的调整、换算办法，以便根据工程具体情况灵活使用。

四、投资估算指标的分类及表现形式

投资估算指标是确定和控制建设项目全过程各项投资支出的技术经济指标，其范围涉及建设前期、建设实施期和竣工验收交付使用期等各阶段的费用支出。投资估算指标根据项目建议书、可行性研究报告的编制深度的不同，应编制不同层次的资估算指标。为了方便使用，估价指标应结合专业特点按其综合程度的不同适当分类。一般建设项目可分为建设项目综合指标、单项工程指标、单位工程指标三个层次的指标。

1. 建设项目综合指标

它是指按规定应列入建设项目总投资的从立项筹建开始至竣工验收交付使用的全部投资额，包括单项工程投资、工程建设其他费用、预备费等。建设期贷款利息和铺底流动资金，应根据建设项目资金来源的不同，按照主管部门规定，在编制投资估算时单独计算，并列入项目总投资中。建设项目综合指标一般以项目的综合生产能力单位投资表示，如元/t、元/kW，或以使用功能表示，如医院床位：元/床。

2. 单项工程指标

它是指按规定应列入能独立发挥生产能力或使用效益的单项工程内的全部投资额，包括建筑工程费、安装工程费及设备、工器具及生产家具购置费和其他费用。单项工程一般划分如下：

(1) 主要生产设施，指直接参加生产产品的工程项目，包括生产车间或生产装置。

(2) 辅助生产设施，指为主要生产车间服务的工程项目，包括集中控制室、中央试验室、机修、电修、仪器仪表修理及木工（模）等车间，原材料、半成品、成品及危险品等仓库。

(3) 公用工程，包括给排水系统（给排水泵房、水塔、水池及全厂给排水管网）、供热系统（锅炉房及水处理设施、全厂热力管网）、供电及通信系统（变配电所、开关所及全厂输电、电信线路），以及热电站、热力站、煤气站、空压站、冷冻站、冷却塔和全厂管网等。

(4) 环境保护工程，包括废气、废渣、废水等处理和综合利用设施及全厂性绿化。

(5) 总图运输工程，包括厂区防洪、围墙大门、传达及收发室、汽车库、消防车库、厂区道路、桥涵、厂区码头及厂区大型土石方工程。

(6) 厂区服务设施，包括厂部办公室、厂区食堂、医务室、浴室、哺乳室、自行车棚等。

(7) 生活福利设施，包括职工医院、住宅、生活区食堂、职工医院、俱乐部、托儿所、幼儿园、子弟学校、商业服务点以及与之配套的设施。

(8) 厂外工程，如水源工程、厂外输电、输水、排水、通信、输油等管线以及公路、铁路专用线等。

单项工程指标一般以单项工程生产能力单位投资，如元/t或其他单位表示。如变配电站：元/(kV·A)；锅炉房：元/t；供水站：元/m^3；办公室、仓库、宿舍、住宅等房屋则区别不同结构形式以元/m^2表示。

建设项目综合指标和单项工程指标应分别说明与指标相应的工程特征，工程组成内容，主要工艺、技术指标，主要设备名称、型号、规格、重量、数量和单价，其他设备费占主要设备费的百分比，主要材料用量和价格等。

3. 单位工程指标

它是指具有独立设计和施工条件的工程项目费用，即建筑安装工程费用。单位工程指标一般以如下方式表示：房屋应区别不同结构形式以元/m^2表示；道路区别不同结构层、面层以元/m表示；水塔区别不同结构层、容积以元/座表示；管道区别不同材质、管径以元/m表示。

单位工程指标应说明工程内容、建筑结构特征、主要工程量、主要材料量、其他材料费占主要材料费比例、人工工日数及人工费、材料费、施工机械费占单位工程造价的比例。

估算指标应有附录。附录应列出不同建设地点、自然条件，以及设备材料价格变化等情况下，对估算指标进行调整换算的调整办法和各种附表。

五、投资估算指标的编制程序

投资估算指标的编制工作，涉及建设项目的产品规模、产品方案、工艺流程、设备选型、工程设计和技术经济等各个方面，既要考虑现阶段技术状况，又要展望近期技术发展趋势和设计动向，从而可以指导以后建设项目的实践。投资估算指标的编制应当成立专业齐全的编制小组，编制人员应具备较高的专业素质。投资估算指标的编制应当制定一个从编制原则、编制内容、指标的层次相互衔接、项目划分、表现形式、计量单位，计算、复核、审查程序到相互应有的责任制等内容的编制方案或编制细则，以便编制工作有章可循。投资估算指标的编制一般分为3个阶段进行。

1. 收集整理资料阶段

收集整理已建成或正在建设的资料，符合现行技术政策和技术发展方向、有可能重复采用的、有代表性的工程设计施工图、标准设计，以及相应的竣工决算或施工图预算资料等，这些资料是编制工作的基础，资料收集得越广泛，反映出的问题越多，编制工作考虑得越全面，就越有利于提高投资估算指标的实用性和覆盖面。同时，对调查收集到的资料要选择占投资比重大、相互关联多的项目进行认真地分析整理。由于已建成或正在建设的工程设计图、建设时间和地点、资料的基础等不同，相互之间的差异很大，需要去粗取精、去伪存真地加以整理，这样才能重复利用。将整理后的数据资料按项目划分栏目加以归类，按照编制年度的现行定额、费用标准和价格，调整成编制年度的造价水平及相互比例。

2. 平衡调整阶段

由于调查收集的资料来源不同，即使经过一定的分析整理，也难免会由于设计方案、建设条件和建设时间上的差异带来的某些影响，使数据失准或漏项等，因此，必须对有关资料进行综合平衡调整。

3. 测算审查阶段

测算是将新编的指标和选定工程的概预算，在同一价格条件下进行比较，检验其“量差”的偏离程度是否在允许偏差的范围之内，如偏差过大，则要查找原因，进行修正，以保证指标的准确、实用。测算同时也是对指标编制质量进行的一次系统检查，应由专人进行，以保持测算口径的统一，在此基础上组织有关专业人员予以全面审查定稿。

第二节　建筑工程技术经济指标

建筑工程技术经济指标的种类很多，主要有每平方米工程量指标、每平方米人工、材料消耗量指标和每平方米造价指标等。这些指标对建设工程投资估算、概算、标底及投标报价分析、设计优化、技术经济分析等工作都有着重要的作用。

根据大量的工程实践和统计分析后，工程界已将常用的建筑技术经济参考指标列表成册，可供使用时参考。现将几个常用的技术经济指标摘录如下。

一、每平方米主要工程量指标

(1) 一般单层装配车间（厂房）主要工程量指标，见表 11-1。

表 11-1　一般单层装配车间（厂房）每 m^2 建筑面积主要工程量指标

序号	名　称	单　位	范　围	综　合
1	基础垫层	m^3	0.05～0.10	0.07
2	杯口基础	m^3	0.15～0.25	0.16
3	柱	m^3	0.02～0.05	0.03
4	吊车梁	m^3	0.02～0.05	0.025
5	屋架（梁）	m^3	0.02～0.04	0.03
6	屋面大板	m^3	0.05～0.06	0.055
7	金属结构	kg	5～10	6.5
8	预埋铁件	kg	1.5～7.5	3.0
9	砌体	m^3	0.2～0.35	0.25

续表

序号	名　　称	单　位	范　　围	综　　合
10	圈梁	m^3	0.01～0.03	0.025
11	地坪	m^3	0.1～0.3	0.15
12	地面	m^2	0.89～0.96	0.90
13	内外墙装饰	m^2	2.5～3.5	3.0
14	门窗	m^2	0.15～0.30	0.27
15	顶棚	m^2	0.90～0.95	0.92
16	屋面	m^2	1.05～1.20	1.10

注　车间建筑特征为杯口基础、预制混凝土柱、吊车梁、屋架（含薄腹屋面梁）、大型屋面板、砖墙、混合砂浆抹灰、钢窗、油毡防水屋面。

（2）一般多层轻工车间（厂房）主要工程量指标，见表 11-2。

表 11-2　一般多层轻工车间（厂房）每 100m² 建筑面积主要工程量指标

序　号	项　　目	单　位	框架结构（3～5）层	砖混结构（2～4 层）
1	基础（钢筋混凝土、砖、毛石等）	m^3	14～20	16～25
2	外墙$\left(1\sim1\frac{1}{2}\text{砖}\right)$	m^3	10～12	15～25
3	内墙（1 砖）	m^3	7～15	12～20
4	钢筋混凝土（现浇、预制）	m^3	19～31	18～25
5	门（木）	m^2	4～8	6～10
6	窗（钢）	m^2	20～24	17～25
7	屋面（卷材）	m^2	20～30	25～50
8	楼地面	m^2	88～94	88～94
9	内粉刷	m^2	155～210	200～220
10	外粉刷	m^2	60～100	90～110
11	顶棚	m^2	88～94	88～94

（3）多层民用住宅主要工程量指标，见表 11-3。

表 11-3　多层民用住宅每 m² 建筑面积主要工程量指标

序号	名　　称	单　位	范　　围	综　　合
1	挖土	m^3	0.30～0.60	0.45
2	砌体	m^3	0.35～0.46	0.40
3	现浇混凝土	m^3	(0.13～0.23)	(0.15)
(1)	基础（无桩）	m^3	0.025～0.035	0.03
(2)	基础垫层	m^3	0.010～0.025	0.012
(3)	圈梁	m^3	0.025～0.035	0.03

续表

序号	名　　称	单 位	范　　围	综　　合
(4)	梁	m^3	0.01～0.015	0.013
(5)	有梁板	m^3	0.015～0.045	0.02
(6)	构造柱	m^3	0.025～0.04	0.034
(7)	平板	m^3	0.004～0.010	0.007
(8)	地坪垫层	m^3	0.010～0.015	0.013
(9)	散水坡	m^3	0.002～0.005	0.004
(10)	其他	m^3	0.001～0.005	0.003
4	预制混凝土	m^3	(0.049～0.118)	(0.08)
(1)	预应力空心板	m^3	0.035～0.065	0.060
(2)	梯、过梁	m^3	0.005～0.010	0.007
(3)	屋面隔热板	m^3	0.004～0.008	0.006
(4)	其他	m^3	0.005～0.040	0.010
5	砖墙拉结筋	kg	0.40～1.50	1.10
6	楼板锚固筋	kg	0.30～0.50	0.40
7	预埋铁件	kg	0.10～0.70	0.20
8	门	m^2	0.10～0.25	0.20
9	窗	m^2	0.08～0.20	0.10
10	室内装饰	m^2	(3.75～5.28)	(4.50)
(1)	顶棚（含阳台）	m^2	0.90～1.00	0.95
(2)	整体墙面	m^2	1.50～2.50	2.00
(3)	厨、卫墙面	m^2	0.45～0.60	0.50
(4)	整体地面	m^2	0.70～0.80	0.75
(5)	厨、卫地面	m^2	0.06～0.15	0.10
(6)	楼梯地面	m^2	0.04～0.08	0.045
(7)	踢脚线	m^2	0.10～0.15	0.13
11	外墙装饰	m^2	(1.01～1.47)	(1.10)
(1)	整条墙面	m^2	0.85～1.00	0.95
(2)	勒脚	m^2	0.02～0.04	0.03
(3)	阳台	m^2	0.10～0.35	0.15
(4)	其他	m^2	0.04～0.08	0.05
12	屋面	m^2	0.15～0.25	0.20
13	金属结构	kg	0.40～0.70	0.55
14	楼梯长度	m	0.02～0.04	0.03

(4) 高层民用住宅主要工程量指标，见表 11-4。

表 11-4　高层（14 层以上）民用住宅每 m^2 建筑面积主要工程量指标

序号	名　　称	单　位	范　　围	综　合	注　　明
1	混凝土				
(1)	基础	m^3	0.05～0.15	0.08	未含桩基
(2)	梁	m^3	0.002～0.040	0.01	
(3)	板	m^3	0.07～0.15	0.10	
(4)	墙	m^3	0.21～0.35	0.25	
(5)	其他	m^3	0.02～0.10	0.05	含柱等
	综合	m^3	0.40～0.55	0.49	
2	门窗	m^2	0.25～0.35	0.30	未含玻璃幕墙
3	楼地面	m^2	0.08～1.00	0.90	
4	顶棚	m^2	0.80～0.95	0.87	
5	屋面	m^2	0.03～0.08	—	楼层不同，变化较大
6	内装饰	m^2	2.00～3.20	2.70	
7	外装饰	m^2	0.55～1.20	0.70	

二、民用建筑工程造价指标

1. 民用建筑土建工程建筑与结构的造价比

民用建筑土建工程建筑与结构的造价比，见表 11-5。

表 11-5　民用建筑土建工程建筑与结构的造价比

序号	结构类型	建筑造价∶结构造价	备　　注
1	一般砖混结构	6.5∶3.5	
2	框架结构（一般标准）	4∶6	框架结构"一般标准"或"略高标准"系指建筑装修标准
3	框架结构（略高标准）	5～6∶4～5	
4	砖混结构形状	7.5～8∶2.5～2	
5	框架结构体育馆	4.5∶5.5	

2. 住宅建筑中各单位工程造价比

住宅建筑中各单位工程造价比，见表 11-6。

表 11-6　住宅建筑中单位工程造价比

序号	单位工程名称	造价比例（%）		备　　注
		多层住宅	高层住宅	
1	建筑	81.2～82.4	80.0～81.6	建筑包括土建和装饰
2	水卫	4.8～5.4	3.2～5.2	
3	暖通	3.6～4.4	2.0～3.6	通风系指有人防者

续表

序号	单位工程名称	造价比例（%）		备注
		多层住宅	高层住宅	
4	电气	5.2～5.6	2.0～3.0	
5	弱电	1.5～1.7	0.3～0.5	系指电视共用天线
6	煤气	1.7～1.9	0.7～0.8	
7	电梯		8.0～9.0	
	合计	100.00	100.00	多层为砖混结构、高层为钢筋混凝土结构

3. 高层旅馆建筑造价构成比

高层旅馆建筑造价构成比，见表 11-7。

表 11-7　高层旅馆建筑造价构成比

序号	项目名称	造价比例（%）	备注
1	±0.000 以下基础或地下室	5～15	
2	主体结构	20～30	
3	建筑装修	20～30	
4	机电设备	30～50	
5	建安工程合计	50～80	
6	其他投资	20～50	指建安工程以外其他工程费用

4. 土建工程直接费中人工、材料、机械费构成比

土建工程直接费中人工、材料、机械费构成比，见表 11-8。

表 11-8　土建工程直接费中人工、材料、机械费构成比

序号	项目名称	构成比例（%）	备注
1	人工费	10～15	或称土建工程直接费中，人工工资约占 15%；材料及机械使用费约占 85%
2	材料费	70～80	
3	机械使用费	5～10	

5. 高层公寓、写字楼、宾馆三材消耗参考指标

高层公寓、写字楼、宾馆三材消耗参考指标，见表 11-9。

表 11-9　高层公寓、写字楼、宾馆三材消耗参考指标

序号	项目	结构类型	每平方米建筑面积消耗量		
			钢材（kg）	水泥（kg）	杉原条（m^3）
1	高层公寓、写字楼、宾馆	框剪、框筒	70～105	280～350	0.04～0.055

注　框架结构公寓或写字楼消耗量略低；框筒结构宾馆消耗量略高。

6. 多层建筑物层数不同对土建造价的影响

多层建筑物层数不同对土建造价的影响，见表 11-10。

表 11 - 10　多层建筑物层数不同对土建造价的影响

层数	1	2	3	4	5	6
造价比（%）	100	90	84	80	82	85

7. 多层建筑层高不同对土建造价的影响

多层建筑层高不同对土建造价的影响，见表 11 - 11。

表 11 - 11　多层建筑层高不同对土建造价的影响

层高（m）	3.0	3.3	3.6	3.9	4.2	4.5
造价比（%）	100	104	108	112	116	121

注　层高每增减 10cm，造价约增减 1.33%～1.5%。

8. 地震烈度不同对土建造价的影响

地震烈度不同对土建造价的影响，见表 11 - 12。

表 11 - 12　地震烈度不同对土建造价的影响

序号	项目	5 度	6 度	7 度	8 度	9 度	备注
1	民用建筑（砖混）	100	略低于7 度区	105	110	—	指住宅、宿舍、办公楼等
2	民用建筑（框架）	100		106	110	115	
3	厂房（砖混）	100		102	105	108	
4	厂房（框架）	100		104	107	112	指多跨重型厂房

三、材料消耗参考指标

1. 民用建筑主要材料消耗参考指标

民用建筑主要材料消耗参考指标，见表 11 - 13。

表 11 - 13　民用建筑主要材料消耗参考指标（不包括室外工程）

工程名称	结构类别	每平方米材料消耗			
		钢材（kg）	水泥（kg）	木材（m^3）	砖块（块）
多层住宅	砖混	20～22	135～145	0.04～0.05	245～255
多层住宅	内浇外砌	26～27	175～185	0.04～0.05	125～135
多层住宅	全装配	32～33	225～235	0.04～0.05	40～45
多层住宅	灌注桩基础（与条形基础相比）	（+）1～2	（+）20～25		（—）25～30
多层住宅	预制桩基础（与条形基础相比）	（+）6～7	（+）15～20		（—）25～30
多层住宅	满堂基础（与条形基础相比）	（+）3～4	（+）10～15		（—）25～30
高层住宅	内浇外挂	44～49	215～225	0.03～0.04	10～20
高层住宅	框架	39～44	205～215	0.04～0.05	10～20
高层住宅	滑升	49～54	215～225	0.04～0.05	10～20

续表

工程名称	结构类别	每平方米材料消耗			
		钢材（kg）	水泥（kg）	木材（m^3）	砖块（块）
高层住宅	全装配	60～65	220～230	0.03～0.04	10～20
多层单宿	砖混	18～20	120～130	0.04～0.05	240～250
托幼	砖混	18～20	140～150	0.04～0.05	280～290
中小学	砖混	20～23	150～160	0.04～0.05	240～250
教学楼	砖混	23～26	160～170	0.04～0.05	250～260
教学楼	框架	45～50	210～230	0.04～0.05	10～20
图书馆	框架	40～50	210～230	0.05～0.06	50～70
办公楼	砖混	25～27	160～170	0.04～0.05	270～280
办公楼	框架15层以下	55～65	210～220	0.05～0.06	10～20
办公楼	框架16～20层	65～80	230～250	0.07～0.08	10～15
办公楼	框架21～25层	80～95	260～280	0.08～0.09	5～10
办公楼	框架26～30层	95～100	280～300	0.10～0.12	5～10
实验楼	砖混	27～30	170～180	0.05～0.06	260～270
实验楼	框架	50～55	220～240	0.06～0.07	10～20
食堂	砖混	20～24	170～180	0.04～0.05	280～290
计算机房	砖混	20～22	190～200	0.06～0.07	280～290
医院	砖混	25～26	240～260	0.05～0.06	300～320
医院	框架	55～60	260～270	0.08～0.09	15～20
冷库	框架	85～90	320～340	0.03～0.04	
商业楼	砖混	26～28	160～180	0.05～0.06	220～240
商业楼	框架	50～55	230～250	0.06～0.07	15～20
书店	砖混	26～30	210～220	0.05～0.06	250～260
书库	砖混	28～30	150～160	0.04～0.05	120～130
邮局	砖混	20～22	180～190	0.04～0.05	280～300
商店	砖混	18～20	180～190	0.04～0.05	270～280
旅馆	砖混	22～24	150～160	0.04～0.05	220～230
旅馆	框架	60～65	220～240	0.08～0.09	20～30
高层饭店	框架	85～95	270～300	0.09～0.10	10～15
浴池	砖混	24～26	150～170	0.04～0.05	280～300
淋浴	砖混	20～22	150～160	0.04～0.05	280～300
外交公寓	砖混	25～28	170～190	0.07～0.08	240～260
外交公寓	高层大楼	40～45	220～230	0.08～0.09	15～20
小型使馆	砖混	30～35	250～280	0.10～0.12	300～320

续表

工程名称	结构类别	每平方米材料消耗			
		钢材（kg）	水泥（kg）	木材（m^3）	砖块（块）
礼堂		40～45	180～200	0.10～0.12	180～190
剧场		45～50	200～220	0.11～0.13	160～180
电影院		40～50	180～200	0.08～0.09	180～190
排演场		30～35	160～180	0.07～0.08	300～310
一般体育馆		55～65	220～240	0.08～0.09	160～180
游泳馆		35～45	230～250	0.10～0.12	180～200
展览馆		45～50	280～300	0.10～0.11	150～160
俱乐部		35～40	170～180	0.08～0.09	160～170
洗衣房		14～16	100～120	0.04～0.05	280～300
汽车库		16～20	160～180	0.03～0.04	240～250
一般仓库		15～18	120～140	0.03～0.04	160～180
多层仓库		30～35	180～190	0.04～0.05	60～80
锅炉房		18～20	170～190	0.03～0.04	400～500
变电室		16～18	180～190	0.04～0.05	350～400
热力点		20～22	190～200	0.03～0.04	240～260
水泵房		10～12	110～120	0.02～0.03	320～350
深水泵房		25～28	170～180	0.07～0.08	650～700
加油站		55～60	300～320	0.09～0.10	500～600
汽车过磅房		15～18	140～160	0.04～0.05	350～400
五级人防	钢筋混凝土墙及顶板	140～150	530～540	0.13～0.14	10～15
五级人防	砖墙和钢筋混凝土顶板	40～45	260～270	0.06～0.07	440～450

2. 一般工业建筑主要材料消耗参考指标

一般工业建筑主要材料消耗参考指标，见表 11-14。

表 11-14　一般工业建筑主要材料消耗参考指标（不包括室外工程）

工程名称	结构类别	每平方米材料消耗		
		钢材（kg）	水泥（kg）	木材（m^3）
铸工车间	吊车 20t 以内	45～50	200～220	0.04～0.05
铸钢车间	吊车 30t 以内	55～60	140～150	0.06～0.07
铸钢车间	吊车 75t 以内	75～80	150～160	0.07～0.08
铸铁车间	吊车 30t 以内	50～55	140～150	0.06～0.07
锻工车间	吊车 20t 以内	45～55	180～200	0.05～0.06

续表

工程名称	结构类别	每平方米材料消耗		
		钢材（kg）	水泥（kg）	木材（m^3）
机加工装配车间	吊车 10t 以内	40～45	180～200	0.05～0.06
金工车间	吊车 30t 以内	40～45	180～200	0.05～0.06
金工车间	吊车 10t 以内	30～35	150～160	0.04～0.05
冲压冷轧车间	吊车 15t 以内	35～40	170～190	0.05～0.06
汽车保养车间	吊车 15t 以内	35～45	180～200	0.05～0.06
热处理车间	吊车 15t 以内	40～45	140～150	0.05～0.06
热处理车间	吊车 30t 以内	55～60	150～160	0.06～0.07
机修车间	吊车 10t 以内	35～45	160～170	0.05～0.06
焊接车间	吊车 10t 以内	45～50	160～170	0.05～0.06
电镀车间		35～45	150～160	0.04～0.05
仪表车间		30～35	150～160	0.05～0.06
烤滚车间		35～40	180～200	0.04～0.05
木工车间		20～25	120～140	0.04～0.05
纺织车间	框架	40～45	170～190	0.06～0.07
印染车间	框架	65～70	320～340	0.08～0.09
印刷车间	框架	45～50	220～240	0.06～0.07
服装加工车间		25～30	160～180	0.05～0.06
食品加工车间	框架	45～50	220～240	0.05～0.06
化工多层车间		35～40	180～200	0.06～0.07
轻工业车间	砖混	20～25	130～140	0.04～0.05
轻工业车间	框架	40～45	170～180	0.05～0.06

第三节 工 期 定 额

一、工期与合同工期

1. 工期的概念

建设工期是指建设项目或独立的单项工程从开工建设时算起，到全部建成投产或交付使用时为止，在建设过程中所耗用的时间总量；但不包括由于决策失误而停（缓）建所延误的时间。施工工期一般是指单项工程或单位工程从正式开工算起，至完成建筑安装工程的全部设计内容，并达到验收标准之日为止的全部日历天数。施工工期是建设工期中的一部分。因不可抗拒的自然灾害或重大设计变更造成的停工，经签证后，可顺延工期。工期一般以月数或天数表示。

2. 合同工期

合同工期是在定额工期的指导下，由工程建设的承发包双方根据项目建设的具体情况，经招标投标或协商一致后，在承包合同书中确认的建设工期。合同工期一经签订，对合同双方都具有强制性约束作用，受到国家合同法的保护和制约。

大多数投标工期或中标合同工期明显比定额工期短，这主要是因为有些建设单位在招标文件中确定工期不够规范，缺乏约束，盲目压缩工期，施工单位在竞争激烈的情况下也不得不采取非正常的措施以期中标，中标后为赶工期投入大量人力、物力，而经济上得不到应有的补偿，于是出现了一些工程仓促完工，产生质量问题和造价方面的许多纠纷。

3. 建设工期阶段的划分

各个行业建设项目的工期构成和阶段划分不尽相同，大中型工业项目，一般可分为平行或相互交叉的三个阶段：

（1）土建施工阶段，包括地基处理、结构工程施工、砌筑、装修等。

（2）设备安装阶段，包括设备、仪器仪表安装调试，管线敷设、单台或单条生产线无（有）负荷试运转。

（3）试生产阶段，包括整个项目或独立的单项工程全流程投料试生产、工程完工、验收交付使用。

民用建设项目的工期，一般可划分为土建和安装两个阶段。

4. 影响建设工期的主要因素

影响建设工期的因素是多方面的、复杂的，而且许多因素具有不确定性。概括起来大致可分为内部因素、外部因素和管理因素。

（1）内部因素，包括建设项目的建设标准、功能、规模，以及项目建设中采用相应的施工组织措施和施工技术方案等。内部因素主要反映不同建设项目或相同项目不同建设规模、标准之间所存在建设工期的差异。

（2）外部因素，包括：

1）建设地点的地质、气候等自然条件。建设地点的地质条件直接影响到内部因素所涉及的建设工程量、建设的难易程度、交通运输和施工组织设计等；气候条件主要是指建设地点的海拔、冬期施工期、年度降雨天数、年大风或台风天数、最大冻土深度等，气候因素影响了建设的年有限工期及由此导致的降效。

2）资源供应条件。主要指建设项目的资金、材料设备、劳动力、施工机械等的供应及其质量。资源供应条件受整个国民经济和建筑业发展的影响。实践表明，供应条件是影响建设项目工期的关键因素之一。

（3）管理因素。建设项目的实施涉及计划、建设、财政等行政部门和业主、设计、施工、咨询等诸多单位，就建设工期或建设速度而言，体现了上述部门和单位的工作效率和协调配合能力。

二、工期定额的概念和作用

1. 工期定额的概念

工期定额是指在一定的生产技术和自然条件下，完成某个单位（或群体）工程平均需用的标准天数。工期定额包括建设工期定额和施工工期定额两个层次。

（1）建设工期定额，是指在平均的建设管理水平和施工装备水平及正常的建设条件（自然的、经济的）下，一个建设项目从设计文件规定的工程正式破土动工，到全部工程建完，验收合格交付使用全过程所需的额定时间。建设工期定额一般按月数计算。

（2）施工工期定额，是指在平均的施工装备水平及正常的施工条件下，一个单项工程或单位工程从正式开工算起，至完成建筑安装工程的全部设计内容，并达到验收标准之日为止施工全过程所需的额定时间。施工工期定额一般按天数计算。

施工工期定额是住房和城乡建设部组织编制，以民用和工业通用的建筑安装工程为对象，按工程结构、层数不同，并考虑施工方法等因素，规定从基础破土开始至完成全部工程设计或定额子目规定的内容并达到国家验收标准的日历天数。

2. 建设工期定额的作用和意义

建设工期定额是计算和确定建设项目工期的尺度，是工期管理的基础。在建设前期主要作为项目评估、决策、设计时按合理工期组织建设的依据，还可作为编审设计任务书和初步设计文件时确定建设工期的依据。对于编制施工组织设计、进行项目投资包干和工程招标投标及鉴定合同工期具有指导作用。此外，也可作为提前或延误工期进行奖罚、工程结算、竣工期调价的依据。

建设工期是评价投资效果的重要指标，直接标志着建设速度的快慢。在工期定额编制中已经考虑了季节性施工因素、地区性特点、工程结构及规模、工程用途，以及施工技术与管理水平对工期的影响，体现了合理的建设工期，反映的是在平均建设管理水平、施工装备水平和正常的建设条件下的工期。因此，工期定额是评价工程建设速度、编制施工计划、签订承包合同、评价全优工程的可靠依据，对建设工期的确定具有指导意义。

三、建设工期定额的性质

建设工期定额是加强建设工程管理的一项基础工作，具有法规性、普遍性和科学性。

1. 法规性

法规性是指建设工期定额是考核工程项目工期的客观标准和对工期实施宏观控制的必要手段，建设工期定额由建设行政主管部门或授权的有关行业主管部门制订、发布。作为确定建设项目工期和工程承发包合同工期的规范性文件，未经主管部门同意，任何单位或个人无权修改或解释，建设工期的执行与监督工作也由发布部门或授权部门进行日常管理。

2. 普遍性

普遍性是指建设工期定额的编制是依据正常的建设条件和施工程序，综合大多数企业施工技术的管理水平，因而具有广泛的代表性。

3. 科学性

科学性是指对建设工期定额的制订、审查等工作采用科学的方法和手段进行统计、测定和计算等。

四、建设工期定额的编制

我国许多工程的建设速度较快，为国民经济的发展赢得了时间。但是长期以来，在建设工期管理上缺乏一套科学、严格的制度，尤其是没有抓紧编制建设工期定额这项基础工作。不少项目建设工期的确定带有盲目性和随意性，工期的执行、考核也不够严肃，往往造成工期“马拉松”、投资“无底洞”。为了改变这种状况，提出如下意见和安排：

1. 建设工期定额的结构

各行业建设项目工期定额按项目的具体组成和工程内容不同，可划分为两个层次结构。

（1）整个建设项目的工期。按设计任务书和初步设计规定的一个独立、完整的建设项目的工期，如钢铁厂、有色金属冶炼厂、石油化工厂、化肥厂、发电厂、水泥厂、机械厂、纺织厂、制糖厂、煤炭矿井、铁路、公路、通信工程、冷库、学校、医院等。

（2）主要单项工程的工期。指一个建设项目中有独立设计，可以独立发挥效益或对整个建设项目起重要控制作用的工程。例如，钢铁联合企业中的矿山采选、烧结、焦化、炼铁、炼钢、轧钢等工程；石油化纤联合企业中的原油加工、乙烯、芳烃、涤纶、腈纶等装置或分厂；港口项目中的码头、泊位等工程。各个行业不同类型建设项目编制哪些单项工程的工期定额，应与计划、统计口径相一致。

各个行业建设项目工期定额，一般按建设规模、生产能力、原料路线、工艺流程、工程结构和工程量的不同，分档制订。各类项目建设规模的计量单位，以国家发展改革委关于工业、非工业建设项目大中小型划分标准中所采用的计算单位为准。

2. 定额水平的确定

建设工期定额水平的确定，要根据平均的建设管理水平、施工装备水平和正常的建设条件，正确体现党和国家有关建设方针政策，本着切合实际、科学合理的原则细算粗定。在具体工作中，首先要认真分析已建成项目的实际工期，哪些是有效工期，哪些是停工、窝工拖长的工期，剔除不合理因素，判定出正常的工期，以此作为编制的基础，同时，充分考虑今后施工技术装备水平、劳动效率和组织项目建设管理水平的提高，缩短工期的可能性，制定出既经济，又合理的建设工期定额。

3. 编制工作的组织和步骤

编制建设工期定额工作量大面广，主要靠各部门组织力量进行。各部门可在建设主管部门领导下，设立一个或几个工期定额编制组，吸收有关设计、施工、建设单位和定额站有工期管理经验的人员参加。编制组的任务主要是：收集整理、调查研究、分析预测建设工期方面的情况和资料，拟订进度计划，具体编写所承担的工期定额，了解掌握执行情况。

编制建设工期定额是一项新的工作，在进行步骤上主要是收集资料，调查研究，拟订规划，试点起步，争取经过努力，使各类大中型建设项目的工期定额齐全、配套。各部门可根据具体情况，本着急需先搞，先易后难的原则，选择本行业中基础条件较好的大中型项目试编、试行。

4. 工期定额的发布与实施

建设工期定额审批发布工作一般须经送审稿、审查报批稿和批准发布三个环节。

（1）送审稿。编制组在按照建设工期定额主管部门和行业、地区主管部门的编制计划及有关编制建设工期定额文件的基础上，先编写出初稿，经征求意见后，形成送审稿送主管部门。在完成送审稿的同时还应编写相关的说明，如编制过程、主要编制依据、编制原则与方法等需要说明的问题，共同构成送审材料。

（2）审查报批稿。行业或地方主管部门在接到送审稿之后应组织召开有关方面专家参加的审查会。建设工期定额审查是一项严肃而复杂的工作，需要各方面的专家从不同角度，综合考虑有关政策、技术经济条件等，对建设工期定额个别项目和总体水平给予评价。

建设工期定额的评价应按下述原则进行：

1）是否体现了“平均合理”的原则。主要是针对定额的总水平进行评价。评价时专家根据经验或通过一定的技术指标定量分析，提出评价意见。

2）技术合理原则。主要是指定额项目划分、结构层次、定额步距，以及相关的说明是否满足实际工作的需要。

3）定额的时效性原则。能否在一定时期内保持定额水平和技术上的合理性，能否起到应有的作用。

主管部门对送审稿提出审查意见，并从文字、内容方面做出重点修改和完善，形成报批稿。

(3) 批准发布。建设工期定额实行分级审批。发布形式由建设工期定额主管部门发布或委托行业、地方主管部门发布及两者联合发布等。

建设工期定额经主管部门发布实施后，作为国家对建设工程管理的一项具有法规性的标准，反映的是在平均建设管理水平、施工装备水平和正常的建设条件下的建设工期。然而在实际使用过程中，由于具体建设项目的建设条件千差万别，需要考虑影响建设工期的各种可能的因素进行建设工期的决策。近年来大多数投标工期或中标合同工期明显比建设工期定额短，这种情况在建筑业供给大于需求的建筑市场中表现更为突出。为了避免这种情况，各级建设主管部门在招投标条例、施工合同条件方面正在加强建设工期的管理，强调建设工期定额的作用，一方面保护正常的建设工期竞争，另一方面完善和加强建设工期定额的管理。

五、工期定额实施的基本规则

(1)《全国统一建筑安装工程工期定额》（简称《工期定额》）是原城乡建设环境保护部于 1985 年制定的《建筑安装工程工期定额》基础上，依据国家建筑安装工程质量检验评定标准、施工及验收规范等有关规定，按正常施工条件、合理的劳动组织，以施工企业技术装备和管理的平均水平为基础，结合各地区工期定额执行情况，在广泛调查研究的基础上修编而成。

(2)《工期定额》是编制招标文件的依据，是签订建筑安装工程施工合同、确定合理工期及施工索赔的基础，也是施工企业编制施工组织设计、确定投标工期、安排施工进度的参考。

(3) 由于我国幅员辽阔，各地气候条件差别较大，故将全国划分为Ⅰ、Ⅱ、Ⅲ类地区，分别制定工期定额。

Ⅰ类地区：上海、江苏、浙江、安徽、福建、江西、湖北、湖南、广东、广西、四川、贵州、云南、重庆、海南。Ⅰ类地区是指省会所在地最近 10 年，年平均气温在 15℃以上，最冷月份平均气温在 0℃以上，全年日平均气温等于（或小于）5℃的天数在 90 天以内的地区。

Ⅱ类地区：北京、天津、河北、山西、山东、河南、陕西、甘肃、宁夏。Ⅱ类地区是指省会所在地最近 10 年，年平均气温在 8～15℃，最冷月平均气温在－10～0℃之间，全年日平均气温等于（或小于）5℃的天数在 90～150 天之间的地区。

Ⅲ类地区：内蒙古、辽宁、吉林、黑龙江、西藏、青海、新疆。Ⅲ类地区是指省会所在地最近 10 年，年平均气温在 8℃以下，最冷月平均气温在－10℃以下，全年日平均气温等于（或小于）5℃的天数在 150 天以上的地区。

同一省、自治区内由于气候条件不同，也可按工期定额地区类别划分原则，由省、自治区建设行政主管部门在本区域内再划分类区，报住房和城乡建设部批准后执行。

设备安装和机械施工工程不分地区类别，执行统一的工期定额。

(4)《工期定额》是按各类地区情况综合考虑的，由于各地施工条件不同，允许各地有15%以内的定额水平调整幅度，各省、自治区、直辖市建设行政主管部门可按上述规定，制定实施细则，报住房和城乡建设部备案。

(5) 单项工程工期是指单项工程从基础破土开工（或原桩位打基础桩）起至完成建筑安装工程施工全部内容，并达到国家验收标准之日止的全过程所需的日历天数。

(6)《工期定额》工期以日历天数为单位。对不可抗力的因素造成工程停工，经承发包双方确认，可顺延工期。

(7) 因重大设计变更或发包方原因造成停工，经承发包双方确认后，可顺延工期。因承包方原因造成停工，不得增加工期。

(8) 施工技术规范或设计要求冬期不能施工而造成工程主导工序连续停工，经承发包双方确认后，可顺延工期。

(9)《工期定额》项目包括民用建筑和一般通用工业建筑。凡定额中未包括的项目，各省、自治区、直辖市建设行政主管部门可制定补充工期定额，并报建设部备案。

(10) 有关规定：

1) 单项（位）工程中的设备管道夹层不计算建筑面积，但计算层数。

2) 出屋面的楼（电）梯间、水箱间不计算层数。

3) 单项（位）工程层数超出《工期定额》时，工期可按定额中最高相邻层数的工期差值增加。

4) 一个承包方同时承包2个以上（含2个）单项（位）工程时，工期的计算：以一个单项（位）工程的最大工期为基数，另加其他单项（位）工程工期总和乘相应系数计算［加一个乘0.35系数；加2个乘0.2系数；加3个乘0.15系数；4个以上的单项（位）工程不另增加工期］。

5) 坑底打基础桩，另增加工期。

6) 开挖一层土方后，再打护坡桩的工程，护坡桩施工的工期承发包双方可按施工方案确定增加天数，但最多不超过50天。

7) 基础施工遇到障碍物或古墓、文物、流砂、溶洞、暗滨、淤泥、石方、地下水等需要进行基础处理时，由承发包双方确定增加工期。

8) 单项工程的室外管线（不包括直埋管道）累计长度在100m以上，增加工期10天；道路及停车场的面积在500m^2以上，在1000m^2以下者增加工期10天；在5000m^2以内者增加工期20天；围墙工程不另增加工期。

(11) 定额凡注明“×××以内（下）”者，均包括“×××”本身，注明“×××以外（上）”者，则不包括“×××”本身。

六、建筑安装工期定额的构成

建筑安装工程工期定额主要包括民用建筑、一般通用工业建筑和专业工程施工的工期标准。除定额另有说明外，均指单项工程工期。定额项目的划分如下：

(1) 单项工程按建筑物用途、结构类型、建筑面积、层数等划分。

(2) 专业工程按专业施工项目、用途、安装设备的规格、能力、工程量等划分。

《全国统一建筑安装工程工期定额》（2000年）中定额项目示例，见表11-15、表11-16。

表 11-15 ±0.000 以下工程（无地下室）

编号	基础类型	建筑面积（m^2）	工期天数	
			Ⅰ、Ⅱ类土	Ⅲ、Ⅳ类土
1-1	带形基础	500 以内	30	35
1-2		1000 以内	45	50
1-3		1000 以外	65	70
1-4	满堂红基础	500 以内	40	45
1-5		1000 以内	55	60
1-6		1000 以外	75	80
1-7	框架基础（独立柱基）	500 以内	25	30
1-8		1000 以内	35	40
1-9		1000 以外	55	60

表 11-16 住 宅 工 程

结构类型：砖混结构

编号	层数	建筑面积（m^2）	工期天数		
			Ⅰ类	Ⅱ类	Ⅲ类
1-41	4	3000 以内	125	135	155
1-42	4	5000 以内	135	145	165
1-43	4	5000 以外	150	160	185
1-44	5	3000 以内	145	155	180
1-45	5	5000 以内	155	165	190
1-46	5	5000 以外	170	180	205
1-47	6	3000 以内	170	180	205
1-48	6	5000 以内	180	190	215
1-49	6	7000 以内	195	205	235
1-50	6	7000 以外	210	225	255
1-51	7	3000 以内	195	205	235
1-52	7	5000 以内	205	220	250
1-53	7	7000 以内	220	235	265
1-54	7	7000 以外	210	255	285

七、应用工期定额应注意的问题

1. 地基与基础处理

基础施工较为复杂，工期定额将±0.000 以下工程及有无地下室情况做了专门考虑。在施工中遇有不可预见的障碍物、古墓、文物等需要处理，经承发包双方协商，可按实际处理，顺延工期。

2. 气候方面

定额按各地的气温差异划分Ⅰ、Ⅱ、Ⅲ类地区，应按工程所在地确定地区类别使用定额。施工技术规范或设计要求冬期不能施工而造成工程主导工序连续停工的，经承发包双方确认，可顺延工期。

3. 自然灾害

对不可抗拒的自然灾害造成工程停工，经承发包双方确认，可以顺延工期。不可抗拒的自然灾害，主要是指人类不可抗拒的自然现象，如台风、洪水、地震等。一般工地的火灾，绝大部分是管理不严、操作不慎引起的，不能视为不可抗拒的自然灾害，即使雷击造成的火灾，也不是一定不可抗拒的自然灾害，如果采取有效措施，防止雷击，是可以避免火灾的。

4. 发包方或承包方原因

由于重大设计变更或发包方原因造成工程停工，经承发包双方确认后，可顺延工期。因承包方原因造成停工，不得增加工期。

5. 经济发展水平与施工条件

鉴于各地经济发展水平与施工条件对施工工期影响不同，给予各地区建设行政主管部门一定的定额水平调整权，调整幅度不超过15%。15%定额水平调整权，是指某一地区对某些项目子目的定额工期水平调整的最高幅度，而不是省、区调整子目总平均的幅度。

八、民用建筑工程单项工程工期估算

1. 单项工程工期定额计算说明

《工期定额》对于单项工程的工期计算有如下说明：

（1）单项工程包括±0.000以下工程、±0.000以上工程、影剧院和体育馆工程。

（2）±0.000以下工程按土质分类（土质分类方法见表11-17)，划分无地下室和有地下室两部分。无地下室按基础类型及首层建筑面积划分；有地下室按地下室层数及建筑面积划分。其工期包括±0.000以下全部工程内容。

表11-17　土的工程分类

土的分类	土的名称
Ⅰ类土（松软土）	砂、亚砂土、冲积砂土层、种植土、泥炭（淤泥）
Ⅱ类土（普通土）	亚黏土，潮湿的黄土；夹有碎石、卵石的砂、种植土、填筑土及亚砂土
Ⅲ类土（坚土）	软及中等密实黏土，重亚黏土，粗砾石，干黄土及含碎石、卵石的亚黏土，压实的填筑土
Ⅳ类土（砂砾坚土）	重黏土及含碎石、卵石的黏土，粗卵石，密实的黄土，天然级配砂石，软泥灰岩及蛋白石

（3）±0.000以上工程按工程用途、结构类型、层数及建筑面积划分。其工期包括结构、装修、设备安装全部工程内容。

（4）影剧院和体育馆工程按结构类型、檐高及建筑面积划分，其工期不分±0.000以上或以下，均包括基础、结构、装修全部工程内容。

（5）综合楼适用于购物中心、贸易中心、商场（店）、科研楼、业务楼、写字楼、培训楼、幼儿园、食堂等公共建筑。

（6）高级住宅是指装修做法为：

1）内墙面贴墙纸、软包、高级涂料、木墙裙；

2）木地板、块料面层、铺地毯；

3）高级装修抹灰、吊顶；

4）硬木门窗、塑钢门窗、铝合金门窗；

5）厨房、卫生间墙面贴面砖、地面块料面层。

（7）高级住宅、别墅、公寓工程的工期按相应住宅总工期乘以 1.2 系数计算。

2. 工期估算注意事项

（1）±0.000 以下工期：无地下室按首层建筑面积计算，有地下室按地下室建筑面积总和计算。

（2）±0.000 以上工期：按±0.000 以上部分建筑面积总和计算。

（3）总工期为：±0.000 以下工期与±0.000 以上工期之和（不包括影剧院和体育馆工程）。

（4）单项工程±0.000 以下由两种或两种以上类型组成时，按不同类型部分的面积查出相应工期，相加计算。

（5）单项工程±0.000 以上结构相同，使用功能不同。无变形缝时，按使用功能占建筑面积比重大的计算工期；有变形缝时，先按不同使用功能的面积查出相应工期，再以其中一个最大工期为基数，另加其他部分工期的 25%计算。

（6）单项工程±0.000 以上由两种或两种以上结构组成。无变形缝时，先按全部面积查出不同结构的相应工期，再按不同结构各自的建筑面积加权平均计算；有变形缝时，先按不同结构各自的面积查出相应工期，再以其中一个最大工期为基数，另加其他部分工期的 25%计算。

（7）单项工程±0.000 以上层数不同，有变形缝时，先按不同层数各自的面积查出相应工期，再以其中一个最大工期为基数，另加其他部分工期的 25%计算。

（8）单项工程中±0.000 以上分成若干个独立部分时，先按各自的面积和层数查出相应工期，再以其中一个最大工期为基数，另加其他部分工期的 25%计算，4 个以上独立部分不再另增加工期。如果±0.000 以上有整体部分，将其并入到最大部分工期中计算。

3. 住宅工程工期计算注意事项

（1）总工期为±0.000 以下工期与±0.000 以上工期之和。

（2）±0.000 以上工程首先按照结构类型进行大的分类，这些结构类型包括砖混结构、内浇外砌结构、内浇外挂结构、全现浇结构、现浇框架结构、砖木结构、砌块结构、内板外砌结构、预制框架结构和滑模结构。

（3）对于±0.000 以上工程的每一种结构类型，《工期定额》中又按层数、建筑面积和地区类型来划分。

复习思考题

1. 何谓投资估算指标？
2. 投资估算指标有什么作用？
3. 一般建设项目可以分为哪些指标？

4. 何谓工程造价指数?
5. 什么是建设工期? 什么是合同工期?
6. 影响建设工期的主要因素有哪些?
7. 何谓工期定额?
8. 建设工期定额的评价应按哪些原则进行?
9. Ⅱ类地区包括哪些省份?
10. 应用工期定额应注意哪些问题?

第十二章　工程定额信息化建设

第一节　工程定额信息的概念和主要内容

一、工程定额信息的概念、特点和分类

1. 工程定额信息的概念

工程定额信息是一切有关工程定额（量价费）的特征、状态及其变动的消息的组合。在工程承发包市场和工程建设过程中，工程定额总是在不停地运动着、变化着，并呈现出各种不同特征。人们对工程承发包市场和工程建设过程中工程定额运动的变化，是通过工程定额信息来认识和掌握的。

在工程承发包市场和工程建设中，工程定额是最灵敏的调节器和指示器，无论是政府工程定额主管部门还是工程承发包者，都要通过接收工程定额信息来了解工程建设市场动态，预测工程定额发展，决定政府的工程定额政策和工程承发包价。因此，工程定额主管部门和工程承发包者都要接收、加工、传递和利用工程定额信息，工程定额信息是一种社会资源已被大家所认可，特别是在我国推行工程量清单计价制度的今天，市场价格的信息将起到举足轻重的作用，工程定额信息资源开发显得非常重要。

2. 工程定额信息的特点

（1）区域性。建筑材料大多质量大、体积大、产地远离消费地点，因而运输量大，费用也较高。尤其不少建筑材料本身的价值或生产价格并不高，如砂、石、土等，但所需要的运输费用很大，为了降低工程成本，必须坚持就地取材，不能舍近求远。因此，建筑材料价格信息的交换和流通就具有区域性。

（2）多样性。我国的工程造价的管理制度正处于探索和发展的初级阶段，各种市场还没有达到规范化要求，要使工程定额管理的信息资料满足这一时期的要求，在信息的内容和形式上应具有多样化的特性。

（3）专业性。工程定额信息的专业性集中反映在建设工程的专业化上，如建筑、安装、市政、水利、电力工程等，所需的信息有明显专业性的特点。

（4）系统性。工程定额本身就是一个大的系统，反映定额特性的工程定额信息也具有系统性。各种工程定额的管理活动总是在相应条件下受不同因素的制约和影响。因而从工程定额信息源发出来的信息都不是孤立、紊乱的，而是大量、有序、系统性的。

（5）动态性。工程定额信息也和其他信息一样要保持更新。为此，需要经常不断地收集和补充新的工程定额信息，进行信息更新，真实反映工程定额的动态变化。

（6）季节性。由于建筑生产受自然条件影响大、季节性强。因此，施工内容的安排也必须充分考虑季节因素，使得工程定额的信息也不能完全避免季节性的影响。

3. 工程定额信息的分类

为便于对信息的管理，有必要将各种信息按一定的原则和方法进行区分和归集，并建立起一定的分类系统和排列顺序。因此在工程定额信息管理的领域内，也应该按照不同的标准

对信息进行分类。

（1）工程定额信息分类的原则。

1）稳定性。信息分类应选择分类对象最稳定的本质属性或特征作为信息分类的基础和标准。例如，建筑材料分为钢筋、水泥、木材等，不要分为主要材料、辅助材料、其他材料等。信息分类体系应建立在对基本概念和划分对象的深入理解基础之上。

2）兼容性。信息分类体系首先按国际、国内统一标准体系分类，还要考虑项目参与方所应用的编码体系的情况，项目信息的分类体系应能满足不同项目参与方高效信息交换的需要。

3）扩展性。信息分类体系应具备较强的灵活性，可以在使用过程中进行方便的扩展，以保证增加新的信息类型时，不至于打乱已建立的分类体系，同时一个通用的信息分类体系还应为具体环境中信息分类体系的拓展和细化创造条件。例如，定额编号采用三符号编码，补充项目可以分节补充；如果采用两符号编码，补充定额只能补充到每一章的后面，补充内容就比较乱。又如，建筑材料不按种类划分，补充的材料只能放到最后；如果按材料种类分档，每种类后面的编码应留有余地。在这一点上，国家计价规范做得比较好。

4）综合性。信息技术是综合性的资源，是各种分类信息的综合性商务信息交流平台。工程定额信息分类也应从系统工程的角度出发，放在具体的应用环境中进行整体考虑。这体现在信息分类的标准与方法的选择上，应综合考虑项目的实施环境和信息技术工具。

5）实用性。工程定额信息分类实用性应是工程信息的基本要求，不同定位的专业信息发布更应如此，不但要传播工程定额信息的实用性，更要根据专业侧重点挖掘出工程定额信息背后的实用性，而不应是大面化的信息更新。"以质为本"的信息选择和体现应是工程定额信息的第一优势和基本要求。

（2）工程定额信息的具体分类。

1）从管理组织的角度来分，可以分为系统化工程定额信息和非系统化工程定额信息；

2）从形式来分，可以分为文件式工程定额信息和非文件式工程定额信息；

3）按传递方向来划分，可以分为横向传递的工程定额信息和纵向传递的工程定额信息；

4）按反映面来分，分为宏观工程定额信息和微观工程定额信息；

5）从时态上来划分，可分为过去的工程定额信息、现在的工程定额信息和未来工程定额信息；

6）按稳定程度来划分，可以分为固定工程定额信息和变动工程定额信息。

二、工程定额信息包括的主要内容

1. 信息资源的基本内容

信息作为一种资源，基本内容通常包括下述几部分：

（1）人类社会经济活动中经过加工处理有序化并大量积累后的有用信息的集合。

（2）为某种目的而生产有用信息的信息生产者的集合。

（3）加工、处理和传递有用信息的信息技术的集合。

（4）其他信息活动要素（如信息设备、信息活动经费等）的集合。

2. 工程定额信息的主要内容

从广义上说，所有对工程定额的确定和控制过程起作用的资料都可以称为是工程定额信息，如各种定额资料、标准规范、政策文件等。但最能体现信息动态性变化特征，并且在工程价格的市场机制中起重要作用的工程定额信息主要包括以下三类：

（1）价格信息。包括各种建筑材料、装饰材料、安装材料、人工工资、施工机械台班的最新市场价格。这些信息是比较初级的，一般没有经过系统的加工处理，也可以称为数据。具体表现形式可参见表 12-1 和表 12-2。

表 12-1 建筑市场人工工资单价

工程类别	项目	工种	计量单位	工资单价（元）
住宅	支模板	木工	工日	80
住宅	轧钢筋	钢筋工	工日	70
住宅	浇筑混凝土	混凝土工	工日	73.3

表 12-2 建筑市场材料单价

工程类别	项目	种类	计量单位	材料价格（元）
住宅	砖砌体	机砖	千块	260
住宅	混凝土	中砂	m^3	55
住宅	混凝土	水泥 52.5MPa	t	420

（2）指数。主要指根据原始价格信息加工整理得到的各种工程定额指数，是非常有用的价格信息。

（3）已完工程信息。已完或在建工程的各种造价信息，可以为在建工程定额的编制提供依据，是非常有参考价值的工程资料。因此，这种信息也可称为工程定额资料。

第二节 工程定额（造价）资料管理

一、工程定额（造价）资料及分类

工程定额（造价）资料是指已竣工和在建的有关工程可行性研究、估算、概算、施工图预算、工程量清单及报价、工程竣工结算、竣工决算、单位工程施工成本，以及新材料、新结构、新设备、新工艺等建筑安装工程分部分项的单价分析等资料。

工程定额（造价）资料可分为以下几种类别：

（1）工程定额（造价）资料按照其不同工程类型进行划分，如厂房、住宅、公建、市政工程等。

（2）工程定额（造价）资料按照其不同阶段，一般分为项目投资估算、设计概算、施工图预算、工程量清单和报价、竣工结算、竣工决算等。

（3）工程定额（造价）资料按照其组成特点，一般分为建设项目、单项工程和单位工程定额资料，同时也包括有关新材料、新工艺、新设备、新技术的分部分项工程定额资料。

二、工程定额（造价）资料积累的内容

工程定额（造价）资料积累的内容应包括"量"（如主要工程量、材料量、设备量等）和"价"（如综合单价、人工单价、材料价格等），还要包括对造价确定有重要影响的技术经济条件，如工程的概况、建设条件等。

1. 建设项目和单项工程定额（造价）资料

主要包括：

（1）对造价有主要影响的技术经济条件，如项目建设标准、建设工期、建设地点等。

（2）主要的工程量、主要材料用量和主要设备的名称、型号、规格、数量等。

（3）造价指数、投资估算、概算、预算、竣工决算等。

2. 单位工程定额（造价）资料

单位工程定额（造价）资料包括工程的内容、建筑结构特征、主要工程量、主要材料用量和单价、人工工日和人工费，以及相应的建造价格等。

3. 其他

主要包括有关新材料、新工艺、新设备、新技术分部分项工程的人工工日，主要材料用量，机械台班用量。

三、工程定额（造价）资料的管理

1. 建立定额（造价）资料积累制度

自 1991 年 11 月，建设部印发了关于《建立工程造价资料积累制度的几点意见》的文件开始，我国的工程定额（造价）资料积累制度就正式建立起来，工程定额（造价）资料积累工作从此正式开展。建立工程定额（造价）资料积累制度是工程定额计价依据极其重要的基础性工作。在国外不同阶段的投资估算，以及编制标底、投标报价的主要依据是单位和个人所经常积累的工程定额（造价）资料。全面系统地积累和利用工程定额（造价）资料，建立稳定的定额（造价）资料积累制度，对于我国加强工程定额管理，合理确定和有效控制工程造价具有十分重要的意义。

工程定额（造价）资料积累的工作量非常大，牵涉面也非常广，应当依靠各级政府有关部门和行业组织进行组织管理。

2. 资料数据库的建立和网络化管理

积极推广使用计算机建立工程定额（造价）资料数据库，开发和建立通用的工程定额（造价）资料管理程序，可以提高工程定额（造价）资料的适用性和可靠性。要建立工程定额（造价）资料数据库，首先要解决的问题是工程的分类与编码。由于不同的工程在技术参数和工程定额组成方面有很大的差异，必须将不同类型的工程数据分别建库。为了便于进行数据的统一管理和信息交流，必须设计出一套科学、系统的编码体系。

有了统一的工程分类与相应的编码之后，就可以进行数据的搜集、整理和输入工作，从而得到不同层次的定额（造价）资料数据库。工程定额（造价）资料数据库的建立，必须严格遵守统一的标准和规范。

四、工程定额（造价）资料的作用

1. 各部门编制固定资产投资计划的依据

我国各部门在研究提出建设工程固定资产投资的总规模、结构和资金来源；组织编制固定资产投资中长期规划；编制下达固定资产年度投资计划、重大项目前期工作计划、重大项目建设计划和建设资金投资计划都必须依据工程定额资料来完成。

固定资产的投资建设需要的资金比较多，时间相对也比较长，资金的支出一般都不是一次性投入，而是要分年度、逐次地投入，需要把各年度发生的建设投资折合为现值。

2. 进行建设成本分析的基础

在固定资产投资计划基础上，还可以用以下公式计算出建设成本节约额和建设成本降低率，即

$$建设成本节约额 = 批准概算现值 - 建设成本现值$$

$$建设成本降低率 = \frac{建设成本节约额}{批准概算} \times 100\%$$

还可以按建设成本构成把实际数与概算数加以对比。对建筑安装工程投资，要分别从实物工程量定额和价格两方面对实际数与概算数进行对比。对设备工器具投资，则要从设备规格数量、设备实际价格等方面与概算进行对比。各种比较的结果综合在一起，可以比较全面地描述项目投入实施的情况。

3. 进行单位生产能力投资分析的依据

单位生产能力投资的计算公式为

$$单位生产能力投资 = \frac{全部投资完成额(现值)}{全部新增生产能力(使用能力)} \times 100\%$$

在其他条件相同的情况下，单位生产能力投资越小则投资效益越好。计算的结果可与类似的工程进行比较，从而评价该建设工程的效益。

4. 编制投资估算的重要依据

设计单位的造价人员在编制估算时一般常采用比较类推的方法进行估算，因此需要选择若干个类似的典型工程加以分解、换算和合并，并考虑到当前的设备与材料价格情况，最后得出工程的投资估算额。有了工程定额资料数据库，造价人员就可以从中挑选出所需要的典型工程，运用计算机进行适当的分解与换算，加上造价人员的经验和判断，最后得出较为可靠的工程投资估算额。

5. 编制初步设计概算和审查施工图预算的重要依据

有了完整的工程概算定额资料，设计单位的造价人员在编制初步设计概算时，就很容易计算出各种设计方案的经济效果。特别是在限额设计和优化设计方案的过程中，设计人员可能要反复修改设计方案，每次修改都希望能得到相应的概算，而每次概算都有可参照的定额资料，丰富的工程定额资料还可能为设计人员指出修改设计方案的可行途径。

施工图预算的审查是一项非常重要的工作环节，是保证预算正确性的重要手段。审查时可以通过工程定额资料的运用得到帮助。选取类似工程定额资料与施工图预算进行比较，从中发现施工图预算编制中的问题。由于设计变更、材料调价等因素所带来的造价变化，在施工图预算阶段往往无法事先估计到，此时参考以往类似工程的数据，有助于预见到这些因素发生的可能性。

6. 计算标底和投标报价的参考

在编制标底和投标报价的工作中，无论是定额计价还是清单计价，工程定额资料都可以发挥重要作用。使甲、乙双方在编制标底和投标报价时避免了盲目性。尤其是在工程量清单计价方式下，投标人自主报价，没有统一的参考标准，更大程度上依赖于企业已完工程的历史经验。这对工程定额资料的积累分析就提出了很高的要求，不仅需要总造价及专业工程的造价分析资料，还需要更加具体的分部分项工程量清单综合单价分析资料。根据企业历年来完成的类似工程的综合单价分析资料，从中可以发现企业管理和市场价格的发展变化。

7. 搞好技术经济分析的基础

不断地搜集和积累工程在建期间的造价资料，在工程结算和决算时就能简单很多。由于定额信息的及时反馈，使得建设单位和施工单位都可以尽早地发现问题和解决问题。这也是对造价控制由静态转入动态的关键所在。

8. 编制各类定额的基础

通过分析不同的分部分项工程定额，了解分部分项工程中实物消耗量，掌握各分部分项工程预算和结算的对比结果，定额管理部门就可以发现原有定额是否符合实际情况，从而修改定额。新工艺、新材料定额的编制，也可从积累资料中获取部分有用信息；概算定额和估算指标的编制与修订，也可以从收集的定额资料中得到参考依据。

9. 测定调价系数和编制定额指数的依据

为了保证价格的动态性，必须及时测定调价系数和编制各种新的工程定额指数（如材料价格指数、直接工程费价格指数、建筑安装工程价格指数、设备及工器具价格指数、工程造价指数、投资总量指数等），必须选取若干个典型工程的数据进行分析与综合，在此过程中，已经积累起来的工程定额资料可以充分发挥作用。

五、工程定额（造价）资料的收集

1. 收集资料的数量

样本的数量越大，越有利于测算出准确的统计值。由于当前建设投资不断增加，全社会处于建设高潮时期，大量的建设工程产生了大量的工程造价资料，应该说，总体数量是足够的。但是，工程造价资料分别由投资方、项目建设方、项目施工方及咨询机构掌握，而作为负责测定和发布指数的政府部门或行业协会所能取得的造价资料仅只是资料总体的很小一个部分，而且缺乏显著的代表性。因此，如何取得符合统计学样本数量要求的资料，是一个工作重点。

2. 收集资料的质量

要考察的是工程造价的社会真实水平，并非造价编制水平，因此，需要的是能够代表市场价格，即已经成交的工程的实际造价。也就是说，首先应该收集的是各竣工工程的结算造价资料。另外，建筑工程市场普遍实行招投标制度，工程中标价实际上也是一种成交价，只不过它是一种尚未实现的产品的成交价，这个成交价决定于实际工程成本水平及社会竞争水平，因此，也可以认为是一种实际造价，即已签订了合同的工程中标造价资料也应该收集。至于其他造价资料，不管编制水平如何，由于其并未同时为供需双方所接受，不能肯定它已反映了市场水平，所以不在考察的范围内。对收集到的资料，还应根据预先设定的统计学标准进行整理，以保证其真实性和代表性。这个标准应该由政府部门或行业协会统一制订。

3. 收集资料的途径

资料的收集按老办法由政府主管部门直接收集到大量的造价资料，并且保证其真实性已经不现实了。第一，由政府主管部门投入大量的人力、财力去收集资料，在现有的管理制度下几乎不可能实现；第二，部分工程造价资料涉及相关单位商业秘密，也不宜强制收集。根据发达国家的做法，调动各造价咨询机构特别是实力较强、年咨询业务量较大的咨询机构的积极性，邀请他们主动、认真参与到造价指数测定工作中来，为社会总指数的形成间接提供基础资料，并且承担一些基础性的分析测定工作。其具体做法是：选择部分咨询机构，让这些机构在政府部门或行业协会指导下，利用各自的造价数据资源，按照统一的标准自行测算造价指数，各自测算出的造价指数统一提交给政府主管部门或行业协会，在这里进行修正综合，从而得出造价总指数。应该注意的是：政府主管部门应对此进行正确的引导，引导的一个重点是要让咨询机构（特别是其负责人）认识到，造价指数工作实际上是其进行企业技术管理的一项日常的基础性工作，工作成果对于企业自身就是一项技术成果，并且该成果的积累对企业的业务工作有依据性和指导性的意义；工作过程及消耗的人力并非其额外负担，而是企业发展所必不可少的。除了最终造价资料以外，还需要收集材料价格和人工单价的资料，材料市场单价可以由具有这方面的能力并且已经开展了相关工作的材料信息机构提供，材料价格可以间接由造价咨询机构提供，人工单价可以由用人单位（施工企业）提供。在这其中，政府主管部门或行业协会的工作，应该是制定并向基础资料提供机构提供统一的数据库模型和统计模型，以规范资料收集整理方法和指数测算模型方法；然后收集指数，修正、汇总、发布。

第三节　工程造价指数的编制与发布

一、指数的概念和分类

1. 指数的概念

指数是用来统计研究社会经济现象数量变化幅度和趋势的一种特有的分析方法和手段。指数有广义和狭义之分。广义地讲，任何两个数值对比形成的相对数都可以称为指数，如产值指数、产量指数、出口额指数等。狭义地讲，指数是用于测定多个项目在不同场合下综合变动的一种特殊相对数。例如不同的产品和商品有不同的使用价值和计量单位，不同商品的价格也以不同的使用价值和计量单位为基础，都是不同度量的事物，是不能直接相加的。但通过狭义的统计指数就可以反映出不同度量的事物所构成的特殊总体变动或差异程度，例如物价总指数、成本总指数等。

2. 指数的分类

（1）指数按其所反映的现象的范围不同，分为个体指数、总指数。个体指数是反映个别现象变动情况的指数，如个别产品的产量指数、个别商品的价格指数等。总指数是综合反映不能同度量的现象动态变化的指数，如工业总产量指数、社会商品零售价格总指数等。

（2）指数按其所反映的现象的性质不同，分为数量指标指数和质量指标指数。数量指标指数是综合反映现象总的规模和水平变动情况的指数，如商品销售量指数、工业产品产量指数、职工人数指数等。质量指标指数是综合反映现象相对水平或平均水平变动情况的指数，如产品成本指数、价格指数、平均工资水平指数等。

（3）指数按照采用的基期不同，可分为定基指数和环比指数。当对一个时间数列进行分析时，计算动态分析指标通常用不同时间的指标值作对比。在动态对比时作为对比基础时期的水平，称为基期水平；所要分析的时期（与基期相比较的时期）的水平，称为报告期水平或计算期水平。定基指数是指各个时期指数都是采用同一固定时期为基期计算的，表明社会经济现象对某一固定基期的综合变动程度的指数。环比指数是以前一时期为基期计算的指数，表明社会经济现象对上一期或前一期的综合变动的指数。定基指数或环比指数可以连续将许多时间的指数按时间顺序加以排列，形成指数数列。

（4）指数按其所编制的方法不同，分为综合指数和平均数指数。综合指数是两个总量指标对比形成的指数，在总量指标中包含两个或两个以上的因素，将其中被研究因素以外的一个或一个以上的因素固定下来，仅观察被研究因素的变动，这样编制的指数，称为综合指数。综合指数的编制方法是先综合后对比。它可以把各种不能直接相加的现象还原为价值形态，先综合（相加），然后再进行对比（相除），从而反映观测对象的变化趋势。平均数指数，是以个体指数为基础，通过对个体指数计算加权平均数编制的总指数。平均数指数是综合指数的变形。在实践中可用平均数指数的形式来编制总指数。

(5) 指数按资料的期限长短不同，分为时点指数、月指数、季指数、年指数。时点指数是指平均数反映一定时点上的绝对水平，它可分为简单算术平均数、修正平均数、加权平均数三类。人们通过对不同时点平均数的比较，可以看出它的变动情况及趋势。月指数、季指数、年指数分别是通过对月度、季度、年度的平均数为调查单位的个体指数。

二、工程造价指数及其分类

1. 工程造价指数的概念及作用

随着我国经济体制改革，特别是价格体制改革的不断深入，设备、材料价格和人工费的变化对工程造价的影响日益增大。在建筑市场供求和价格水平发生经常性波动的情况下，建设工程定额及其各组成部分也处于不断变化之中，这不仅使不同时期的工程在“量”与“价”两方面都失去可比性，也给合理确定和有效控制造价造成了困难。根据工程建设的特点，编制工程造价指数是解决这些问题的最佳途径。以合理方法编制的工程造价指数，不仅能够较好地反映工程造价的变动趋势和变化幅度，而且可用以剔除价格水平变化对造价的影响，正确反映建筑市场的供求关系和生产力发展水平。

工程造价指数是反映一定时期由于价格变化对工程造价影响程度的一种指标，它是调整生产要素价差的依据。工程造价指数反映了报告期与基期相比的价格变动趋势，其主要作用有以下几个方面：

(1) 可以利用工程造价指数分析价格变动趋势及其原因。

(2) 可以利用工程造价指数估计工程造价变化对宏观经济的影响。

(3) 工程造价指数是工程承发包双方进行工程估价和结算的重要依据。

2. 工程造价指数的种类与特征分析

根据工程造价的构成，工程造价指数应分为以下几种：

(1) 单项价格指数。单项价格指数主要包括人工费、材料费、施工机械使用费报告期价格对基期价格的变化程度的指标，可利用它研究主要单项价格变化的情况及其发展变化的趋势，其计算过程可以简单表示为报告期价格与基期价格之比。依此类推，可以把各种费率指数也归于其中，例如措施费指数、间接费指数，工程建设其他费用指数等。这些单项价格指数都属于个体指数，其编制过程相对比较简单。这些费率指数的编制可以直接用报告期费率与基期费率之比求得。

(2) 设备、工器具价格指数。设备、工器具的种类、品种和规格很多。设备、工器具费用的变动通常是由两个因素引起的，即设备、工器具单件采购价格的变化和采购数量的变化，并且工程所采购的设备、工器具是由不同规格、不同品种组成的，因此，设备、工器具价格指数属于总指数。由于采购价格与采购数量的数据无论是基期还是报告期都比较容易获得，因此设备、工器具价格指数可以用综合指数的形式来表示。

(3) 建筑安装工程造价指数。建筑安装工程造价指数也是一种综合指数，其中包括了人工费指数、材料费指数、施工机械使用费指数以及措施费、间接费等各项个体指数的综合影响。由于建筑安装工程造价指数相对比较复杂，涉及的方面较多，利用综合指数进行计算分析难度较大。因此可以通过对各项个体指数的加权平均，用平均数指数的形式来表示。

（4）建设项目或单项工程造价指数。该指数是由设备工器具指数、建筑安装工程造价指数、工程建设其他费用指数综合得到的。它也属于总指数，与建筑安装工程造价指数比较类似，一般也用平均数指数的形式来表示。

三、工程造价指数测算与发布的目的和意义

工程造价指数作为反映工程造价变动状况的一系列统计数字，在工程造价管理工作中具有非常重要的作用。首先，工程造价行政主管部门可以通过分析、测算及发布工程造价指数，掌握并向社会提供建设工程造价的总体发展趋势信息，为工程建设市场服务，为投资决策服务，为政府部门宏观调控服务；其次，大中型造价咨询或相关领域企业，通过组织（参与）工程造价指数测定工作，建立自身造价资料数据库和技术统计分析系统，对于提高企业技术管理水平有重要的意义，从而提升企业品牌、提高企业根本竞争力；有条件时向社会发布非官方造价指数，可以对官方造价指数提供重要的参考校验值，甚至在局部领域获得社会认可，成为代表该领域的权威指数而发挥重要社会经济影响。因此，工程造价指数工作是建设工程领域特别是建设工程经济领域的一项基础性管理技术工作。

四、工程造价指数的内容和形式

工程造价指数，表达的是一定区域内（如某省、某市）工程造价在各考察时点的综合水平，对不同时点的造价指数进行比较，就可以反映出造价随时间变化而变化的走向和趋势。这里造价指的是平方米造价，是总价与总规模相比的一个相对水平，因此，工程造价指数是一个质量指标指数，在进行综合计算时应遵循质量指标指数的计算原则。从众多的个体指数中综合计算总指数时，通常结合统计上的分组方法，即对研究的总体进行分类，按每个类来计算统计指数。根据对造价的影响程度，一般习惯是按使用功能把建筑工程分为几个大类，总指数也就分为住宅工程造价总指数、写字楼工程造价总指数、公用建筑（综合）工程造价总指数、厂房（仓库）造价总指数等。这些大类里面还应该按照建筑物主要结构构造特征再进行下级分类。分类合理与否对造价指数的代表性、可靠性和指导性具有重要意义，以表 12-3 为例，说明分类指数的编制方法。

表 12-3　工程造价指数表（分类示例）

序号	一级分类	二级分类	平均平方米造价	二级分类指数（个体指数）	一级分类指数（类指数）	总指数（总指数）
1-1	住宅楼	低层、多层（1～7）				
1-2		小高层（8～15）				
1-3		高层（16～22）				
2-1	办公写字楼	低层、多层（≤24m）				
2-2		高层（>24m，≤100m）				
2-3		超高层（>100m）				
3-1	公用综合楼	单、多层商场				
3-2		多层酒店				
3-3		高层酒店				
4-1	厂房（仓库）	标准厂房（单层仓库）				
4-2		多层厂房（仓库）				

在表 12 - 3 中，二级分类指数（如多层住宅楼平方米造价指数）为个体指数，可以通过收集一定时期内符合分类条件的工程造价资料，对其平方米造价数据进行整理分析后得出报告期多层住宅平均平方米造价，与基期多层住宅平均平方米造价相比直接得出；而一级分类指数（如住宅楼综合指数）为类指数，可以按总指数的方法，对其分类项下的各种住宅楼平方米造价指数按综合指数计算的方法计算出住宅楼平方米造价综合指数；房屋建筑工程造价总指数的计算与一级分类指数计算方法基本相同。

为了提高造价指数的实际指导性，需要配套公布影响造价总指数的主要要素的指数，包括两个部分，一是要素消耗量指数，二是要素价格指数。目前的工作应该明确对工程造价会发生重大影响的要素项目。如主要材料：钢材（或钢筋）、水泥（或混凝土）、砌体材料（综合）。至于人工，由于多数地区仍实行人工单价由政府定价，一定时期内没有变化，如果按照政府定价发布人工价格指数，将没有实际意义。可以通过调查实际市场单价测算综合人工单价指数，以反映社会真实人工单价变动水平，可以给政府部门制定人工费标准提供依据，也有利于建设各方在实际工作中应用该指数。另外有条件时还应测算机械台班单价指数。

以上总指数和个体指数的形式普遍采用定基指数形式，即确定基期，并定其指数为定值，各报告期指数为与基期指数的相对数。

五、建立工程造价指数统计模型

工程造价指数分析测算工作是一项统计工作，需要建立一系列统计模型来对收集到的数据进行统计分析。统计模型建立的越好，分析测定出的指数越接近真实值。但是，统计模型如果建立的太复杂，对样本容量、数据筛选、分析计算的要求过高，将会造成数据收集工作和统计分析工作很难达到模型要求。其后果，一是大大增加工作成本，二是反而有可能无法得出精确的结果。因此，选择建立科学适用的统计分析模型，是造价指数工作的一个最重要的基础性工作。建立工程造价指数统计模型的方法有间接测定法和直接测定法两种。

1. 间接测定法

人工费、材料费、机械费是确定工程造价的基础。人工、材料、机械台班等要素的价格（质量指标）和消耗量（物量指标）变动决定工程造价的变动。目前造价指数测定普遍采用的理论，是将最终考察对象“每平方米造价指数”视为一个总指数或一系列类指数，不进行直接测定，而是通过对影响其水平的指数化因素和同度量因素进行测定，再按照一定的统计方法进行二次计算分析，间接地得出结果。也就是说，研究工程造价各要素的价格和消耗量，然后采用加权综合指数或加权平均指数的方法计算得出造价总指数。应该注意到，这类方法既考虑了人工、材料、机械台班等要素单价变动带来的造价指数变动，也考虑了设计理论变化、施工工艺变化等非价格因素变动对造价的影响。但是，如果要把这些要素指数化或同度量化后按总指数的方法计算造价指数，那么，将会造成统计模型比较复杂。

2. 直接测定法

在编制造价指数时，通过直接收集工程造价数据，然后进行数据整理分类，对分类后的数据进行统计分析，得出分类造价指数（个体指数），然后再综合成大类的造价指数（类指数），最后形成总体的造价指数（总指数），其中包括了对主要人工、材料、机械消耗量指数和价格指数的测定。以“分类示例表”的分类方法为例，其做法如下：

（1）咨询机构测算二级分类造价指数（个体指数）。

设定的分类方法针对的是影响造价的因素，因此同属某组二级分类的工程项目，由于使用功能、结构、构造特征相近，可以认为其造价要素的消耗量指标基本相等，即造价指标具有同度量性，在这种假设条件下，采用统计推断方法，以样本混合平均值为二级分类个体指数的期望值，即

$$i = p_1/p_0 = (\sum p_1 q_1 / \sum q_1)/p_0$$

式中 i——咨询机构采集样本所确定的二级分类造价指数；

p_1——报告期平均平方米造价；

p_0——基期平均平方米造价；

$\sum p_1 q_1$——报告期同组工程总造价；

$\sum q_1$——报告期同组工程总规模。

在这一步，咨询机构还需要根据样本资料计算重要要素，如人工、材料、机械台班等的平均耗量指标和预算价格指标，与二级分类造价指数同时提交。

（2）政府部门或行业协会汇总二级分类造价指数。

对咨询机构提供的二级分类造价指数进行加权平均，求得调查区域内的二级分类造价指数，即

$$i = \sum i_n q_n / \sum q_n$$

式中 i——调查区域内样本集合所确定的二级分类造价指数；

i_n——某咨询机构采集样本的二级分类造价指数；

q_n——某咨询机构样本规模（二级分类工程建筑面积之和）。

（3）政府部门或行业协会测算一级分类造价指数（类指数）。

对某一级分类组所属全部二级分类造价指数进行简单算术平均，得出该一级分类造价指数，即

$$i = \sum i_n / n$$

式中 i——调查区域内样本集合所确定的一级分类造价指数；

i_n——该一级分类组所属某二级分类造价指数；

n——该一级分类组所属二级分类数。

这里之所以用简单算术平均法求一级分类造价指数，是为了消除报告期与基期相比，不同二级分类工程项目规模比例变动而引起的结构性价格变动影响。例如住宅建筑分多层、小高层、高层，不同分类造价水平会有较大差别，一旦报告期和基期不同分类工程建设规模比例发生较大变动，如果在指数计算公式中加入规模权数，就会把这种规模比例变动带来的结构性价格变动反映到指数中，而实际上住宅工程造价水平并没有发生指数所反映出来的变动量。所以不采用加权平均。

（4）由政府部门或行业协会测算建筑工程造价指数（总指数）。

六、工程造价指数的编制

工程造价指数一般应按各主要构成要素（设备工器具购置费、建筑安装工程造价和工程建设其他费用）分别编制价格指数，然后经汇总得到工程造价指数。

1. 各种单项价格指数的编制

（1）人工、材料、机械台班等要素价格指数的编制。人工、材料、机械台班等要素价格指数的编制是编制安装工程造价指数的基础，这些价格指数的编制可以直接用报告期价格与基期价格相比后得到。其计算公式为

$$人工（或材料、施工台班）价格指数 = P_n/P_0$$

式中　P_0——基期人工工资单价（或材料价格、机械台班单价）；

P_n——报告期人工工资单价（或材料价格、机械台班单价）。

（2）措施费、企业管理费、规费等费率指数的编制。其计算公式为

$$措施费（或企业管理费、规费）费率指数 = \beta_n/\beta_0$$

式中　β_0——基期措施费（或企业管理费、规费）费率；

β_n——报告期措施费（或企业管理费、规费）费率。

2. 设备工器具价格指数的编制

设备工器具的种类、品种和规格很多，其指数一般可选择其中用量大、价格高、变动多的主要设备工器具的购置数量和单价进行登记，其计算公式为

$$设备工器具价格指数 = \sum（报告期设备工器具单价 \times 报告期购置数量）/\sum（基期设备工器具单价 \times 报告期购置数量）$$

3. 建筑安装工程造价指数的编制

建筑安装工程造价指数是一种综合性极强的价格指数。根据加权调和平均数指数的推导公式，可得建筑安装工程造价指数公式，由于利润率和税率通常不会变化，可以认为其个体价格指数为1。因此，建筑安装工程造价指数的计算公式为

$$建筑安装工程造价指数 = 报告期建筑安装工程费/（报告期人工费/人工费指数 + 报告期材料费/材料费指数 + 报告期机械费/机械费指数 + 报告期措施费/措施费指数 + 报告期间接费/间接费指数 + 利润 + 税金）$$

4. 工程建设其他费用价格指数的编制

工程建设其他费用指数可以按照每万元投资额中的其他费用支出定额计算，计算公式为

$$工程建设其他费用指数 = 报告期每万元投资支出中其他费用/基期每万元投资支出中其他费$$

5. 建设项目或单项工程造价指数的编制

建设项目或单项工程造价指数是由建筑安装工程造价指数，设备、工器具价格指数和工程建设其他费用指数综合而成的。与建筑安装工程造价指数相类似，其计算也应采用加权调和平均数指数的推导公式，具体的计算公式为

$$建设项目或单项工程造价指数 = \sum（单项设备价格指数 \times 基期该项设备费占总造价比例） + 建筑安装工程造价指数 \times 基期建筑安装工程费占总造价的比例 + 工程建设其他费用指数 \times 基期工程建设其他费用占总造价比例$$

编制完成的工程造价指数有很多用途，比如作为政府对建设市场宏观调控的依据，也可以作为工程估算以及概预算的基本依据。当然，其最重要的作用是在建设市场的交易过程中，为承包商提出合理的投标报价提供依据表，此时的工程造价指数也可称为是投标价格指数。工程造价指数表的形式见表12-4、表12-5、表12-6，数据仅供参考。

表 12-4 各市每 100m² 建筑工程造价与对比指数表

别墅工程	市地名称	广州	深圳	珠海	汕头	佛山
	价格日期	2014 年二季度	2014 年 6 月份	2014 年 6 月份	2014 年二季度	2014 年二季度
总造价	元	526 884.05	527 057.39	495 160.83	499 793.14	482 236.40
每 100m² 建筑面积造价	元	122 791.03	122 831.43	115 397.90	116 477.46	112 385.84
各市对比指数（%）（广州为 100%）		100.00	100.03	93.98	94.86	91.53

表 12-5 ××市建设工程造价指数表

层　数	结构类型	2015 年 1 月	2015 年 3 月	2015 年 6 月	2015 年 9 月	2015 年 12 月
6 层以下住宅楼	砖混	100	103.89	104.56	104.99	105.69
7～8 层住宅楼	框架	100	102.56	103.76	104.13	104.84
9～14 层住宅楼	框架	100	103.10	103.91	104.32	105.11
15 层以上住宅楼	框架	100	103.21	104.05	104.53	105.23

表 12-6 某教学楼建筑安装工程造价指数表 8 层 框架结构 7584m²

年度	项目		直接工程费	其中		工程总造价	其中		单方造价	其中	
				建筑工程	安装工程		建筑工程	安装工程		建筑工程	安装工程
			元	元	元	元	元	元	元/m²	元/m²	元/m²
2015 一季度	使用现场搅拌混凝土	金额	5 483 857	4 633 826	630 032	7 802 975	6 942 697	860 378	1028.89	916.43	113.46
		指数	98.45	98.94	94.85	92.91	91.41	95.30	92.92	92.63	95.30
	使用商品混凝土	金额	5 649 156	6 019 123	630 032	8 190 250	7 329 872	880 378	1079.96	906.49	112.46
		指数	98.25	98.69	94.85	91.49	90.89	95.30	91.43	90.99	95.30
2015 二季度	使用现场搅拌混凝土	金额	6 388 586	4 833 826	662 741	7 695 170	6 880 547	734 023	1001.46	904.61	86.87
		指数	97.00	98.84	63.21	90.44	81.53	81.37	90.44	91.53	81.37
	使用商品混凝土	金额	5 571 804	6 019 128	552 741	7 979 360	7 244 757	734 023	1052.14	955.27	96.87
		指数	96.91	98.69	83.21	89.07	89.94	81.37	89.07	89.94	81.37
2015 三季度	使用现场搅拌混凝土	金额	5 375 466	4 828 429	647 057	7 680 813	6 852 507	728 246	999.69	903.56	96.03
		指数	96.86	98.83	82.36	90.27	91.43	80.66	90.27	91.43	80.66
	使用商品混凝土	金额	5 560 004	6 013 547	547 057	7 905 023	7 236 777	728 246	1050.26	954.22	96.03
		指数	90.71	98.68	82.36	88.81	89.84	80.60	88.91	89.84	80.66

第四节　工程定额信息管理

一、我国工程定额信息管理的现状

1. 工程定额信息管理的基本原则

工程定额的信息管理是指对信息的收集、加工、整理、储存、传递与应用等一系列工作的总称，其目的就是通过有组织的信息流通，使决策者能及时、准确地获得相应的信息。为了达到工程定额信息管理的目的，在工程定额信息管理中应遵循以下基本原则。

（1）标准化原则。要求在项目的实施过程中对有关信息的分类进行统一，对信息流程进行规范，力求做到格式化和标准化，从组织上保证信息生产过程的效率。

（2）有效性原则。工程定额信息应针对不同层次管理者的要求进行适当加工，针对不同管理层提供不同要求和浓缩程度的信息。这一原则是为了保证信息产品对于决策支持的有效性。

（3）定量化原则。工程定额信息不应是项目实施过程中产生数据的简单记录，应该经过信息处理人员采用定量工具对有关数据进行分析和比较。采用定量工具对有关数据进行分析和比较是十分必要的。

（4）时效性原则。考虑到工程定额计价与控制过程的时效性，工程定额信息也应具有相应的时效性，保持工程定额信息的新鲜度。如对材料价格的预测，还应考虑物价上涨指数因素，以保证信息资料能够及时服务于决策。

（5）高效处理原则。通过采用高性能的信息处理工具（如工程定额信息管理系统），尽量缩短信息在处理过程中的延迟，不能因信息处理过慢，而使有效的信息过时。

2. 我国工程定额信息管理的现状

在市场经济中，由于市场机制的作用和多方面的影响，工程定额的运动变化更快、更复杂。在这种情况下，工程承发包者单独、分散地进行工程定额信息的收集、加工，不但工作困难，而且成本很高。工程定额信息是一种具有共享性的社会资源。因此，政府工程造价主管部门利用自己信息系统的优势，对建筑行业提供信息服务，其社会和经济效益是显而易见的。我国目前的工程定额信息管理主要以国家和地方政府主管部门为主，通过各种渠道进行工程定额信息的搜集、处理和发布。随着我国的建设市场越来越成熟，企业规模不断扩大，一些工程咨询公司和工程定额软件公司也加入了工程定额信息管理的行列。

（1）全国工程定额信息系统的逐步建立和完善。实行工程定额体制改革后，国家对工程定额的管理逐渐由直接管理转变为间接管理。国家制定统一的工程量计算规则，编制全国统一工程项目编码和定期公布人工、材料、机械等价格信息。随着计算机技术及 Internet 的广泛应用，国家也开始建立工程定额信息网，定期发布价格信息及其产业政策，为各地方主管部门、各咨询机构，其他造价编制和审定等单位提供基础数据。同时，通过工程定额信息网，采集各地、各企业的工程实际数据和价格信息。主管部门及时依据实际情况，制定新的政策法规，颁布新的价格指数等。各企业和地方主管部门可以通过该定额信息网，及时获得相关的信息。

（2）地区工程定额信息系统的建立和完善。由于各个地区的生产力发展水平不一致，经济发展不平衡，各地价格差异较大。因此，各地区造价管理部门通过建立地区性定额信息系统，定期发布反映市场价格水平的价格信息和调整指数；依据本地区的经济、行业发展情况制定相应的政策措施。通过定额信息系统，地区主管部门可以及时发布价格信息、政策规定等。同时，通过选择本地区多个具有代表性的固定信息采集点或通过吸收各企业作为基本信息网员，收集本地区的价格信息、实际工程信息，作为本地区造价主管部门制定价格信息的数据和依据，使地区主管部门发布的信息更具有实用性、市场性、指导性。目前，全国有很多地区建立了工程定额信息网。

（3）工程造价软件公司成为工程定额信息管理的有生力量。随着工程量清单计价方式的应用，施工企业迫切需要建立自己的造价资料数据库，但由于大多数施工企业在规模和能力上都达不到这一要求，因此这些工作在很大程度上委托给工程造价咨询公司或工程造价软件公司去完成，这是我国“计价规范”颁布实施后工程定额信息管理出现的新的趋势。

二、工程定额信息管理目前存在的问题

（1）信息孤岛现象比较严重。目前，各部门、各单位对信息的采集、加工和传播缺乏统一规划、统一编码，系统分类、信息系统开发与资源拥有之间处于相互封闭、各自为战状态，其结果是无法达到信息资源共享的优势，更多的管理者满足于目前的表面信息，忽略信息深加工。

（2）信息网建设有待完善。现有工程定额网多为定额站或咨询公司所建，网站内容主要为定额颁布、价格信息、相关文件转发、招投标信息发布、企业或公司介绍等，网站只是将已有的造价信息在网站上显示出来，缺乏对这些信息的整理与分析。

（3）信息资料的积累和整理不规范。信息资料的积累和整理还没有完全实现和工程量清单计价模式的接轨。由于信息的采集、加工处理上具有很大的随意性，没有统一的模式和标准，造成了在投标报价时较难直接使用，还需要根据要求进行不断地调整，很显然不能满足新形势下市场定价的要求。

三、工程定额信息化的发展趋势

（1）为工程建设市场服务，开展信息化建设。适应建设市场的新形势，着眼于为建设市场服务，为工程定额管理服务。工程建设在国民经济中占有较大的份额，但存在着科技水平不高、现代化管理滞后、竞争能力较弱的问题。我国加入世界贸易组织后，建设管理部门、建筑业企业都面临着与国际市场接轨的问题，参与国际竞争的严峻挑战。信息技术的运用，可以促进管理部门依法行政，提高管理工作的公开、公平、公正和透明度，可以促进企业提高产品质量、服务水平和企业效率，达到提高企业自身竞争能力的目的。针对我国目前正在大力推广的工程量清单计价制度，工程定额信息化应该围绕为工程建设市场服务，为工程定额管理改革服务这条主线，组织技术攻关，开展信息化建设。

（2）实现企业化、产业化、专业化、集约化的目标。我国有关工程造价方面的软件和网络发展很快，为加大信息化建设的力度，全国工程造价信息网正在与各省信息网联网，这样全国造价信息网联成一体，用户可以很容易地查阅到全国、各省、各市的数据，从而大大提高各地造价信息网的使用效率。同时把与工程定额信息化有关的企业组织起来，加强交流、协作，避免低层次、低水平的重复开发，鼓励技术创新，淘汰落后，不断提高信息化技术在工程造价中的应用水平，使工程定额信息实现企业化、产业化、专业化、集约化的目标。

（3）加强工程定额信息标准化、规范化。发展工程定额信息化，要建立有关的规章制度，促进工程技术健康有序地向前发展。为了加强建设信息标准化、规范化，建设系统信息标准体系正在建立，制定信息通用标准和专用标准，建立建设信息安全保障技术规范和网络设计技术规范。加强全国建设工程定额信息系统的信息标准化工作，包括组织编制建设工程人工、材料、机械、设备的分类及标准代码，工程项目分类标准代码，各类信息采集及传输标准格式等工作，将为全国工程定额信息化的发展提供基础。

四、发达国家及地区的工程定额信息的管理

世界发达国家和地区市场经济体制比较健全和成熟，工程价格通常由市场双方自行确定，在这种情况下，为保障工程定额的科学性，都有自己的工程定额信息发布和使用方面的

管理。

1. 英国

在英国，工程定额信息中较重要的是定额指数的发布。按照发布机构分类，工程定额指数可分为政府指数和民间指数。政府指数是由贸工部的建筑市场情报局和国家统计办公室共同负责收集、整理并定期发布的，主要用于政府工程结算调价和估算。私人工程也可参照政府指数调整，但这主要视业主与承包商签订的合同而定。民间指数是由一些工料测量师行根据其造价资料和信息综合而成的，其中最具权威性的指数是定额指数。这两种指数虽属民间性质，但由于他们具有良好的声誉，能够被业主和承包商共同接受，因而有着不可取代的地位。按照指数的内涵划分，主要工程定额指数可分为三类，即投入品价格指数、成本指数和价格指数，分别依据投入品价格、建造成本和建造价格的变化趋势而编制。

建造价格指数从理论上讲应以工程竣工决算所核定的工程总建造费用为依据而制定，然而这样计算出来的指数并没有多少实际意义，因为工程从施工到竣工，再到工程结算完成需要很长时间，上述方法所得指数反映的仅是过去时间的建造价格变化，其准确程度也得不到保证。为此，英国公共和私营部门均采取编制投标价格指数的办法来代替建造价格指数。这是由于业主支付给承包商的建造费用大致上决定于投标价，因此投标价格指数除反映投标价格的变化外，在一定程度上也反映了建造价格的变化趋势。投标价格指数编制的依据主要是中标的承包商在报价时所列的主要项目单价。

2. 美国

在美国，工程定额信息资料大都由社会咨询机构及各种商业公司编制与提供。即使是政府公布的各类工程造价指南，除了来源于本身所承担的已完工程造价的积累，也要参考各公司出版的资料。其中闵斯（Means）公司出版的《Means Building Construction Cost Data》较为著名与具有权威性。其价格资料都是根据从全国各地市场收集到的素材经分析、比较、筛选后取定的，是上一年度市场一般行情的反映，因而比较接近于市场实际，切合实用。在上述的Means资料外，还有理查森造价资料、道奇造价资料、布克估价指数、图热价格指数等。

除了社会上提供的基础资料外，各设计公司、估价公司本身内部非常重视自身的资料积累工作，需要时可以很快利用这些资料进行分析比较，从而推断出合适的估价来。他们所进行的资料积累，并不只限于书面，还十分注重向实际作调查，表现在：在生产效率上，他们甚至对现场工人每天的工时资料都做了记录，整理分析后进入信息库；在设备、材料价格上，凡是需要询价的，都要逐一询价，以矫正原有资料的失实之处，现有这些从实际了解到的资料，既用做眼前工作的编制依据，又为今后工作储备了信息，实现了资料成果社会化、资料积累动态化、资料利用求实化。

3. 日本

在日本，由日本的建设省每半年报表调查一次工程造价变动情况，每三年修订一次现场经费和综合管理费，每五年修订一次工程概预算定额。此外，由财团法人经济调查会和建筑物价调查会负责国内劳动力价格、一般材料及特殊材料价格的调查和收集，每月向全社会公开发行人工、机械、材料等价格资料，并且还发布主要材料的价格预测及建筑材料价格指数等。调查会每月公布的价格信息主要供编制预算、标底、承包报价参考。

可以看出，英国、美国、日本都是通过政府和民间两种渠道发布工程定额信息的。其中政府主要发布总体性、全局性的各种造价指数信息，民间组织主要发布相关资源的市场行情信息。这种分工既能使政府摆脱许多繁琐的商务性工作，也可以使他们不承担误导市场，甚至是操纵市场的责任。同时可以发挥民间部门造价信息发布速度快，造价信息发布能够坚持公开、公平和公正的基本原则等优势。而我国的工程定额信息都是通过政府的工程定额管理部门发布的。因此，开创和拓宽民间工程定额信息的发布渠道，是我国今后工程定额管理体制改革的重要内容之一。

复习思考题

1. 什么是工程定额信息？
2. 工程定额信息有哪些特点？
3. 工程定额信息是怎样分类的？
4. 工程定额信息的主要内容有哪些？
5. 什么是工程定额（造价）资料？
6. 建设项目和单项工程定额（造价）资料有哪些？
7. 工程定额（造价）资料的作用有哪些？
8. 何谓指数？何谓工程造价指数？
9. 根据工程造价的构成，工程造价指数分为哪几种？
10. 建立工程造价指数统计模型的方法有哪几种？
11. 工程定额信息管理的基本原则有哪些？
12. 工程定额信息管理目前存在哪些问题？
13. 发达国家及地区的工程定额信息管理是怎样的？
14. 如果你从事造价工作，主要从哪里获得定额信息？

参 考 文 献

[1] 黄伟典. 工程定额原理. 北京：中国电力出版社，2013.

[2] 黄伟典. 建设工程计量与计价. 3 版. 北京：中国环境科学出版社，2007.

[3] 黄伟典. 建筑工程计量与计价. 3 版. 北京：中国电力出版社，2015.

[4] 黄伟典，尚文勇. 建筑工程计量与计价. 2 版. 大连：大连理工大学出版社，2012.

[5] 黄伟典，张玉敏. 建筑工程计量与计价. 大连：大连理工大学出版社，2014.

[6] 黄伟典. 装饰工程估价. 北京：中国电力出版社，2011.

[7] 黄伟典. 建设工程计量与计价案例详解. 济南：山东科学技术出版社，2008.

[8] 黄伟典. 建设工程工程量清单计价实务. 2 版. 北京：中国建筑工业出版社，2014.

[9] 黄伟典，张玉明. 建设工程计量与计价习题与课程设计指导. 北京：中国环境科学出版社，2006.

[10] 黄伟典. 建筑工程计量与计价实训指导. 北京：中国电力出版社，2015.

[11] 黄伟典. 建筑工程计量与计价学习指导与实训. 大连：大连理工大学出版社，2014.

[12] 黄伟典. 建设工程建筑面积计算规范应用图解. 北京：中国建筑工业出版社，2016.

[13] 黄伟典. 造价员. 北京：中国建筑工业出版社，2009.

[14] 黄伟典. 工程造价资料速查手册. 北京：中国建筑工业出版社，2010.

[15] 黄伟典. 建筑工程造价工作速查手册. 济南：山东科学技术出版社，2011.

[16] 黄伟典，王在生. 新编建筑工程造价速查快算手册. 济南：山东科学技术出版社，2012.

[17] 黄伟典. 建设项目全寿命周期造价管理. 北京：中国电力出版社，2014.

[18] 全国造价员执业资格考试培训教材编委会. 建设工程造价管理基础知识. 北京：中国计划出版社，2014.